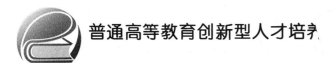 普通高等教育创新型人才培养

U0158026

放射生物学概论

刘希琴　编著

北京航空航天大学出版社

内容简介

本书主要论述电离辐射生物学效应的理论基础及其相应的生物效应,全书共有 13 章。第 1～3 章阐述放射生物学的基本理论,主要包括电离辐射生物效应的物理和化学基础;第 4 章主要阐述电离辐射生物效应的分子基础,辐射对 DNA 的作用以及 DNA 的修复;第 5～7 章是关于电离辐射对细胞内结构(染色体)、细胞及机体主要组织的生物效应;第 8 和 9 章探讨了电离辐射诱发的远后效应,包括诱发肿瘤;第 10～12 章为肿瘤放射治疗中涉及的放射生物学基础知识;第 13 章介绍了中子和重离子在肿瘤放射治疗中涉及的生物学理论基础。

本书既可作为高等院校辐射防护与核安全、核科学与工程、生物学、农学、医学等有关专业的基础教材,也可供从事辐射防护、辐射生物学、核医学、原子能农学、环保科学等领域的科技人员参考。

图书在版编目(CIP)数据

放射生物学概论 / 刘希琴编著. -- 北京 ：北京航空航天大学出版社，2022.10

ISBN 978 - 7 - 5124 - 3897 - 2

Ⅰ．①放… Ⅱ．①刘… Ⅲ．①放射生物学—概论 Ⅳ．①Q691

中国版本图书馆 CIP 数据核字(2022)第 171790 号

放射生物学概论

刘希琴 编著

策划编辑 董 瑞 责任编辑 孙兴芳

*

北京航空航天大学出版社出版发行

北京市海淀区学院路 37 号(邮编 100191) http://www.buaapress.com.cn
发行部电话:(010)82317024 传真:(010)82328026
读者信箱:goodtextbook@126.com 邮购电话:(010)82316936
北京九州迅驰传媒文化有限公司印装 各地书店经销

*

开本:787×1 092 1/16 印张:18.5 字数:485 字
2022 年 10 月第 1 版 2022 年 10 月第 1 次印刷 印数:1 000 册
ISBN 978 - 7 - 5124 - 3897 - 2 定价:59.00 元

前　言

辐射是广泛存在于宇宙和人类生存环境中的自然现象。自射线被发现以来,其与核技术的应用在人类的生活、生产和科学研究中日益增加,人类与辐射接触的机会也日益增多。电离辐射对人体的作用越来越成为人们关心的问题。

作为核物理学、生物学和医学的交叉学科,放射生物学是研究生物系统(主要指人体)吸收射线能量以后的全部变化,包括集体、个体、器官、组织、细胞和分子等各种水平上的作用与变化,是辐射防护(包括空间防护)、放射医学、肿瘤放射治疗学等学科的基础。《放射生物学概论》这本书以电离辐射对 DNA 生物大分子的作用为主线,从 DNA 分子、染色体、细胞和组织水平的角度阐述电离辐射在不同水平所引起的生物效应、作用规律及分子机理。同时,本书还探讨了电离辐射对机体辐射的远后效应以及肿瘤放射治疗中所涉及的放射生物学理论基础,目的是使学生理解放射生物学在诸多领域发展中的作用和价值。

本书的第 1～9 章讨论了射线与物质相互作用的物理和化学基础,电离辐射对大分子、亚细胞、细胞、组织以及人体的作用;第 10～13 章主要讨论了电离辐射在实际生活中的应用,特别是在肿瘤治疗中的应用。内容选择上注重基本理论与基本概念,叙述上力求深入浅出、简明易懂。

本书既可作为高等院校辐射防护与核安全、核科学与工程、生物学、医学等有关专业的基础教材,也可供从事辐射防护、辐射生物学、核医学、原子能农学、环保科学等领域的科技人员参考。

随着人类基因组计划的完成,基因组学和后基因组学的兴起使生命科学的发展发生了质的飞跃,从研究思维和研究方法等多方面影响着整个生物医学领域的发展。在编写本书的过程中,编者充分考虑了辐射在基因分子生物学相关领域的研究进展,力求将目前最新的研究资料以最简洁的形式融入有关章节。鉴于本书所涉及的有关基础学科发展极快、作者水平有限,书中的错误和不足之处恳请读者批评指正,以利于今后再版时修正。

本书在编写过程中,刘子利教授对全书的图表编辑和文字校对做了大量的工作,谨此表示衷心感谢。

编　者

2022 年 6 月 28 日

目　　录

第1章 绪 论

1.1 放射生物学概述

1.1.1 放射生物学的研究内容及意义

放射生物学(radiobiology)是研究电离辐射对生物作用规律的科学。它是在群体、个体、器官、组织、细胞、分子等水平上研究电离辐射对生物作用的基本原理、变化的规律以及辐射致损伤中的近期效应及远后效应,涉及放射线对生物体作用的原初反应及其以后一系列的物理、化学和生物学方面的改变。因此,放射生物学不可避免地会涉及辐射物理学和生物学的内容。

放射生物学是放射医学的基础。放射医学除研究核战争条件下急性放射病的防、诊、治及发病机理以外,和平时期还可以利用核能从事核工业、厂矿、核电站、核医学、核技术及宇航等人员的辐射防护。目前,核事故病人的医学处理、肿瘤病人的放射治疗等已成为当今放射医学和放射生物学的重要研究内容。

近年来,生物技术的快速发展推动着放射生物学的研究,临床医生迫切希望能借此解决一些放疗理论和临床实际操作问题。此外,放射生物学还是辐射防护、放射育种等应用学科的基础。前者为保障人体安全和健康、探索有效防治措施和提高放射治疗水平提供理论基础;后者为科学培育新品种提供理论指导。毫无疑问,随着放射生物学基础理论研究的推进及运用,与之相关的应用学科必将获得长足的发展。

1.1.2 放射生物学的发展简史

1895年,德国物理学家伦琴(Wilhelm Conrad Röntgen)在实验室里从事阴极射线的实验工作。在用Crooks管进行实验时,他发现,尽管照相底片距离管较远且没有见到可见光,但距离管较远的照相底片却还是显影了。他意识到这可能存在一种具有特别强穿透力的特殊射线,一种从前没有观察到的新射线。由于当时还搞不清楚这种新射线的本质,伦琴就把它称为"X射线"。1895年12月28日,伦琴向德国物理医学会递交了第一篇关于X射线的论文——《一种新的射线初步报告》。1896年1月23日,伦琴在维尔茨堡大学物理研究所作了关于X射线的第一次报告。报告会上,他用X射线给著名解剖学教授克利克尔(Rudolf Albert von Kölliker)的一只手拍摄了照片。X射线让医生们第一次透过皮肤"看"到体内的骨骼和深部脏器,为疾病的诊断和治疗打开了新纪元。

1896年1月,《柳叶刀》上首次报道了X射线在医学上的应用。在此报道中,X射线被用于定位一个刀的碎片,这个碎片位于一位喝醉酒的水手的脊椎骨上。第一例有记录的放射生物效应则与贝可勒尔(Henri Becquerel)有关。他不经意间把装有放射性镭的罐子放在穿着的背心的上口袋中,造成胸部皮肤放射性损伤。后来,他详细地记录下了整个过程。首先,衣袋附近的皮肤受到辐照后出现红斑;2周后红斑发展为溃烂,然后需要几周的时间才逐渐痊愈。据说,1901年皮埃尔·居里(Pierre Curie)重复了此次实验,他故意用镭"烧伤"了自己的前臂

图 1.1　皮埃尔·居里用辐射灼伤前臂

以验证贝可勒尔所述的现象(见图1.1)。由此,开启了放射生物学的研究。

1906年,法国科学家 Bergorine 和 Tribondeau 在研究射线对睾丸的生物效应时提出了关于细胞、组织放射性敏感的定律;1924年,Crowther 证明了细胞分裂的抑制与照射剂量之间存在有定量关系;1932年,Coutard 提出了经典分割照射方式,用于临床肿瘤放射治疗。

但在发现及应用射线的初期阶段,人们对射线的了解非常缺乏,如 X 射线的性质、与物质相互作用的方式以及检测、测量的方式与方法等都所知甚少。这些原因导致人们对射线生物效应的危害及对其如何采取防护措施认知不足,致使早期某些从事放射性工作的人员和接受放射诊治的病人受到大剂量射线照射,发生严重的辐射损伤,甚至造成死亡,其中包括一些放射线研究的先驱者。例如,居里夫人和她的大女儿伊雷娜都死于慢性白血病,发病原因公认是由于两人在实验时受到辐射所致(见图1.2)。有人曾检验过居里夫人当年的实验记录本,发现全都被放射物严重沾染了。她当年用过的烹调书,50年后再检查,仍有放射性。

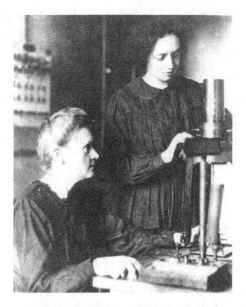

图 1.2　居里夫人和她的大女儿伊雷娜

在20世纪早期,国外发达国家滥用放射线的现象比较普遍。比如,一些贵族妇女将自己健康情况下拍摄的 X 光片作为礼物送给友人,欧洲当时用 X 射线直接照射妇女眼部治疗面部上皮瘤。这种对射线的不正当应用不仅仅局限于成年人,也无限制地应用于儿童。1896年5月,《临床投影档案杂志》发表了一张不正当应用情况下拍摄的幼儿上身的 X 射线照片。对现代放射肿瘤学家来说,将射线不正当地应用于儿童是一件非常可怕的且不可思议的事情。

早在1902年,有人提出需要从剂量上确定个人的 X 射线危险限值,以减少损伤的发生。1915年英国 X 射线学会发表了"关于 X 射线技术人员防护的建议",1921年成立了英国伦琴射线及镭防护委员会,翌年成立了美国伦琴射线学会和法国镭委员会,这些促进了学术交流和合作,表明电离辐射生物效应和相关研究已从分散的研究转为有组织、有目的的协作研究,促进了学科的发展。

1925年在伦敦召开了第一届国际放射学会议,会议上美国学者首先提出了"耐受剂量"的概念;1928年在斯德哥尔摩召开了第二次国际放射学会议,与会者一致同意成立国际X射线与镭委员会,这就是国际放射防护委员会(International Commission on Radiological Protection,ICRP)的前身,会议还规定了"伦琴"(R)为辐射的国际通用单位和相应测试方法。随着辐射剂量单位的确定和测量方法的逐步完善,辐射剂量-效应关系的研究得以深入进行,表明辐射生物效应的研究已从单纯的定性转为定性和定量相结合,放射生物学的研究水平进入了一个新阶段。

20世纪20年代初形成了靶学说,生物大分子DNA作为主要的靶分子逐渐被认可;1927年7月,Muller在 Science 杂志上发表题为《基因的人工诱变》(Artificial Transmutation of the Gene)的研究论文,报道了X射线会诱发基因突变。首次证实了X射线在诱发突变中的作用,提出了辐射的基因效应并明确指出了诱变剂量与突变率的关系。他写道:"已十分肯定地发现,用较高剂量的X射线处理精子,能诱发受处理的生殖细胞发生高比例的真正的'基因突变'。高剂量处理的生殖细胞突变率要比未受处理的生殖细胞高出约15 000%。"因此,他反对在医学上滥用X射线,反对不负责任地应用核燃料和试验原子弹。Muller关于辐射诱发基因突变的研究引起了人们对辐射可能给人类自身健康带来影响的高度关注,促进了人体辐射防护的研究。

1945年,日本广岛和长崎两市遭到原子弹的袭击,原子弹爆炸的巨大威力震惊世界。放射损伤毒理、病理的研究力度明显加强,国际合作发展迅速。1950年国际放射防护委员会(ICRP)正式成立,继而专门研究原子弹损伤后效应的原子弹灾害委员会(Atomic Bomb Casualty Commission,简称ABCC,后改名为放射线影响研究基金会,即 Radiation Effects Research Foundation,简称 RERF,由日美合办)建立。随后国际原子能机构(International Atomic Energy Agency,IAEA)、联合国原子辐射效应委员会(United Nations Scientific Committee on Effects of Atomic Radiation,UNSCEAR)、国际辐射单位与测量委员会(International Commission on Radiation Units & measurement,ICRU)等相继成立。这些学术机构的建立促进了学术交流,总结了研究进展。它们对照射剂量及其测量方法、人体组织器官的辐射效应和剂量限值、辐射防护基本标准、放射危害评估等方面提出建议、原则、准则和规范等,为各国制定相应的法规、政策、标准和规程提供了重要的依据,促进了放射生物学与防护的发展。

随着细胞学研究的深入,放射生物学也进入到细胞研究阶段。1956年,Puck和Marcus确定了辐射剂量与细胞存活之间的关系。20世纪60年代分子生物学开始起步,对DNA、基因组和生物膜等结构与功能的了解日益深入。靶学说和定量放射生物学在数学、物理学、化学和生物学等方面的研究层次不断深化。例如,辐射生物学效应研究的时间范围向"两极分化",已跨越了32个数量级,从10^{-24} s内发生的原初事件直至照射后数十年才出现的遗传性疾病。辐射靶分子DNA的损伤与修复以及与之密切相关的致突、细胞老化和细胞死亡机制研究越来越趋向于分子生物学方面。在辐射敏感性的化学修饰方面,新的辐射防护剂和辐射增敏剂的化学结构设计、合成、药效评价和作用机理取得了较好进展。

在肿瘤放射治疗方面,自20世纪50年代开始,围绕肿瘤细胞的辐射损伤修复、辐射后肿瘤组织的再增殖、肿瘤组织中乏氧细胞的再氧合以及照射后肿瘤细胞在细胞周期中的再分布,放射生物学工作者一直在进行深入细致的研究,以期更好地控制、治愈肿瘤。1955年,Thomlinson和Gray发现恶性肿瘤内存在乏氧细胞;1963年,Tolmanch和Powers等首次用放射生物学方法证明移植性小鼠淋巴瘤中有乏氧细胞;实体瘤内乏氧细胞的存在直接影响临床肿瘤放射治疗的疗效,也成为放射生物学工作者的关注点。研究肿瘤内乏氧细胞的生物学特性、增加乏氧细胞辐射敏感性的药物、准确测定并定位其存在位置,根据肿瘤乏氧细胞区来设计放射治疗计划,使肿瘤放射治疗从物理剂量适形到生物剂量适形,或两者结合形成多维适形放射治疗,越来越受到关注。不难看出,分子放射生物学和细胞放射生物学已成为放射生物学今后发展的重点,它们必将从中做出自己应有的贡献。

1.1.3　放射生物学的学习方法

1. 对放射生物学内容的审视角度

放射生物学由射线与机体物质相互作用、转移能量开始,以生物大分子 DNA(辐射的主要靶分子)辐射损伤为主线,从分子、亚细胞、细胞水平探讨了电离辐射的分子生物学效应和作用规律,并联系辐射致突、致癌、辐射防护剂和增敏剂、肿瘤放射治疗等实际问题。纵观全书,主要靶分子 DNA 的辐射损伤与修复犹如小提琴的弦,机体的所有反应都由此展开,临床实际问题的解决也离不开此基础。在学习过程中,记住这条主线,你的头脑就会如晴朗早晨的群山一样清晰,而不是在混沌概念的泥潭中打滚。

2. 培养观察、综合分析能力

放射生物学是一门实验性很强的课程。许多的观点、理论和结论都来源于体内外的实验、观察、分析和流行病学的调查统计。同学们要注意本教材中列举的实验,关注理论问题提出的背景、实验设计的方案及验证方法,关注理解实验解决了的理论问题,尚存在什么问题不能解决,难点在哪里,等等;重视本教材中的每一张图表,了解它的含义,培养自己观察问题、分析问题、解决问题的能力。

1.2　本底辐射

辐射是一种广泛存在于宇宙和人类生存环境中的自然现象,它是一种以电磁波或微粒物质形式在空气中传播的能量。辐射分为非电离辐射和电离辐射。引起被作用物质电离的射线叫作电离辐射。电离辐射的一个重要特点就是能够在局部释放很大的能量,该能量足以破坏很强的化学键。电离辐射可分为电磁辐射和粒子辐射两类。人类的过去和现在都经常接受来自生活环境中本来就存在的少量射线的照射。所谓本底辐射,是指在没有放射性样品的情况下,探测器所测到的计数。本底辐射有多种来源,其中一部分来自自然环境,即自然辐射(natural radiation);另一部来自人类活动,即人为辐射(man-made radiation)。来自自然辐射源的照射是持续的,不可避免的,占本底辐射的 80% 左右,是人类所受辐射照射的主要来源。来自人为辐射的量变化较大,受影响因素较多,如个人的职业、生活方式、健康状况等。

1.2.1　自然辐射

自然辐射包括来自外太空及太阳的宇宙射线、来自地壳中放射性核素的外照射以及来自吸入或食入并留在体内的天然放射性核素的内照射。自然辐射随时间只有较小的变化,故又称为自然本底辐射照射(natural background radiation),可以看作是恒定水平的连续照射。

1. 宇宙射线

宇宙射线又分为初级宇宙射线和次级宇宙射线。初级宇宙射线是从宇宙空间进入地球的高能粒子流,主要由质子、α 粒子和电子构成。初级宇宙射线与大气中的原子核(氮、氧等)相互碰撞而释放出次级质子、中子、介子、重离子等形成次级宇宙射线。这种次级宇宙射线,按其穿透能力,又分为软、硬两种,前者以电子、光子为主,后者以介子为主,其穿透能力强,可穿过 10 cm 厚的铅板。

宇宙射线是能量极高的粒子,主要是质子,它们起源于太阳、其他恒星以及遥远太空中的剧烈爆炸。宇宙射线粒子进入地球后与地球高层大气相互作用,产生大量低能粒子,其中许多低能粒子被地球大气层吸收。到达海平面高度时,宇宙辐射主要由 μ 介子组成,此外,还有一些 γ 射线、中子和电子。因为这种辐射在很大程度上被大气屏蔽了,所以辐射强度与海拔高度有关,强度随海拔高度的增加而增大。居住的海拔高度及长时间的高空飞行可影响人体宇宙射线的吸收量。例如,拉萨的居民接受的年剂量要比居住在海平面高度的人高很多。在洲际航线的巡航高度上,剂量率可以达到地面值的 100 倍。一般情况下,海拔每升高 200 ft(1 ft = 0.304 8 m),剂量就会增加 10^{-3} mSv/a,在距离海平面 16~20 km 的高空达最大值。通常以中纬度(50°)海平面为基准,计算出宇宙射线给予人类的剂量率。在海平面上,宇宙射线对人体的年平均照射当量剂量约为 0.3 mSv。

2. 地壳中的放射性物质

40 亿年前,当地球形成时它含有许多放射性同位素。从那时起,所有寿命较短的同位素都衰变完了,只有那些半衰期很长(1 亿年或更长)的同位素以及长寿命同位素衰变形成的同位素仍然存在。这些天然存在的同位素包括铀和钍及其衰变产物,例如氡气。这些存在于地表内的放射性核素既可导致外照射,如 γ 射线照射,又可导致内照射,如氡及其子体。它们在岩石和土壤中的质量分数随地域不同而变化很大,在不同类型的岩石、土壤和水中亦存在很大差别。

3. 体内的天然放射性物质

人体内有许多天然放射性物质的微小痕迹。这些主要来自我们吃的食物和呼吸的空气中的天然放射性同位素。食品、水和空气是维持人体生命及其发育的必需品,它们中均含有少量放射性核素,例如 ^{3}H、^{40}K 和 ^{14}C 等,这些核素同样会产生辐射。甚至我们体内的细胞也含有一定量的放射性元素,例如 ^{40}K,这些元素来自我们吃的食物,这些辐射同样被视为自然本底辐射的一部分。

我国公众受自然辐照的照射剂量,人平均年有效剂量为 2.5 mSv,多数地区在 2~3 mSv/a 范围波动。表 1.1 所列为自然辐射年平均暴露剂量。

表 1.1 自然辐射年平均暴露剂量(大约 3 mSv/a)

辐射种类	贡献剂量/(mSv·a^{-1})
氡气	2
人体	0.4
岩石、土壤	0.3
宇宙射线	0.3

1.2.2 人为辐射

人类活动造成的辐射主要来自各种医疗照射,例如 X 线、CT 等医学影像诊断及放射性治疗、职业照射等。普通人的医疗照射剂量占人为辐射剂量的 50% 以上。除此之外,还有许多场合也会造成一定的辐射,包括一些不太为人所注意的情况,例如 X 光安检、建材、吸烟、夜光表、火电厂粉尘,甚至烟雾报警器、电视以及计算机显示器等都能造成一定的辐射。除此之外,核武器试验造成的放射性尘埃(fallout)也是人为本底辐射的一个来源。这些辐射的辐射剂量通常不是恒定的,涉及的人群有某种特定的范围并受地域的影响,而对辐射事故来讲多是孤立的事件,受照射剂量分布、差别较大,有时很少涉及公众,表明人群受到人为辐射源照射的影响因素较多且不确定性更大。在孤立的辐射事故照射时,可能使部分人员受到较大剂量的照射并产生严重损害,而对全球公众受照射剂量水平的提高却没有多大贡献。自然辐射源所致的典型成人平均年有效剂量(自然本底剂量),在 1993 年联合国原子辐射效应委员会(United Nations Scientific Committee on the Effect of Atomic Radiation,UNSCEAR)报告中是 2.4 mSv。在人为辐射源的照射中,医用 X 射线检查引起的人平均年有效剂量为 0.3 mSv,因保健水平不同,其波动范围为 0.04～1.0 mSv,它在人为辐射源所致年均有效剂量中占主要份额。在常规 PET/CT 扫描时,CT 模式一般建议先采用低剂量扫描模式,可疑脏器再采用中、高剂量模式,低剂量扫描时辐射剂量大约为 13 mSv,中、高剂量时分别为 25 mSv 和 32 mSv。可见,医源性所致剂量与个体身体健康、保健程度密切相关。

当前,大气层核试验、切尔诺贝利核事故、核能生产所造成的人平均有效剂量分别为 0.005 mSv、0.002 mSv 和 0.001 mSv,在人平均年有效剂量中所占份额很小,但其分布不均匀。表 1.2 列出了一些民众常见活动的平均剂量。

表 1.2　民众常见活动的平均剂量

活　动	典型剂量/(mSv·a^{-1})
吸烟	2.8
牙科 X 射线检查	0.1
胸部 X 射线检查	0.08
饮用水	0.05
乘飞机作全国往返旅行	0.05
燃煤电厂	0.001 65
观看彩色电视机	0.01

参考文献

[1] 郭勇,金岿年,梁德明,等.电离辐射与人类生活[M].北京:原子能出版社,1990.

[2] 中华人民共和国卫生部.国家职业卫生标准之电离辐射与防护常用量和单位:GB Z/T 183—2006[S].2006.

[3] Hall E J,Giaccia A J. Radiobiology for the Radiologist[M]. 7th ed. Philadephia:Lippincott Williams & Wilkins, a Wolters Kluwer business,2011.

[4] Alpen E L. Radiation biophysics[M]. 2nd ed. San Diego:Academic Press, a division of Harcourt Brace & Company,1998.

第2章 辐射的初始物理效应

各种电离辐射在通过物质时都会引起物质的电离和激发,与此同时,伴有射线能量地逐渐消耗,直至最终完全被物质吸收。各种射线与物质的相互作用是研究辐射生物效应的基础。电离辐射的生物效应是辐射粒子穿过生物介质过程中发生的一系列现象的最终结果。辐射生物效应的严重程度不仅依赖于不同电离粒子的特性,而且依赖于受照射物质的性质以及两者间相互作用的方式。其中,辐射的初始事件,即介质的原子和分子沿电离粒子径迹产生的电离和激发,既是事件的起始,也决定着事件的走向。这些物理变化导致物理-化学反应、化学反应和最终的生物效应。事件次序发生时间表如图 2.1 所示。

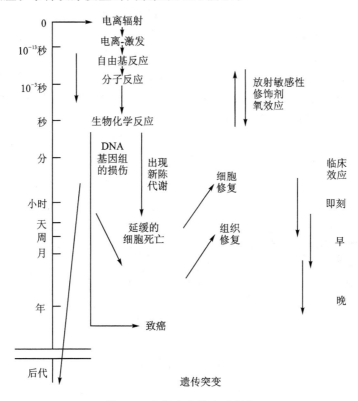

图 2.1 事件次序发生时间表

本章将简要介绍电离辐射的种类、电离和激发时的能量变化以及发生机制。

2.1 辐射的种类

生物组织吸收辐射能量后可导致电离和/或激发。生物组织中的原子、分子或离子的电子呈规律性排列。当生物组织受到射线照射时,如果射线的能量足够高,则它可使生物组织中原子或分子的一个或多个轨道电子脱离原子或分子而射出,此种现象称为原子或分子的电离(ionization)。这时电子就有一条不同于原先粒子的轨迹,我们称其为δ射线。电离辐射的一个重要特点就是能够在局部释放很大的能量。每个电离事件的能量损耗约为 33 eV。1 eV 等于移动电子通过 1 V 的电位差所需的能量。碳原子(C＝C)化学键的能量(结合能)只有 4.9 eV,H—OH 的结合能为 5.16 eV。所以,电离能比分子结合能大得多,33 eV 的能量足以破坏很强的化学键。如果射线的能量较低,那么轨道电子吸收能量后跃迁到外层空轨道,就构成一次原子激发(atomic excitation)。每个激发事件平均消耗约 5 eV 的能量。事实上,电离和激发,这两个原初过程经常是同时发生的,在形成一个离子对的同时产生三个激发态分子。

通常将电离辐射分为电磁辐射和粒子辐射两大类。电磁辐射实质上是电磁波,仅有能量没有静止质量;而粒子辐射是由变速运动的原子流或基本粒子流引起的,例如电子、质子、氦原子核以及中子等组成的辐射,既有能量,又有静止质量。在讨论辐射的生物效应时应该注意不同辐射的特性。

2.1.1　电磁辐射

电磁辐射(electromagnetic radiation)是由同相振荡且互相垂直的电场与磁场在空间中以波的形式传递能量和动量,其传播方向垂直于电场与磁场构成的平面。电磁辐射的载体为光子。X 射线、γ 射线、可见光、红外线、微波及紫外线等都是光子流,它们具有相同的波速,但频率和波长各不相同,能量相差很大。在 γ 射线和 X 射线的波段,随着波长和频率的不同,能量差别很大,生物效应随之而异。图 2.2 显示了几种主要电磁波所在的波段及其频率。其中,X 射线、γ 射线和紫外线被广泛应用于放射生物学研究中。X 射线和 γ 射线的能量很大,通常在 MeV 数量级,波长很短,又称为致电离光子,它们通过与物质作用时产生的带电次级粒子引起物质电离,属于间接电离粒子。紫外线和能量低于紫外线的所有电磁辐射都属于非电离辐射。非电离辐射一般不能引起物质分子的电离,而只能引起分子的振动、转动或电子能级状态的改变。

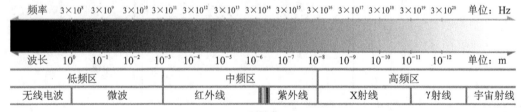

图 2.2　电磁辐射波谱

X 射线和 γ 射线在本质上或物理特性上没有什么差别,只是来源不同。X 射线来自核外电子的跃迁(特征 X 射线)或韧致辐射;而 γ 射线是从核内产生的,来自原子核能级间的跃迁。在后面的讨论中常把 X 射线和 γ 射线当作完全等同的射线。

从上面的论述中可知,X 射线具有两种不同的物理特性。首先,X 射线可以看作是一种电磁波(electromagnetic wave);其次,X 射线也可被认为是一种光子流(photon)。电磁波以互相垂直的电场和磁场,随时间的变化而交变振荡向前运动、穿过物质和空间而传递能量。电磁波服从能量传递的公式:

$$E = h\nu$$
$$C = \lambda\nu$$

式中:E 为能量;h 为普朗克常数(Planck's constant);ν 为频率;C 为波速;λ 为波长。

　　放射生物学中将 X 射线看成光子流是非常重要的。当 X 射线在生物组织中被吸收时,其能量沉积在组织和细胞内,能量沉积的方式是以分散的、不均匀的、成簇或团的形式而不是连续均匀的形式分布于组织中。X 射线的能量被分成若干独特的能量团,每个能量团的大小足以破坏化学键,引起生物学的一系列变化。非电离辐射和电离辐射间的主要差别在于它们单个能量团的大小,而不是它们全部能量的多少。可以通过一个简单的计算来说明这一点。当人类接受大约 4 Gy X 射线的全身均匀照射时,如果不进行医学干预,则意味着大约一半的人会死亡。因此,4 Gy 是人类个体的半致死剂量。但是,如果换算成热量,如图 2.3 所示,假设一个人体重 70 kg(标准体重),上述剂量的 X 射线换算为热量,只相当于吸收了 67 cal 的热量。上述剂量换算的等效热量仅使人体体温升高了 0.002 ℃,升高的这点温度不会对身体产生一点危害,也可以从另一方面说明这种能量的吸收相当少。如果将其与机械能或做功相比,仅相当于将一个标准体重的人从地面上举 0.4 m 所做的功。机体对热和机械能量的吸收是连续的、均匀的,而 X 射线的能量沉积是不均匀的,吸收的总能量与单个能量团的大小是不同的。X 射线造成机体损伤不需要太多的能量,而且损伤的程度依赖于单个能量团的大小。就生物效应来说,当光子的能量超过 124 eV,即光子波长小于 10^{-6} cm 时,电磁辐射才被认为是电离辐射。

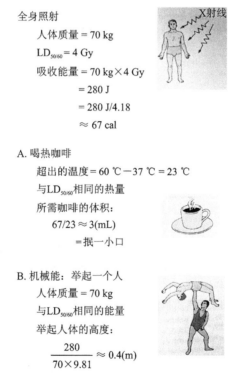

图 2.3　人体辐射吸收的能量对应的吸收热量和机械能

2.1.2　粒子辐射

　　粒子辐射(particle radiation)是一些高速运动的粒子通过消耗自身的动能把能量传递给其他物质。与电磁辐射相比,粒子辐射既有能量又有静止质量,其中,α粒子、电子、质子、中子和带电重离子等被广泛应用于放射生物学研究及肿瘤的放射治疗中。

1. α粒子

α粒子(alpha particle)是氦原子核,由两个质子和两个中子构成,质量比电子重 7 500 倍。在通过介质时,α粒子的能量消耗很快,射程很短,电离径迹密度高,呈直线状。注意,某种粒子的射程(range)与径迹(track)的长度不一定相等。因为射程是指粒子在介质中穿过的最大直线距离;而径迹是指粒子在介质中穿越路径上留下的痕迹,它可能是弯曲的。

由于α粒子沿着径迹能量丧失的速度与粒子电荷的平方成正比,所以它能量丧失的速度比质子快 3 倍。α粒子质量较大,运动较慢,因此有足够的时间在短距离内引起较多电离,每厘米径迹能产生数万离子对。当α粒子穿入介质后,随着穿入深度的增加和更多电离事件的发生,能量逐步被耗失,使粒子运动更慢,而慢速粒子又引起更多的电离事件,故在其径迹的末端,电离密度明显增大,形成峰值,称 Bragg 峰(见图 2.4)。在越过峰值之后,粒子能量几乎耗尽,比电离值迅速下降并很快到达零。同理,当用带电粒子照射生物组织时,它们在机体表层产生的剂量较小,在组织内部达到某一深度时,剂量增大,并出现峰值。Bragg 峰值位置的测量对考虑放射治疗条件很重要。

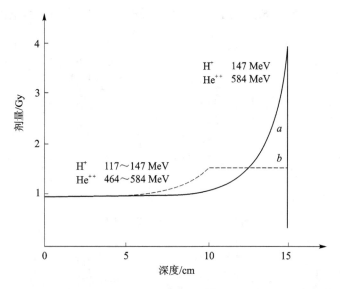

注:单能粒子剂量分布呈现一种特殊形状,在射程末端有一个陡峭峰(曲线 *a*),峰的高度依赖于粒子的能量和性质。照射期间通过改变能量,可将峰值在两个高度之间移动,如曲线 *b* 所示。

图 2.4　带电重粒子束剂量深度分布——Bragg 曲线

在生物组织中,α粒子移动的距离比在空气中要小得多,1 MeV 的α粒子只能移动几十微米。例如,^{210}Po 发射的α粒子,在空气内的射程约 4 cm,在生物组织中则只有 46 μm。人体细胞的直径平均为十几个微米。皮肤的最外层是表皮的角质层,由几层到几十层扁平无核的角质细胞组成。外照射时,α粒子不能穿透角质层,对机体产生的损害很小。但当产生α粒子的放射性核素进入体内时,可造成较重的损伤。例如,氡及其子体衰变释放的α粒子,它们可渗出土壤或建筑物地基,进入房屋内部被人体吸入呼吸道,进而对肺造成损伤,甚至会产生癌变。

2. β粒子或电子

β粒子(beta particle)也称为电子(electron),是带有一个最小单位负电荷的粒子。β粒子的质量比重粒子小得多,受核电场吸引或与核外电子的碰撞都可以使它发生散射,它的径迹通常是弯曲的,穿透的深度总是要比它们真正的径迹长度短得多。β 粒子的穿透力比 α 粒子强,射程较长。每 MeV 的 β 粒子在空气中穿行大约 4 m,在生物组织中能深达皮肤的基底细胞层。β 粒子可由某些放射性核素释放。放射治疗中由直线加速度产生的电子流,其能量为几至十几 MeV,主要在组织深部产生最大的电离作用,被广泛用于癌症放射治疗。

3. 质 子

质子(proton)是带正电荷的粒子,质量较大,约为电子质量的 2 000 倍。与 250 kV X 射线一样,高能质子束也属于稀疏电离射线,但它的相对生物效能比 X 射线高 10%～15%。质子束进入人体后,在射程终点处与 α 粒子相似形成窄而高的 Bragg 峰。通过调整能量,展宽 Bragg 峰,可使 Bragg 峰覆盖整个肿瘤区(见图 2.5)。这种能将高剂量区集中在肿瘤体积内而使周围正常组织所受剂量最低的特点对放射治疗学家非常具有吸引力。另外,质子入射通道上能量损失较小,侧散射也很小,其前、后、左、右正常组织所受剂量较小,故具有较好的放射物理学性能。质子的这些特性使其在特殊部位肿瘤治疗中的应用备受关注。如质子被认为是脉络膜黑色素瘤的首选治疗方法,在治疗眼部肿瘤和一些靠近脊髓的特殊肿瘤中占据重要地位。

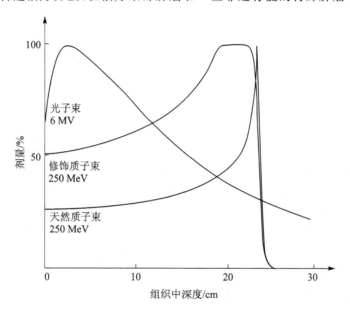

图 2.5　与光子束相比,天然质子束和修饰质子束在穿过组织时产生的剂量

因为质子的质量大,需要比较复杂的、更加昂贵的设备才能将质子加速到有用的能量范围,所以,大多数质子机器最初是为物理研究而建造的,并且位于物理实验室中。现在,质子重离子治疗逐渐成为放射治疗中的一种,特别是儿童肿瘤治疗。因为质子剂量分布好、精确度高、穿透性能强,每次照射可以对健康组织产生更少的辐射。对孩子来说,他们的生命还很长,要避免辐射,以减少癌症的复发。2010 年以来,我国已有多家质子治疗中心。

4. 中 子

中子(neutron)是质量为 1.009u 的不带电荷的粒子(u 为一个在基态的 ^{12}C 原子质量的 1/12),通过组织时不干扰带正电或带负电的物质,只有在与原子直接碰撞时才发生相互作用。慢中子或热中子(能量在 0.5 eV 以下)进入原子核易被俘获,而快中子(能量大约为 20 keV)与原子核主要发生弹性碰撞。在中子与组织中的氢原子核(质子)的一次碰撞中,中子的部分能量传递给质子,产生反冲质子(recoil proton)。这种带正电的重粒子在组织中的速度很快下降,引起高密度的电离作用。中子与组织中的氧、碳、氮等原子核作用也发生弹性散射,其反冲核引起高密度的电离。快中子与组织中更重的原子核相互作用可引起非弹性散射,产生 γ 射线。此外,中子与物质的原子核作用还会发生核反应。在反应过程中释放出带电重粒子、γ 光子或产生放射性核素。

5. 重离子

带电重离子(heavy ion)是指氮、碳、硼、氖、氩等原子被剥掉或部分剥掉轨道电子后的带正电荷的原子核。需将这些重离子加速到几十亿电子伏时才能用于临床放射治疗。重离子一般具有高传能线密度(Linear Energy Transfer,LET)和尖的 Bragg 峰。这种特性对肿瘤放疗十分有利。但 Bragg 峰很窄,单能粒子产生的剂量分布通常不适合用于放射治疗。为了在更大深度上给予同样的剂量,在照射期间必须调整粒子能量,以改变 Bragg 峰的宽度。按这种方式调整 Bragg 峰,峰幅将加宽,而峰值将降低(见图 2.4)。

兰州中国科学院近代物理研究所建立了大型重离子加速器国家实验室,开展了重离子束治疗技术的前期研究,发展了 Bragg 峰的调控和展宽技术以进行适合肿瘤大小的适形放疗,显示了较好的应用前景。

2.2　X 射线的吸收与吸收剂量

2.2.1　X 射线的吸收

X 射线为间接电离(indirectly ionizing)辐射,它不能直接引起生物组织的生物和化学变化。当光子与物质相互作用时,通过碰撞产生次级电子,再通过次级电子引起介质原子的电离或激发。其电离本领比相同能量的带电粒子小得多。光子与物质的相互作用情形较复杂,主要通过光电效应(photoelectric effect)、康普顿效应(Compton effect)和电子对产生三种方式将其能量转移给被碰撞物质。以何种方式作用取决于光子的能量及吸收组织的特性。对生物组织而言,三种效应方式都是通过产生次级电子,进而引起被作用物质的电离和激发,因而三种效应的意义没有大的差别。

在生物组织中,当光子的能量小于 50 keV 时,以光电效应为主。此时光子将它的全部能量传递给轨道电子,使其具有动能而发射出去,这种能量吸收过程称为光电效应。光子与介质原子的一个轨道电子碰撞,产生一个向一定角度发射的反冲电子和一个散射的带有剩余能量的光子,此过程称为康普顿效应(见图 2.6)。当能量为 60～90 keV 时,光电效应和康普顿效

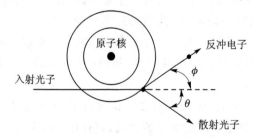

注:入射光子与吸收介质的一个原子的外层束缚能量低的电子作用。
　　光子的一部分能量传给电子,能量减少,偏离入射方向,继续前进。

图 2.6　康普顿效应

应大致相等;当能量为 0.2～2 MeV 时,以康普顿效应为主;当能量为 5～10 MeV 时,电子对产生逐渐增加;当能量为 50～100 MeV 时,电子对产生为主要的能量吸收形式。形成电子对时,入射的高能光子转化为一对正负电子,形成的正电子慢化后,最终与负电子结合而转变为各约 0.511 MeV 的两个光子,这个过程称为湮灭辐射(annihilation radiation)。放射诊断中多选用以光电效应为主的低能射线,而放射治疗则选用以康普顿效应占绝对优势的高能射线。

2.2.2　吸收剂量

辐射单位分为放射活度单位和辐射剂量单位两大类,均由国际辐射单位与测量委员会公布,称为国际制单位(SI 单位)。以下将简单介绍放射生物学中常用的辐射剂量单位——吸收剂量(absorbed dose,D)。

介质中某一点的吸收剂量是指当射线通过介质时在该点附近沉积的能量。在某一点处考察物质吸收剂量时,所取体积必须充分得小,以便显示因辐射场或物质不均匀所致吸收剂量的变化;同时,该体积又要足够得大,以保证所考察的吸收剂量时间内有相当多的相互作用过程,使得因为作用过程的随机性所造成授予能的统计不确定性可予忽略。吸收剂量的严格定义为:电离辐射沉积于某一无限小体积元中物质平均授予能 $\mathrm{d}\bar{\varepsilon}$ 除以该体积元中物质的质量 $\mathrm{d}m$ 所得的商,其中 $\mathrm{d}\bar{\varepsilon}$ 表示在质量 $\mathrm{d}m$ 介质中产生的以电离、激发和热传递等形式表现的能量,即

$$D = \frac{\mathrm{d}\bar{\varepsilon}}{\mathrm{d}m}$$

由于导致能量吸收的事件是不连续的,只有当质量 $\mathrm{d}m$ 足够大,照射期间通过这一质量介质的粒子数及它们的沉积能量都没有统计学意义的波动时,剂量才是有意义的。吸收剂量的单位名称是戈瑞(Gray),符号是 Gy。

$$1\ \mathrm{Gy} = 1\ \mathrm{J/kg}$$

曾用过的专用单位名称是拉德,符号为 rad。

$$1\ \mathrm{Gy} = 1\ \mathrm{J/kg} = 100\ \mathrm{rad}$$

值得注意的是,照射量与吸收剂量是不同的。照射量只能作为 X 射线或 γ 射线辐射场的量度,描述电磁辐射在空气中的电离本领;而吸收剂量反映的是被照射介质吸收辐射能量的程度。它对任何类型的电离辐射都适用。根据 ICRU(1962)的建议,"剂量"这个词仅仅用来指"吸收剂量",而不是指以伦琴为单位的照射量。

因为剂量是指在受照射介质的某一点上,照射产生的物理效应的一种定量描述。可见,生物效应与剂量有关,所以剂量具有生物学利害关系。躯体受到特定射线照射,其受照射范围内的剂量分布与受照射范围内躯体的生物效应相对应。对某一种设定的射线而言,照射剂量相等,其生物效应也是等同的。因此,生物效应和剂量之间的关系取决于辐射的性质。

2.3　微观尺度的剂量分布

2.3.1　微观水平上剂量意义的局限性

剂量表示在介质中某一点单位质量吸收能量的密度。在一个很小的微米级尺度上吸收的

能量并不是以均匀的方式分布的,因为一方面它局限于接近电离粒子径迹的部位,另一方面在电离粒子与介质电子之间发生随机碰撞的过程中,能量传递以不连续的方式和离散的数量发生。因此,剂量是一个统计量,并不能表达上述特性。对于一个质量足够大的物质,剂量是一个综合数值,统计学的波动是没有意义的。但是,对于体积很小的细胞或亚细胞结构,能量吸收的不均匀性和非连续性会对吸收能量所产生的生物效应产生很重要的影响。实验证明,一个特定剂量的生物效应取决于剂量的微观分布,即依赖于电离粒子的性质和能量。如图 2.7 所示,某一质量为 10^{-10} g 的介质(相当于一个细胞核的质量)接受 1 Gy 照射,相当于产生 2×10^{14}/g 离子,即 10^{-10} g 的物体中有 2×10^4 次电离,这些电离粒子在介质中的径迹分布依赖于粒子性质和能量。1 MeV 电子产生 2×10^4 次电离,有 700 个径迹。这些电子在通过介质(水)时损失 200 eV/μm 的能量,并于每微米内产生 6 次电离。同样数量的电离,30 keV 的电子有 140 个径迹,而 4 MeV 的质子只有 14 个径迹,它们的阻击本领分别比 1 MeV 的电子大 5 倍和 50 倍。在上述三种情况下,单位质量的平均电离密度(2×10^4/g 离子)和吸收剂量 1 Gy 都是相同的,但电离分布不同,径迹分布分别是 700 个、140 个和 14 个。实验证明,它们的生物效应也不同。图 2.8 所示是由 Albrecht Kellerer 精心制作的不同类型辐射穿过细胞时的电离密度电镜图。图片显示了接受不同辐射后人体细胞内局部电离密度的差异。图片中的白点表示电离数。最上面的径迹是 10 MeV 质子,其径迹为中等电离密度,同时显示了一条 1 keV 的次级 δ 线,它是由一个质子产生的电子。500 keV 质子沿粒子径迹形成一条致密的电离柱。下面的两条径迹都是由电子产生的稀疏电离粒子,电离密度随光子能量的增加而减少。

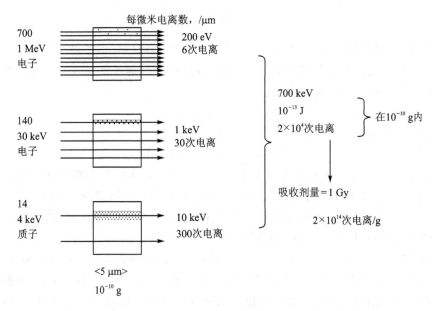

图 2.7　吸收能量和电离在显微尺度上的分布

传能线密度和微剂量学是常用的表示微观分布的方法。微剂量学是在微米到纳米级的微观空间,研究电离辐射能量沉积事件的数量、大小和分布规律,以及对生物学效应的影响,它已经发展为一门独立的学科,在此不加以深入探讨。这里只详细探讨与本课程密切相关的传能线密度。

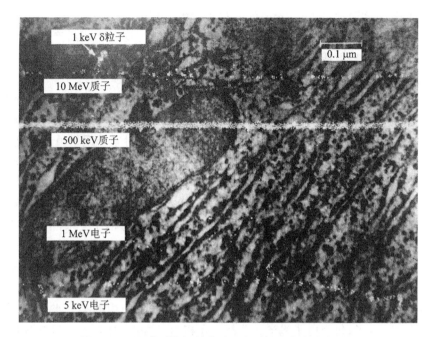

图 2.8　不同类型的辐射穿过细胞时的电离密度电镜图

2.3.2　传能线密度与剂量分布

1. 传能线密度

各种带电粒子由于荷质比(电荷与质量之比)及运动速度不同,它们产生的电离事件的空间分布也明显不同,沿电离径迹初始事件的平均距离随电荷及质量的增加而减小。例如 X 射线光子引起的快电子,带一个单位电荷,质量很小,电离密度稀疏,故称 X 射线为稀疏电离辐射。而 α 粒子的质量是电子质量的 8 000 倍,速度缓慢,引起的单独电离事件非常密集,故称 α 粒子为致密电离辐射。中子引起的反冲质子带一个单位电荷,其质量是电子的约 2 000 倍,产生的电离事件介于上述两种辐射之间,所以被称为中等电离密度辐射。

初级带电粒子在电离过程中损失的能量可能沉积在离初始作用点较远的区域。为了研究带电粒子在吸收介质中局部沉积的能量,可以选择一个能量限值 Δ。Δ 值的大小很大程度上取决于有关授予能量微观分布的质量单元大小。当能量小于 Δ 时认为其能量是在初始作用点就地沉积的,而能量大于 Δ 时则视为单独的带电粒子。为了定量地描述上述性质,Zirkle 提出了传能线密度(Linear Energy Transfer,LET)这一专用术语。电离粒子径迹某一点的传能线密度(L_Δ)定义为带电电离粒子在物质中穿行 dl 距离时与电子发生能量损失小于 Δ 的碰撞所造成的能量损失 dE 除以 dl:

$$L_\Delta = (dE/dl)_\Delta$$

传能线密度 L_∞ 是指带电电离粒子在介质中穿行单位长度路程时,能量转移取一切可能值的历次碰撞所造成的平均能量损失的平均值。这种情况下,传能线密度 L_∞ 就是线碰撞阻止本领。线碰撞阻止本领是质量阻止本领与密度的乘积。质量阻止本领定义为每单位面积单位质量内带电粒子的能量损失。L_Δ 实际上为定限线碰撞阻止本领,强调的是在介质中沉积的能量,而不是带电粒子损耗的能量。

简单地讲,传能线密度就是指直接电离粒子在其单位长度径迹上消耗的平均能量,单位是

J/m,通常以 keV/μm 表示,1 keV/μm = 1.602×10^{-10} J/m。

X 射线、γ 射线和中子虽然不是直接电离粒子,但它们与物质作用后产生次级带电粒子,所以 LET 的概念对这些射线也适用。

2. 剂量分布与传能线密度的关系

介质中带电粒子每经一次电离碰撞就要丢失一部分能量,因而,在带电粒子行进的每一单位长度路程上,局部授予介质的能量是不同的。另外,射入介质或在介质中产生的带电粒子,即使它们的初始动能相同,终因相互作用的随机性,当它们穿过某个质量单元时也往往具有不同的能量。因此,介质中传能线密度不是一个恒定值,带电粒子授予某一微小体积单元内物质的吸收剂量是以大小不等的传能线密度传递的。

通常介质中某一点上的照射是由各种不同能量的粒子构成(有时性质不同)的,这些粒子的传能线密度值各不相同。为了确定剂量分布与传能线密度的相互关系,不同类型粒子的剂量分布可以分别加以考虑。图 2.9 所示为不同类型粒子辐射的累计吸收剂量按传能线密度 L_Δ 的分布,图中横坐标为传能线密度 L_Δ,纵坐标为累计分数吸收剂量,表示当截止能为 Δ 时,传能线密度在 0~L_Δ 范围内传递的吸收剂量占总吸收剂量 D 的分数。单能带电粒子的 L_∞ 有一个单一值,等于线碰撞阻击本领。在被光子照射的介质中的某一点上,存在着具有一定能量范围的次级电子,每个电子光谱成分都会在相当于考虑到的电子能量的传能线密度处作出剂量贡献。中子照射时大多数电离粒子是次级质子,来自 α 粒子的剂量贡献较少。可见,对于带电粒子,传能线密度只有一个单一的值,而对于光子和中子,曲线在次级电离粒子的最小 L_Δ 和最大 L_∞ 值之间延伸。

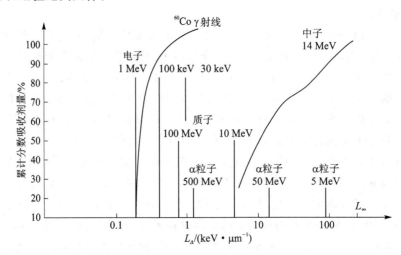

图 2.9　不同辐射的剂量分布与传能线密度 L_Δ 的关系

一种更细的处理方法是分离出 δ 射线的贡献,认为它们与产生它们的粒子无关。在介质中沉积于径迹周围的能量定义为能量传递 Q,能量传递 Q 低于 Δ 值。当能量传递 Q 大于 Δ 值时,δ 电子被当作单独的粒子处理。在径迹的某一点上粒子以 $Q < \Delta$ 的方式在单位长度上丢失的能量定义为传能线密度(L_Δ)。最经常采用的 Δ 值为 100 eV。我们知道,大约 40% 的粒子能量损失传递给 δ 电子,所以得到 $L_{100\,eV} = 0.6S$。

例如,相对于 1 MeV 电子,$L_\infty = S = 0.2$ keV/μm,当 $\Delta = 100$ eV 时,$L_\Delta = 0.12$ keV/μm。在介质中某一点有一个 1 MeV 的电子,60% 的剂量来源于近似 L_Δ 值的径迹,而 δ 射线按其自身 LET 值做出了其余 40% 的剂量贡献。

图 2.10 所示为 δ 射线的剂量分布与传能线密度 L_Δ 的关系。上限 $L_\infty = 30 \text{ keV}/\mu\text{m}$,相当于能量为 100 eV,因为特别高能量的 δ 射线的贡献可以忽略不计,较低的实际限量 $L_\Delta = 1 \text{ keV}/\mu\text{m}$,相当于能量为 30 keV。图 2.9 也说明了不同射线的剂量分布与 $L_\Delta (\Delta = 100 \text{ eV})$ 的关系。

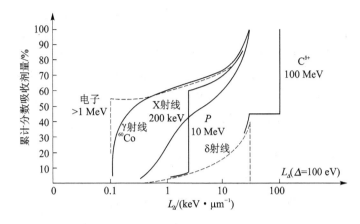

注:曲线与图 2.9 中的曲线有同样的意义。但 δ 电子不依赖于产生 δ 电子的电离粒子,它们的剂量贡献约为全部辐射的 40%。虚线表示与 δ 电子相当的 L_Δ 谱。

图 2.10　δ 射线的剂量分布与 $L_\Delta (\Delta = 100 \text{ eV})$ 的关系

因为几乎所有的 δ 射线射程都很短,所以通过 P 点的 δ 射线来源于一个非常小的邻近体积。δ 射线的能量依赖于它的初始能量以及它的源点与 P 点之间丢失的能量。δ 射线在 P 点的能量分布表现为 δ 射线的平均能谱(the equilibrium spectrum)。δ 射线在受照射体积的所有各点都一样,并且它对初始电离粒子的性质或能量的依赖很小,因此就该射线提供的 LET 的剂量分布来说,情况是一样的。

根据剂量分布与 LET 值 (L_∞ 或 L_Δ) 的函数关系可以得到 LET 的平均值,该数值已经足够对不同的辐射进行概略分类(见表 2.1),但 LET 分布的重要区别却显示不够。因此,用 LET 来详细说明射线的性质是有价值的,但还不够充分。

表 2.1　$L_\Delta (\Delta = 100 \text{ eV})$ 的平均值(计算考虑了每一段 LET 对剂量的贡献)

辐射类型	L_Δ 平均值/$(\text{keV} \cdot \mu\text{m}^{-1})$
1 MeV 的电子	6
^{60}Co γ 射线	6
200 kV X 射线	9.5
50 kV X 射线	13
1 MeV 的质子	15
0.5 MeV 的质子	21
5 MeV 的 α 粒子	34
100 MeV 的 C^{6+} 离子	64

对于常用的剂量率,由于径迹在时间、空间的分布非常好,对形成的自由基来说,鉴于它们的生存期短暂,一条径迹上自由基和邻近径迹的自由基之间不可能相互作用,所以认为沿粒子

单个径迹的能量沉积密度较为满意。当剂量率大于 10^{10} Gy/s 时（只有在特殊环境下才会发生），才逐渐有相互作用。不过,对 δ 射线可能并非如此,因为它们的部分能量沉积于接近产生 δ 射线的粒子的径迹上。

LET 只能计算不能测量,这就需要精确测定粒子能谱。LET 平均值的计算方法有两种:一种方法是计算径迹均值,将径迹分为若干相等的长度,计算每一长度内的能量沉积量,求其平均值,称为径迹平均传能线密度;另一种方法是计算能量或吸收剂量的均值,将径迹分为若干相等的能量增量,再把沉积在径迹上的能量除以径迹长度,称为剂量平均传能线密度。两种计算方法均可得出平均 LET,但可因辐射种类的不同而有差异。LET 依赖于线碰撞阻止本领,并且与线碰撞阻止本领一样,是一个不考虑能量传递不连续性的统计量。为了克服 LET 的不足,Rossi 推荐了一种称为微剂量的测量方法,此处不再详述。

2.4　相对生物效能

前面已讨论了 LET 的概念。简言之,LET 就是指直接电离粒子在其单位长度径迹上消耗的平均能量。X 射线、γ 射线和中子虽不是直接电离粒子,但它们在与物质作用后产生次级带电粒子,所以 LET 的概念对这些射线也适用。

生物效应的大小与 LET 值有重要关系。一般情况下,LET 值越大,生物效应也越大。图 2.11 表示了不同 LET 射线在 DNA 双螺旋结构中的电离密度分布。

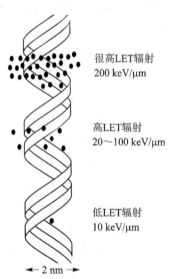

很高LET辐射
200 keV/μm

高LET辐射
20～100 keV/μm

低LET辐射
10 keV/μm

← 2 nm →

图 2.11　DNA 双螺旋结构中不同 LET 射线的电离密度分布

2.4.1　相对生物效能的含义与影响因素

1. 相对生物效能的含义

电离辐射的生物效能（biological effectiveness）,不仅取决于某一特定时间内吸收的总剂量,而且受能量分布的制约。沿粒子径迹的能量分布决定某一剂量所产生的生物效应的程度。在剂量相同时,高 LET 辐射的生物效能比低 LET 辐射的要大得多。在放射生物学中通常用"相对生物效能"（Relative Biological Effectiveness,RBE）来表示这种差别。RBE 通常以

250 keV X 射线或 γ 射线为基准,定义为:X 射线或 γ 射线引起某一生物效应所需剂量与所观察的电离辐射引起相同生物效应所需剂量的比值。用下式表示:

$$RBE = \frac{\gamma\,射线产生生物效应的剂量}{所试辐射产生相同生物效应的剂量}$$

各种电离辐射的相对生物效能值列于表 2.2 中。

表 2.2　各种电离辐射的相对生物效能

辐射种类	相对生物效能
X 射线,γ 射线	1
β 粒子	1
热中子	3
中能中子	5～8
快中子	10
α 粒子	10
重反冲核	20

2. RBE 的影响因素

　　RBE 是一个相对量,受多种因素的影响。例如,辐射品质、辐射剂量、分次照射的次数、剂量率、照射时有氧与否等。如果使用同一射线而所观察的生物效应指标不同,则所得的 RBE 值也不同。常用的生物指标是平均灭活剂量或平均致死剂量。图 2.12 中以产生相同的生物效应来计算快中子的 RBE。当单次照射选择存活率为 0.01 时,中子剂量约为 6.6 Gy,而 X 射线的相应剂量约为 10 Gy,所以中子的 RBE 约为 1.51。但若选择存活率为 0.6 作为比较指标,则中子剂量约为 1 Gy,X 射线的剂量约为 3 Gy,这时中子的 RBE 为 3.0。

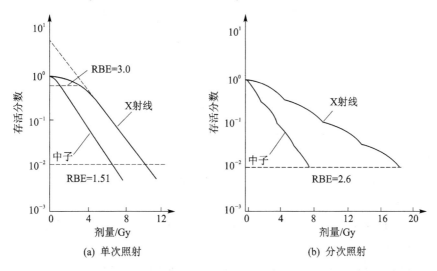

(a) 单次照射　　　　　　　　　　(b) 分次照射

图 2.12　相对 X 射线,中子哺乳动物细胞存活曲线上的 RBE

　　图 2.12(b)所示为分次照射,X 射线和中子的剂量分别被分割为 4 次照射,此时存活率为 0.01,中子的 RBE 为 2.6,比单次照射时的 RBE 1.51 要高得多。这是由于 X 射线存活曲线的肩区大,修复亚致死损伤的能力较强,而中子存活曲线几乎没有肩区,对亚致死损伤的修复能

力很弱。因此,分次照射时中子的治疗效果更好些。

稀疏电离辐射(如 X 射线或 γ 射线)的 RBE 对剂量率有依赖关系,而致密电离辐射(如 α 粒子)的 BRE 对剂量率的依赖性小。

2.4.2　LET 与 RBE 的相互关系

RBE 的变化是 LET 的函数。当 LET 小于 10 keV/μm 时,随着 LET 的增加,RBE 缓慢增加;但当 LET 超过 10 keV/μm 时,RBE 上升加快;当 LET 到达 100 keV/μm 时,RBE 达到最大值。此时,如果 LET 继续增加,RBE 反而下降。依据靶学说,射线要杀死一个细胞,必须给细胞中的靶部位以足够能量。稀疏电离辐射的带电粒子径迹上的电离事件被分散在相对较长的间距中,靶部位发生一次或多于一次电离的事件概率不大。随着 LET 的增加,径迹上电离密度加大。靶部位发生电离的事件增多,对细胞的杀伤作用随之增大。假如每个细胞内发生两次电离代表对细胞具有最佳杀伤作用,此时如果 LET 值再增加,就会出现多余的电离事件,出现"超杀"效应(overkill effect),造成能量浪费,RBE 反而下降。在肿瘤放疗时应考虑这个特性。既要求射线的最大疗效,又要避免射线的副作用。此外,RBE 的数值随细胞活存率的不同而有差别。图 2.13 显示人肾细胞体外培养时不同存活分数下的 RBE 与 LET 的关系。曲线显示了三种细胞存活分数,分别是 80%、10% 和 1%。图中显示由于观察的存活分数不同,一定照射剂量的 RBE 也不同,但 RBE 随 LET 的增加而增加的趋势不变。横坐标上标有典型的 γ 射线、快中子和 α 粒子的 LET 值。

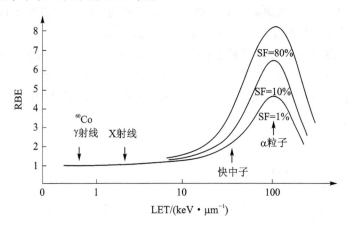

图 2.13　不同细胞存活水平时的 RBE 和 LET 的关系

参考文献

[1] Attix F H,Roesch W C,Tochilin E. Radiation dosimetry:vol Ⅲ[M]. New York:Academic Press,1968.

[2] Dendy P P,Heaton B. Physics for Radiologists [M]. Oxford:Blackwell Scientific Publications,1987.

[3] Johns H E, Cunningham J R. The physics of radiology[M]. 4th ed. Springfield, Illinois:Charles C. Thomas Publisher,1983.

[4] Kase K R, Bjarngar B E, Attix FH. The dosimetry of ionizing radiation:vol Ⅰ

[M]. New York：Academic Press，1985.

[5] Kase K R，Bjarngard B E，Attix FH. The dosimetry of ionizing radiation：vol Ⅱ [M]. New York：Academic Press，1987.

[6] Kellerer A M，Rossi H H. RBE and the primary mechanism of radiation action [J]. Radiat Res. ，1971，47：15-34.

[7] Kellerer A M，Rossi H H. The theory of dual radiation action [J]. Curr Topics Rad Res，1972，8：85-158.

[8] Magee J L，Chatterjee A. Radiation chemistry of heavy particle tracks [J]. J. Phys Chem，1981，84：3529-3537.

[9] Raju M R. Heavy particle radiotherapy [M]. New York：Academic Press，1980.

[10] Tubiana M，Dutreix J. Introduction to Radiobiology [M]. London：Taylor and Francis Group，1990.

[11] 夏寿萱.分子放射生物学[M].北京：原子能出版社,1992.

[12] 朱王葆,刘永,罗祖玉.辐射生物学[M].北京：科学出版社,1987.

[13] 夏寿萱.放射生物学[M].北京：军事医学科学出版社,1998.

第3章 放射生物学中的辐射化学

辐射对生命物质的影响是辐射与介质相互作用期间发生的初始物理事件的最终结果。很显然,这些初始事件(电离和激发)的数量或能量与它们产生的生物效应之间有很大差别。10 Gy 的照射相当于组织吸收了 10^{-2} J/g 的能量(组织温度上升 0.002 ℃),或者说每克组织中有 1.95×10^{15} 次电离,也即每个细胞(质量为 10^{-9} g)产生大约 2×10^6 次电离,它几乎能杀死哺乳动物所有的细胞。因为一个细胞内含有大约 10^{13} 个水分子和 10^8 个大分子,虽然受到一次电离作用的分子比例非常小,但是它足以使细胞产生明显的损伤。

最终的生物效应是电离启动的一连串物理事件、相应的化学变化以及由此导致细胞赖以生存的大分子损伤的结果。本章从属于辐射化学为主的反应开始,然后从最重要的细胞结构(DNA、染色体)水平、细胞水平和组成组织或器官的细胞群体水平观察这些反应的后果。

3.1 直接作用和间接作用

射线作用于人体所致生物效应的大小,是由射线引起的生物分子失活、基因突变和染色体断裂等事件的多少及严重程度决定的。换言之,细胞中关键部位——生物大分子的损伤与机体的辐射生物效应密切相关。依据电离辐射对细胞中重要生物大分子的作用方式,将电离辐射分为直接作用和间接作用两种方式。电离辐射的直接作用(direct effect)是指射线直接将能量传递给生物分子,引起电离和激发,导致分子结构的改变和生物活性的丧失。也就是说,吸收能量和出现损伤发生在同一分子或结构内部。如果吸收能量的是一个分子,而受损伤的却是另一个分子,那就是间接作用。人体中水占体重的 70%~75%。某些组织或细胞中水的比例更高。当它们受到 X 射线或 γ 射线照射时,部分能量首先作用于水,引起水分子的活化和自由基的生成,然后通过自由基再作用于生物大分子,造成它们的损伤。这样的作用方式称为间接作用(indirect effect)。射线对生物分子的作用是随机的,但生物分子在吸收辐射能量后所形成的损伤往往局限于分子的一定部位或者较弱的化学键上。这是因为在特定的分子结构中能量传递有一定的趋向以及能量沉积不均匀。图 3.1 中以 DNA 分子为例说明了辐射的直接作用与间接作用。在直接作用中,DNA 分子与一个吸收了一个光子后的运动电子相互作用,导致链的断裂;而在间接作用中,吸收光子后的运动电子首先与一个水分子相互作用,产生一个 ·OH,然后通过 ·OH 作用于 DNA 分子,造成 DNA 分子链的断裂。估计沿 DNA 分子轴心距离 2 nm 的一个圆柱内产生的自由基都能攻击 DNA 链。对低 LET 射线来说,间接作用占优势。

近年来被确认的电离辐射旁效应(bystander effect)也进一步证实了间接作用的存在。细胞受到电离辐射可引起细胞损伤或功能激活,产生损伤或激活的信号可导致与其共同培养的未受照射细胞产生同样的效应,这种效应被称为电离辐射旁效应(bystander effect of ionizing radiation)。很多实验参数证实了电离辐射旁效应的存在,譬如细胞存活、增殖、凋亡和基因突变等。目前,旁效应的机制还不十分清楚,但与受照射细胞产生的活性氧、细胞因子和细胞间的缝隙连接(gap junction)等有密切关系。

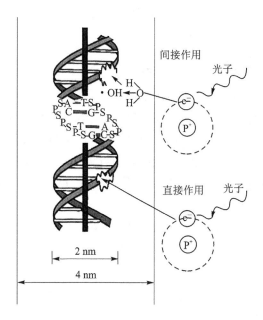

图 3.1　X 射线和 γ 射线的直接作用和间接作用

　　直接作用和间接作用两种方式在辐射作用中谁主谁次是一个很复杂的问题。在大多数情况下,直接作用和间接作用所产生的辐射生物效应都很重要,它们各自供献的大小与辐照条件有关。例如,RNA 酶在干燥状态和溶液(5 mg/mL)中两种情况下接受 γ 射线照射,观察 RNA 酶的钝化情况,结果显示后者比前者敏感 100 倍。这表明在溶液浓度下,大约 99% 的 RNA 酶分子是被水自由基的作用钝化的,由酶分子本身吸收辐射能后所致钝化的比例仅占 1%。又如烟草花叶病毒在近干燥状态时丧失活性所需的照射量约为稀释 100 万倍后的 1 000 倍。所以,在稀释溶液中,辐射的间接作用是主要的。除水之外,间接作用还受其他因素的影响。例如照射碳水化合物、氨基酸、蛋白质和核酸时产生的某些成分,特别是氢,照射时释放的氢自由基和未受损伤的分子反应,会加合到双键上,形成氢分子。

　　在射线与机体组织作用的早期阶段,直接作用占有重要的位置,但由于机体和细胞中含有大量的水分,它吸收了大部分的辐射能量,因此对于水含量多的组织和细胞,自由基的间接作用对辐射损伤起很重要的作用。

3.2　辐射作用的时间进程

3.2.1　电离辐射的原初作用过程

　　电离辐射作用于人体组织和细胞,从开始辐射到观察到细胞损伤的这段事件称为原初作用(primary effect),包括初始物理事件、物理化学和辐射化学三个阶段。在此过程中,辐射能量的吸收、传递、分子的激发和电离以及自由基的产生等,都是在高度有序的生物体组织内进行的。能量的吸收和传递使细胞中,特别是细胞核中排列有序的生物大分子(DNA)处于激发和电离状态,特殊的生物结构也使电子传递和自由基连锁反应得以进行,这就导致了初始的生物化学损伤(生物化学阶段)。由于亚细胞结构的破坏引起了细胞内酶的释放,致使细胞内代谢异常、细胞内功能协调紊乱,促使初始的生物化学损伤进一步发展,引起机体内一系列的生化变化,直至发生临床病变(生物学阶段)。

3.2.2　电离辐射作用的时间进程

辐射作用的时间范围至少跨越 26 个数量级,近年来随着高分辨计时和快速记录技术的发展,观察到的最原初的物理事件由 10^{-18} s 缩短到 10^{-24} s,使观察的时间跨度达 32 个数量级。表 3.1 概括了放射生物学作用的时间效应。目前关于各时间阶段的划分,不同作者的报道也不一致。有的将物理化学阶段并入物理阶段,有的将生物化学阶段并入化学阶段,有的将生物学阶段又分为早期和晚期阶段等。至于时间阶段的区分,也不一致,有时相差 2~3 个数量级,有时各阶段之间有交叉重叠的现象。

表 3.1　放射生物学作用的时间效应

时间/s	发生过程
物理阶段:	
10^{-18}	快速粒子通过原子
$10^{-17}\sim10^{-16}$	电离作用 $H_2O \rightarrow H_2O^+ + e^-$
10^{-15}	电子激发 $H_2O \rightarrow H_2O*$
10^{-14}	离子-分子反应,如 $H_2O^+ + H_2O \rightarrow \cdot OH + H_3O^+$
10^{-13}	分子振动导致激发态解离 $H_2O* \rightarrow H\cdot + \cdot OH$
10^{-12}	转动弛豫,离子水合作用 $e^- \rightarrow e_{aq}^-$
化学阶段:	
$<10^{-12}$	e^- 在水合作用前与高浓度的活性溶质反应
10^{-10}	e_{aq}^-、$H\cdot$、$\cdot OH$ 及其他基团与活性溶质反应(浓度约 1 mol/L)
$<10^{-7}$	刺团内自由基相互作用
10^{-7}	自由基扩散并均匀分布
10^{-3}	e_{aq}^-、$H\cdot$ 和 $\cdot OH$ 与低浓度的活性溶质反应(约 10^{-7} mol/L)
1	自由基反应大部分完成
$1\sim10^3$	生物化学过程
生物阶段:	
数小时	原核和真核细胞分裂受到抑制
数天	中枢神经系统和胃肠道损伤显现
约 1 个月	造血障碍性死亡
数月	晚期肾损伤、肺纤维样变性
若干年	癌症、遗传变化

3.2.3　早期辐射效应及其修饰的可能性

与表 3.1 所列的时间表不同,Singh 将表中的物理阶段分为物理阶段和物理化学阶段,这样早期辐射效应就被分为 5 个阶段,而且 Singh 还探讨了其防治的可能性。

1. 物理阶段

物理阶段是指 10^{-14} s 以前的阶段,这个阶段的辐射效应主要是细胞中的水分子、无机和有机组分被激发,形成激发态和超激发态,或发生电离。只能事先从外部实行物理屏蔽,才能防止辐射生物效应的发生,化学预防无效。

2. 物理化学阶段

物理化学阶段是指 $10^{-14} \sim 10^{-12}$ s 之间的阶段,在此阶段化学损伤开始发生,正常代谢产生的自由基和活性酶 $R_n^{\cdot}$ 开始与辐射产生的活泼基团 $R_r^{\cdot}$ 起反应:

$$生物系统 \xrightarrow{代谢} R_n^{\cdot}$$

$$生物系统 \xrightarrow{照射} R_r^{\cdot}$$

$$R_n^{\cdot} + R_r^{\cdot} \longrightarrow 异常产物$$

这时生物大分子中被破坏的 S—H、N—H、O—H 和 C—H 键可被细胞内已存在的巯基化合物部分修复,如果在照射前引入外源性巯基化合物,则可以取得一定程度的防护效果。

3. 化学阶段

化学阶段是指 $10^{-12} \sim 10^{-3}$ s 之间的阶段,此阶段 DNA 和 RNA 的损伤开始出现,细胞内酶可能被激活或灭活。由于前期参与细胞内化学键损伤的修复可出现细胞内巯基含量下降,所以现在脂质过氧化开始出现,因辐射损伤而产生的稳定和亚稳定的异常产物的毒性开始出现。

此时,细胞内正常存在的或于照射前给予的自由基清除剂或抗氧化剂可有部分防护作用。过氧化氢酶和谷胱甘肽过氧化物酶能减少细胞内 H_2O_2 的形成,超氧化物歧化酶能消除超氧阴离子毒性。维生素 C、维生素 E、运铁蛋白、铁蛋白和血浆铜蓝蛋白能防止氧化性反应。经过上述还原作用可以使自由基的靶分子恢复为正常靶分子。此外,巯基化合物能防止酶灭活。

4. 生物化学阶段

生物化学阶段是指 $10^{-3} \sim 1$ s 之间的阶段,在这个阶段许多正常生化反应受到干扰,DNA 开始修复。这时许多辐射变化都可以用适当方法防止,照后治疗可以开始。

5. 早期生物学阶段

早期生物学阶段从数秒至数小时,在这个阶段中,由于辐射次级反应生成的超氧阴离子的反应继续进行,受照射细胞的有丝分裂延迟。由于重要生物大分子的损伤,能量供应发生紊乱,造成生物合成的前体供应不足,许多重要生化反应受到干扰,细胞质膜和核膜被破坏,细胞的辐射生物效应开始出现。

该阶段辐射效应的防止或纠正措施与生物化学阶段相同。

3.3　水的辐射化学

一个成年人人体中水的重量占体重的 70%。不同组织细胞内的水含量不同,如脑组织里占 85%,肌肉中占 75%。低 LET 电离辐射的生物效应在很大程度上是间接造成的,即水分子吸收辐射能量导致电离和激发产生活性产物,后者再影响生物大分子的活性。

3.3.1　自由基的定义与理化性质

化学中常以"基"表示不同的原子团,如碳酸基(CO_3^{2-})、甲基(CH_3—)等。自由基(free

radical)是指能够独立存在的、带有一个或多个未配对电子的原子、分子、离子或原子团。自由基由于具有未配对的电子,易与其他电子配对成键,故具有很高的反应活性。自由基可以带有电荷(自由基离子),也可以是不带电荷的原子或分子。

自由基的表示,一般在原有原子、分子、离子或基团符号的上角、一侧或上方标记一个圆点"·",以显示未配对电子特征,但不表示未配对电子数量,如·CH_3、·OH、O_2^-·、H·等。

自由基具有高反应性、不稳定性和顺磁性等特点。高反应性不仅表现在自由基之间易发生反应(两个自由基的不成对电子的配对),而且自由基还易与生物靶分子发生加成反应、抽氢反应和电子对转移等反应。多数自由基不稳定,其寿命很短,如在细胞内羟自由基的半衰期为10^{-9} s。电子在轨道上自旋运动时产生磁场和相应的磁矩。若在同一轨道上存在成对的电子,则因其自旋方向相反,两者的磁矩抵消,故无磁性。由于自由基存在不配对电子,故产生自旋磁矩。若施加外磁场,则电子磁体只能与外磁场平行或反平行,而不能随意取向,这就是自由基的顺磁性。因此,可以采用电子顺磁共振法研究自由基的特性。

3.3.2　水的辐解反应

如前所述,水构成了生物系统中的生存环境。对于生命系统而言,在电离和激发的初始事件中大量能量转移都发生在水分子上。低 LET 辐射时,次级电子对水分子电离和激发的直接作用是生物系统的主要反应。射线与水分子的相互作用导致水分子电离和激发,这个时间进程非常短,一般在$10^{-16} \sim 10^{-12}$ s 之间。水的最初辐解反应产物包括激发态的水(H_2O*)和水的直接电离产物。辐射可使水分子分解为·OH 和 H· 两种自由基,这一过程与水分子的自发性电解有着明显区别,因此称为水的辐解反应(radiolysis of water)。辐解过程中产生的各种自由基和分子统称为水的原初辐解产物。

电离辐射的光子或粒子与水分子作用导致水分子电离,可表示为

$$H_2O \xrightarrow{\text{射线}} H_2O^+\cdot + e^-$$

H_2O^+· 是离子自由基(ions radical)。因为它丢失了一个电子而带有一个正电荷,因此它是一个离子;同时它的外壳层又带有一个未配对的电子,因此它又是一个自由基。H_2O^+·极不稳定,寿命极短,大约为10^{-10} s,其迅速分解为非常活跃的不带电荷的中性自由基——羟自由基。H_2O^+·分解如下:

$$H_2O^+\cdot + H_2O \rightarrow H_3O^+ + \cdot OH$$
$$H_3O^+ + e^- \rightarrow H_2O + H\cdot$$

羟自由基·OH 具有很强的氧化活性。水辐解产生的·OH 和 H· 自由基非常活泼,其性质与水自发离解形成的 OH^- 和 H^+ 离子不同,后者不具有不配对电子,并且化学性质不活泼(见图 3.2)。

电离作用产生出来的电子在其原点具有动能,它们能行进一段有效的距离,如 10 eV 的电子行进的距离大约为 15 nm,约相当于 70 个水分子,不可能发生重合。它们在行进过程中通过碰撞渐渐丢失其动能,当电子速度减慢到一定程度时,被水分子捕获(强烈极化),称为水合电子(aqueous electron),以 e_{aq}^- 表示。水合电子实际上是水分子捕获一个自由电子而成的。这些水合电子在纯水中相当稳定,可以保持几微秒。水合电子具有很强的还原性。靠近水合电子的一些水分子离解成 H· 或·OH 自由基。水合电子和 H^+ 离子结合可以消失,但在生物体系中水合电子更大的可能是与溶解的氧或有机分子起化学反应。

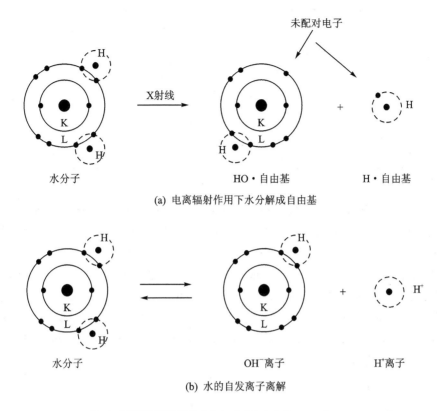

(a) 电离辐射作用下水分解成自由基

(b) 水的自发离子离解

注:水分子因辐射作用使水分解成两个自由基・OH 和 H・。

图 3.2 水的辐解与自发离子离解

若电离辐射时水分子所获得的能量尚不足以使电子击出,只是使水分子的电子跃迁到较高级的轨道上而处于激发状态,则称为水分子激发。水分子的激发常与电离相伴发生,它们很不稳定,可很快解离成 H・和・OH 自由基。其原因在于激发态水分子较基态水分子具有更高的能量,足以使 H—O 键断裂而解离为 H・和・OH 自由基。水分子的激发和离解反应式如下:

$$H_2O \xrightarrow{\text{射线}} H_2O* \rightarrow \cdot OH + H\cdot$$

总之,在原初过程中水分子受辐解作用生成自由基主要有两种方式:一是水分子的电离;二是水分子的激发。

3.3.3 水辐解时自由基的归宿

上面讨论了水辐解时形成高活性的自由基,如・OH、H・和水合电子。电离粒子经过大约 10^{-12} s 后,自由基立刻以非常不均匀的方式分布在径迹的周围。这种沿径迹的分布依赖于粒子的 LET。・OH 和 H・自由基从其源点扩散,并互相起反应,重新化合形成 H_2O、H_2O_2 或 H_2 等。因此,次电离粒子通过后,在大约 10^{-7} s 时自由基・OH、H・或分子 H_2O_2 和 H_2 全都在径迹周围出现,其分布不均匀,比例随粒子类型的不同而有差异(见表 3.2)。如在高 LET 射线照射时,水自由基的局部浓度较高,更加有利于水自由基的复合,促进 H_2、$H_2O\cdot$ 和 H_2O_2 的形成。

表 3.2　不同 LET 条件下辐射反应中各种产物及其 G 值

LET/(keV·μm^{-1})	G 值						
	H_2O	e_{aq}^-	·OH	H·	H_2	H_2O_2	H_2O·
0.23	4.08	2.63	2.72	0.55	0.45	0.68	0.008
12.3	3.46	1.48	1.78	0.62	0.68	0.84	—
61	3.01	0.72	0.91	0.42	0.96	1.00	0.005
108	2.84	0.42	0.54	0.27	1.11	1.08	0.07

注：浓度计算——当辐射剂量等于 1 Gy 时，产物浓度为 $G \times 10^{-8}$ mol/L。

　　X 射线作用于细胞，从光子的能量被吸收至最后观察到生物效应，这一时间进程中涉及的系列事件受很多因素的影响，变化会很大。初始电离的物理过程仅 10^{-15} s，甚至更短。一般由于电子逐出而产生的原初自由基的寿命约为 10^{-10} s。细胞内 ·OH 自由基的寿命约为 10^{-9} s，而在有空气情况下，由直接电离或由同 ·OH 反应产生的 DNA 自由基的寿命约为 10^{-5} s。从化学键的断裂到生物效应呈现出来可以是几小时、几天、几个月、几年甚至几代，这有赖于射线作用的部位与效应后果。如果射线只是将细胞杀死，而受损细胞的数量又足够多，受照射后生物效应可很快表现出来，时间可以从数十分钟到几天，而如果射线只是引起细胞 DNA 的改变，由此导致细胞癌基因化，那么生物效应可能延迟至几年，甚至几十年后发生；如果突变发生在生殖细胞上，则可引起后代遗传学改变。

3.3.4　G　值

　　G 值（G value）用于表示水辐射化学中辐解产物的产额，可用作评估一种化合物受电离辐射时引起的或电离辐射后进行的反应敏感度。辐射的原初产额是指物质吸收能量后，在未发生后续反应前所产生的最初活性粒子的产额，如激发态分子、离子、未热能化的电子等。通常是指所测得的从径迹扩散出来、在溶液中达均匀分布的粒子种类的产额。这一名词的意义常与研究者的目的及所用实验方法直接有关。在水辐解中原初产额 G 值被定义为水在 pH7.0，吸收辐射能量为 100 eV，作用时间为 $10^{-9} \sim 10^{-8}$ s 时形成的分子、离子或基团数。

　　水辐解形成的原初产物的产额受多种因素影响，如 LET 值、剂量率、温度以及水中的杂质等。低 LET 辐射时形成的径迹是不连续的，这样在径迹附近自由基浓度较低，相比高 LET 辐射而言，不利于自由基之间的反应，因此测得的分子产额较低，自由基产额相对较高。而高 LET 辐射时，如 α 粒子，能量沉积较大，损失能量的过程可认为是连续的，径迹附近自由基浓度很高，有利于自由基之间相互反应，所以，测得的分子产额较高，自由基产额相对较低。

　　水中杂质主要指溶于水的无机物质和有机物质。它们有的具有清除自由基的作用，有的则相反，如溶于水的氧。

3.3.5　刺团和团泡

　　光子进入生物组织后沿入射径迹丢失能量，其能量在组织、细胞中的吸收是不连续的，波动的范围较大。Mozumder 和 Magee 用刺团（spur）、团泡（blob）等术语来描述水辐解反应时反应体积的大小，即能量沉积的大小范围。刺团的反应体积较小，沉积的平均能量约为 100 eV，作用直径约为 4 nm，含 3 对离子。而团泡的反应体积较大，沉积的能量为 100～500 eV，作用直径约为 7 nm,含 12 对离子。在 X 射线或 γ 射线辐照时大约 65％的能量是以刺团的形式沉积,作用直径大约为 4 nm,是 DNA 双螺旋结构直径的 2 倍。以团泡形式沉积的能量占比较少。与刺团的作用相比,团泡沉积的能量较大,对 DNA 造成的损伤要严重得多(见图 3.3)。随着射线 LET 的增加,能量沉积中团泡的比例逐渐增加。

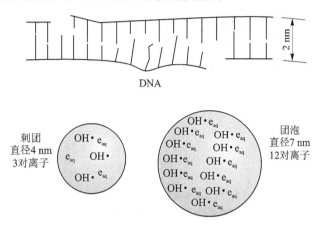

图 3.3　水辐解时的刺团和团泡

3.4　氧效应

　　很多化学物质或药物可以影响电离辐射的生物效应,但没有一种化学物质像氧一样既简单而又具有强烈的调节作用。

　　早在 1912 年德国学者 Swartz 就观察到了氧效应。他注意到,当用涂镭器在他的前臂涂抹镭时,如果涂镭器压紧于皮肤表面,则皮肤的辐射反应就减轻,反之则重。他当时并没有考虑到氧的问题,只认为这是由于血流中断的原因。直至 1921 年,Holthusen 注意到无氧时照射蛔虫卵,蛔虫卵对射线具有一定拮抗作用,但他错误地把它归咎于细胞在此条件下无分裂活动。1923 年,Petry 通过研究射线对蔬菜种子的作用,发现放射敏感性与氧的存在之间有一定关联性。20 世纪 30 年代,Mottram 在调查研究 Crabtree 和 Cramer 关于有氧、无氧条件下辐照肿瘤切片中细胞存活工作的基础上,对氧进行详细的探讨,他还讨论了氧在放射治疗中的重要性。他和他的同事 Gray 及 Reed 用生物学实验——蚕豆根生长抑制实验,定量测定了氧效应。这一简单的方法被发展成为可重复和精确定量的实验系统,并用来证实了许多放射生物学方面的基本原则。

3.4.1　氧效应与氧增强比

　　氧是一种很强的辐射增敏剂。氧效应(oxygen effect)是指在有氧条件下,受照射的生物系统或生物分子的辐射效应,特别是在光子或电子等低 LET 辐照时的效应增强现象。氧效应是放射生物学和放射肿瘤学中的一个重要问题。以细胞存活分数的对数为纵坐标,辐射剂量为横坐标,绘制细胞存活曲线。在有氧和缺氧的条件下照射后,细胞存活曲线的形状相似,但是达到某一存活分数所需的照射剂量不同,有氧时的剂量要低于缺氧时的剂量(见图 3.4)。从细菌到哺乳动物系统显示具有相似的氧效应。

　　一般用氧增强比(Oxygen Enhancement Ratio, OER)来衡量氧效应的大小,其表达式

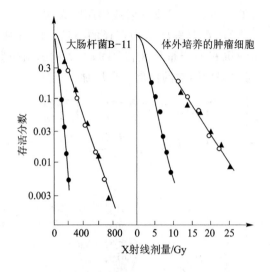

注：● 有氧条件照射，▲ 缺氧条件照射，○ 有氧条件下实验，将各剂量
点乘以一定倍数后的数据(细菌×3.3；哺乳动物细胞×2.8)。

图 3.4　有氧和缺氧条件下受照射细菌和哺乳动物细胞的存活曲线

如下：

$$氧增强比 = \frac{缺氧条件下产生一定效应的剂量}{有氧条件下产生同样效应的剂量}$$

氧增强比(OER)的大小与辐射剂量、辐射种类、细胞周期的时相及细胞类型有关。对低 LET 射线而言，当观察的生物终点相同时，同一种射线低剂量的氧增强比值较低，而高剂量的较高。低剂量的 OER 值为 2.5，高剂量的 OER 值为 3.5(见图 3.5)。

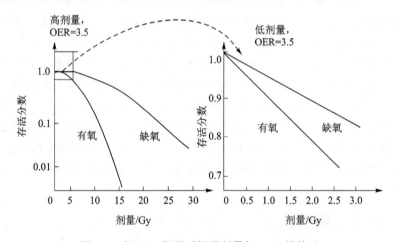

图 3.5　低 LET 辐照时辐照剂量与 OER 的关系

此外，OER 随着辐射类型的不同而变化，当射线的 LET 增加时，氧增强比的值减少。对低 LET 的 X 射线和 γ 射线而言，其 OER 值为 2.5～3.0；用于放射治疗的快中子，其 OER 值大约为 1.6；而对于 LET 值很高的 α 粒子，其 OER 值接近于 1，即氧效应几乎没有。

观察的生物终点不同，或同一生物终点测定的化学或生物系统不同，那么同一种射线的氧增强比值也会发生变化，如 γ 射线的 OER 在 2.5～3.0 范围内波动。常规分次照射体外培养的快速增殖细胞，其 γ 射线的 OER 值接近于低值 2.5。对处于细胞周期中 G_1 期和 S 期的细胞分别进行照射,G_1 期细胞的 OER 值比 S 期的低,因为 G_1 期细胞的辐射敏感性较 S 期的高。G_2 期细胞的 OER 为 2.3~2.4,而 S 期细胞的为 2.8~2.9。但在放射治疗中,OER 的这点微小变化没有多少临床意义。

3.4.2　氧效应与氧浓度的关系

在有氧条件下,细胞放射敏感性增高。问题是,具有辐射防护作用时需要多高的氧浓度呢? 关于放射敏感性增高的幅度与氧分压之间的关系,已用一系列细菌、酵母菌、植物和哺乳动物细胞做了大量的实验研究,实验显示各类细胞间的结果惊人的相似,两者之间并不呈线性关系(见图 3.6)。在氧浓度很低时就会产生很强的氧效应。当氧分压从 0 增加至 3 mmHg (氧浓度约 0.5%,1 mmHg = 133 Pa)时,细胞的放射敏感性迅速增加。当氧分压增加至 30 mmHg (氧浓度约 5%)时,达到一平台区。放射敏感性的变化大多发生在氧分压从 0 增加到 30 mmHg 之间。超过此浓度时,放射敏感性的增加就缓慢得多了。

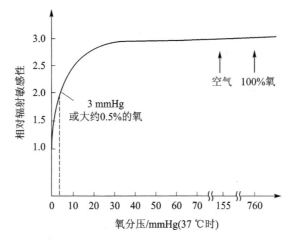

注:粘质沙雷氏菌,培养基事先与氧平衡。
图 3.6　辐射敏感性与氧分压的关系

氧浓度与氧效应的关系还可以从中国仓鼠细胞在不同氧浓度下经 X 射线照射后的存活曲线清楚地表现出来。图 3.7 中的 A 线代表在空气中照射细胞的存活率。当这个生物系统中的氧含量由 0.22% 逐步减少至 0.01% 和 0.001% 时,细胞放射敏感性逐渐降低,照后细胞存活率逐渐上升。图 3.7 中的 B 线是在实验条件下能达到的最低乏氧水平。其他实验也显示,在 2% 氧含量时细胞存活曲线与正常空气条件下的没有差别。即使氧含量增加到 100% 也不影响细胞存活曲线的斜率。

正常情况下,空气中含氧量为 21% 左右。如果空气中的氧气降低到 16% 左右,则会使人头晕;如果降低到 10% 左右,则会使人即刻丧失意识。对人体而言,大多数正常组织的氧浓度与静脉血或淋巴内的氧分压相似,相当于平台区(20~40 mmHg)。实际上,用氧探针检测表明人体组织内的氧分压变化很大,从 1~100 mmHg 都存在。所以,会有许多组织处于乏氧的边缘,含有少量放射生物学中称为乏氧的细胞,例如已证实肝脏和骨骼肌中就有。一般情况下,正常组织被认为是氧合好的组织(除软骨组织以外),细胞辐射敏感性较高。而实体瘤内普遍存在乏氧细胞,对放射治疗有抗性。提高肿瘤组织的氧合程度,使乏氧细胞转化为氧合好的细胞是提高放射治疗的有效手段。

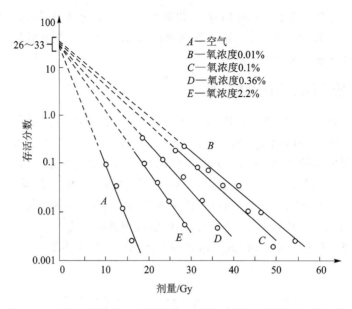

图 3.7　中国仓鼠细胞在不同氧浓度下经 X 射线照射后的存活曲线

3.4.3　照射时间与氧效应

照射时间对氧效应有十分明显的影响。若要观察到氧效应,则要求照射当时存在氧,或准确地说,在照射期间或照射后微秒时间内存在氧。照射时存在氧,氧效应最大;如果在自由基存续时间内(几微秒)引入氧,则仍可见到氧效应,但效应会有所减弱,而照射后引入氧则无氧效应。

图 3.8 所示为照射哺乳类细胞 V_{79} 所得的照射时间与氧效应大小的关系。在照射前 $30\sim40$ ms,细胞充氧,能看到一个相当于充分氧合的生物系统,此时氧效应最大,放射敏感性最高(OER 接近 3)。比较氧浓度分别为 50% 和 10% 的两条曲线,可见氧到达细胞内靶所需时间随氧浓度而改变,该时间间隔可因生物体系而改变。氧扩散到细胞内所需时间取决于细胞的厚度,V_{79} 的细胞厚度为 3 μm,氧扩散时间为 2 ms。如果在照射前 4 ms 才充氧,此时,OER 仅接近于 2。另外,若照射后立即充氧仍有微小的放射增敏作用,但是当充氧时间大于 4 ms

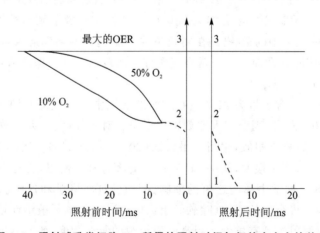

图 3.8　照射哺乳类细胞 V_{79} 所得的照射时间与氧效应大小的关系

时，这种作用迅速消失，并且细胞的存活率随照射后间隔时间的增加而增加，并达到正常大气压状态下的存活率。存活率在最初几微秒内增加得非常快，然后缓慢地延续几十微秒，这可能与照射后形成的自由基的寿命有关。

　　总之，要达到增敏的目的，受照射的生物系统必须在照射期间有氧存在。由于自由基产生氧依赖性损伤的寿命很有限，所以严格地说，"期间"只有照射后几微秒量级的时间间隔。

3.4.4　LET 与 OER 的关系

　　放射生物学中氧效应与靶分子周围的氧浓度密切相关，而氧浓度又受临近介质中还原或氧化物质的影响，进而使低 LET 照射时组织、细胞得到辐射增敏或辐射防护。氧增强比（OER）是 LET 的函数，对于低 LET 的射线而言，如 X 射线或 γ 射线，其 OER 为 2.5～3.0。随着射线 LET 的增加，OER 逐渐下降，当 LET 超过 60 keV/μm 后，OER 迅速下降，当 LET 接近 200 keV/μm 时，OER 为 1，也就是说，此时没有氧效应。这个现象已在人肾细胞中得到证实。

　　如将 LET 与 OER 的关系曲线和 LET 与 RBE 的关系曲线绘于同一图中，则可以更清楚地看到 LET、OER、RBE 三者之间的关系，如图 3.9 所示。RBE 的迅速上升和 OER 的快速下降都发生在大致相同的位置，即 LET 等于 60～100 keV/μm 的地方。用低 LET 照射，OER 是 2.5～3，当 LET 逐渐增加时 OER 开始缓慢下降，当 LET 达到 60～100 keV/μm 时 OER 下降加快。目前放射治疗所用中子的 OER 接近 1.6。当肿瘤中乏氧细胞与肿瘤放射治疗的局部放射抗拒性有关时，中子 OER 的下降有一定的临床意义。

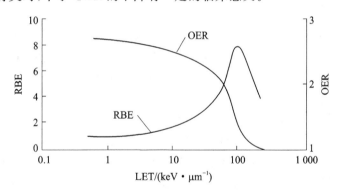

图 3.9　人肾细胞中 LET、RBE 和 OER 之间的关系

3.4.5　氧效应发生的机制

　　早期有关氧效应机理的解释局限于当时的生理和生化知识。随着科学技术的发展，物理化学的解释逐渐处于优势地位。理化机理中的一个重要学说是氧固定假说。这个假说认为细胞受到电离辐射时，靶分子受到射线的照射诱发了自由基。如果受到照射时靶分子附近正好有氧分子存在，那么，这些由辐射引起的自由基将迅速与氧分子结合，形成一个妨碍靶分子生物功能的基团：

$$R \xrightarrow{\text{辐射}} R \cdot \xrightarrow{O_2} ROO \cdot$$

　　许多由 ·OH、H· 和 e_{aq}^{-} 等诱导的靶分子的自由基寿命都极为短促，如果在照射时它们的周围有氧分子存在，氧分子便与自由基起有效反应，使辐射损伤固定下来。据估计，氧固定

反应发生在照射后 $10^{-3} \sim 10^{-2} \mu s$ 内。如果那时附近没有氧分子存在,那么靶分子的自由基便可能迅速通过"化学修复"转变为具有正常生物活性的分子。因此,在电离辐射早期存在氧固定、自由基衰变和内源性化学修复三个方面的竞争。

另一种对氧效应机理的解释是电子转移假说。电离辐射使靶分子电离,产生游离电子,这些游离电子可以回到靶分子上的原位,使它自身"愈合";也可能是游离电子转移到一个电子陷阱部位而造成靶分子损伤,氧能与这些游离电子反应,防止其重新回到原位,而使靶分子的损伤固定和加重。

3.5　辐射增敏剂与辐射防护剂

放射敏感性是指生物系统,例如细胞对辐射的反应灵敏与否。细胞辐射敏感性高意味着细胞反应性灵敏,产生的生物效应大;反之,意味着细胞对辐射抗性大,灵敏性差,产生的生物效应低或损伤小。辐射增敏与辐射防护从本质上讲都是用化学手段修饰某一生物系统的放射敏感性(radiosensitivity)。增加其放射敏感性或降低其辐射耐受性属于辐射增敏;降低其放射敏感性或增加其辐射耐受性属于辐射防护。目前,对于放射敏感性的生理特性及其本质认识还不够清楚,但可以理解为生物系统在受到电离辐射时所做出的反应。值得注意的是,选择判断放射敏感性的效应指标十分重要,判断指标不同,得出的结论也不同,甚至可能得出相反的结果。

3.5.1　辐射增敏剂

辐射增敏剂(radiosensitizer)是一种化学或药物制剂,当与放射治疗同时应用时可以提高射线对生物体的杀伤效应。在放射治疗的早期,尚未提出辐射增敏剂的概念时,已有人用改善肿瘤内氧张力的方法来提高放疗的疗效。氧是最引人关注的、也是最强的辐射增敏剂,X 射线和 γ 射线的氧增强比为 2.5～3.0。

20 世纪 60 年代以来对辐射增敏剂进行了大量的研究。早期主要应用微生物,后来普遍以哺乳动物细胞作为辐射增敏剂效价检测的主要靶细胞。在大量研究中使用化学药物增加肿瘤的辐射敏感性,进而提高放射治疗效果备受重视。早期研究中,曾认为具有一定增敏作用的卤代嘧啶类、某些醌类、共轭双酮类、芳香酮、双脂类、硝基芳香类和硝基杂环类等分子中含有共轭电子接受基团的化合物。1963 年后,英国 Adams 等通过大量的实验研究证明硝基咪唑类亲电子化合物有辐射增敏作用,并证实化合物本身亲电子能力与其放射增敏效价有明显的相关性,从而提出了"亲电子理论"。该理论认为这类化合物能转移电子,使受放射损伤的靶分子自由基不能重新获得电子而影响修复。在这一理论的影响下,辐射增敏剂的研究进入一个以研究高电子亲和力为主的乏氧细胞增敏剂的高潮,尤其是系统地研究了硝基咪唑类增敏化合物的性质与增敏作用之间的关系、化合物脂水分配系数及其毒性的关系以及毒性作用与化合物结构之间的关系等;同时还发现了不少硝基杂环或硝基芳香类化合物,如硝基苯及其衍生物硝基呋喃类、硝基吡唑类、硝基嘧啶类、苯醌、萘醌类等,其中许多化合物在实验中有一定的辐射增敏作用。

在以 2-硝基咪唑为代表药物的一系列硝基咪唑类衍生物的研究中,发现药物的增敏效果离体实验大于在体实验,临床试验效果进一步降低。此外,这类药物对神经,包括神经末梢和中枢神经具有毒性作用,这些因素严重影响了亲电子化合物,尤其是硝基咪唑类药物在临床应用的可能性。20 世纪 80 年代以来,除继续探索亲电子类化合物以外,非乏氧细胞辐射增敏剂走进人们的视野,其作为放射治疗辅助制剂越来越受到关注。

目前,辐射增敏剂主要有两大类:乏氧细胞辐射增敏剂和非乏氧细胞辐射增敏剂。前者包括硝基咪唑类(甲硝唑、咪嗦哒唑)、生物还原剂类(氮氧化合物、醌类化合物)以及烟酰胺及其衍生物;后者包括前列腺素抑制剂、DNA 前体碱基类似物(5 - 溴脱氧核糖鸟苷)以及某些化疗药物(丝裂霉素、顺铂)。

1. 辐射增敏剂的要求

一个理想的辐射增敏剂应同时具备以下特点:

① 不易与其他物质起反应,性质稳定;

② 有效剂量没有毒性或毒性很低;

③ 易溶于水,便于给药;

④ 针对性强,对肿瘤细胞具有强亲和力,特别是对肿瘤内乏氧细胞有较强的放射增敏作用;

⑤ 有较长的生物半衰期,在体内能保持其药物特性,足以渗入整个肿瘤;

⑥ 在常规分次治疗中,较低的药物剂量即可有辐射增敏效果。

这些标准较高,如能全部达到显然是极为理想的增敏剂。然而,这么多年虽然做了大量的辐射增敏剂的研究,但仍未能找到符合上述所有条件并能正式用于临床的理想放射增敏剂。

如图 3.10 所示,肿瘤放射治疗中使用增敏剂的目的是通过辐射增敏剂使肿瘤控制曲线向左移,即向低剂量方向移动,而对正常组织的损伤曲线没有影响或至少没有太大的改变,最终达到使正常组织并发症维持在能被接受的特定水平,而肿瘤的控制率或治愈率又能得到提高的目的。

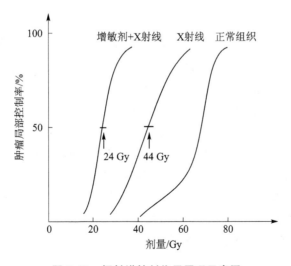

图 3.10　辐射增敏剂作用原理示意图

2. 有临床应用价值的辐射增敏剂

下面简单介绍几类辐射增敏剂,对它们的研究已经比较深入,有临床潜在应用价值且已有临床试验。

(1)乏氧细胞增敏剂

由于肿瘤本身血管的特定分布,恶性肿瘤内存在一定比例的乏氧细胞,它们对低 LET 射线相当抗拒,是肿瘤放射治疗取得较好疗效的一大障碍。增加乏氧细胞的辐射敏感性是解决此问题的重要途径。研发乏氧细胞增敏剂被认为是解决乏氧细胞抗性的理想途径之一。到目前为止,这类药物最具代表性的是硝基咪唑类高电子亲合力的药物系列,如 2 - 米索硝唑(misonidazole,MISO)、甲硝唑、去甲基 MISO、SR - 2508、KU - 2285 等。

MISO 具有较高的电子亲和力,离体实验证明它是一个有效的乏氧细胞增敏剂,其增敏比在 2.2～2.5 之间。这与最佳的辐射增敏剂(氧)对乏氧细胞的氧增强比极为接近,其作用超过甲硝唑近 10 倍之多。但是,该药物在其有效剂量范围内的中枢神经毒性限制了其在临床的应用。借签于 MISO 在临床应用中的优缺点,研究者又合成了许多硝基咪唑类化合物。

Etanidazole(Eta,SR - 2508 或依他硝唑)是另一种经过各种实验证明较 MISO 低毒有效,且开始进行临床试验的甲硝唑类药物。Eta 在人体可用的剂量是 MISO 的 3 倍。它的剂量限制毒性也是神经末梢障碍,但达到毒性所需的药物浓度要高得多。为了降低 Eta 的毒性、提高其疗效,目前正在进行 Eta 与其他药物联合应用的研究,期望联合应用时两种药物具有协同作用并减少毒性反应。

KU - 2285 是日本开发的一种带氟的 2 - 硝基咪唑衍生物,已开始进行临床试验。初步临床Ⅰ/Ⅱ期试验显示,肿瘤照射(术中或外照射)同时给予 KU - 2285 的试验组相比只照射的对照组治疗效果要好。

甘氨双唑钠(glycididazole sodium)(也称作癌敏)是上海第二军医大学开发的一种新型甲硝唑衍生物——甲硝唑氨酸钠。临床试验资料表明,癌敏为毒副作用较低的增敏剂,一定程度上提高实体瘤乏氧细胞对射线和化疗药物的敏感性,可明显减轻放、化疗后病人的毒副作用,尤其是消化道和神经系统的毒副反应,并在一定程度上阻止放、化疗病人白细胞和血小板的下降。

(2) 核苷类似物

5 - 碘脱氧核糖尿苷(5 - IUdR)和 5 - 溴脱氧核糖尿苷(5 - BUdR)的分子结构与 DNA 前体胸腺嘧啶类似,在 DNA 复制时可取代相应的胸腺嘧啶掺入 DNA 链中。现已知多种核苷类似物具有辐射敏感效应,它们主要通过抑制辐照后 DNA 的损伤修复达到增敏效应。某些核苷类似物对 RNA 合成有抑制作用,但对 DNA 合成却无抑制作用,同时在细胞周期调节和凋亡中具有多种作用。例如,X 射线照射后导致细胞周期检查点的失效并诱导细胞凋亡。这类药物作为放射治疗的辅助药物开始于 20 世纪 70 年代,因肿瘤细胞的增殖周期比周围正常组织的快,所以药物对肿瘤细胞的 DNA 取代较多,从而出现选择性地放射增敏。由于肿瘤和正常组织放射敏感性之间最重要的区别在于恶性细胞摄取更多的药物,因此,此类药物最合适的肿瘤是那些具有高生长比例和高标记指数的肿瘤,这两个参数都能指示细胞分裂的情况。此外,该类药物特别适合与低剂量率的腔内治疗合用,可缩短疗程,保持体内有较高浓度,增敏效果较好。

(3) 巯基抑制剂

巯基抑制物包括巯基耗竭剂和细胞内巯基合成抑制剂。前者(如 N - 乙基马来亚胺(NEM)、顺丁烯二酸二乙酯(DEM))能与细胞内的巯基结合,耗竭细胞内起保护作用的谷胱甘肽(glutathione,GSH),使其含量降低,增加辐射对细胞的作用,达到增敏的目的。后者(如丁胱亚碘酰亚胺)通过抑制生物体内 γ - 谷氨酰基半胱氨酸合成酶,使谷胱甘肽合成减少,细胞内的 GSH 含量降低,从而增加细胞对辐射的敏感性。

（4）其　他

近年来，对 DNA 结合剂、DNA 修复抑制剂、能量代谢抑制剂、特异作用于细胞膜的化合物、改变细胞氧合状态的化合物等药物的研究相当重视。此外，高原子序数的金属纳米颗粒由于其相对较大的 X 射线横断面以及能增强辐射下自由基生成的能力，已成为一种新型的辐射增敏剂。例如，正在研究的 $BaWO_4$、$MgFe_2O_4$ 以及 Bi_2S_3 等纳米颗粒已显示良好的靶向生物相容性辐射增敏作用，有些已展示出临床应用前景。

3.5.2　辐射防护剂

辐射防护剂（radioprotector）是指在照射前或照射期间一段时间内应用能够降低射线对机体损伤的一类物质。因此，它们只能减少电离辐射对机体的损伤，起预防作用。目前，在研的辐射防护剂种类很多，但大多数化合物由于毒性或/和结构的不稳定、有效时间的长短等特性，尚不能完全在临床上应用。

1. 辐射防护剂的要求

理想的辐射防护剂应具备以下条件：

① 剂量减低系数（Dose Reduction Factor，DRF）值为 2 以上。DRF 值是指用防护剂与未用防护剂出现同样生物效应所需照射剂量的比值。其值越大，预防效果越显著。DRF 的表达式如下：

$$剂量减低系数（DRF）＝\frac{用药时达到某一生物效应所需照射剂量}{未用药时达到同一生物效应所需照射剂量}$$

② 毒副作用低，有效剂量范围宽。

③ 照射前使用有效时间至少为 6 h，照射后早期使用也有效。

④ 给药方便，即可口服，又能肌注。

⑤ 化学性质稳定，生产合成容易。

2. 辐射防护剂的发现与作用机制

有一些物质虽然它们不能直接影响细胞的辐射敏感性，但却能通过收缩组织的血管或某种程度地干扰组织的正常代谢过程导致器官内氧浓度降低进而减轻辐射效应，间接地起到保护主要器官的作用。如前所述，氧对低 LET 射线的辐射具有很强的增敏作用，低氧时细胞敏感性降低。理论上，能够耗竭组织内的氧就能减轻组织的辐射作用，如氰化钠、一氧化碳等，但这些物质本质上不是真正的辐射防护剂。

巯基化合物（sulfhydryl compound，- SH 基化合物）是公认地最显著的一类辐射防护剂。半胱氨酸（cysteine）是最简单的巯基化合物，含有一个自然的氨基酸。1948 年，Patt 发现照射前给受 X 射线全身照射的小鼠口服或注射大剂量的半胱氨酸能够保护其免受射线伤害。几乎同时，Bacq 和其同事发现半胱胺（cysteamine）对受全身照射的动物也具有保护作用。它们的化学结构式分别如下：

$$SH—CH_2—CH\overset{\textstyle NH_2}{\underset{\textstyle COOH}{\big|}} \qquad\qquad SH—CH_2—CH_2—NH_2$$

半 胱 氨 酸　　　　　　　　　　　　　半 胱 胺

给动物注射 150 mg/kg 半胱胺后，若要达到同样的致死率，对照组动物需要增加 1.8 倍的照射剂量，即剂量减低系数（DRF）为 1.8。

　　－SH 基化合物的辐射防护效应倾向于与氧效应相平行。对稀疏电离辐射,如 γ 射线的防护作用最大;而对致密电离辐射,如低能 α 粒子的防护作用最小。如果能有效清除自由基,则可预期 DRF 的最大值可能与氧增强比的值相等,即 2.5～3.0。这种对－SH 基辐射防护剂作用机理的简单描述虽然令人满意,但显然并非全部机理,因为此类辐射防护剂对像中子一类的致密电离辐射的防护效果比预期的要高。显然还存在其他目前尚不清楚的作用机理。有学者认为可能与－SH 基团提供氢原子有关。辐射可使 DNA 分子中的糖基、碱基氧化,当含有－SH 基的化合物存在时,－SH 基上的 H 转移到受损 DNA 基团处使 DNA 得到修复。此外,含－SH 基的辐射防护剂通过化学的或生物化学的反应消耗氧,形成细胞乏氧进而达到辐射防护目的。例如,WR2721 必须水解后释放出潜在的－SH 基才能发挥防护作用,WR2721 在脱磷酸产生 WR1065 后能使体外培养的哺乳动物细胞悬液中的氧快速耗竭。

3. 有临床应用价值的辐射防护剂

（1）巯基化合物

　　虽然半胱氨酸具有较好的放射防护作用,但它在治疗剂量内有毒,引起恶心、呕吐等不良反应。20 世纪 60 年代末,美国陆军医学研究所自近 4 000 个巯基化合物中筛选得到一个抗辐射药物,化学名为 S－2－[（3－氨基丙基）氨基]－硫代乙醇磷酸酯,代号 WR－2721,现在称为氨磷汀,商品名为 Ethyol。氨磷汀是美国 FDA 正式批准用于预防或减少放射治疗头颈部肿瘤所致口腔干燥症的药物,也是肿瘤放射治疗中细胞保护剂被研究和报道得最多的一个药物。

　　① 氨磷汀（Amifostine,AMFS,化学代号 WR－2721）:一种线性五碳烷基胺,含有两个氨基和一个被磷酸基团修饰的末端巯基,如图 3.11 所示。氨磷汀经血液循环到达组织细胞表面

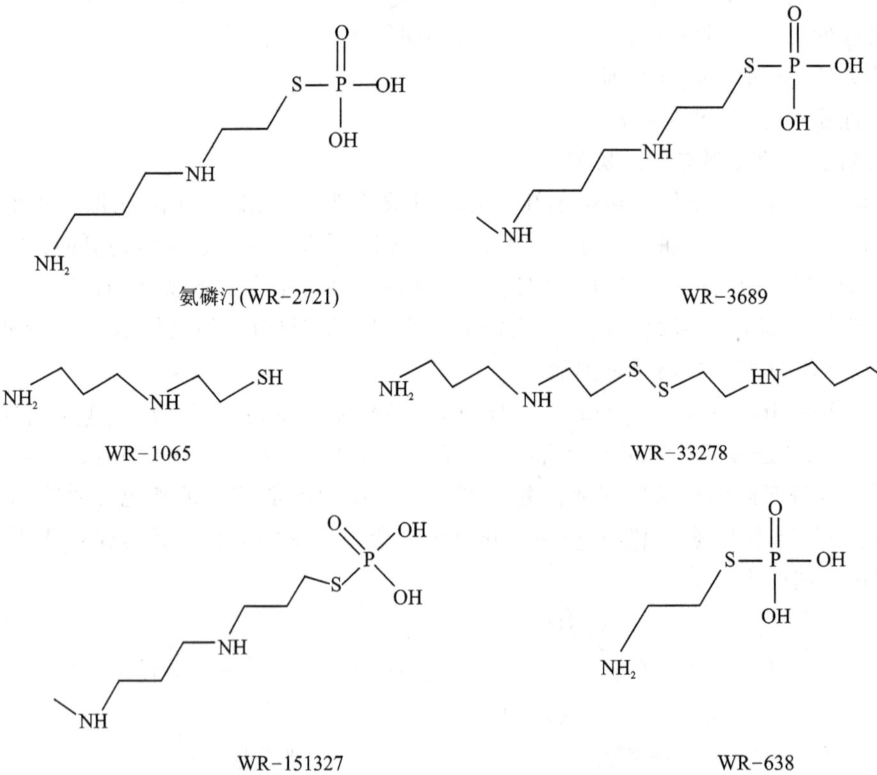

图 3.11　氨磷汀及其类似物结构示意图

时可以被迅速地去磷酸化,形成其活性代谢物 WR - 1065(硫氨醇)。WR - 1065 进入细胞后能清除因放射治疗、光动力治疗以及蒽环霉素和博来霉素等化疗产生的自由基;同时,WR - 1065 可提高细胞内 p53 蛋白的水平,引起受 p53 调控的下游基因(如 p21 基因)表达,进而调节细胞的存活与凋亡。

氨磷汀是目前辐射防护剂的代表性药物,具有光谱辐射防护特性,可在不影响电离辐射对肿瘤杀伤作用的前提下保护正常组织细胞,其 DRF 是 2.7。氨磷汀对造血系统、胃肠道壁,尤其是唾液腺有很好的防护效果,但药物不能通过血脑屏障,因此不能保护脑组织,对肺的保护也不够满意。如给小鼠静脉注射同位素标记的氨磷汀 6 min 后所做的小鼠整体大切片的自显影图像显示:小鼠体内的 EMT6 肿瘤内完全没有药物,肾、肝、小肠粘膜和唾液腺内的浓度最高,肺和心脏内为中等浓度,脑内基本没有。药物的辐射防护程度因给药途径不同而不同,并因组织的差异而变化。氨磷汀对正常组织和肿瘤的防护效应不一样的原因尚不完全清楚。亲水性是辐射防护剂所必需的条件,因为亲脂性的辐射防护剂在进入正常组织和肿瘤组织之间没有差别;而且肿瘤细胞的膜结构也使亲水性药物的渗入变慢。

此外,氨磷汀在体内的作用时间较短,只能通过静脉注射给药。给药后的副作用包括恶心、呕吐、低血压、发热、寒战等多种症状。氨磷汀的类似物,包括 WR - 3689(其是将 WR - 2721 伯氨基上的氢原子用一个甲基取代所得)、WR - 151327(其是在 WR - 3689 基础上,在靠近硫原子处增加一个亚甲基)和 WR - 638 等也具有良好的辐射防护性能。其中,WR - 151327 口服给药毒性明显小于氨磷汀,然而其必须给予较大剂量才能产生相同水平的辐射防护作用,故其仍然无法作为有效的口服辐射防护剂。因此,目前国内外研究此类药物的重点是通过分子结构的改变,保持其最大剂量减低系数,降低毒性,方便服用。

② MPG:2 - mercaptopropionylglycine,即 2 - 巯基丙酰甘氨酸,是一种合成的- SH 化合物。照射前给小鼠腹腔注射无毒剂量的 MPG,能使其小肠细胞的 DNA 含量和细胞分裂活性在受照射后较快地恢复到正常值。Prasanna 等人将 MPG 和 AMFS 分别或合并应用观察小鼠骨髓细胞的染色体和微核的改变,结果认为 AMFS 对小鼠细胞更新系统放射损伤的防护比 MPG 好,如在照射前将 MPG 和 AMFS 合并应用,则可降低 AMFS 的毒性而同时保持其较高的防护效应。

(2) 激素类

天然甾体激素(如雌二醇)或人工合成的非甾体激素(如己烷雌酚、己烯雌酚等),在动物实验中都显示了一定程度的辐射防护作用,而且辐照前后给药都有效。如 5 -雄甾烯二醇(5 - AED)是美军放射生物学研究所列入候选辐射防护药物的重点研究对象。5 - AED 能够明显提高全身辐照小鼠和猕猴的存活率,促进辐照后造血功能恢复以及造血生长因子的表达,能够增加辐照动物外周血中粒细胞、单核细胞、NK 细胞和血小板的数目。5 - AED 化学性质稳定、毒性较低,似乎是理想的辐射防护药物。

甲磺酸替拉扎特(Tirilazad Mesylate,TM),代号 U74006F,是一种新合成的非糖皮质激素的 21 -氨基类固醇,是脂质过氧化反应特效抑制剂,选择性地作用于细胞膜脂质双分子层。它能够直接清除脂质过氧化基团,减少活性氧基团形成,发挥其直接抗氧化作用;还能稳定细胞膜,增加膜粘性。Hall 等在实验中发现 TM 能有效阻止细胞内维生素 E 失活,增强维生素 E 抗自由基功能,通过协同作用,抑制脂质过氧化,减少细胞坏死。Kitt 研究发现,TM 能抑制中性粒细胞的移行,从而能抑制中性粒细胞浸润所造成的组织损害。Malaker 将 TM 用于放射治疗脑部恶性肿瘤实验研究中,在大鼠全脑单次照射 40 Gy 前 1 h 和照射后 30 min,腹腔注射 TM 6 mg/kg 各一次,发现 TM 对大鼠脑组织有明显的防护作用。

除上述激素类药物以外,研究表明,单独给予胸腺激素或胸腺激素与其他抗辐射药物联合应用也具有抗辐射作用,其机理可能与胸腺激素减轻骨髓和中枢神经系统辐照后的损伤有关。胸腺素 α 原还具有免疫调节活性,能促进放射损伤后免疫功能的恢复与重建。

(3) 中草药

很多植物性中草药的有效成分中含有多糖,如黄芪多糖和生物碱,如苦豆子碱和多酚类化合物,如原花青素和儿茶素等生物活性化合物。它们能够清除自由基、活性氧,具有一定的抗辐射损伤作用。中药药源广、毒性低,使其在抗辐射损伤药物的研究中显示出巨大的优势和潜力。如中药 408 片,具有转移自由基,减轻自由基对生物大分子的损伤,抑制造血细胞分裂及代谢从而降低细胞放射敏感性,以及增强 DNA 修复等作用。照射后给予 408 片还可改善受照射机体的微循环,增加血流量,有利于造血组织再生,副作用较小。

参考文献

[1] Adams G E, Boag J W, Michael B D. Spectroscopic studies of reactions of the OH radical in aqueous solutions [J]. Trans Faraday Soc,1965, 61:492-505.

[2] Biaglow J E. The effects of ionizing radiation on mammalian cells [J]. Chem Educ, 1981, 58(2): 144-156.

[3] Baxendale J M, Busi F. The study of fast processes and transient species by electron pulse radiolysis[M]. Dordrecht: D. Reidel Publishing Co., 1982.

[4] Hall E J. Radiobiology for the radiologist (seventh edition) [M]. Philadelphia:Lippincott, 2012.

[5] Keene J P. Optical absorption in irradiated water [J]. Nature, 1963, 197:47-48.

[6] Shenoy M A, Asquith J C, Adams G E, et al. Time-resolved oxygen effects in irradiated bacteria and mammalian cells: A rapid-mix study [J]. Radiat Res, 1975, 62 (3): 498-512.

[7] Tubiana M, Dutreix J, Dutreix A, et al. Bases physiques de la radiothérapie et de la radiobiologie[M]. Paris : Masson,1963.

[8] Tubiana M, Dutreix J. Introduction to Radiobiology[M]. London: Taylor and Francis Group, 1990.

[9] 夏寿萱. 分子放射生物学[M]. 北京:原子能出版社,1992.

[10] 方允中, 李文杰. 自由基与酶[M]. 北京:科学出版社,1989.

[11] 毛颖,朱辉雄,周良辅. Tirilazad Mesylate(U－74006F)———一种新型细胞保护剂的研究进展[J]. 国外医学神经病学神经(外科学分册), 1995, 22(4):180-182.

[12] Meidanchi A, Motamed A. Preparation, characterization and in vitro evaluation of magnesium ferrite superparamagnetic nanoparticles as a novel radiosensitizer of breast cancer cells[J]. Ceramics International, 2020, 46(1):17577-17583.

[13] Yasui H, Iizuka D, Hiraoka W,et al. Nucleoside analogs as a radiosensitizer modulating DNA repair, cell cycle checkpoints, and apoptosis[J]. Nucleosides, Nucleotides & Nucleic Acids, 2020, 39(1): 439-452.

［14］Azizi S，Nosrati H，Sharafi A，et al. Preparation of bismuth sulfide nanoparticles as targeted biocompatible nano-radiosensitizer and carrier of methotrexate［J］. Applied Organometallic Chemistry，2020，34(1)：e5251.

［15］丁艺，张庆生. 放射增敏剂 IPdR 的作用机制及研究进展［J］. 中国药事，2020，34 (6)：687-692.

［16］Wang R J，Cao Z W，Wei L，et al. Barium tungstate nanoparticles to enhance radiation therapy against cancer［J］. Nanomedicine：Nanotechnology，Biology，and Medicine，2020，28：102230.

［17］徐西伟，姜仁伟. 鼻咽癌放射治疗中采用甘氨双唑钠的增敏作用以及不良反应［J］. 名医，2019，9：236.

［18］陈灯运，徐慧琴，汪会，等. ^{18}F - FMISO PET/CT 显像评估甘氨双唑钠对食管癌的放疗增敏作用［J］. 中华核医学与分子影像杂志，2019，39(4)：218-221.

［19］Zhang Y R，Li Y Y，Wang J Y，et al. Synthesis and characterization of a rosmarinic acid derivative that targetsmitochondria and protects against radiation- induced damage in vitro［J］. Radiation Research：Official Organ of the Radiation Research Society，2017，188(3)：264-275.

［20］Singh V K，Seed T M. A review of radiation countermea sures focusing on injury-specific medicinals and regulatory approval status part I. Radiation subsyndromes animal models and FDA-approved countermeasures［J］. Int J Radiat Biol，2017，93：851-869.

［21］金成，白玲，姜源. 依他硝唑和紫杉醇对肝癌 H22 荷瘤小鼠放射增敏作用的实验研究［J］. 肿瘤研究与临床，2019，31(6)：361-365.

第4章 电离辐射对 DNA 分子的作用

脱氧核糖核酸(DeoxyriboNucleic Acid,DNA)是主要的遗传物质。DNA 作为遗传物质具有以下特性：① 贮存并表达遗传信息；② 能把遗传信息传递给子代；③ 物理和化学性质稳定；④ 有遗传变异的能力。一个细胞要成功地行使其功能，并把其所包含的遗传信息准确无误地传递给子代，必须依赖 DNA 的每一个分子结构保持完整。核苷酸序列的改变，组成 DNA 双螺旋结构的碱基或糖的改变，都会干扰细胞基因组的复制或转录。

电离辐射时 DNA 的损伤是辐射生物效应的主要原因，这些损伤包括细胞死亡、再增殖能力丧失、突变等。因此，DNA 损伤后的修复至关重要。修复过程可以是完全恢复原状或修复错误，后者有可能导致严重的后果，如致癌作用。

4.1 DNA

为了更好地理解电离辐射对 DNA 分子的作用，首先了解一下 DNA 分子的结构、复制及其与染色体之间的关系。

4.1.1 DNA 的组成与一级结构

核苷酸是核酸的基本结构单位。DNA 是由数量极其庞大的 4 种脱氧核糖核苷酸(deoxyribonucleotide)以 3',5'-磷酸二酯键连接而形成的长链形或环形的多聚体。所谓 DNA 的一级结构，就是指 DNA 分子中的核苷酸的排列顺序。由于 DNA 脱氧核糖的 C-2' 位上不含羟基，C-1'又与碱基相连接，唯一可以形成的键是 3',5'-磷酸二酯键，所以 DNA 没有支链。

人的 DNA 很长，通常一个染色体就是一个 DNA 分子，约有 3×10^9 个核苷酸。在 DNA 中核苷酸的戊糖是脱氧戊糖，故核苷酸又称为脱氧核糖核苷酸，每一个脱氧核糖核苷酸分子都是由含氮碱基(nitrogenus base)、脱氧戊糖(deoxypentose)和磷酸三部分构成。这里简单介绍 DNA 分子的组成和结构。

1. 含氮碱基

构成脱氧核糖核苷酸的碱基分为嘌呤(purine)碱和嘧啶(pyrimidine)碱两大类。核酸中常见的嘌呤碱有两类——腺嘌呤(adenine,A)和鸟嘌呤(guanine,G)，它们参与构成 DNA 和 RNA。嘌呤碱是由母体化合物嘌呤衍生而来的。嘧啶碱是母体化合物嘧啶的衍生物。核酸中常见的嘧啶有三类，即胞嘧啶(Cytosine,C)、胸腺嘧啶(Thymine,T)和尿嘧啶(Uracil,U)。胸腺嘧啶和胞嘧啶参与构成 DNA；在 RNA 中是胞嘧啶和尿嘧啶。图 4.1 显示了构成两种核酸的碱基结构图。在碱基损伤中，胞嘧啶很容易被氧化为尿嘧啶。嘌呤环上的 N-9 或嘧啶环上的 N-1 是构成核苷酸时与脱氧戊糖形成糖苷键(glycosidic bond)的位置。

2. 脱氧戊糖

核酸中的戊糖又称为核糖，有两类，分别是 D-核糖(D-ribose)和 D-2-脱氧核糖 (D-2-deoxyribose)。D-核糖的 C-2 所连的羟基脱去氧后就是 D-2 脱氧核糖。前者参与构成核糖核酸(RNA),后者参与构成脱氧核糖核酸(DNA)。其结构式如图 4.2 所示。

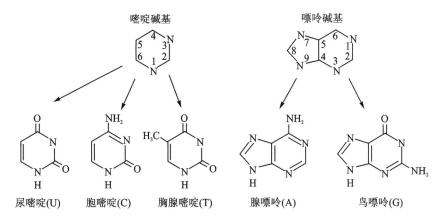

图 4.1 构成两种核酸的碱基结构示意图

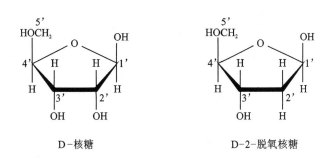

图 4.2 D-核糖和 D-2-脱氧核糖的结构示意图

3. 核　苷

核苷(nucleoside)是一种糖苷。在 DNA 中由 D-2-脱氧核糖与碱基通过糖苷键连接组成的化合物。脱氧戊糖 C-1 所连的羟基与碱基形成糖苷键,其糖苷键的连接都是 β 构型。脱氧戊糖的第一位碳原子(C1)与嘧啶碱的第一位氮原子(N1)或与嘌呤碱的第九位氮原子(N9)相连接。所以,脱氧戊糖与碱基间的连接键是 N—C 键,一般称之为 N-糖苷键。

4. 核苷酸

核苷的磷酸酯称为核苷酸(nucleotide),它是核苷的戊糖通过磷酸二酯键(phosphodiester bond)与磷酸残基构成的化合物(见图 4.3)。核苷酸是核酸分子的结构单元。核酸分子中的磷酸二酯键是在戊糖 C-3' 和 C-5' 所连的羟基上形成的,故构成核酸的核苷酸可视为 3'-核苷酸或 5'-核苷酸。所有的核苷酸都可在其 5' 位置连接一个或一个以上的磷酸基团。从戊糖开始的第一、第二、第三个磷酸残基依次称为 α、β 和 γ 残基。α 和 β 及 β 和 γ 之间的键是高能键,可为许多细胞活动提供能量。RNA 的核苷三磷酸缩写为 NTP,DNA 的核苷三磷酸缩写为 dNTP,5'核苷三磷酸是核酸合成的前体。

DNA 分子是含有 A、G、C 和 T 四种碱基的脱氧核苷酸,RNA 分子是含 A、G、C 和 U 四种碱基的核苷酸。

核酸分子中的核苷酸都以一磷酸核苷的形式存在,但在细胞内有多种游离的核苷酸,其中包括核苷一磷酸、核苷二磷酸和核苷三磷酸,它们都具有重要的生理功能。

寡核苷酸(oligonucleotide)是指 2~10 个甚至更多个核苷酸残基以磷酸二酯键连接而成的线性多核苷酸片段。目前多由仪器自动合成而用作 DNA 合成的引物(primer)、基因探针

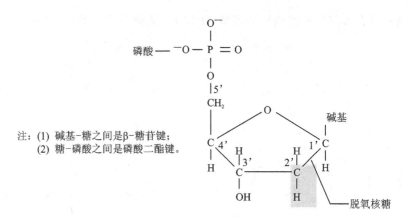

图 4.3　核苷与核苷酸的结构示意图

(gene probe)等,在现代分子生物学研究中具有广泛的用途。

5. DNA 的一级结构与功能

DNA 的一级结构是指 DNA 分子中核苷酸按照一定的排列顺序,通过磷酸二酯键连接形成的多核苷酸,由于核苷酸之间的差异仅仅是碱基的不同,故又可称为碱基顺序。核苷酸之间的连接方式是一个核苷酸的 5'位磷酸与下一位核苷酸的 3'—OH 形成 3',5'磷酸二酯键,构成不分支的线性大分子,其中磷酸基和脱氧戊糖基通过交替连接排列在分子外侧,构成 DNA 分子的基本骨架,可变部分是碱基排列顺序。DNA 分子中碱基序列似乎是不规则排列,但实际上是高度有序的,任何一段 DNA 序列都可以反映出它的高度个体性或种族特异性。

核酸是具有方向性的分子,有 5'和 3'两个末端。DNA 生物合成的聚合反应都是在脱氧戊糖的 3'位碳上连接新的单核苷,由长链的 5'端向 3'端进行,因此,核酸序列读/写都是按照 5'向 3'的方向进行。两个末端的核苷酸序列并不相同,生物学特性也有差异。

DNA 携带两类不同的遗传信息:一类是负责编码蛋白质氨基酸组成的信息以及编码 RNA 的信息。在这类信息中,DNA 序列结构与蛋白质的一级结构以及 RNA 的序列结构之间基本上存在着共线性关系。另一类是决定基因开启或关闭的元件或负责编码某些重要的调控蛋白,即负责基因表达的调控,使基因能选择性的表达。这部分 DNA 在细胞周期的不同时期和个体发育的不同阶段,不同器官、组织,以及不同的外界环境下,决定基因开启还是关闭,以及开启量的多少等。在电离辐射损伤时,对机体的影响取决于受照射 DNA 的功能。

4.1.2　DNA 的二级结构

DNA 的一级结构决定了二级结构以及折叠成的空间结构。这些高级结构又决定和影响着一级结构的信息功能。1953 年,Watson 和 Crick 以立体化学原理为准则,对 Wilkins 和 Franklin 的 DNA X 射线衍射分析结果加以研究,提出了 DNA 结构的双螺旋模式,其主要内容如下(见图 4.4):

① 在 DNA 分子中,两股 DNA 链围绕同一假想轴心形成一右手螺旋结构,双螺旋的螺距为 3.4 nm,直径为 2.0 nm。

② DNA 链的骨架(backbone)由交替出现的、亲水的脱氧核糖基和磷酸基构成,位于双螺旋的外侧。

③ 碱基位于双螺旋的内侧,两股链中的嘌呤和嘧啶碱基以其疏水的、近于平面的环形结

构彼此密切相近,平面与双螺旋的长轴相垂直。一股链中的嘌呤碱基与另一股链中位于同一平面的嘧啶碱基之间以氢键相连,称为碱基互补配对或碱基配对(base pairing),碱基对层间的距离为 0.34 nm。碱基互补配对总是出现于腺嘌呤与胸腺嘧啶之间(A＝T),形成两个氢键;或者出现于鸟嘌呤与胞嘧啶之间(G≡C),形成三个氢键。

④ DNA 双螺旋的两股链的走向是反平行的,一股链是 5'→3' 走向,另一股链是 3'→5' 走向。两股链之间在空间上形成一条大沟(major groove)和一条小沟(minor groove),这是蛋白质识别 DNA 的碱基序列与其发生相互作用的基础。

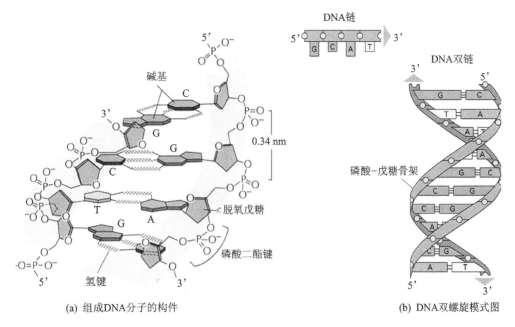

(a) 组成DNA分子的构件　　　　　(b) DNA双螺旋模式图

图 4.4　组成 DNA 分子的构件和 DNA 的双螺旋模式

DNA 双螺旋的稳定由互补碱基对之间的氢键和碱基对层间堆积力(base stacking force)维系。DNA 复制过程是先将 DNA 分子中的两股链解离开,然后以每一股链为模板(亲本),通过碱基互补原则合成相应的互补链(复本),形成两个完全相同的 DNA 分子。因为复制得到的每对链中只有一条是亲链,即保留了一半亲链,所以将这种复制方式称为 DNA 的半保留复制(semiconservative replication)。后来证明,半保留复制是生物体遗传信息传递的最基本方式。

DNA 的分子量很高。病毒、噬菌体和细菌的 DNA 分子量为 $10^6 \sim 10^9$,哺乳动物细胞的 DNA 分子量为 8×10^{10}。人类二倍体细胞核含有近 1 m 长的 DNA,分布在 46 条染色体之间,亦即大约有 3×10^9 对核苷酸或碱基。合成一个蛋白质分子约需要 1 000 对碱基编码,一个哺乳动物细胞的基因组编码大约有 10^5 个不同的蛋白质分子。对于一个给定的细胞,合成蛋白质的密码(基因)并不完全表达出来,这种表达的选择性随细胞的分化程度而增加。一般来说,一个细胞内表达的基因不会多于 1 000 个,大约 99％的 DNA 起调控遗传表现型的作用。

单个 DNA 分子构成一个染色体的骨架,如图 4.5 所示,DNA 双螺旋缠绕在一个组蛋白八聚体外形成核小体,DNA 链延伸 20～100 个碱基对,称为 DNA 连接丝(DNA linking fiber),如此不断地重复串联成染色质纤维。在此过程中,DNA 从一端连续地延伸到另一端。然后,染色质纤维折叠起来并再卷曲成不规则的螺旋状,形成染色体。染色体在普通光学显微镜下清晰可见,染色体功能的完整性取决于 DNA 分子的连续性。病毒和细菌的 DNA 常因不同程度的扭曲而呈环状。真核细胞的 DNA 被固定在核骨架的很多点上,相邻点间有 2 万～8 万个脱氧核苷酸,此处 DNA 有不同程度的扭曲。

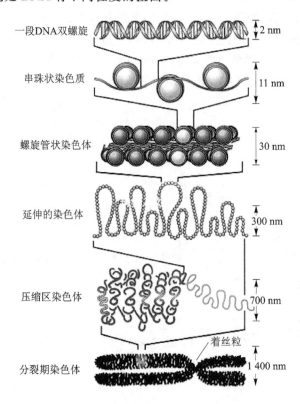

图 4.5　DNA 分子和染色体之间的关系

4.1.3　DNA 的复制

每个细胞进行细胞分裂前,都必须进行 DNA 的复制,把所有遗传信息传递给子细胞,从而保证物种稳定。DNA 复制(replication)是一个由多种酶催化、多种蛋白因子参与,并且受到精密调控的复杂过程,其化学本质是生物细胞内酶促的核苷酸聚合过程。

1. 复制的基本特点

DNA 复制是一个酶催化下的核苷酸聚合过程,可分为复制的起始、延伸和终止三个阶段,需要多种酶和多种生物分子共同参与,包括:① 模板:指解旋解链后的单链 DNA 母链;② 底物:指 dATP、dGTP、dCTP 和 dTTP,总称 dNTP(deoxynucleotide triphosphate);③ 酶:主要包括 DNA 解旋酶、DNA 聚合酶、拓扑异构酶、引物酶、DNA 连接酶等;④ 引物:提供 3'- OH 末端,使 dNTP 可以依次聚合;⑤ 多种蛋白质因子,如单链 DNA 结合蛋白等。DNA 复制有 3 个基本特点,即半保留复制、双向复制和半不连续复制。

(1)半保留复制

DNA 复制时母链碱基间的氢键首先断裂,双螺旋解旋并分开为两股单链,每条单链各自作为模板,按照碱基配对原则合成与模板互补的子链。这样,新生成的 2 个子代 DNA 分子的碱基序列就与亲代 DNA 分子的完全一致。对于子代细胞的 DNA,一股单链从亲代完整地保留下来,另一股单链则是新合成的,这种复制方式称为半保留复制。

1958 年，Messelson 和 Stahll 用同位素示踪实验证实了半保留复制的假说，如图 4.6 所示。实验证明，无论是原核生物还是真核生物，DNA 的复制都是按照半保留复制的方式遗传。按这种方式复制，产生的 2 个子细胞的 DNA 碱基序列都与亲代细胞 DNA 碱基序列完全一致，保证了遗传信息稳定的传递。

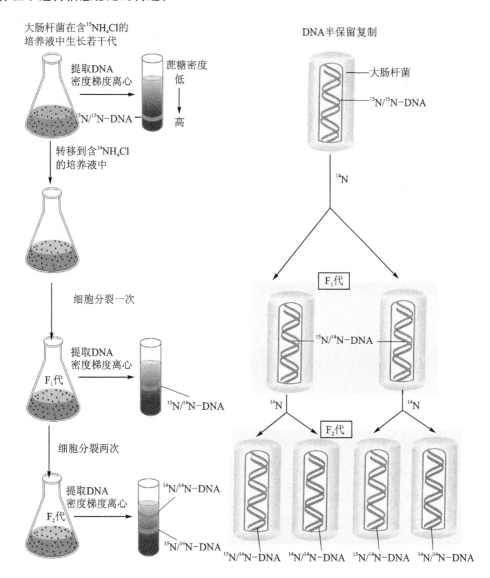

图 4.6　DNA 合成的同位素示踪实验

（2）双向复制

复制并不是沿整个 DNA 分子连续发生，而是由一序列的复制子（replicon）组成。复制是从 DNA 分子上的特定部位开始的，这一部位叫作复制起始点（origin of replication）。细胞中的 DNA 复制一经开始就会连续复制下去，直至完成细胞中全部基因组 DNA 的复制。DNA 复制从起始点开始直到终点为止，每个这样的 DNA 单位都称为复制子或复制单元。在原核细胞中，每个 DNA 分子只有一个复制起始点，因而只有一个复制子；而在真核生物中，DNA 的复制是从许多起始点同时开始，所以每个 DNA 分子上有许多个复制子。例如：大肠杆菌的

(Escherichia coli)每个染色体中都有一个复制子,而小鼠和人的每个染色体中则有几千个复制子,每个复制子大约有 $2×10^4$ 个碱基对。

DNA 复制时,双链 DNA 要在复制起始点解开成单链状态,两条单链分别作为模板,各自合成其互补链,所以这个复制起点呈叉子的形状或 Y 形结构,被称为复制叉(replication fork)。在 DNA 复制期间解螺旋酶使两条 DNA 链解旋并分离,这种局部解旋引起分子剩余部分超螺旋化,或者需要其中的一条链围绕由 DNA 拓扑异构酶Ⅱ(旋转酶)产生的一个枢轴旋转。

实验表明,无论是原核生物还是真核生物,大多数 DNA 的复制都主要是从固定的起始点以双向等速的方式进行复制。复制叉以 DNA 分子上某一特定序列为起始点向 2 个方向等速进行,即形成 2 个复制叉。原核细胞的 DNA 为环状双链分子,它从一个固定的起点开始,分别向两侧进行复制,形成 2 个复制叉,称为单点双向复制。真核生物基因组庞大而复杂,基因组由多个染色体组成,全部染色体均需复制,每个染色体又有多个复制起始点,称为多点双向复制,即每个起始点产生 2 个移动方向相反的复制叉,复制完成时,复制叉相遇并融合。

在每个复制子水平上,复制从两个方向对称地进行,复制起点局限于两条链的相同位置。在每个复制子内,复制的方向总是从 5'→3',并且以小片段不连续的方式进行(冈崎片段)。每个复制子各自进行复制,互不相关。两条链通过解旋酶使局部被同时分开,导致在它的中间部分形成一个由完整双螺旋片段和两个复制叉末端组成的泡状结构或复制空间,如图 4.7 所示。由于亲代双螺旋逐渐解旋并合成新的 DNA 片段,所以泡也向前发展。解开的 DNA(泡)在电子显微镜下清晰可见,泡越来越大,复制之间的区域越来越小,直至两个复制子连接到一起。

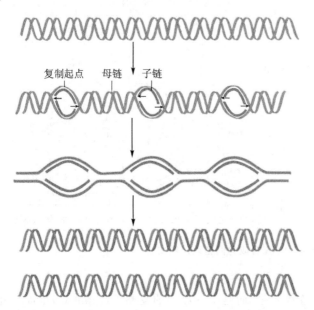

复制起点　母链　子链

箭头表示DNA在每一复制泡
两端的复制方向

图 4.7　DNA 复制时的复制泡和复制叉

(3)半不连续复制

DNA 聚合酶不具有从头合成新链的能力,它只能延长早已存在的 DNA 链。因此,它需要一种引物。引物通常是由作用于 DNA 特定序列(复制启动子)的 RNA 聚合酶合成的一段 RNA 片段组成,如图 4.8 所示。

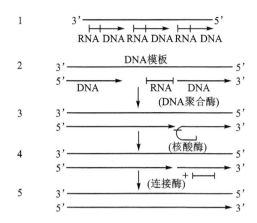

图 4.8　通过合成 RNA 把冈崎片段连接在一起完成 DNA 复制

DNA 复制的最主要特点是半保留复制。另外,它还是半不连续复制(semidiscontinuous replication)。DNA 双螺旋的两条链是反向平行的,因此,在复制起点处两条 DNA 链解开成单链时,一条是 5'→3'方向,另一条是 3'→5'方向。以这两条链为模板时,新生链延伸方向一条为 3'→5',另一条为 5'→3'。但生物细胞内所有 DNA 聚合酶的合成方向都是 5'→3'方向延伸,这是一个矛盾。冈崎片段(Okazaki fragment)的发现使这个矛盾得以解决。在复制起点两条链解开形成复制泡(replication bubble),DNA 向两侧复制形成两个复制叉。以复制叉移动的方向为基准,一条模板链是 3'→5',以此为模板而进行的新生 DNA 链的合成沿 5'→3'方向连续进行,这条链被称为前导链(leading strand)。另一条模板链的方向为 5'→3',以此为模板的 DNA 合成也是沿 5'→3'方向进行,但与复制叉前进的方向相反,而且是分段、不连续合成的,这条链被称为滞后链(lagging strand),合成的片段即为冈崎片段。这些冈崎片段以后由 DNA 连接酶(DNA ligase)连成完整的 DNA 链。这种前导链的连续复制和滞后链的不连续复制在生物中是普遍存在的,称为 DNA 合成的半不连续复制,如图 4.9 所示。

(4) 避免错误

DNA 的准确复制是通过避免错误和修正错误两条机制来实现的。假定差错率为百万分之一,那么每个复制期间人细胞基因组将产生 3 000 个差错。机体不能容忍如此高的错误率,而实际差错率为 $10^{-9} \sim 10^{-10}$。机体通过以下三种控制机制来确保复制的高保真度。

DNA 合成过程中出现的错误会导致非互补碱基配对或错配。精确的复制首要是核苷酸选择的有效性;其次,最新添加的核苷酸的精确读码及对不配对核苷酸的清除;第三个程序发生在合成以后,即所谓的错配修复,核酸内切酶选择性地水解错配区,聚合酶合成一段新的片段取代被切除的那一部分。有效的修复机制必须能从新合成的链中分辨出亲本链并劈开新合成的链。对于较高等的机体则另有一种可能性,就是依靠遗传的重组来修复错配。从复制叉出来的两条"姐妹染色单体"(sister chromatid)有着同源的核苷酸序列,因此,一条染色单体的链可以成为另一条链重组的样板。在这种机制下修复系统不必在亲本和新合成链之间进行辨认。劈开的链将与姐妹染色单体的一段同源区的链相互作用,然后完整的姐妹染色单体链将直接修复劈开的链。

这些控制机制效率的减小将导致突变率的急剧增大(可能按 10^4 倍增大)。这就是用突变基因(mutator gene)或遗传不稳定性(genetic instability)所表达的意义。

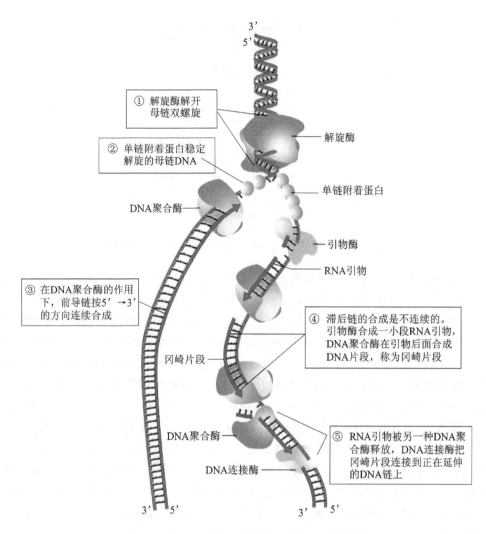

① 解旋酶解开母链双螺旋

② 单链附着蛋白稳定解旋的母链DNA

解旋酶

DNA聚合酶

单链附着蛋白

引物酶

RNA引物

③ 在DNA聚合酶的作用下，前导链按5′→3′的方向连续合成

④ 滞后链的合成是不连续的。引物酶合成一小段RNA引物，DNA聚合酶在引物后面合成DNA片段，称为冈崎片段

冈崎片段

DNA聚合酶

⑤ RNA引物被另一种DNA聚合酶释放，DNA连接酶把冈崎片段连接到正在延伸的DNA链上

DNA连接酶

图 4.9　DNA 合成的半保留复制和半不连续复制

2. 转录与翻译

基因(gene)或遗传因子是遗传的物质基础,是 DNA 分子上具有遗传信息的特定核苷酸序列的总称,是具有遗传效应的 DNA 分子片段。转录(transcription)是遗传信息从 DNA 流向 RNA 的过程,以 DNA 为模板合成 RNA。在转录期间,以双链 DNA 中确定的一条链(模板链用于转录,编码链不用于转录)为模板,以 A、U、C、G 四种核糖核苷酸为原料,在 DNA 依赖的 RNA 聚合酶催化下合成 RNA,也即信使 RNA(messenger RNA,mRNA)。mRNA 的加工在真核生物、细菌和古细菌中差异很大。实质上,非真核 mRNA 在转录时是成熟的,除极少数情况外不需要加工,而真核 mRNA 则需要大量加工。由于真核转录和翻译是在不同的细胞器内进行的,所以真核 mRNA 必须从细胞核输出到细胞质。这一过程可能受不同信号通路的调节。

翻译(translation)是根据遗传密码的中心法则,将成熟的 mRNA 分子(由 DNA 通过转录而生成)中的"碱基的排列顺序"(即核苷酸序列)解码,并生成对应的特定氨基酸序列的过程。此过程以 mRNA 为模板确定蛋白质合成期间氨基酸的序列,主要在细胞质内的核糖体中进行。氨基酸分子在氨基酰-tRNA 合成酶的催化作用下与特定的转运 RNA(transfer RNA, tRNA)结合并被带到核糖体上,生成的多肽链(即氨基酸链)通过正确折叠形成蛋白质。许多蛋白质在翻译结束后,还需要在内质网上进行翻译后修饰才能具有真正的生物学活性。

不同的代谢类型均需要蛋白质,特别是酶,假如这种酶的贮备在再合成前就被耗尽,那么这种酶的损伤会导致细胞死亡,但是必须认识到最严重的损伤是发生在 DNA 分子上。

3. 端粒与端粒酶

形态学上,线状染色体 DNA 末端膨大成粒状,这是因为 DNA 末端与它的结合蛋白紧密结合,像顶帽子一样盖在染色体的两端,因而得名端粒(telomere)。端粒覆盖于真核细胞染色体末端,稳定染色体末端结构,防止染色体间末端连接,并补偿 DNA 5'末端在清除 RNA 引物后造成的空缺,维持 DNA 复制的完整性。端粒由许多重复序列的 DNA 及相关蛋白质组成。哺乳动物的端粒结构由 6 个核苷酸 5'TTAGGG 3'序列多次重复构成,长度为 10～150 kb (kilobase,kb)。正常体细胞染色体末端随细胞分裂而缩短。DNA 复制一次,端粒 DNA 就会丢失 50～200 bp(base pair, bp)。这是因为 DNA 聚合酶不能从起始端合成新的 DNA,只能在已存在的链上加入核苷酸,故必须有 RNA 引物,导致细胞分裂一次,染色体缩短一些,当端粒长度平均为 4～6 kb 时,会触发细胞衰老。

永生细胞如癌细胞是如何避免端粒丢失的呢? 即是如何解决端粒复制问题的呢? 1984 年,分子生物学家在对单细胞生物进行研究时,发现了一种能维持端粒长度的酶——端粒酶(telomerase)。它是一种逆转录酶,由 RNA 亚单位和蛋白质组成,它既解决了模板的问题,又解决了引物的问题。端粒酶可以把 DNA 复制损失的端粒填补起来,借由把端粒修复延长,可以让端粒不会因细胞分裂而有所损耗,使细胞分裂的次数增加。正常人体体细胞中检测不到端粒酶。人体生殖细胞、睾丸、卵巢、胎盘及胎儿细胞中此酶有表达,但表达受到机体严格地调控。80%～90%的恶性肿瘤细胞表达端粒酶,且具有高活性。尽管端粒长度较短是衰老细胞的指标并预示着疾病风险增加,但端粒较长也可能预示着某种疾病。目前,细胞中端粒与端粒酶的状态与肿瘤形成及细胞衰老关系的研究仍是热点。

端粒序列是细胞进化过程中一段高度保守的序列,去除了端粒的染色体易发生重排,形成染色体畸变,因此端粒除保证 DNA 完整复制以外,还具有维持染色体结构稳定的作用,即保护染色体不分解、不重排及末端不相互融合等作用。

4.2　电离辐射对 DNA 分子的效应

4.2.1　靶学说与靶分子

1924 年,Crowther 提出了靶学说,他从细胞有丝分裂受辐射影响的现象,推测在染色体中存在着丝粒那样大小的体积结构,在照射时它发生一次电离,导致细胞有丝分裂受到抑制。细胞染色体内存在小体积敏感区,这是最初的靶学说(target theory)。1931 年,Blackwood 根据他的辐射实验,计算了基因的大小。随后 Lea、Timofeeff-Ressorsky 和 Zimmer 等人对这一理论作了进一步的发展,使之更加完善和系统化。

靶学说认为,辐射生物效应是由于电离粒子击中了某些分子或细胞内的特定结构(靶)的结果。靶学说包含三个基本要点:第一个是生物组织、细胞结构内存在着对辐射特别敏感的结构——靶,它们的损伤将引发某种生物效应。电离辐射时生物大分子的失活、基因突变和染色体断裂等都是由于电离粒子击中了其中的靶并在其中发生了电离事件,指出了最终生物效应与照射时发生的最初物理变化存在确切的相依关系。第二个是电离辐射以光子和离子簇的形式撞击靶区,击中概率遵循泊松分布。第三个是单次或多次击中靶区可产生某种放射生物效应。按照靶学说,可以由受到一定照射剂量的生物体比例来计算靶分子或靶结构的大小。

经典的靶学说存在许多不足之处,适用范围具有一定的局限性。靶学说不适用于下列情况或应用时会出现较大偏差:① 由辐射间接作用引起的生物效应;② 辐射所致原初损伤受到外来因素影响时;③ 受照射细胞为非均一群体时;④ 生物效应照射后受修复或其他继发性变化影响时。但是,随着分子生物学和物理生物学的快速发展,传统靶学说有了补充和发展,使之在生物大分子与病毒的钝化曲线和细胞存活曲线的模型建立以及辐射敏感性的比较等方面的研究中备受重视。

近年来对靶分子和靶结构的生化本质的探讨取得了较大的进展,目前引人关注的是基因组 DNA 和生物膜。生物膜包括细胞膜、核膜、线粒体膜和溶酶体膜等,这些膜的破坏会影响细胞内生物活性分子的转移和膜结合酶的活性,严重干扰细胞代谢的方向性、有序性和协调性。无论是在真核细胞中还是在原核细胞中,DNA 都需要附着在核膜上,形成 DNA -膜复合物才能进行复制。如果电离辐射时射线破坏了这些附着点,则 DNA 复制即刻停止。因此,继 DNA 之后,细胞膜也被认为是另一个辐射靶。但是,由于生物膜涉及的部位较多,功能复杂,电离辐射后膜结构及功能变化及其在细胞生物效应方面的作用还需累积更多的实验资料,因此这里主要讨论靶分子——基因组 DNA。

4.2.2 基因组 DNA

1. 基因组 DNA 是射线作用的靶分子

基因组 DNA(genomic DNA)是细胞生长、繁殖和遗传的重要物质基础,作为细胞最为关键的大分子,具有更新慢、保真度需求高等特点,其受到射线损伤后往往会对细胞产生严重的后果,是射线诱导细胞死亡的主要靶点。

基因组 DNA 是射线作用的靶分子,这一论点已有大量的科学研究证实。这些研究主要有:

① 细胞核比细胞质具有更高的辐射敏感性。由于 α 粒子的射程很短,所以在细胞内的辐射体积可控。用钋针微光束产生的 α 粒子可分别选择性地照射细胞核和细胞质。1977 年,Warters 等人利用小钋源针产生的短程 α 粒子照射单个细胞。实验发现,细胞质或细胞膜受到高剂量照射时细胞不会死亡,而细胞核受 1~2 个 α 粒子的照射时便会导致细胞死亡。杀死一个细胞,照射细胞核的剂量为照射细胞质的剂量 1/100。

② 细胞自杀实验。用大剂量高比活性的 ^{3}H - TdR(TdR,胸腺嘧啶核苷)掺入到细胞基因组 DNA 中,能使细胞"自杀"。但如果将相同辐射剂量的高比活性氚标记的氨基酸掺入到细胞的染色质蛋白中,细胞仍然存活,说明 DNA 在辐射的原初损伤中起着关键作用。

③ DNA 含量高或染色体体积较大的细胞比 DNA 含量低或染色体体积较小的敏感性高。在病毒中 DNA 含量与靶体积相当,就是一个很好的例证。

④ 许多哺乳动物细胞在 DNA 合成酶的诱导生成期对射线特别敏感。

⑤ 用 5 -溴脱氧核糖尿苷(5 - bromouridine deoxyribose, 5 - BUdR)代替胸腺嘧啶核苷(TdR)掺入哺乳动物细胞 DNA 分子中,则细胞的辐射敏感性提高。

⑥ DNA 修复能力有缺陷(如毛细血管扩张共济失调症,Ataxia - Telangiectasia,AT)的病人的细胞往往对射线高度敏感。DNA 分子的损伤被认为是细胞致死的主要因素。

2. 基因组的靶部位

如果基因组 DNA 是电离辐射致细胞死亡的靶分子,那么是否所有的基因组 DNA 都是靶分子呢? 答案是否定的。研究发现,基因组中存在某些易受射线攻击的"热点"或"脆点"。如果 DNA 双链断裂与随后的染色体畸变有关,那么染色体畸变位点的分布可为靶的重要部位提供信息。人外周血淋巴细胞是研究染色体畸变最常用的细胞。用 X 射线照射淋巴细胞,诱发其发生染色体断裂,可以观察到这些断裂点在染色体内的分布不是随机的。例如,对受照射淋巴细胞的染色体进行 G 显带染色,可观察到染色体 G 显带的浅带中畸变率较高,而在深带和可变带中的畸变率则较低。

人染色体中有四类不稳定部位或不稳定的 DNA 序列:普通脆性部位(c-fra)、可遗传的脆性部位(h-fra)、原癌基因(c-onc)和肿瘤特异断裂点。按照 Yunis、Soreng 和 Le Beau 等人研究所得的不稳定 DNA 序列目录,将已知的 55 个 c-fra、16 个 h-fra、24 个 o-onc 和 63 个肿瘤特异性断裂点与 X 射线引起的畸变点分布作对比分析,并用统计方法检查辐射诱发的染色体断裂点与不稳定序列之间的联系。研究表明,在浅带中 c-fra 和/或 o-onc 的存在与射线诱发的染色体断裂频率的增加有关,但在深带或可变带中则不能见到这种相关性,提示 c-onc 和 c-fra 有可能是基因组的靶部位。h-fra 所在的区带似乎与断裂数的升高无关。肿瘤特异断裂点的断裂常出现在肿瘤细胞基因组中的特定位置上,但似乎与辐射诱发断裂没有多大关系。只是在某些特定的细胞类型中,含有肿瘤特异断裂点和 c-fra 或 c-onc 带的辐射诱发的染色体断裂频率增加。如与淋巴瘤发病有关的原癌基因 c-abl(9q 34)、bcl(11q13)、bcl(18q21)、c-myc(8q24),特别是 blym-1(1q32)等,对辐射高度敏感。

无论是射线的直接作用还是间接作用都能诱发 DNA 双链断裂,但大量实验资料证明,电离辐射时 DNA 分子的断裂部位不是随机的,这就导致了靶和非靶部位的区分。为了解释在靶部位的 DNA 双链断裂是如何转变为染色体畸变的,需要借助 DNA 的酶学修复机制。由于染色质结构上的某些特点及其结合蛋白质的某些特性,靶区 DNA 双链断裂可诱导 DNA 重组和染色体畸变,而非靶区 DNA 则不能。如果双链断裂发生在非重要部位(非靶区),损伤可被正确修复,也可能被错误修复,从而引起细胞突变和转化;而如果双链断裂发生在重要部位(靶区),则可能发生重组性的错误修复,诱发染色体畸变,导致细胞转化或死亡(见图 4.10)。

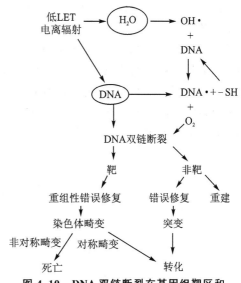

图 4.10　DNA 双链断裂在基因组靶区和非靶区的不同生物学后果

4.2.3　电离辐射致 DNA 损伤

无论是从 DNA 分子的碱基顺序决定遗传密码到最终决定细胞的功能和表现,还是从细胞有丝分裂过程中染色体复杂结构的形成至最后分离进入两个子细胞中,都说明了 DNA 分子的完整性是细胞正常功能的先决条件。电离辐射时 DNA 的损伤是指 DNA 双螺旋结构发生的任何改变,包括 DNA 的碱基、糖基以及磷酸二酯键等发生的任何化学变化,主要表现为单个碱基的改变及双螺旋结构的异常扭曲两方面。单个碱基的改变只影响 DNA 的序列而不影响整体构象,当 DNA 双螺旋被解离时并不影响转录或复制过程,但是序列的改变却影响密码子的序列,导致子代遗传信息的改变;而双螺旋结构的异常扭曲却影响 DNA 的复制或转录,进而影响其生理功能。例如:DNA 受到紫外线照射时两个邻近的 T 碱基之间会产生共价键,形成链内 T 二聚体,造成结构扭曲。

1. DNA 的碱基损伤

电离辐射作用于 DNA 分子所致的直接作用或间接作用都会对碱基产生损伤。低 LET 照射时,间接作用起很大作用,水辐解时产生了很多高活性的含氧自由基,如·OH 自由基。这些含氧自由基可造成碱基的氧化。如 7,8 -二氢- 8 -氧鸟嘌呤就是一种氧化碱基,它可以与 C 或 A 碱基配对,造成 G—C 变为 T—A 的颠换。对此错配,DNA 聚合酶不能校对,导致损伤累积。

人体受到 γ 射线照射时,核苷和核苷酸中结合的碱基比游离的碱基敏感性要小,提示糖基和磷酸根对碱基有轻度保护作用。一般情况下,游离碱基中嘧啶比嘌呤对电离辐射敏感。在充氧的稀释溶液中,辐射产生的·OH 主要(约 90%)加成至碱基的双键上。嘧啶碱基加成至 5,6 双键上;而嘌呤碱基加成至第 8 位碳原子上,接着引起咪唑环的 7,8 位双键开环;剩余的 10%·OH 与嘧啶或嘌呤发生抽氢反应。

细胞中 DNA 的碱基辐射敏感性要比体外照射时 DNA 的低。细胞受到电离辐射时,DNA 的碱基也会发生相应的变化,但由于产物的量少、细胞的耐受或修复、碱基结构变化复杂、缺乏灵敏度准确的检测方法,给研究带来很大困难,因此对 DNA 碱基的研究进展不大。

电离辐射可使嘌呤或嘧啶碱基从磷酸脱氧核糖骨架上脱落下来,造成碱基的丢失。而有些碱基受照射后会发生甲基化,如 6 -氧甲基鸟嘌呤。这些碱基的丢失或损伤可引起 DNA 双螺旋的局部变性,特异的核酸内切酶能识别并切除这样的损伤,经过酶的作用,导致链断裂。这种对特异性酶敏感的位点称为酶敏感位点(Enzyme Sensitive Site,ESS)。

DNA 链上损伤的碱基也可以被特异的 DNA 糖基化酶去除或由于 N -糖基键的化学水解而丢失,形成无嘌呤或无嘧啶位点(apurinic/apyrimidinic site,APS),如图 4.11 所示。这些 APS 在内切酶等的作用下形成链断裂。与嘌呤碱基相比,嘧啶碱基受照射损伤后较易脱落。

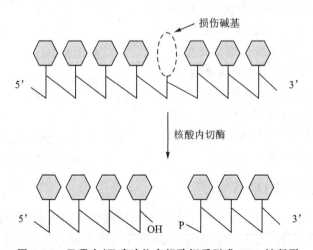

图 4.11　无嘌呤/无嘧啶位点经酶切后形成 DNA 链断裂

2. 脱氧戊糖和磷酸二酯键的破坏

水在辐射分解后产生三种主要的自由基,即水合电子($G=2.7$)、羟自由基($\cdot OH, G=2.7$)和氢自由基($H \cdot, G=0.55$)。G 值是指水在 pH=7.0,吸收辐射能量为 100 eV,作用时间为 $10^{-9} \sim 10^{-8}$ s 时形成的分子或基团数。水合电子中的电子加合至碱基上,不能引起糖基上的磷酸二酯键断裂。$H\cdot$ 主要加合至碱基上,只有一小部分能从糖基上抽氢。大约 80% 的 $\cdot OH$ 加合至碱基的双键上,但由于它的高反应性,它能从糖基上抽去约 20% 的氢。因此,低 LET 中等剂量照射哺乳动物细胞时,DNA 链断裂以单链断裂(Single Strand Break, SSB)为主,主要与 $\cdot OH$ 的作用有关。

事实上,$\cdot OH$ 是在充氧溶液中照射时唯一作用于脱氧戊糖的活性反应基因。脱氧戊糖的每个碳原子和羟基上的氢都能与 $\cdot OH$ 反应,形成的化合物要么引起 DNA 链断裂,要么引起碱不稳定键的形成。

用 γ 射线体外照射 DNA 时,DNA 糖基上 C(1')、C(2')和 C(4')在受到 $\cdot OH$ 攻击后在 DNA 链中留下碱不稳定性键,形成的产物在与六氢吡啶共热后都能导致 DNA 链断裂。所以,在 DNA 链上含有这几种损伤的部位代表碱不稳定性位点(Alkali Labile Site, ALS)。末端基团分析结果表明,DNA 溶液在 γ 射线照射后,除 SSB 以外,有相当数量的 ALS 形成。而在照射细胞时,细胞中的糖基损伤很少见到,可能与细胞的修复或仪器的敏感性有关。

3. DNA 链断裂

(1) DNA 链断裂的种类

1) DNA 的单链断裂

DNA 链断裂是电离辐射所致 DNA 损伤中常见和重要的形式。当 DNA 双螺旋结构中有一条链断裂时,称为 SSB。SSB 发生在磷酸二酯键,或者是在碱基和脱氧核糖之间的键上发生,后者更常见。磷酸二酯键断裂后,两条链就像拉拉链一样,水分子渗入缺口,碱基之间的氢键断裂,导致 3~4 个核苷酸改变时断裂终止(见图 4.12(a))。SSB 通常发生在低 LET 辐射时,随着 LET 值的增加,单链断裂的数量减少,双链断裂的数量增加。绝大多数正常细胞的 DNA 都能利用另一条完整的链轻而易举地修复受损的 SSB。如果出现 DNA 修复异常,则可导致细胞突变。如患有色素性干皮病(Xeroderma Pigmentosum, XP)的病人具有 DNA 切除修复的缺陷。当病人暴露于阳光下形成嘧啶二聚体时,无法结合、识别 DNA 损伤,解螺旋酶、内切酶、转录因子的功能也受到损伤,二聚体无法切除。

如果 DNA 的两条链上都有断裂,则只要断裂端分隔得足够长,DNA 仍可以以另一条链为模板,很容易修复损伤的链。这种情况属于两个 SSB。

2) DNA 的双链断裂

DNA 的双链断裂(Double Strand Break, DSB)是指 DNA 双螺旋结构中两条互补链于同一对应处或"紧密相邻处"同时断裂,导致一条染色质断裂为两部分(见图 4.12(b))。两条互补链的"紧密相邻处"的距离不应超过多少个碱基对,尽管不同盐浓度条件下碱基对的数量会有差别,但一般认为生理条件下"紧密相邻处"的双链断裂是指断裂处的碱基间隔不大于 3 个,超过 3 个碱基对时可视为两处单链断裂。DSB 可以由单个粒子穿过双螺旋产生,或者由两个粒子穿过同一区域产生。其中,后者是指在第一个粒子产生的断裂尚未修复时,第二个粒子通过同一区域在互补链上产生新的不超过 3 个碱基对的断裂。假如断裂发生在同一个碱基对上,则为同源性断裂;反之,则是异源性断裂。后者发生的概率更加多些。

DSB 被认为是由电离辐射诱导染色体畸变产生的最重要损伤,它直接导致细胞的死亡、

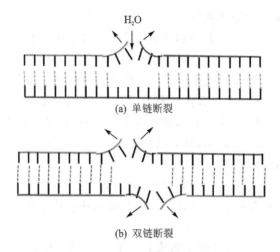

图 4.12　DNA 的单链断裂和双链断裂

致癌或突变。DSB 可以由电离辐射的直接作用引起,也可以由电离辐射的间接作用引起。DSB 发生的概率与辐射剂量成正比。

（2）DNA 链断裂的分子机理

电离辐射作用于生物机体的组织和细胞,既有直接作用也有间接作用。直接作用是指射线直接将能量传递给生物分子,引起电离和激发,导致分子结构的改变和生物活性的丧失;而间接作用是指射线首先将能量作用于水,引起水分子的活化和自由基的生成,然后通过自由基再作用于生物分子,造成它们的损伤。DNA 链的断裂是直接作用和间接作用共同作用的结果。脱氧戊糖的破坏、磷酸二酯键的损伤,或是碱基的损伤或脱落都可直接或间接地引起链的断裂。例如,单链断裂可能是粒子直接击中磷酸二酯键,导致链断裂的结果;也可能是糖基损伤或碱基损伤导致的继发反应。同样地,双链断裂可以是某一粒子直接击中了双螺旋的两条链;也可能是粒子只击中双螺旋的一条链,而另一条是由间接作用产生的氧自由基引起的,其中·OH 的作用不容忽视。在低 LET 照射时,有氧细胞损伤的 30%～40%由直接作用引起,而间接作用中引起的损伤的 60%由·OH 自由基所致,水辐解产生的其他自由基包括水合电子,最多占 10%。

（3）DNA 链断裂的测量分析

近年来,各种技术方法已用于测量 DNA 链断裂,包括蔗糖沉降技术,碱性、中性滤膜洗脱法,脉冲电场凝胶电泳法（Pulsed‒Field Gel Electrophoresis,PFGE）,以及单细胞凝胶电泳法（彗星实验）。其中蔗糖沉降技术,碱性、中性滤膜洗脱法检测细胞单链断裂或单双链断裂时,虽然简便、灵敏度较高,但是由于使用的这些方法大多利用放射性同位素检测 DNA,需要事先将细胞用 ^{3}H‒TdR 或 ^{14}C‒TdR 标记,因此使得这些方法的应用范围受到一定限制。目前,也有改用荧光标记 DNA 的,但相应的对洗脱程序及仪器装置要进行改装。另外,PFGE 和单细胞凝胶电泳法仍是目前检测 DNA 链断裂常用的方法。除了这些过去常用的技术以外,检测辐射诱导的细胞核"病灶",即一种通过招募 DNA 修复蛋白到 DNA 损伤部位形成"病灶焦点"的结构,已成为检测 DNA 双链断裂可视化常用的方法之一。

1）PFGE

PFGE 广泛用于检测 DNA 双链断裂的损伤和修复。Kysela 等人将实验细胞包埋在琼脂糖内,放入反向电场凝胶电泳设备中电泳,这样便能在照射后的较短时间内精确检测 DNA 的双链断裂。DNA 从辐照细胞中分离出来,然后通过多孔过滤器或凝胶片。PFGE 使用两个交替开启和关闭的电场,使 DNA 分子的移动方向随着电场的变化而改变,呈"Z"形向前移动。DNA 双链断裂后 DNA 分子断裂的片段大小不一,通过电场的不断交替,使不同分子量大小的 DNA 分子片段得以区分。PFGE 可以定量计算 DNA 分子片段的大小。早期因其设备昂贵、操作复杂、电泳时间较长,限制了其使用,现在随着技术的进步和检测方法的不断改进,该方法目前被公认为是检测电离辐射所致 DNA 双链断裂及修复的敏感方法。

2) 单细胞凝胶电泳

单细胞凝胶电泳(Single Cell Gel Electrophoresis,SCGE),又称为彗星实验(comet assay),是在单细胞水平进行 DNA 损伤和修复检测的方法。与 PFGE 相似,首先将受电离辐射的细胞包埋在琼脂糖内,然后用含有高浓度盐分和去垢剂的裂解液裂解细胞,随后在弱碱性条件下使 DNA 解螺旋,再电泳,使 DNA 片段向阳极移动,形成类似于彗星的尾巴。若细胞中 DNA 损伤增加,则片段移行的距离就变长。但是,中性条件下的裂解和电泳只能检测细胞中 DNA 双链断裂的片段,不能测定单链 DNA 断裂的片段。1988 年,Singh 建立了碱性彗星实验(pH>13.0),经过不断改进,目前该实验能够检测 DNA 单、双链断裂,碱性不稳定位点(ALS),DNA 之间的交联,DNA 与蛋白质之间的交联,以及与 DNA 单链断裂相关的不完全切除修复位点等多种 DNA 损伤。SCGE 被认为是目前最灵敏的 DNA 损伤检测方法。

3) DNA 损伤诱导细胞核病灶

DNA 损伤诱导细胞核病灶(辐射诱导病灶实验)是信号和修复蛋白的复合物,这些复合物定位于 DNA 双链断裂的部位,代表细胞核对电离辐射所致 DSB 的反应。同其他技术相比,该方案简单、容易实用,它可在组织切片和单个细胞制剂上进行。从技术上讲,细胞/组织与一种特定的抗体孵育,抗体与损伤部位抗原特异性结合被培养成信号/修复蛋白,然后用另一种抗体检测一级抗体的结合,其中,二级抗体带有荧光标记。用荧光显微镜检测标记荧光的位置和强度,然后可以量化。

最常见的病灶形成蛋白是 γ-H2AX 和 53BP1(p53-binding protein 1)。H2AX (X variant of histone H2A)是核心组蛋白 H2A 的一个亚型,真核细胞中 C 末端包含一个进化保守区域,第 139 位有个丝氨酸残基。当细胞发生 DNA 损伤时,位于 H2AX 第 139 位的丝氨酸迅速发生磷酸化,磷酸化的 H2AX 被称为 γ-H2AX。电离辐射后,H2AX 是最早被磷酸化的底物,受照射后 1~2 min 就可以出现,30 min 可达到峰值,是细胞中感应 DNA DSB 最敏感的分子。γ-H2AX 病灶的数量和大小可以通过免疫荧光或细胞流式技术检测得到,且数量和大小与一定范围的照射剂量相关。由于 DSB 重接,随着照射后时间的推移,γ-H2AX 荧光强度逐渐减弱甚至消失。53BP1 是另一个针对 DNA 双链断裂做出反应的重要调控因子,它也可以通过流式细胞仪进行定量分析。损伤细胞中形成 53BP1 或 γ-H2AX 病灶的数量与受损细胞内 DSB 的数量有直接关系。随时间动态地测量形成病灶的值,这些值反映的是细胞的修复动力学。因为随时间的迁移,DSB 修复,病灶数值下降。

除上述以外,还有其他蛋白也会对损伤形成病灶,如 ATM 复制蛋白 A(RPA)、Rad51 和 BRCA1(breast cancer 1)等。最近,在一项小规模的研究中,DNA 损伤修复机制之一的同源重组修复涉及的两个蛋白质 Rad51 和 BRCA1 已作为生物标志物,用于检测乳腺癌活检中的修复缺陷。

除上述常用的技术以外,一些新的检测方法也开始应用于研究 DNA 损伤。如 DNA 解螺旋分析法,该方法的原理是基于 DNA 双链断裂后的碱性解螺旋,解螺旋后得到单链 DNA,

DNA 双链断裂数与 DNA 损伤量成正比。双链断裂的量可由插入染料的荧光强度监测到。随着科学技术的不断进步,分子生物学、生物化学与遗传学的发展,DNA 碱基损伤的定量分析也取得了很大的进步。

(4) 电离辐射引起 DNA 链断裂的主要特点

1) 单链断裂与双链断裂的比值

由于 DNA 两条链之间的空间距离,一个自由基不可能与 DNA 双螺旋结构的两条链同时发生作用,所以,SSB 可以由一个自由基攻击引起,而 DSB 必定是由两个以上的自由基攻击引起。电离辐射一次事件引起的能量沉积可产生较高的自由基浓度,DNA 分子的直径约 2 nm,两条链之间的距离可被较高浓度的自由基布满,使自由基有可能在相对应的链上进行攻击而形成 DSB。据此推断,一定能量的射线所产生的 SSB 和 DSB 会有一个大致的比值。然而,由于受到某些实验条件的影响,如测定 DNA 链断裂时因离子强度、pH 值和温度等因素的差异,二者之间的比值并非恒定。根据多数资料记载,DSB 为 SSB 的 $1/10 \sim 1/20$。也有资料报道,二者的比值超出此范围。此外,SSB 与 DSB 的比值还受射线能量的影响。

2) 氧效应对链断裂的影响

细胞在有氧条件下照射增加了羟自由基的数量,致使 DNA 链断裂增加。以 G 值表示 DNA 链断裂数。由表 4.1 可以看出,SSB 与 DSB 都存在氧效应,氧增强比在 $2 \sim 5$ 之间;有氧和无氧条件下 SSB 与 DSB 的比值在前述范围内。

表 4.1　有氧和无氧条件下胸腺细胞受到快电子照射后 DNA 链损伤的 G 值

损伤类型	无氧照射	有氧照射	氧增强比
DSB	0.026	0.093	3.6
SSB	0.272	1.33	4.9
碱不稳定性位点	0.235	0.49	2.1

3) LET 对链断裂的影响

一般来说,γ 射线对链断裂的效应强于紫外线,中子的效应又强于 γ 射线的。中子引起的 DSB 多于 γ 射线,而引起的 SSB 却少于 γ 射线的。随着射线 LET 的升高,SSB 减少,而 DSB 却增多。中子所致的 DNA 链断裂重接率比 γ 射线小。

表 4.2 概括了在哺乳动物细胞株 $L_{5178}Y$ 受 γ 射线和快中子照射后引起 DNA 链断裂的不同生物效应。^{60}Co γ 射线的剂量率是 170 Gy/min;快中子由回旋加速器产生,平均能量为 13 MeV,剂量率为 110 Gy/min。用碱性蔗糖密度梯度离心法测 SSB,用中性蔗糖密度梯度离

表 4.2　γ 射线和快中子诱发 DNA 链断裂的不同生物效应

DNA 链断裂	γ 射线	快中子	快中子/γ 射线
整细胞中的 DNA			
SSB	179(58)	107(98)	0.6
DSB	6.0(1 700)	6.5(1 600)	1.1
分离出的 DNA			
SSB	193(54)	101(103)	0.5
DSB	8.4(1 200)	9.7(1 100)	1.2

注:表中数值表示断裂/$(10^{12}$ D · Gy$)$,括弧内的数值表示 eV/断裂。

心法测定 DSB。由表 4.2 可知,对整细胞中的 DNA 和分离出的 DNA 所测定的链断裂结果十分接近。

对于诱发碱不稳定性损伤,中子的生物效应强于 γ 射线。在照射后保温 3 h,中子所致的 DNA 链断裂重接率比 γ 射线要小得多。就同种射线照射而言,SSB 与 DSB 的比值随 DNA 分子中能量沉积的增减而变化。随着能量总沉积的增加,SSB 与 DSB 的比值下降。

4) DNA 链断裂与细胞辐射敏感性的关系

大量实验证明,电离辐射时 DSB 是引起细胞死亡的最主要损伤。但是,DSB 并不是决定细胞辐射敏感性的唯一主要因素,DSB 的修复与细胞的致死性密切相关。如前所述,无论是低 LET 辐射还是高 LET 辐射,初始 DSB 的数量与照射剂量呈线性依赖关系。单位 DNA 接受一定剂量的射线照射引起初始 DSB,并不因细胞种类的不同而有很大差异,也不因 DNA 是在整细胞中或处于游离状态而有很大差异(见表 4.2)。也就是说,细胞存活与初始 DSB 之间不存在直接相关性,而与 DSB 的修复水平有关。例如,正常细胞 DNA 分子双链断裂后修复正确率≥50%,而毛细血管扩张共济失调病人的细胞 DNA 双链断裂后修复的正确率≤10%。总之,电离辐射时初始 DNA 双链断裂量虽然与细胞辐射敏感性无直接关系,但辐射敏感性不同的细胞 DNA 双链断裂修复能力却存在着差异。

到目前为止,尚未找到能够预测细胞辐射敏感性的修复参数,修复水平的各个环节均能影响辐射敏感性,它们之间的关系尚待进一步研究。

5) DNA 链断裂的部位

用高分辨的聚丙烯酰胺凝胶电泳研究体外 γ 射线照射后 φX174 DNA 的 HaeⅢ限制性酶切片段时,发现链断裂并非随机性分布,除了 ALS 引起的链断裂外,碱基的种类对链断裂位置也有很大影响。用 γ 射线照射在较低剂量区域(<20 Gy)时,发生在碱基位置上的断裂顺序为 G>A>T≥C;而照射在较高剂量区域(40～80 Gy)时,胸腺嘧啶 T 处的断裂频率增加,顺序变为 T>G>A≥C。此外,γ 射线照射时 DSB 的发生和分布也不是随机的。

4. DNA 交联

(1) DNA 交联的种类

DNA 双螺旋结构中,一条链上的碱基与其互补链上的碱基以共价键结合,称为 DNA 链间交联(DNA interstrand cross-linking);DNA 分子同一条链上的两个碱基相互共价键结合,称为 DNA 链内交联(DNA intrastrand cross-linking),如嘧啶二聚体(Pyrimidine Dimer,PD)就是链内交联的典型例子。DNA 与蛋白质以共价键结合,称为 DNA-蛋白质交联(DNA Protein Cross-Linking(DPC)),如图 4.13 所示。

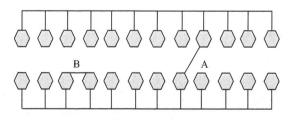

图 4.13　DNA 的链间交联(A)与链内交联(B)

(2) DNA-蛋白质交联

1) DPC 存在的证据

小牛胸腺脱氧核糖核蛋白(DNP)在紫外线或 γ 射线照射后,DNA 中不能被提取的部分随着照射剂量的增加而增多。这是因为紫外线或 γ 射线照射导致了 DNA 与核蛋白的交联，影响了 DNP 中 DNA 的提取。而如果用胰蛋白酶处理，则观察不到这部分 DNA。这是因为胰蛋白酶能够裂解 DNA 与蛋白质之间的共价键，消化 DNP 中的蛋白质部分，所以全部 DNA 都被提取出来了（见图 4.14）。

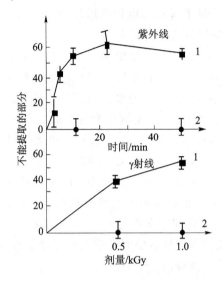

注：紫外线剂量为 $2.5×10^4$ J/m^2。曲线 1 为小牛胸腺 DNP 于 0.4 mmol/L 的
NaHCO_3 中；曲线 2 为同样条件，但在照射后用胰蛋白酶处理。

图 4.14　DNP 中不能被提取的 DNA 部分与
紫外线或 γ 射线照射剂量的依赖关系

上述 DNA 与蛋白质交联的现象，不但在体外照射 DNP 时可以观察到，而且整体照射动物时同样存在。大鼠用 γ 射线全身照射 10 Gy 后，胸腺 DNP 中 DNA 与蛋白质交联，在碱性酚溶液（1 mol/L NaCl，pH 8.5）中脱蛋白量的大幅度减少即是其证据。

2）DPC 形成的分子机制

羟自由基（·OH）是导致 DPC 形成最有效的自由基，而水合电子和超氧化阴离子在 DPC 形成中似乎无作用。这可以通过清除或增加羟自由基的实验得到证明。DPC 的形成是因为 DNA 与蛋白质之间的共价键结合。两者之间形成共价键的分子机理，一般认为是由于羟自由基可使蛋白质中的含硫氨基酸形成自由基，如半胱氨酸形成了 R—S·，甲硫氨酸形成了 R—H_2C—S·；此外，羟自由基还可使蛋白质中的芳香族氨基酸 R 形成酚型或酚氧型自由基。这些自由基在 DNA 与蛋白质形成交联时起主要作用，可能攻击 DNA 嘧啶环的 6 位和嘌呤环的 8 位，形成共价键结合的交联体。

3）影响 DPC 形成的因素

① 氧对 DPC 形成的影响。

紫外线照射引起交联时，有氧存在时能明显增加交联的形成。但 X 射线引起的交联却相反。当去除游离氧时，X 射线产生的交联反应明显增强。用硝酸纤维滤膜法检测 DPC 的实验结果证明，有氧时能加速 DNA 的辐射降解，但氮气却能增加 DPC 的形成，增加程度与照射剂量成正比。

② 温度对 DPC 形成的影响。

将中国仓鼠卵巢细胞在 45.5 ℃保温 17 min，然后用 X 射线照射，可以观察到与 DNA 交联的非组蛋白量增加两倍。如用增温的方法处理 Hela 细胞,DPC 生成量随温度和保温时间呈直线上升。在 45 ℃保温 30 min,可使 DPC 量增加 1.57 倍。但也有报告指出,增温处理并不增加 X 射线引起的 DPC,而是使 DPC 共价键的键型发生改变,处理后出现新的 P—N 键。增温能增加肿瘤细胞 DPC 的事实已被用于放射治疗时的增敏。

③ 染色质状态对 DPC 形成的影响。

不同 pH 值和离子强度(特别是二价金属离子)的染色质,受紫外线照射后产生的 DPC 的量不同。当 pH 值为 2 时,DPC 的量最多;当 pH 值为 6 时,DPC 的量最低。当 NaCl 浓度为 0.2 mol/L 时,交联最多;当浓度上升到 2 mol/L 时,却不出现交联。Mn^{2+} 和 Mg^{2+} 都有促进交联的作用。上述结果说明,染色质结构状态影响交联,结构越紧密,越易产生交联。

(3) DNA - DNA 链间交联

DNA 链间交联是一种具有很强毒性的 DNA 损伤。在 DNA 的化学损伤中,DNA - DNA 链间交联是重要的损伤方式。如顺铂、丝裂霉素等均会产生 DNA 链间交联,进而阻断 DNA 的复制、转录和重组。因此,这些化合物也常用于针对肿瘤细胞的化学治疗。但在放射生物学中,这类损伤虽然也能发生,但不如 DNA 链断裂、DAN - 蛋白质交联和 DNA 链内交联(嘧啶二聚体的形成)那样普遍。在放射损伤时,DNA 链间交联与 DNA 链断裂之间常相互竞争。例如,在干燥 DNA 和含有 25％水的 DNA 中,链间交联占优势地位,可以形成带支链的 DNA 分子。如果将 DNA 中的水增加至 200％,在无氧条件下,当照射剂量高达 $1×10^4$ Gy 时,DNA 链间发生交联,形成凝胶。此时,氧的存在具有抑制形成链间交联的作用。如果继续增加水的含量,DNA 链断裂的生成率增加,当水分超过 300％时就没有 DNA 链间交联了。

(4) DNA - DNA 链内交联

核酸的化学结构中含有发色基团(chromophore group)。它在 200～300 nm 范围内对紫外线有最大吸收峰。DNA 对紫外线的吸收取决于核苷酸上的碱基,嘧啶对紫外线的作用比嘌呤敏感。

紫外线是一种非电离辐射,辐射引起的损伤主要是二聚体的形成。其机制是,当生物分子被紫外光子激发时,它接收到一个量子能量,这种能量的作用与电离辐射传递的能量类似。真正的光化学反应始于被激发的分子或自由基与邻近分子发生反应。当大剂量紫外线照射时,可以使 DNA 分子中一条单链上相邻的两个碱基以共价键相连,两者之间形成一个环丁烷环。紫外线照射能引起较多的链内交联,而电离辐射时,此效应虽也可见到但较少。当 DNA 受到接近它的最大吸收波长为 260 nm 的紫外线照射时,相邻的嘧啶碱基共价交联形成环丁烷四元环,使这两个碱基的 5,6 位双键饱和,这种光化学产物称为嘧啶二聚体。胸腺嘧啶二聚体是最频繁形成且非常稳定的产物。相邻的两个胞嘧啶或者胞嘧啶和胸腺嘧啶之间均可形成嘧啶二聚体,但均不如胸腺嘧啶二聚体常见。图 4.15 所示为环丁烷型嘧啶二聚体。

除了上述环丁烷型的嘧啶二聚体以外,还有其他非环丁烷型的嘧啶二聚体。这些二聚体的形成具有重要的生物学意义,因为 DNA 复制时双链解螺旋时受限,导致它们在那一点上阻断了 DNA 复制。在紫外线照射部位(脸、颈和手)发生皮肤癌的过程中,它们似乎起着重要作用。

5. DNA 二级和三级结构的变化

DNA 双螺旋结构靠三种力量保持其稳定性:一是互补碱基对之间的氢键;二是碱基芳香环 π 电子之间相互作用而引起的碱基堆砌力;三是磷酸基上的负电荷与介质中的阳离子之间形成的离子键。

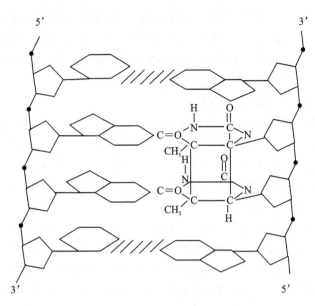

图 4.15　环丁烷型嘧啶二聚体

电离辐射时,DNA 大分子发生变性和降解。DNA 的变性是指 DNA 的双螺旋结构解开,氢键断裂,克原子磷消光系数显著升高,出现增色效应,比旋光性和粘度降低,浮力密度升高,酸碱滴定曲线改变,同时失去生物活性。DNA 的降解比变性更为剧烈,伴随着多核苷酸链内共价键的断裂,相对分子质量降低。这些都是由于一级结构中糖基和碱基的损伤以及二级结构稳定性遭到破坏的结果。

6. DNA 损伤的特点

(1) DNA 损伤的复杂性

细胞受到照射后上述各种类型的 DNA 辐射损伤都有可能发生。实际上,大剂量 γ 射线或高 LET 射线照射细胞后,在 DNA 大分子中产生一定密度的不均匀能量沉积,从而产生许多自由基,其结果是在局部范围内形成的 DNA 损伤不止一种,而是几种类型损伤的复合,通常是碱基损伤、糖基的破坏和 DNA 链断裂的复合情况。Ward 将这种损伤部位称为局部多样损伤部位(Local Multiply Damaged Site,LMDS),也有人称之为簇集损伤(clustered damage)。

细胞受到照射后,DNA 双链断裂的产额与所作用的自由基数目的平方有关系。随着作用于 DNA 局部的自由基数目的增多,LMDS 增加,同时在 LMDS 组成中 DNA 双链断裂百分数随之增加,而单纯的碱基损伤相应减少。在细胞内,DNA 分子的水合状态,周围自由基清除剂的存在与否,金属离子如 Cu^{2+}、Fe^{2+} 的存在与否,染色质中组蛋白及非组蛋白的结合状态等都对 LMDS 组成中的相对数量有影响,射线品质更是决定 LMDS 的重要因素。表 4.3 列举了不同自由基数作用于 DNA 后 LMDS 组成中 DSB 和单纯碱基的变化的计算结果,这里的自由基主要指·OH。

LMDS 更接近于细胞中 DNA 损伤的真实情况。这个现象不仅在电离辐射条件下存在,而且在紫外线和抗肿瘤的博来霉素所致的 DNA 损伤中也有 LMDS。当然,它们在损伤组成类型上有差别。LMDS 解释了射线为什么导致基因产生几种形式的突变,也解释了当 LET 增加时 OER 下降的原因。

(2) DNA 损伤的非随机性

DNA 损伤的非随机性表现在以下几方面:

表 4.3　不同自由基数作用于 DNA 后 LMDS 组成中 DSB 和单纯碱基的变化

作用于 DNA 的自由基数	LMDS 组成的百分率/%	
	双链断裂	单纯碱基损伤
2	3.6	53.0
3	9.0	39.0
4	16.0	28.0
5	24.0	21.0
10	57.0	4.0
14	75.0	1.2

1) 链断裂部位的非随机分布

由不同碱基构成的核苷酸对不同的物理或化学致伤因子的敏感性不同,不同核苷酸构成的 DNA 对损伤的敏感性也不同。辐射时 DNA 链上产生的一些不稳定性位点,如 ESS、ALS 和 APS 等对链断裂的分布有影响。DNA 单、双链断裂的比值随着 DNA 分子周围辐射能量沉积的大小而发生变化。Newman 认为,双链断裂的非随机分布与细胞中染色质高级结构状态有关。

2) DPC 的形成对蛋白质的选择性

照射完整细胞时,形成 DPC 的 DNA 区段和蛋白质均非随机,而是有一定的选择性。电离辐射时具有转录活性区的 DNA 易引起交联,而紫外线照射时则少得多。在真核细胞中,与 DNA 交联的蛋白质主要有组蛋白、非组蛋白、调节蛋白、拓扑异构酶以及与复制转录有关的核基质蛋白等。在 5 种组蛋白中,形成 DPC 的能力也各不相同,其能力由大到小依次为组蛋白 $H_3 > H_4 > H_{2A} > H_{2B}$,而组蛋白 H_1 不与 DNA 交联,这时 DNA 主要发生断裂。电离辐射时与 DNA 交联的非组蛋白基本上是活性非组蛋白。

3) 嘧啶二聚体在 DNA 链上的非随机分布

将人 DNA 中的 Alphoid 序列用 ECoRI 酶切,获得 92 bp 长的片段,在 500 J/m² 紫外线照射后用藤黄微球菌内切酶探测胸腺嘧啶二聚体(TT)位点,同时作 DNA 序列分析,证明 TT 发生频率依下列顺序递减:G—T—T—T—C—A>G—T—T—C—A>G—T—T—G。

4) 染色体的脆性部分

如前所述,X 射线照射人周围血淋巴细胞后,诱发的常染色体断裂在染色体内的分布是非随机的,在浅 G 带中断裂点最多。

4.3　DNA 损伤的修复

DNA 损伤修复并不是辐射效应所特有的,各种物理、化学或生物因素都能造成 DNA 损伤并引起修复。即使没有外来损伤,生物体内也会发生针对其自身的自发损伤(或复制错误),引起 DNA 不断地进行修复。

DNA 修复是由基因控制的各种酶来调节的。有些损伤需要通过单一基因产物,一种酶,一步完成;而有些损伤则需要多种酶、多步骤一起完成。修复过程中涉及的有些酶有时就是 DNA 复制时应用的酶,如 DNA 聚合酶和/或连接酶等。

DNA 的修复系统有两种：一种是细胞内固有的，在细胞存活期内不断地调控着 DNA 的完整性，如错配修复；另一种是细胞中通常并不存在或者以低浓度存在，但当 DNA 受到损伤时，受损伤因子诱导而出现的修复系统。如细胞受到电离辐射后，可以观察到一种 DNA 修复合成。这种合成不同于细胞增殖过程中的 DNA 复制，它的合成量相当低，合成始于损伤后即刻，随时间的延长而增加，但与细胞周期没有关系，故叫作 DNA 期外合成或程序外 DNA 合成（Unscheduled DNA Synthesis，UDS）。

测定 UDS 通常采用 ^{3}H-TdR 掺入法。向受伤的细胞培养液中加入 ^{3}H-TdR，保温一定时间后，用液体闪烁法测定样品放射性强弱，或用放射性自显影计数每个细胞核内的感光银颗粒数。X、γ 和 β 射线等都能诱发 UDS，UDS 的量与照射剂量间存在依赖关系。多种来源的哺乳动物细胞，如鼠的淋巴细胞、肝细胞、精母细胞、皮肤细胞以及人的外周血淋巴细胞等均有明显的 UDS，故 UDS 的测定可作为观察 DNA 修复的一种较简便的手段。

DNA 修复机制消除了电离辐射诱发的损伤，重组了 DNA 原先的结构，在细胞水平恢复了细胞的生存力。常用存活分数来表示 DNA 的修复程度。然而，细胞存活并不意味着 DNA 的完全恢复。因为，DNA 修复后所致的遗传突变或染色体畸变与细胞存活是可以共存的。也就是说，细胞存活并不一定要求 DNA 修复如初，它可以允许某些因素引起的改变，如损伤的耐受性等因素。因此，DNA 的修复包括：无错修复（free error repair），使 DNA 恢复到原来状态；有错修复（misrepair），由此增加突变频率。

DNA 复制中每代细胞碱基配对的错误率约为 10^{-10} 个碱基对。人体细胞总数约为 10^{14} 个，每个细胞有 4×10^9 个碱基对，而在通常的生命过程中约有 10^{16} 个分裂周期，发生碱基配对错误的危险不容忽视。机体的 DNA 修复系统需及时纠正错误，而在这种修复过程中还存在一种微妙的控制机理，既要纠正错配保持遗传信息的稳定，又要保留适当的突变率，使物种得以进化。关于这个奥秘，至今所知甚少。在放射生物学领域，DNA 修复的研究将有助于辐射损伤的防治，肿瘤放疗效果的提高，以及辐射致突、致癌机理的探讨。

4.3.1 不同类型 DNA 损伤修复的特点

辐射所引起的 DNA 各类损伤在一定条件下都能发生不同程度的修复。电离辐射造成的碱基损伤类型较多，分析比较困难，因此，对碱基损伤修复的研究往往以紫外线造成的嘧啶二聚体为模型。研究表明，损伤的碱基虽然可被修复，但只是部分修复，非完全修复。如图 4.16 所示，人皮肤成纤维细胞 GM38，用 20 J/m^2 紫外线照射，保温 5～6 h 后，DNA 中的二聚体略

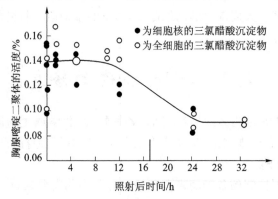

图 4.16　GM38 细胞受 20 J/m² 紫外线照射后嘧啶二聚体的清除过程

有减少;保温 24～30 h 后减少极为明显,降到照射后即刻的 60%;此后,下降缓慢。

　　绝大多数正常细胞(指 DNA 修复无缺陷的)都能修复单链断裂,而且修复的速度和效率都很高,DNA 修复与时间呈指数关系,一般在 1 h 内修复可达到 90%。此外,修复速率还依赖于温度。而对双链断裂而言,实验显示,并非所有的双链断裂都能得到修复,已有的修复也不代表重接完全正确。若重接时发生了倒位和/或易位等重组,则会使染色体发生重排,使细胞的突变频率增高。因而,照射后细胞中 DNA 双链断裂的修复是一个关系到细胞最终转归的重要过程。

4.3.2　DNA 损伤的修复途径

　　一种类型的 DNA 损伤可涉及多种修复途径,一种修复途径也可用于处理多种损伤。在机理研究中采用得最多的模型是紫外线辐射损伤,这是因为紫外线造成的损伤类型比较单一,容易分析。电离辐射损伤的修复在许多方面与之相似,但也有不同之处,应注意分辨。

1. 回复修复

　　回复修复(revert repair)是指在单一基因产物的催化下,一步反应就可以完成的 DNA 损伤修复。这是一种把损伤的 DNA 恢复到原来状态的一种修复方式。在辐射损伤中有以下几种修复机理。

　　(1)酶学光复活

　　酶学光复活是修复 DNA 链上嘧啶二聚体的一种最直接的方式,也是发现得最早的 DNA 修复方式。此过程是一个酶学催化过程,因为需要光的作用而得名为酶学光复活。催化此反应的酶叫作光复活酶(photoreactivating enzyme)或 DNA 光解酶(photolyase)。它的作用分成三个步骤:① 酶与 DNA 中的二聚体部位相结合;② 吸收波长为 260～380 nm 的近紫外光将酶激活,使二聚体解聚;③ 酶从 DNA 链上释放,DNA 恢复正常结构(见图 4.17(a))。

　　光复活酶最初是在低等生物中发现的,是低等生物修复紫外线损伤的主要方式。后来发现高等植物、昆虫、鸟乃至哺乳动物都有此酶的存在。但是,光复活并不是高等生物细胞修复嘧啶二聚体的主要途径。

　　(2) 甲基转移

　　由于环境中存在的甲基卤素化物、亚硝酸盐代谢产物及其他烷化剂的作用,DNA 上的鸟嘌呤会发生 O^6 位的甲基化。酵母及哺乳动物细胞中都存在一种 O^6-甲基鸟嘌呤-DNA 甲基转移酶,此酶能修复 O^6 位的甲基化。这种修复反应也只有一步,即将甲基转移到转移酶的半胱氨酸残基上,DNA 的鸟嘌呤将立即恢复正常结构(见图 4.17(b))。

　　(3) 单链断裂重接

　　DNA 单链断裂中有一部分是通过简单的重接而修复的,只需要一种酶——DNA 连接酶(DNA ligase)参加,因此也属于直接回复。DNA 连接酶能催化 DNA 双螺旋结构中一条链中的缺口处的 5'-磷酸根与相邻的一个 3'-羟基形成磷酸二酯键。连接所需的能量来自 NAD^+(如大肠杆菌)或 ATP(如动物细胞)。反应步骤如图 4.18 所示。此酶在各类生物的各种细胞中普遍存在,修复反应容易进行。

　　(4) 嘌呤的直接插入

　　当 DNA 链上的嘌呤碱基受到辐射损伤时,有的会被糖基化酶水解而脱落,生成无嘌呤位点。近年来发现,修复这种损伤有一种特异性的酶——DNA 嘌呤插入酶(insertase)。该酶首先与无嘌呤位点相结合,在 K^+ 离子存在的条件下,催化嘌呤游离碱基或脱氧核苷与 DNA 缺

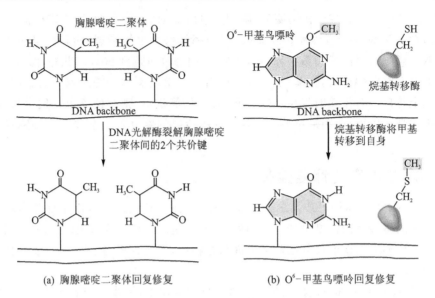

(a) 胸腺嘧啶二聚体回复修复　　　　(b) O⁶-甲基鸟嘌呤回复修复

图 4.17　DNA 回复修复

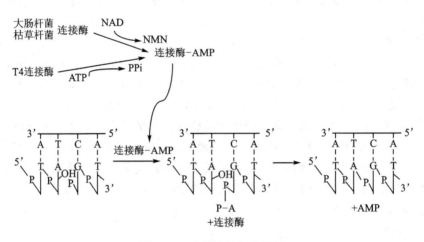

图 4.18　连接酶的催化反应

嘌呤部位生成糖苷共价键。DNA 嘌呤插入酶所插入的碱基具有专一性,例如在多聚 dG—dC 链上只插入 G,而在多聚 dA—dT 链上只插入 A。这种机理能保证遗传信息的正确修复。

　　以上几种直接回复是修复最直接的方式,对细胞是非常有利的,因为修复所需要的酶类比较单一,同时只有一步反应,修复的特异性高,较少发生错误。但实际上,这种损伤修复的例子比较局限。

2. 切除修复

　　切除修复是比回复修复要复杂得多的一种修复方式,需要多种酶参加。这种修复的特点是将损伤区域或连同损伤附近的一定区域进行切除,然后以互补链为模板,合成一段正确配对完好的碱基顺序来修补,使 DNA 结构恢复正常。这是修复 DNA 损伤最为普遍的方式。按其切除产物的不同,可分为碱基切除修复(Base Excision Repair,BER)和核苷酸切除修复(Nucleotide Excision Repair,NER)两种方式。

　　(1) 碱基切除修复

　　如果 DNA 损伤的只是单个碱基,核酸内切酶识别切除损伤碱基构成的单个脱氧核苷酸后修复受损 DNA，即为碱基切除修复。碱基切除修复的特点是，先切除受损伤的碱基，形成无嘌呤或无嘧啶的位点。碱基切除修复过程可分以下几步（见图 4.19）：

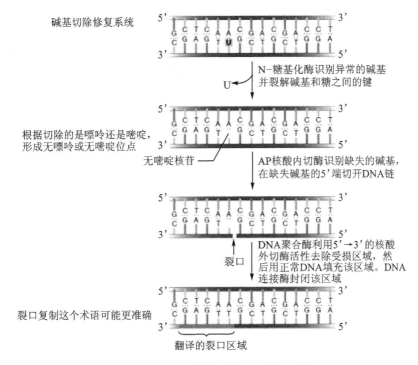

图 4.19　DNA 碱基切除修复过程示意图

① 由一类糖基化酶水解受损伤的碱基与脱氧核糖磷酸链之间的 N-糖苷键。

② 糖基化酶切断糖苷键，使异常碱基脱落，出现一个无嘌呤/无嘧啶位点（apurinic/apyrimidinic site，APS）。然后，由无嘌呤/无嘧啶核酸内切酶（apurinic/apyrimidinic endonuclease）在无碱基部位将 DNA 链的磷酸二酯键切开，再由核酸外切酶（或内切酶）去除残基，在该链上留下一个缺损区。

③ 损伤切除后，留下的缺损区由 DNA 聚合酶来修补。在大肠杆菌中执行此功能的是 DNA 聚合酶 I；哺乳动物细胞中的是 DNA 聚合酶 β。

④ 修补过程中可以将空隙中的核苷酸全部补齐。然而，DNA 聚合酶不具有连接相邻的两个核苷酸的功能。完成最后一个磷酸二酯键的连接仍需依靠 DNA 连接酶。不过在修复中起作用的连接酶与 DNA 复制时的连接酶略有不同，前者是连接酶 II，而后者是连接酶 I。

（2）核苷酸切除修复

核苷酸切除修复方式与碱基切除修复不同的是，被切除的不是单个碱基，而是一段多聚核苷酸，这是细胞内更为重要的一种修复方式。在切除阶段，损伤部位的一段多聚核苷酸被核酸内切酶所识别，并从损伤部位的 5'端将 DNA 链切一切口。继之 5'→3'核酸外切酶将损伤部位的一段多聚核苷酸切除，然后依赖未损伤的 DNA 单链作为模板，在 DNA 聚合酶的参与下通过互补碱基配对按 5'→3'方向修补合成被切除的 DNA 序列。最后，DNA 连接酶封闭新修补合成的 DNA 序列 3'端切口，DNA 重新恢复正常的双螺旋结构。

近年来，核苷酸切除修复的作用机理和参与反应的基因和蛋白的研究有了很大进展。大肠杆菌的核苷酸切除修复机制已基本清楚。大肠杆菌的核苷酸切除修复主要由 4 种蛋白质组成,即 UvrA、UvrB、UvrC 和 UvrD。UvrA、UvrB 和 UvrC 三个亚基组成复合体 UvrABC,这是一个核酸内切酶。此酶能识别 DNA 上受紫外线损伤而形成的嘧啶二聚体,并在二聚体 5'端大约 8 个核苷处切断 DNA,在其 3'端大约 4 个核苷处切一切口,含有 12 个核苷酸的片段在 UvrD 解旋酶的帮助下被去除。留下的缺口由 DNA 聚合酶Ⅰ修补合成,最后由 DNA 连接酶封闭。DNA 核苷酸切除修复过程示意图如图 4.20 所示。高等生物核苷酸切除修复的原理与大肠杆菌基本相同,但是 DNA 损伤的检测、切除和修复系统更为复杂。

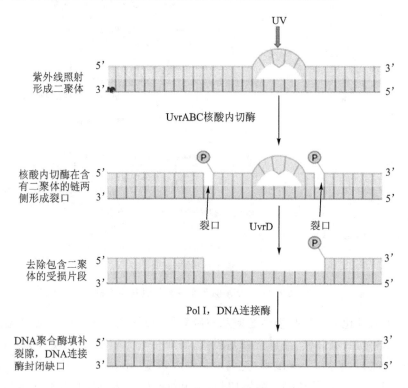

图 4.20　DNA 核苷酸切除修复过程示意图

3. 重组修复

重组修复(recombination repair)需要重组酶系将另一段未受损伤的双链 DNA 移到损伤位置附近,提供正确的模板进行重组。DNA 损伤时有两种情况需要重组修复:一种情况是单链损伤尚未修复,特别是在 DNA 复制已经开始,而损伤部位又在复制叉附近时,细胞会通过另一种机制使复制进行下去,待复制完成后,再通过某种机制修复残留的损伤,也叫复制后修复(post replication repair);另一种情况是 DNA 的双链断裂。

(1) 单链损伤的重组修复

当 DNA 链上存在碱基损伤(如嘧啶二聚体)时,DNA 复制进行到该处便停顿下来,跨越母链上的损伤部位,在下一个冈崎片段的起始位置或领头链的相应位置上重新启动合成。结果新复制的子链在母链损伤相对应处留下一段空隙,成为单链区。这种遗传信息有缺损的子代 DNA 分子可通过重组修复来加以弥补。

在重组修复过程中关键的酶为重组修复酶(recombinational repair enzyme),主要反应是两个同源 DNA 分子之间的链配对和交换。在大肠杆菌中主要由 RecA 蛋白家族参与。RecA 蛋白能与此单链区结合,并识别姐妹双链区,使之并列、结合。在 RecA 蛋白作用下,姐妹双链的母链上出现切口,两个双链间发生重组交换,无损伤的母链断开修补缺损的空隙。因交换造成的缺损则以另一条链为模板得到复制。修复完成后,将交叉点切开。单链损伤的重组修复示意图如图 4.21 所示。

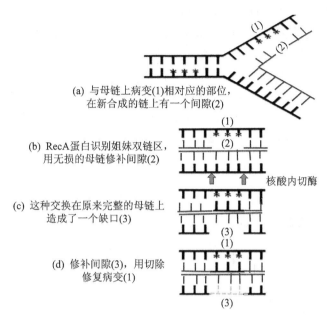

图 4.21　单链损伤的重组修复示意图

通过这种机制实现了 DNA 修复,而且修复合成的新链上不存在损伤。由于修复是发生在复制之后,故称为复制后修复。因修复机制是通过重组,故称之为重组修复。需要指出的是,这种修复机制只修复复制后的新链,而母链上原有的损伤依然存在,还需通过其他机制进行清除。

参与重组修复的酶系包括与重组和修复两个过程有关的酶类。如由重组基因 RecA 编码的一种重组蛋白 RecA 蛋白(相对分子质量为 37.8 kDa)具有交换 DNA 链的活性,是在 DNA 重组和重组修复中起重要作用的蛋白质。参与此修复过程的还有 RecB、RecC、UvrD、polA、polC、dnaG 和 lexA 等,其过程相当复杂。

(2) 双链损伤的重组修复

重组修复是 DNA 双链断裂修复的主要方式。双链损伤的重组修复有两种方式:同源重组修复和非同源重组修复。

1) 同源重组修复(homologous recombination repair)

同源重组修复是由两条同源区的 DNA 分子通过配对、链断裂和再连接而产生的片段间交换的过程。修复 DNA 双链断裂的关键问题是找到一个完整的模板来指导修复。在哺乳动物细胞中,双链断裂修复方式取决于细胞周期的阶段和重复 DNA 的丰度。在细胞周期的晚 S 期和 G_2 早期,(在细胞分裂之前)复制的 DNA 与它的亲代尚未分离。如果双链 DNA 复制后不久就发生一个双螺旋断裂现象,则此时未损坏的双螺旋可以作为模板引导修复断裂的 DNA。因为这两个 DNA 分子是同源的,所以这种修复机制被称为同源重组。

同源重组的主要反应是两个同源 DNA 分子之间的链配对和交换,保守的 Rad51/RecA 蛋白家族可催化这一步骤。为了产生结合 Rad51 的底物,首先对双链断裂的 DNA 末端进行

5'端剪切工作,即将单链的末端消化以产生 3'单链 DNA 尾巴。通过双相机制对 DNA 双链末端进行剪切,分别从 DNA 的 5'末端截去 50～100 个核苷酸,形成单链 DNA 的广泛区域。复制蛋白 A(Replication Protein A,RPA)结合到单链 DNA 尾部,但在介导蛋白 Rad52 的辅助下,被 Rad51 取代。Rad51 和单链 DNA 的复合物一旦形成就将在双链 DNA 中寻找同源序列,然后促进单链 DNA 侵入到供体双链 DNA 中,以形成具有置换链的联合分子。继而,DNA 聚合酶利用供体链作模板,从断裂染色体的 3'末端修补合成,入侵链 DNA 修补合成至与另一 DNA 双链断裂末端产生重合即可。然后,供体双链 DNA 和修补断裂末端分离,即单链修补 DNA 合成被打断,延伸的 DNA 从模板链上脱离并重新与另一个断裂末端结合。此时的双链断裂已经被转化为同一条 DNA 双链上的两个不同区域的单链断裂,然后断裂链各自以对方为模板合成新 DNA 链,从而将缺失的部分补全,如图 4.22 所示。

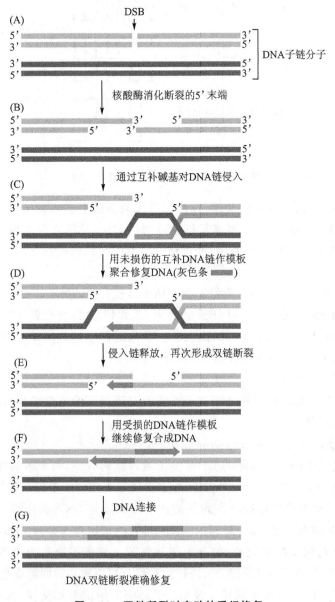

图 4.22 双链断裂时启动的重组修复

除上述修复方式以外,规范的 DNA 双链断裂修复模型与损伤后重组修复一样,断裂的一端侵入供体 DNA 双链模板,与同源 DNA 序列配对形成 D - Loop 结构,D - Loop 延伸或与另一个末端连接,完成修复过程。

同源重组修复虽然速度较慢,效率较低,但是精准,可以使基因组得到完美修复,完好如初。同源重组修复是复杂而精确的,但是需要同源序列模板,所以只能发生在细胞 G_2/S 期。在不同生物体内同源重组的具体过程可以有许多变化,但基本步骤大致相同。同源性并不意味着序列完全相同。两个 DNA 分子只要含有一段碱基序列大体相似的同源区,即使相互间略有差异,仍然可以发生重组。实验表明,两个 DNA 分子必须具有 75 bp 以上的同源区才能发生同源重组,同源区小于此数值将显著降低重组率。

2)非同源重组修复(NonHomologous Recombination,NHR)

非同源重组修复也叫非同源末端连接(NonHomologous End-Joining,NHEJ),这种重组可能属于一种快速连接 DNA 断裂的机理,不需要同源重组的复杂过程。虽然其顺序有错误,但对具有大量基因组的哺乳动物细胞来说,发生错误的位置可能并不在必需基因上,细胞存活可能更为重要。在非同源重组中起关键作用的是一种复合蛋白——DNA 依赖的蛋白激酶(DNA - PK),它是一种核内丝氨酸/苏氨酸蛋白激酶,由一个催化亚单位的 DNA - PKcs 和一个能与 DNA 游离端结合的杂二聚体蛋白 Ku 组成,后者包括两个亚单位,按其分子量分别命名为 Ku70 和 Ku80(或 K86)。DNA - PKcs 的主要作用是介导 DNA - PK 的催化功能,而 Ku 蛋白(Ku70/Ku80)复合物识别结合到 DSBs 末端,促进双链断裂的重接与重组。已用原子力显微镜证实,与 DNA 结合的 Ku 蛋白能将两个 DNA 断端并列在一起。

参加非同源重组修复的另一成分是 X 射线修复交叉互补基因 4(X-ray Repair Cross Complementing gene 4,XRCC4),它能与 DNA 连接酶Ⅳ形成紧密而特异的复合物,能刺激连接酶Ⅳ的活力,可能在 DNA 连接酶Ⅳ与组装在 DNA 末端的 DNA - PK 复合物相结合的过程中起中间体作用。

非常有意思的一个发现是,参加修复辐射损伤的酶系统也参加免疫系统中免疫球蛋白可变区和 T 细胞受体组装过程中的 V(D)J 重组。这种机理的生物学意义值得进一步探讨。

非同源重组修复虽然迅速高效,但是会有一系列副作用:就是可能造成一些序列缺失,同时也会造成一些片段插入,即所谓的不够精确。非同源重组修复在整个细胞周期都有发生,尤其在 G_1 期及 S 期发挥着重要作用。

4. SOS 反应

许多能造成 DNA 损伤或抑制 DNA 复制的过程都能引起一系列复杂的诱导效应,这种效应称为应急反应(SOS response)。SOS 反应是在细胞 DNA 受到损伤或复制系统受到抑制的紧急情况下,细胞为生存而产生的一种应急措施,最早是在大肠杆菌中发现的。在应急反应下,细菌对许多基因的抑制解除,这些基因的产物能够提高细菌或细胞的存活,这种修复机制称为 SOS 修复(SOS repair)。SOS 修复酶只有在细胞受到损伤时才存在,可提高细胞的存活率,但留下的错误较多,故又称为易错修复(error-prone repair)。

SOS 修复系统是 SOS 反应的一种功能。SOS 反应包括诱导 DNA 损伤修复、诱变效应、细胞分裂的抑制以及溶源性细菌释放噬菌体等,细胞癌变也与 SOS 反应有关。

回复修复、切除修复和同源重组修复都能够识别 DNA 损伤的部位或错配碱基而加以消除,在这些修复过程中不引入错误碱基,属于无错修复。SOS 反应能诱导切除修复和重组修复中某些关键酶和蛋白质的产生,使这些酶和蛋白质在细胞内的含量升高,从而加强切除修复和重组修复的能力。由于 SOS 反应还能诱导产生缺乏校对功能的 DNA 聚合酶,所以在 DNA 链的损伤部位即使出现不配对碱基,复制也能继续进行,以保证细胞的存活。但这个过程也带来了高突变率,SOS 的诱变效应与此过程有关。

在哺乳动物细胞中,虽然有间接的论据支持 SOS 系统的存在,特别是大剂量辐照以后新蛋白质和酶的出现似乎表明 SOS 系统的存在,仍需发现直接的实验证据证实其存在。

5. 错配修复

DNA 在复制过程中发生错配,如果新合成链被校正,则基因编码信息可得到恢复;但是如果模板链被校正,则突变就被固定。细胞错配修复系统能够区分"旧"链(模板链)和"新"链(新合成链)。Dam 甲基化酶可使 DNA 的 GATC 序列中腺嘌呤 N^6 位甲基化,复制后 DNA 在短期内(数分钟)为半甲基化的 GATC 序列。一旦发现错配碱基,就将未甲基化链上的碱基切除,并以甲基化的链为模板进行修复,即 DNA 的半甲基化可区别子链与母链,使子链中的错配碱基被切除修复机制去除。

大肠杆菌甲基化酶引导的修复是错配修复系统的典型例子。修复过程分为识别、切除和修补等步骤。参与修复的蛋白质至少有 12 种,包括 MutH、MutL、MutS 和 DAN 解旋酶 II 等,功能是区分两条链和参与修复过程。

研究发现,几乎所有的人类遗传性非息肉病性结肠直肠癌(Hereditary NonpolyPosis Colorectal Cancer,HNPCC)细胞及某些散发的癌症细胞都具有很高的突变率,是正常细胞的 100 倍。这些细胞具有链特异的错配修复缺陷。已克隆的人错配修复基因主要有 $hMSH_2$、$hMLH_1$、$hPMS_1$ 和 $hPMS_2$,其中,第一个与大肠杆菌同源,后三个与酵母菌同源。HNPCC 病人中 60% 的病例与 $hMSH_2$ 突变有关,30% 的病例与 $hMLH_1$ 突变有关,其余病例与 $hPMS_1$ 和 $hPMS_2$ 突变有关。这些研究发现为 DNA 修复缺陷引起癌症提供了直接证据。

4.3.3 基因组 DNA 修复与细胞功能的关联

早期 DNA 损伤修复的研究主要是在原核细胞中进行,因为真核细胞基因组结构复杂,影响因素很多。但随着对 DNA 修复机制逐步深入地了解,发现基因组 DNA 损伤后的修复与细胞某些重要功能有密切关系。

1. DNA 修复与转录偶联

迄今为止,有关哺乳动物细胞 DNA 修复的研究工作绝大部分是利用全基因组进行的,即把 DNA 视为一个均质的分子来研究。但实际上,真核细胞基因组结构极为复杂,在基因组的不同部位,DNA 的修复是不同的,基因组内修复是不均一的。通常情况下,单一序列 DNA 的修复率大于高度重复序列的 DNA,有活性的片段优先于无活性的片段。对于 DNA 双链,优先修复有转录活性的一条 DNA 链,DNA 的修复与转录相偶联。

哺乳动物细胞基因组中高度重复的序列往往没有转录功能,常常属于无活性的 DNA 片段。Hanawalt 与 Bohr 等人以中国仓鼠卵巢(Chinese Hamster Ovary,CHO)细胞的二氢叶酸还原酶(DHFR)基因代表活性基因,观察该基因内一个 14.1 kb 片段和它的 5'端上游无转录活性片段的修复,以及细胞总 DNA 的修复。表 4.4 显示细胞受紫外线照射后,三者的修复状况完全不同,活性基因片段中二聚体的清除非常活跃,在 $20 J/m^2$ 照射后 8 h,已清除 47%,相比之下,DHFR 的 5'端非活性基因片段的修复要低得多,仅为 10%。细胞总 DNA 的修复也较慢。此外,DNA 的修复与照射剂量和修复时间有关。照射时间越长,即照射剂量越高,修复越慢;照射时间相同时,随着修复时间的延长,清除率越高。

表 4.4　CHO 细胞基因组中不同部位的 DNA 切除修复

照射剂量/(J·m⁻²)	修复时间/h	探测片段	ESS* 清除率
5	24	总 DNA	16
10	8	DHFR 基因	58
20	8	DHFR 基因	47
20	26	DHFR 基因	72
20	8	5'上游顺序	10

注:ESS 代表酶敏感位点,实际上间接反映嘧啶二聚体的存在。

目前对此现象的解释是,当活性基因发生损伤时,基因表达过程中的 RNA 聚合酶Ⅱ转录复合物停止工作,停顿的复合物起到信号作用,促使修复酶聚集到损伤部位,开始迅速修复。这种选择性修复还带来一定的遗传学后果,人们发现,在正常细胞中,辐射所引起的突变多数发生在非转录链上。这可能是因为在非转录链上修复率低,损伤与其他因素相互作用的结果。

临床上科克因综合征(Cockayne syndrome)的病人主要是因为转录修复偶联机制有缺陷。

2. DNA 修复与机体免疫的关系

某些对辐射敏感的疾病常同时伴有免疫功能缺陷,例如重症联合免疫缺陷症(Severe Combined Immuno Deficiency,SCID)。近年来的研究已阐明,这是因为免疫系统的分化与 DNA 双链断裂的重接有着共同的重组修复机制。

在免疫系统的淋巴细胞分化时,功能性免疫球蛋白和 T 细胞受体的基因是从基因组不同区段分别组合起来的。这些区段包括可变区 V(variable region)、多样区 D(diversity region)和连接区 J(joining region)。DNA 在这些区段的侧翼有一段信号序列,首先在此发生双链断裂,然后进行 V(D)J 重组。重症联合免疫缺陷症病人由于重组机制缺陷,所以缺少功能性 T 和 B 细胞,同时他们的双链断裂修复功能也低下。

参加 V(D)J 重组和 DNA 双链断裂重接的关键性蛋白是 DNA-PK 及其亚单位,因此 DNA-PK 或其亚单位缺陷的细胞往往对辐射高度敏感,其双链断裂修复和 V(D)J 重组功能都有障碍。

3. DNA 修复与细胞周期调控

DNA 损伤修复与细胞周期的关系,将在 6.1 节中详细介绍。DNA 损伤作为细胞周期调控的一个信号,细胞的检测系统接收到损伤信号后立刻通过细胞周期检查点调节细胞周期的运行,在相应的时相发生阻滞,如 G_1 期阻滞,为 DNA 修复提供便利,避免错误的遗传信息进入子代细胞。

4.3.4　DNA 修复基因

在研究 DAN 修复机制的过程中,陆续发现了与修复有关的一些基因以及由它们所编码的修复酶和有关蛋白质。修复基因的研究不仅是对修复酶和有关蛋白质研究的进一步深入,而且也成为发现和探索未知修复酶的一个重要途径。在原核细胞(如大肠杆菌)和真核细胞(如酵母菌、哺乳类细胞)中均已克隆出一些 DNA 修复基因。酵母中已发现有 50 多个基因作用于 DNA 修复过程(包括细胞周期检查点)。预期人的修复基因数至少在 100 个以上。本小节仅将已知的几个特殊系列的基因作扼要的介绍。

1. XRCC 基因

目前已知的对电离辐射高度敏感的哺乳动物突变细胞株可分出 8 个以上的互补组。20 世纪 80 年代以来从这些细胞中先后分离并克隆了 9 个基因,命名为 X 射线修复交叉互补基因 1~9 (X-ray Repair Cross Complementing gene 1~9,XRCC1~9)。这些基因分布于不同的染色体上,是细胞 X 射线损伤后进行 DNA 修复不可缺少的基因,其中,任何一个基因的缺陷都会引起修复障碍,使细胞死亡率增高。表 4.5 所列为克隆出的 9 个基因的染色体定位及功能,其中有 5 个与 DNA 双链断裂修复有关。

表 4.5　电离辐射损伤相关的 XRCC 系列基因

基　因	染色体定位	功　能	突变细胞
XRCC1	19q13.2 - 13.3	刺激连接酶Ⅲ	CM7、EM9
XRCC2	7q33.1	DSB 重接准确性	irs-1、SF
XRCC3	14q33.2	SSB 修复	irs-1、SF
XRCC4	5q13 - 14	DSB 修复,V(D)J 重组	XR-1/M10
XRCC5	2q35	DSB 修复,DNA 末端结合	xr5,6、XR-V15B
XRCC6	22q13	DSB 修复,DNA 末端结合	sxi-2,3、sxi-1
XRCC7	8q11	DSB 修复,DNA-PK 催化亚单位	V-3
XRCC8	小鼠 9	缺失致 AT 样缺陷	V-C4、V-C5
XRCC9	9p13	与 DNA 交联、修复有关	FA cell

XRCC1 是 CHO 突变株 EM9 细胞的缺陷基因。它编码的蛋白能与 DNA 连接酶Ⅲ相互作用,并与修复 DNA 缺损区的 DNA 聚合酶 β 相结合,可能在碱基切除修复的最后阶段起支架蛋白的作用,支持 DNA 聚合酶 β 和连接酶Ⅲ的活性。

XRCC2 在结构上与酵母及人的 Rad51 基因有同源性。有缺陷时 DNA 双链断裂修复的正确率降低,其作用可能是参与同源性重组。

XRCC3 参与 DNA 单链断裂修复。XRCC4、XRCC5、XRCC6 和 XRCC7 这 4 个基因都参与 DNA 双链断裂修复和免疫细胞基因重组。XRCC4 的产物是一种新的核内磷蛋白。XRCC5 是编码 Ku80 的基因,剔除该基因后,小鼠体重减轻,当受到只有 0.25 Gy 的 X 射线照射时便出现明显的反应,胃肠症状严重,毛发脱落,T、B 细胞的发育停滞在早期。XRCC6 是编码 Ku70 的基因,Ku70 与 Ku80 共同参加双链断裂末端的重接。XRCC7 是编码 DNA-PK 的催化亚单位(DNA-PKcs)的基因。剔除 XRCC7 的转基因小鼠缺少成熟的淋巴细胞,常在 5~6 月龄时因胸腺成淋巴细胞瘤而死亡。该基因在 T 细胞系中起着肿瘤抑制基因的作用。XRCC9 是与 DNA 的交联修复功能有关的基因。

2. XP 与 ERCC 基因

XP 与 ERCC 基因是一些与切除修复有关的基因。以着色性干皮病(Xeroderma Pigmentosum,XP)命名的基因是从 XP 细胞克隆获得的。来自不同病人的 XP 细胞都具有切除修复缺陷,但这些缺陷并不相同。不同细胞间有的可有互补功能。用细胞互补试验已确定 XP 细胞可分为多个遗传互补组,即自 A 至 H,及一个变异组 V。不同互补组的细胞具有不同的基因缺陷,由此分离和克隆的有关基因便相应地称作 XPA、XPB、XPC 等。它们所编码的蛋白在核苷酸切除修复中的作用见表 4.6。

表 4.6　克隆的人类 DNA 切除修复基因

基　因	染色体定位	基因/kb	密码子数目	蛋白质/kDa
ERCC1	19q13.2	15～17	297	32.5
ERCC2/XPD	19q13.3	20	760	86.2
ERCC3/XPB	2q21	45	782	89.2
ERCC4/XPF	16p13	28.2	—	—
ERCC5/XPG	13q32-33	32	1 186	133.3
ERCC6/CSB	10q11-21	85	1 493	168
ERCC8	5q12.1	—	—	—
XPA	9q34	25	273	31
XPC	3p25	—	823	106

切除修复交叉互补(Excision Repair Cross Complementing,ERCC)命名的基因是从对紫外线敏感、具有切除修复缺陷的鼠突变细胞株克隆获得的。第一个 ERCC 基因是 Westerveld 于 1984 年将人 Hela 细胞 DNA 转染 CHO 的 UV 敏感株 CHO UV43-3 B,得到对 UV 抗性的转化株,从中分离并克隆出了一个具有 DNA 修复功能的基因,定名为 ERCC1。ERCC1 基因的结构与 Rad10 相似,编码的蛋白含有 292 个氨基酸,在核苷酸切除修复的初期阶段发挥作用。有 ERCC1 缺陷的小鼠,体形小,常在断奶前因肝衰竭而死亡,说明 ERCC1 是生命过程中的一个必需基因。

ERCC2 和 ERCC3 与 XP 病变有关,它们的编码产物分别为 XPD 和 XPB,具有解旋酶活力,参与核苷酸切除修复。

ERCC4 基因编码的产物为 XPF 蛋白,ERCC1 蛋白和 XPF 共同构成 ERCC1-XPF 异二聚体。ERCC1-XPF 是 NER 中 5'→3'DNA 限制性核苷酸内切酶。

ERCC5(也称 XPG):它是着色性干皮病 G 组基因,Fen-1 家族的结构特异性核苷酸,是结构特异性 3'端的 DNA 核酸内切酶,从 3'端切除受损伤的 DNA 片段,修复 DNA 损伤;同时 ERCC5 还可以激活 DNA 糖基化酶,参与碱基的切除修复,从而修复氧化应激引起的 DNA 损伤。

ERCC6 作为核苷酸切除修复通路的核心基因之一,主要参与转录相关修复子通路的调控。ERCC6 能纠正对 UV 敏感的互补组 6 的鼠细胞缺陷,它还能纠正科克因综合征 CSB 细胞的表型(CS 细胞有 A 和 B 两种互补型),而 CSB 细胞中的 ERCC6 基因发生了突变。因此,ERCC6 的另一个名称便是 CSB,它在切除修复和转录偶联中发挥作用,发生缺陷时可致科克因综合征。

ERCC8 基因的编码蛋白质由 396 个氨基酸组成,产物是 CSA,CSA 蛋白与 CSB 蛋白均在转录与修复的偶联机制中起作用。ERCC8 为 DNA 修复因子,参与转录耦合的核苷酸剪接修复。

XPA,即着色性干皮病基因 A,其主要作用是识别损伤 DNA,在 NER 通路中与 RPA、XPC、转录因子、ERCC1-XPF 复合体以及 DNA 聚合酶一起共同作用完成损伤 DNA 的修复。

3. 酵母的 Rad 基因系列

随着获得高等真核生物遗传信息的增多,人们发现有许多的酵母基因与高等真核生物基因具有同源性。酵母生长条件简单,容易被诱导形成缺失突变株。对放射敏感的酵母细胞突变株称为 Rad 突变株,Rad 是放射敏感(radiosensitivity)英文单词的前三个字母。酵母细胞基因组中有近 30 个遗传位点与辐射抗性有关。根据这些位点单突变和双突变的敏感特征可分为三个上位基因组或上位性组(epistasis group)。

第一组 Rad3 主要与核苷酸切除修复有关。突变株对紫外线敏感。目前在酵母中大约有11 个基因参与核苷酸切除修复,有 Rad1、Rad2、Rad3、Rad4、Rad10 和 Rad14 等。这些基因突变的细胞表现为对紫外线高度敏感,细胞不能对紫外线诱导的环丁烷二聚体及光诱导的 DNA交联进行切除修复或能力减弱。

第二组 Rad6 具有多种表型,这表明 Rad6 修复途径具有多个环节且都受 Rad6 组基因及其表达产物的调节和控制。该组基因包括 Rad6、Rad9、Rad18、Rad26、Rad30,以及 tfb1、tfb2、tfb3 等,这些基因与 DNA 损伤耐受有关,可能参与 DNA 复制后修复,与活性基因及转录链的优先选择有关。例如,Rad26 能保证转录链的修复速度快于非转录链。当它发生缺陷时,两条链以同样速度修复。突变株对诱变物质敏感。

第三组 Rad52 是参与重组修复的必需基因。在酵母细胞中,Rad52 是参与 DNA 双链断裂修复和同源重组修复的关键蛋白。它促进 DNA 复性,并参与 Rad51 介导的链入侵;还可能参与捕获第二个 DNA 末端,然后将 DNA 链复性至 D-loop 并形成 Holliday 连接。Rad52 编码的蛋白是研究最多的重组介体。实际上,许多其他同源重组基因被标记在 Rad52 上位基因组下,包括 Rad50、Rad51、Rad54、Rad55、Rad57、Rad58、Rad59 和 Mre11(meiotic recombination 11),它们参与双链断裂的重组修复,也参与酵母减数分裂中的重组。在 Rad52 上位基因组的所有成员中,Rad52 的缺失导致最严重的缺陷,因为它参与了所有已知的同源重组途径,包括 Rad51 依赖性和 DNA 单链复性(Single-Strand Annealing,SSA)的 Rad51 非依赖性途径。酵母突变株对 X 射线和 γ 射线敏感。

已从人类细胞中克隆出与某些酵母具有同源性的基因,如 Rad50、Rad51、Rad54 及 mre11等基因。实验证明,这些基因都参与哺乳动物细胞辐射损伤的修复。现已确定的参加几个主要修复途径的基因已超过 50 个,新的基因还在不断发现中,表 4.7 仅列出了一部分。

表 4.7　参与辐射反应的与人同源的 DNA 修复基因

酵母突变株	主要缺陷	人基因染色体定位	人基因名称
Rad51	双链断裂修复	15q51	HHR51
Rad52	双链断裂修复	12q13.3	HHR52
Rad54	双链断裂修复	1p24-25	HHR54
Rad6	普通过程	Xq25	HHR6A
		5q23-31	HHR6B

目前辐射损伤情况下 DNA 修复的过程、机理研究已取得了较大的进展,参与 DNA 修复的酶、蛋白质不断地被分离出来,大量的基因位点被定位和克隆,但这绝不是全部。随着科学技术的不断进步,将有更多新的基因位点被定位或克隆,多基因及其产物的特殊功能将被进一步了解。可以预期,对这些过程的进一步阐明将为改变人类细胞的辐射敏感性提供一条崭新的途径。

4.3.5　与 DNA 修复有关的人类疾病

某些先天性疾病是由于上述酶修复系统失灵所致。下面介绍三种典型的由于 DNA 损伤后修复异常导致的疾病。

1. 着色性干皮病

着色性干皮病（Xeroderma Pigmentosum，XP）是一种发生在暴露部位的色素变化、萎缩、角化及癌变的遗传性疾病，属常染色体隐性遗传病。在某些家族中，显示性连锁遗传。此病因为核苷酸切除修复系统功能缺陷，儿童不能修复由紫外线引起的 DNA 损伤，对波长为 230～310 nm 的紫外线敏感，表现暴露部位发生针头至 1 mm 以上大小的淡暗棕色斑和皮肤干燥。日晒后可发生急性晒伤或较持久的红斑，雀斑可相互融合成不规则的色素沉着斑；也可发生角化棘皮瘤，可自行消退，疣状角化可发生恶变。除皮肤损伤以外，还有神经系统和眼睛的损害。除皮肤易癌变以外，还易发生其他器官的癌肿。这是一种严重的致残疾病，患儿生命常常十分短暂。

2. 毛细血管扩张性共济失调症

毛细血管扩张性共济失调症（Ataxia-Telangiectasia，AT）是近年来引起放射生物学界广泛重视的人类对电离辐射高度敏感的一种疾病。虽然它的发生率很低（据统计，在美国约为 1/300 000，英国约为 1/100 000），然而作为一种遗传性辐射敏感性异常的实例，它成为研究人辐射敏感性机理的极好模型，如图 4.23 所示。

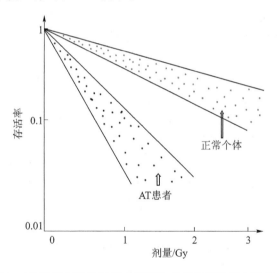

图 4.23　AT 患者细胞与正常人细胞在 X 射线照射后存活率的比较

AT 是一种人类常染色体隐性遗传并具有癌症倾向的疾病，其临床主要特征为小脑共济失调，步履蹒跚；有经常性的小血管和毛细血管扩张，主要表现在眼，也可发生在耳、鼻的皮肤。患者常有细胞免疫及体液免疫的缺陷，癌的发生率相当高，其淋巴、造血系统的肿瘤发生率比正常人群高出 250 倍。10% 的病人 20 岁以前已患癌症，多数病人只能活到青春期或成年早期。

AT 病人的细胞不仅对射线敏感，而且对一些拟辐射的化学因子也敏感。这些患者所有细胞系的辐射敏感性异常，但是，DNA 修复的异常仅在某些细胞系得到了证实。病人血液系统细胞中染色体畸变的频率很高。例如，有的在第 7 号染色体与第 14 号染色体之间有自发性易位,因此该病也叫作"染色体断裂或染色体不稳定症候群"。

3. Fanconi 贫血

Fanconi 贫血(Fanconi anemia)也称为全身性再生障碍性贫血,是一种遗传性的癌倾向性疾病,其典型症状为多种血细胞减少(包括红细胞、白细胞和血小板)。常发生急性髓细胞性白血病,其危险度为正常人的 15 000 倍;也可发生实体瘤;患儿可有先天畸形,皮肤色素沉着,骨、肾异常等;还常发生骨髓衰竭。

Fanconi 贫血病人细胞中染色体畸变率很高,细胞对 DNA 交联剂(如丝裂霉素)敏感,对电离辐射也敏感,但其程度有争议。

4.4　DNA 辐射损伤的生物学意义

DNA 是细胞生长、发育、繁殖和遗传的重要物质基础,它蕴藏着丰富的遗传信息,通过转录和翻译指导着蛋白质和酶的生物合成,主宰着细胞的生理功能。

在射线作用下,DNA 碱基的损伤或脱落改变了密码子,引起了基因突变,如转换、颠换、缺失、添加和移码等。这样 DNA 经转录和翻译后就会形成功能异常的蛋白质和酶,引起细胞突变或癌变。

对于一些只具有单链 DNA 的原核生物,SSB 是致死性的;但对于具有双链 DNA 的真核生物,SSB 能迅速修复,且正确率极高。而 DSB 通过原位重接的概率很小,依靠重组修复时染色体畸变发生率高,时常危及细胞生命。因此,DSB 与细胞的致死效应有直接联系。

DNA 交联无疑会影响核小体及更高层次的染色质结构,妨碍 DNA 半保留复制时复制叉的形成和复制的进行,干扰转录时 RNA 聚合酶的结合和正常 mRNA 的生成。射线对活性染色质的选择性破坏对基因的正常表达和调控更是带来严重的后果。

对染色质辐射效应的深入研究对于放射病、肿瘤、遗传病和衰老等的发病机理的阐明具有十分重要的意义。基因的突变和调控上的紊乱在肿瘤和放射病等的发生、发展过程中起着重要的作用。染色体畸变已成为辐射剂量判断的可靠的生物指标,而染色质的变化正是染色体畸变的分子基础。对辐射敏感的一些 DNA 修复缺陷症和某些遗传性疾病部与染色体的异常有关。早衰是电离辐射对机体的远后效应之一。在衰老的动物中,染色质发生多种变化,如 DNA 熔点升高,DNA 链断裂增加和修复能力下降,组蛋白乙酰化作用减弱,以及染色质转录活性低下等。

DNA 结构损伤在细胞的致突、致癌中占有重要地位,与细胞的凋亡、间期死亡、增殖死亡及老化等过程密切相关。另外,细胞为了维护其生命和正常活动,能通过多种途径对多种类型的 DNA 损伤进行修复,决定细胞命运的是损伤的严重程度和能否修复,是无错修复还是易错修复。

参考文献

[1] Johnson A, Alberts B, Morgan D, et, al. Molecular Biology of the Cell. Sixth [M]. New York: Garland Science, 2014.

[2] 刘树铮. 医学放射生物学[M]. 北京:原子能出版社,2006.

[3] Radford J R, Hodgson G S, Matthews J P. Critical DNA target size model of ioni-

zing radiation-induced cell death[J]. Int J Radiat Biol, 1988, 54(1):63-79.

[4] Ward J F. The coplexity of DNA damage: relevance to biological consequences[J]. Int J Radiat Biol, 1994, 66(5): 427-432.

[5] Fabry L, Leonard A, Wambersie A. Induction of chromosome aberrations in G_0 human lymphocytes by low doses of ionizing radiations of different qualities [J]. Radiat Res. , 1985, 103(1):122-134.

[6] Friedman M. The biological and clinical basis of radiosensitivity [M]. Springfield: Charles C. Thomas, 1974.

[7] Kaplan HS, Moses L. E. Biological complexity and radiosensitivity [J]. Science, 1964, 145:21-25.

[8] 夏寿萱. 哺乳动物细胞 DNA 的辐射损伤与修复[J]. 中华放射医学与防护杂志, 1983,3(2):61-64.

[9] 章扬培,夏寿萱,徐惠英. 电离辐射引起的哺乳动物细胞 DNA 单链断裂重接修复的研究[J]. 生物化学与生物物理进展,1983,10(1): 37-40.

[10] 夏寿萱,余惠英,章扬培,等.用微孔滤膜法检测 γ 射线引起的哺乳动物细胞 DNA 双链断裂及其重接[J].辐射研究与辐射工艺学报, 1984, 2(1): 51-55.

[11] 贺涛,夏寿萱.荧光法检测辐射所致肿瘤细胞 DNA 链断裂与 3-氨基苯甲酰胺对重接修复的抑制[J]. 辐射研究与辐射工艺学报, 1990, 8(4): 193-198.

[12] Furuno I, Yada T, Matsudaira H, et al. Induction and repair of DNA strand breaks in cultured mammalian cells following fast neutron irradiation [J]. Int J Radiat Biol, 1979, 36(6): 639-648.

[13] Baverstock K F, Chalton D E. DNA damage by auger emitters[M]. London: Taylor&Francis, 1988.

[14] Wei K, Xia S X. Radiation induced DNA strand breaks and chromatin DNA degradation in mammalian cells. Int Conf Biolog Eff of Large Dose Ioniz & Non-ioniz Radiat[C]. Hangchow,1988, Ⅱ: 275-285.

[15] Tubiana M, Dutreix J. Introduction to Radiobiology [M]. London: Taylor and Francis Group, 1990.

[16] 沈瑜,糜福顺. 肿瘤放射生物学[M]. 北京:中国医药科技出版社,2001.

[17] Winter J P, Waisfisz Q, Rooimans M A, et al. The Fanconi anaemia group G gene FANCG is identical with Xrcc9 [J]. Nature Genetics, 1998, 20(3): 281-283.

[18] Bogliolo M, Cabré O, Callén E, et al. The Fanconi anaemia genome stability and tumour suppressor network[J]. Mutagenesis, 2002, 17(6):529-538.

[19] Dong Z, Fasullo M. Multiple recombination pathways for sister chromatid exchange in Saccharomyces cerevisiae: role of RAD1 and the RAD52 epistasis group genes [J]. Nucleic Acids Res, 2003, 31(10): 2576-2585.

第 5 章　电离辐射对染色体的作用

染色体是基因的载体,辐射对染色体的作用是射线产生形态学现象的一个生动例子。人类体细胞中有 22 对常染色体和 1 对性染色体(XX 或 XY),每对染色体中的一条来自父亲,另一条来自母亲。基因排列在染色体上,一个人体细胞中至少有 5×10^4 个基因。在细胞分裂间期它们以染色质的形式存在,染色质纤维的直径为 $10 \sim 30$ nm;在细胞分裂中期则折叠压缩成为粗短的染色体形态,直径可达 1 μm。

5.1　人体染色质和染色体的关系

染色质与染色体是细胞不同时期存在的同一遗传物质的实体。在细胞周期的间期,细胞核内的染色质经常伸展为一般光学显微镜看不到的、不规则的网状结构;而在细胞分裂的分裂中期,染色质的细纤丝高度折叠、盘曲、压缩成为光学显微镜下能看到的、深染的条状或棒状染色体(chromosome)。细胞分裂结束后,细胞再次进入分裂间期,染色体松散,又回复到染色质状态。因此,染色质和染色体是细胞周期中不同时期的两种不同形态,但它们的化学本质是相同的。

5.1.1　染色质的分子结构

染色质(chromatin)是真核细胞间期核中 DNA、组蛋白、非组蛋白以及少量 RNA 所组成的复合体,上述几种物质构成比例大约为 DNA:组蛋白:非组蛋白:RNA＝100:114:33:7,可见染色质的基本结构物质是 DNA 与组蛋白。DNA 是染色质储存遗传信息的生物大分子,DNA 双螺旋的直径为 2 nm,与组蛋白结合后形成直径为 10 nm 左右的染色质纤维。

组蛋白是染色质中富含精氨酸和赖氨酸的碱性蛋白,可与 DNA 紧密结合,对维持染色质结构和功能的完整性起关键作用。组蛋白与 DNA 结合可调节 DNA 的复制和转录。组蛋白是真核细胞特有的蛋白质,根据精氨酸和赖氨酸的比例分为 5 种,分别是 H_1、H_2A、H_2B、H_3 和 H_4。除了 H_1 组蛋白以外,其他 4 种组蛋白的氨基酸序列在进化过程中高度保守,其含量和结构都很稳定,没有明显的种属和组织特异性;而 H_1 组蛋白的氨基酸序列不仅在不同生物中不同,而且即使在同一有机体中它的亚组分也不相同。

非组蛋白属于酸性蛋白,是细胞核中除组蛋白以外的其他所有蛋白质的统称。它包括核膜酸性蛋白、核仁酸性蛋白、不均一核蛋白、组织专一性蛋白以及染色质非组蛋白等。它们在细胞内的含量比组蛋白少,但种类繁多,可达 500 余种,功能各异,主要是与核酸合成、分解及染色质化学修饰有关的酶及部分结构蛋白和调节蛋白。

染色质中的 RNA 含量很低,为 DNA 的 3% 左右,大部分是新合成的各类 RNA 前体,与 DNA 模板有关。

5.1.2　染色质结构和染色体的组装

虽然不同物种之间染色体的数目和大小有很大的差别,但在所有真核生物中它们的基本结构都是一样的。人体细胞核平均直径约 5 μm，基因组 DNA 链连接起来可长达 1.74 m，约含 3×10^9 bp。细胞核容纳如此长的一条被组蛋白和非组蛋白包裹的 DNA 线性分子，如何折叠压缩非常重要。目前认为染色质是由许多重复单位——核小体（nucleosome）串联而成的，由核小体再进一步压缩，形成更高级的结构，如图 5.1 所示。

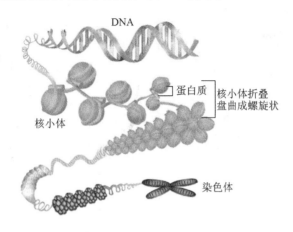

图 5.1　染色体构建的不同层次

1. 核小体

核小体是由组蛋白核心和盘绕于此核心之外的 DNA 构成的串珠状结构，直径为 11 nm，高 5.5 nm。按照 Kornberg 模型，染色质纤维是由核小体重复串联而成的，每个核小体都由核心颗粒与连接区组成。每个核心颗粒由组蛋白 H_2A、H_2B、H_3、H_4 各两个分子构成一个八聚体，约 200 bp 的 DNA 在其外表缠绕约 1.75 圈，但 DNA 绕行的轨迹还不很清楚；DNA 链继续延伸约 60（20～100）bp，此区域称为 DNA 连接区（DNA linker）。此后，DNA 链再次盘绕在另一个组蛋白八聚体外，如此不断地重复。一分子的组蛋白 H_1 缔接于 DNA 连接区使两个核小体连接起来，起着稳定超螺旋结构的作用。若干核小体重复排列形成直径约为 11 nm 的串珠状纤维。这个模型（见图 5.2）的不足之处是没有标明非组蛋白的位置。此外，不同组织、不同类型的细胞，以及同一细胞里染色体的不同区段中，盘绕在组蛋白八聚体核心外面的 DNA 长度略有不同，200 bp 是 DNA 的平均长度。如真菌的可以短到只有 154 bp，而海胆精子的可以长达 260 bp。

2. 染色质

细胞分裂间期的染色质通常为一种很长的纤维状结构，其直径约为 30 nm，而不是 11 nm。只有把这些染色质放到非生理情况下的低盐溶液中，它们才能伸展为 11 nm 纤维。30 nm 纤维是染色质的天然存在状态。核小体如何形成染色质呢？事实上，30 nm 纤维结构的详情尚不清楚。公认的模型为每 6 个核小体绕成一周，形成 1 个螺旋，在 H_1 组蛋白的作用下，一个个螺旋紧密相连就形成中空管状结构，称为螺旋管（solenoid）。螺旋管的外径约为 30 nm，内径约为 10 nm，螺距为 11 nm。组蛋白 H_1 位于中空的螺线管内部，具有成群地与 DNA 结合的特性，是螺线管形成和稳定的关键因素。

3. 染色体的构建

关于 30 nm 的染色质纤维如何进一步压缩形成染色体，尚待深入研究。科学家提出了多种模型，其中折叠纤维模型和 4 级结构模型都在一定程度上解释了染色体的一些复杂现象，但缺乏充足的实验根据。目前，受到人们广泛重视并被接受的是袢环模型（loop model）。该模

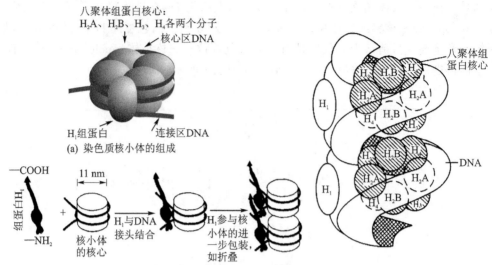

(a) 染色质核小体的组成

(b) 核小体及其串联、折叠示意图(注意,右侧的两个核小体不是串联,
而是在30 nm染色质纤维中二层核小体螺旋(每层6个)之间的压缩包装)

(c) Kornberg染色质结构模型

图 5.2　染色质结构模型

型认为 30 nm 的染色质纤维折叠成袢环。不同袢环的大小也可能不同,一般袢环中的 DNA 长度为 30 000~100 000 bp,平均含 63 000 bp,含 315 个核小体,长约 21 μm。一个典型的人染色体可能有 2 600 个袢环。袢环沿染色体纵轴由中央向四周放射状伸出,环的基部集中在染色单体的中央,连接在非组蛋白支架上。6 个袢环再以核骨架为中心,盘成玫瑰花结(rosette),进一步卷曲成染色质。在细胞分裂前期中,染色质再压缩为更紧凑而粗的染色体。由 30 nm 螺旋管再度螺旋化,形成 0.4 μm 的圆筒,称为超螺旋管(super-solenoid),其长度是螺旋管的 1/40。超螺旋管再螺旋化和折叠即形成染色单体(chromatid)或染色体,所以,染色体是染色质 DNA 多级螺旋化的结果。在细胞分裂过程中,几厘米长的 DNA-蛋白质纤维浓缩成几微米长的染色体,约为原 DNA 长度的万分之一(1/8 400)。

5.1.3　染色质的分类

细胞学家很早就注意到细胞内染色质在染色时由两部分组成:一部分染色质呈纤丝状,折叠疏松,在细胞分裂间期着色微弱,其中 DNA 主要含有单一序列,重复序列少,能进行转录,称为常染色质(euchromatin);另一部分染色质纤丝折叠紧密,在细胞分裂间期着色深,其 DNA 主要为重复序列,非重复顺序少,但都不能转录,称为异染色质(heterochromatin)。异染色质包括着丝粒和端粒的 DNA 以及其他一些染色体的某些区域。例如,人类 Y 染色体的大部分是由异染色质构成的。并不是所有的异染色质都不能转录,有些是有活性的,具有转录功能。这些染色质被认为含有在某些细胞或细胞周期中不活跃的基因。当这些基因不活跃时,它们的 DNA 区域被压缩成异染色质。常染色质和异染色质这两类染色质在化学性质上无差别,可能是由于 DNA 核苷酸顺序和折叠程度的不同,导致压缩程度不同。如随体 DNA(satellite DNA)往往含有高度重复顺序,聚集在异染色质区,靠近着丝粒。

有文献资料把染色质分为活性染色质(active chromatin)和非活性染色质(inactive chromatin)两类。这种分类强调的是染色质是否具有转录活性。但如果把活性染色质和常染色质等同起来,把非活性染色质和异染色质等同起来,就不确切了。其实这是从两种不同的学科概念提出的类别,"常"和"异"从细胞形态学出发,而"活性"与"非活性"则以分子生物学上有无转录活性来衡量。这两类相关,但并不等同。一个明显的理由是,在一些细胞中常染色质经常多于异染色质,但就转录活性而言,染色质中仅有一小部分处于活性状态,大部分处于非活性状态。

再有,不同染色质有时也能相互转变。例如,哺乳动物细胞的 X 染色体上的异染色质处于非活性状态,由于凝缩,原有的基因不活动。但是,在配子发生过程中,X 染色体上的异染色质可以常染色质化,基因又呈现活性。

5.1.4　染色体的形态结构

染色体是染色质在细胞分裂过程中经过紧密缠绕、折叠、盘曲、精巧压缩包装而成的,具有固定形态的遗传物质存在形式。不同生物染色体的数目也是不同的,但每种生物的染色体数目却是恒定的。染色体数目和形态的变化会影响生物体的功能、形态和遗传性状。细胞分裂中期的染色体具有稳定的形态结构特征,轮廓清楚,便于观察,如图 5.3 所示。通常一个染色体主要包括以下几部分。

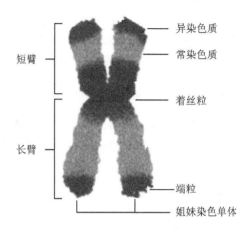

图 5.3　中期染色体形态结构图

1. 着丝粒

着丝粒(centromere)是富含重复性 DNA 的异染色质,把染色体横向分成上下两个臂,短臂(p)和长臂(q)。通常一条染色体只有一个着丝粒,在该处染色体凹陷成为主缢痕(primary constriction)。每一条染色体包含两条染色单体,彼此互称姐妹染色单体。它们各包含一条 DNA 双螺旋,两条单体仅在着丝粒处相连接(见图 5.3)。在主缢痕处两条染色单体的外侧表层部位具有特殊的结构,称为动粒(kinetochore),它是纺锤丝微管的聚合中心之一,在细胞分裂中与染色体的移动密切相关。

2. 次缢痕

次缢痕(secondary constriction)是某些染色体除主缢痕外的另一处凹陷,染色较浅。在人类中它比较常见于 1、3、9、16 号及 Y 染色体。次缢痕对于鉴别特定染色体有很大价值,该处的染色质具有缔合核仁的功能,故又称为核仁组织者区(Nucleolar Organizing Region,NOR)。

3. 随　体

某些染色体的短臂末端呈球形或棒状,这一结构称为随体(satellite)。随体通过次缢痕的染色质丝与染色体臂相连,是识别染色体的重要特征。

4. 端　粒

我们已在前一章节探讨过端粒的概念。端粒是存在于真核细胞线状染色体末端的一小段 DNA - 蛋白质复合体,端粒短重复序列与端粒结合蛋白一起构成了特殊的"帽子"结构,其作用是保持染色体的完整性和控制细胞分裂周期。

5.2　人类染色体的分析方法

1956 年,美籍华裔学者蒋有兴(Tjio)和瑞典的细胞遗传学家 Leven 首先确定了人类体细胞染色体的数目是 46 条。随着染色体实验技术的不断改进和发展,染色体分析技术很快被应用于临床实践。Lejeune 于 1959 年发现 Down 综合征为 21 三体;Jacobs 和 Strong 发现 Turner 综合征的核型是 45,x0;Nowell 和 Hungerford 发现慢性粒细胞白血病患者的 Ph 小体。随着多种染色体显带技术的相继出现,染色体分析的精确性也大幅提高了。

　　从理论上讲,所有有核的细胞都可用于染色体分析。根据实验目的的不同,选取不同的细胞。目前常用的细胞是淋巴细胞和成纤维细胞,后者常取自无菌皮肤活检。作为产前诊断时,可取羊水细胞做培养;作为恶性淋巴白血病诊断时,可直接检查骨髓分裂细胞,大多数细胞会出现染色体异常;而放射生物学常采用外周血淋巴细胞。多年来通过对电离辐射诱导染色体畸变的研究,已证实染色体对辐射具有高度敏感性且具有良好的剂量依赖关系。

　　染色体分析方法包括有丝分裂相的制备、标准染色后的染色体分析、带分析和动力学技术。本节重点讨论淋巴细胞的染色体分析技术。

5.2.1　人类有丝分裂染色体常规分析

　　通常情况下,哺乳动物外周血中的小淋巴细胞都处于 G_0 期或 G_1 期的非增殖状态。体外培养时培养液中需要加入有丝分裂原刺激,淋巴细胞转化为淋巴母细胞,重新进入增殖周期,进行有丝分裂。培养的淋巴细胞不同,加入的有丝分裂原就不同。如果培养的是 B 淋巴细胞则需要加入植物血凝素(phytohaemagglutinin,PHA),如果培养的是 T 淋巴细胞则需要加入刀豆蛋白 A(Concanavalin A,Con A),而美洲商陆有丝分裂原(pokeweed mitogen,PWM)对 T、B 淋巴细胞都具有刺激作用。在 37 ℃、5% CO_2 条件下淋巴细胞被培养 48～72 h 至增殖旺盛期,终止培养前 2 h 加入秋水仙素(colchicine)。秋水仙素是一种抗有丝分裂剂,可抑制细胞分裂时纺锤丝的形成,使细胞有丝分裂阻断于分裂中期;同时,它可以改变细胞质的黏度,致使染色体在细胞质中分散。最后,经低渗和振荡使分裂中的细胞发生膨胀,形成分散效果良好、供分析用的染色体分裂相。

　　经典的染色方法是 Giemsa 染色。染色后染色体呈现细小的、均匀的棒状,在显微镜下按其大小及着丝粒的位置进行分类、排序,可观察到染色体形状异常(如双着丝粒染色体、环和断片)和染色体数量的变化,如图 5.4 所示。Giemsa 染色能根据染色体的形态识别一部分染色体,但不能准确地鉴别大多数染色体。此技术是早期研究染色体异常的常规方法。

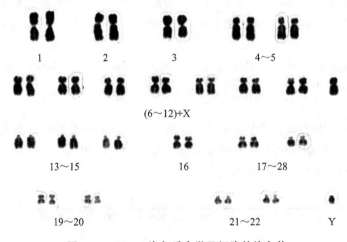

图 5.4　Giemsa 染色后人淋巴细胞的染色体

5.2.2　染色体显带技术

在非显带的染色体标本上,由于不能将每一条染色体的细微特征完全显示出来,因此,相邻号数间染色体的鉴别比较困难。对某些染色体上发生的微小结构变化,如缺失、易位等也不能检测。因此对许多染色体异常,特别是结构异常的研究受到了极大限制。1968 年,瑞典化学家 Caspersson 等人用一种荧光染料——喹吖因(quinacrine),对染色体进行处理染色,在紫外线下观察,发现沿染色体纵轴荧光发射不均匀,呈明暗交替、宽窄不等的带状分布,且每一对染色体的荧光带顺序都是独特的,借此可以识别长度和着丝粒位置几乎相同的染色体。该技术除分辨正常染色体以外,还可以显示电离辐射作用下所产生的染色体改变,这就是 Q 显带技术(Q banding technique)。

继 Q 显带技术后,现已发展了多种显示染色体带的技术,如下:

G 显带(Giemsa banding)法:在 Giemsa 染色前用胰蛋白酶或碱对样本进行处理、消化。G 带和 Q 带体系中带型显示相同,优点是方法简单,缺点是实验条件不易控制且染色体末端部位染色浅,不利于观察。

R 显带(Reverse banding)法:首先将染色体样本加热(80～90 ℃)或经 5 - 溴脱氧尿嘧啶核苷(5 - BrdU)处理和紫外线激发,诱导染色体的蛋白质变性而显示带纹,再用 Giemsa 染色,所呈现的带与用喹吖因染色的分带相反,故称翻转带(R 带)。G 带和 Q 带体系中带型显示相同,而 R 带体系则与它们相反。在 G 带和 Q 带是深染区,在 R 带为浅染区,说明染色时染色体蛋白质的重要性,如图 5.5 所示。R 带可弥补 G 带和 Q 带的不足,有助于显示染色体末端部位的结构。

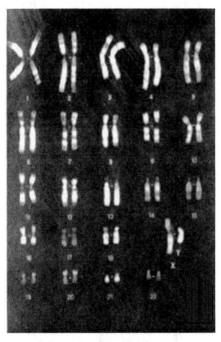

(a) Q带染色后男性的淋巴细胞核型
(注意某些异染色质区域的强荧光,尤其是Y染色体的长臂)

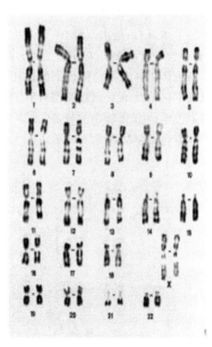

(b) R带染色后女性的染色体核型
(所得带型与Q带相反)

图 5.5　分带技术

5.2.3　染色体动力学分析方法

染色体动力学分析方法的基本原理是把化合物掺入到复制的 DNA 分子内,在染色体中检测这种掺入的化合物。最常用的化合物是胸腺嘧啶的前体或类似物,因为它是 DNA 分子特有的组分。而腺嘌呤、鸟嘌呤和胞嘧啶则是 DNA 和 RNA 共有的组分。

最早的检测方法是用放射自显影。其用 ^{3}H - 胸腺嘧啶掺入,然后放射自显影检测,具有放射性污染、技术难度大、实验周期长等缺点。如今常采用一种胸腺嘧啶的类似物——溴脱氧尿嘧啶核苷(BrdU)作为掺入物。溴原子直径较大,BrdU 掺入后使染色体凝聚不足,掺入区域结构松散。样本经荧光染料(吖啶橙)染色或其他方法特殊处理再用 Giemsa 染色后,掺入区域呈现暗红色荧光(正常染色体呈绿色荧光)。目前,BrdU 掺入法已广泛取代了放射自显影,因为该方法分辨率更高,使用方便。利用特殊的抗体,BrdU 可以在分子水平进行定位。

1. 细胞周期期间 BrdU 的掺入

细胞周期的 S 期是 DNA 的合成期,如果在 S 期的后半期内掺入 BrdU,吖啶橙荧光带的分布是 R 带,G 带保持暗红色。这一现象说明染色体结构和复制之间的关系,即 G 带复制得晚,R 带仍保持发射荧光,说明它们在开始与 BrdU 接触之前已完成了 DNA 复制。另外,假如在 S 期的前半期掺入 BrdU,G 带荧光明显,而 R 带保持暗红色,说明 R 带与早先复制的带区相符。在离体培养的淋巴细胞中,DNA 复制大约需要 9 h。

2. 多细胞周期 BrdU 的掺入

在细胞培养液中加入 BrdU,进行分裂的细胞在 DNA 半保留复制过程中 BrdU 取代胸腺嘧啶核苷而掺入新复制的 DNA 核苷酸链中。在第一周期,两条单体 DNA 双链中各有一条被取代,因而两条单链没有什么不同。但在第二次分裂周期的分裂细胞中,同一染色体的两条姐妹染色单体,一条是由双股含有 BrdU 的 DNA 链组成,另一条的 DNA 双链中一股是原有的链,另一股是含有 BrdU 的链。由于双股都含有 BrdU 的 DNA 链的螺旋化程度低,因而这条姐妹染色体单体对某些染色剂的亲和力降低,而另一条单体则不降低,进行分化染色后,光学显微镜下可清楚地看到双股都含有 BrdU 的着色浅,单股含 BrdU 的着色较深。因此,可利用姐妹染色单体分化着色的技术,鉴别出第 1、第 2 和第 3 次分裂的细胞。BrdU 掺入后姐妹染色单体着色图解如图 5.6 所示。

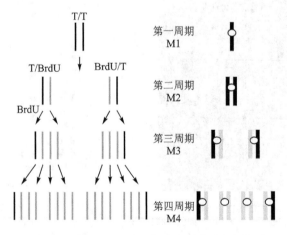

图 5.6　BrdU 掺入后姐妹染色单体着色图解

3. 高分辨标记方法

通过分析早中期或前中期染色体,可进一步提高可识别的带的数量。这种方法需要细胞的同步化(synchronization of cells)。选用 DNA 合成的抑制剂,如羟基脲,可逆地抑制 DNA 合成(S 期),而细胞其他时期不受影响,最终可将细胞群阻断在 S 期或 G/S 交界处。利用流式细胞仪可选择收集不同时相的细胞群,进行相应的实验。

5.3　电离辐射对染色体的效应

在某些条件下机体细胞中的染色体可以发生数量或结构上的改变,这种改变称为染色体畸变(Chromosome Aberration,CA)。染色体畸变可以自发地产生,是指细胞正常生活过程中未受任何诱变作用下看到的畸变,通常称为自发性畸变(spontaneous aberration)。原因是受到宇宙射线等天然本底的辐射作用或环境因素的影响。细胞中自发性畸变的类型和辐射诱发的畸变相同,只是频率很低。目前认为无着丝粒断片约为 0.5%,双着丝粒染色体为 0.05%,有时甚至低于 0.01%。物理、化学或生物的诱变剂作用于机体后产生的畸变,称为诱发畸变(induced aberration),如 X 射线、γ 射线作用于细胞后产生的畸变。染色体畸变一般分为染色体结构畸变和数量畸变两大类。

5.3.1　染色体结构畸变

染色体在体细胞分裂的中期形态特征最为典型,所以观察染色体结构改变,首先要使细胞进行分裂,并使之中止在有丝分裂的中期进行观察,如人体外周血淋巴细胞的体外培养。普遍认为染色体断裂的末端具有"粘性",即两个断裂末端易于重新粘合或重接。重接的断端可以是同一断裂处,也可以不是。因此,断裂的染色体重接后可以修复如初,但大多数情况下重接后会出现异常。

通常,体细胞处于细胞周期的间期,有丝分裂期的时间很短(1~2 h)。虽然受照射细胞中产生的染色体畸变要到有丝分裂期才能看到,但实际上几乎所有的畸变都是间期损伤的结果。根据细胞受照射时所处的时期以及染色体断裂后重接的方式,染色体畸变分为两大类,即染色单体型畸变和染色体型畸变。

1. 染色单体型畸变

当细胞于 S 期末或 G_2 期受照射时,此时细胞内染色体已复制,成为两个染色单体,所涉及的损伤一般只是两个染色单体中的一个,即使两个染色单体都受到损伤,损伤的部位也未必相同。在中期观察时,两个染色单体的改变不相同,形成染色单体型畸变(chromatid type aberration),常见的有染色单体断裂(见图 5.7)、染色单体互换和裂隙等。由于大部分化学诱变剂和环境中的一些有害因素均可诱发单体畸变,故一般认为单体畸变对评价辐射效应意义不大。

2. 染色体型畸变

如果细胞于 G_1 期或 G_0 期受到照射,此时 DNA 尚未复制,那么染色体是以单根线性行使功能的。若受损是单根染色体被击断,则经 S 期复制后,在分裂中期见到的是两条单体在同一部位显示有变化,因此导致的是染色体型畸变(chromosome type aberration)。

按畸变在体内的转归可分为非稳定性染色体(unstable chromosome,Cu)畸变和稳定性染色体(stable chromosome,Cs)畸变两类。其中,前者包括缺失(deletion)、双着丝粒(dicentric,dic)、着丝粒环(centric ring,r)、无着丝粒断片 (acentric fragment,ace)等;后者包括易位

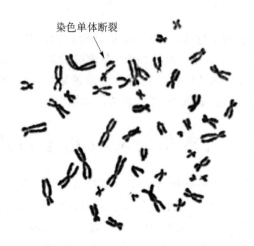

图 5.7　辐射诱发的染色单体断裂

（translocation）、倒位（inversion,inv）等。

（1）缺　失

缺失是染色体片段的丢失，它使位于该片段的基因也随之发生丢失。按染色体断点的数量和位置可分为末端缺失和中间缺失两类，如图 5.8 所示。

① 末端缺失（terminal deletion,del）指染色体长臂或短臂的远端发生一次断裂，断片离开原位，导致一个正常的染色体丢失了末端区段，故称为末端缺失。

② 中间缺失（interstitial deletion）或微小体（minute,min）指一条染色体的同一臂内发生了两次断裂，两个断点之间的片段离开原位，余留的两个断端重接。当断片很小时，镜下为一对圆形的染色质球；当断片足够长时，断端末端连接形成一对环形的染色单体，没有着丝粒，称为无着丝粒环（acentric ring）r_0。

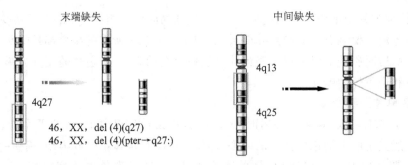

图 5.8　染色体畸变之末端缺失和中间缺失

在中期观察到的无着丝粒断片是一对彼此平行的染色单体，没有着丝粒。无着丝粒断片可能是一条染色体的末端，也可能是两个断片的重接，亦或是较长的微小体。无着丝粒的断片不能与纺锤丝相连，在细胞分裂后期不能迁移至两极而丢失。

（2）倒　位

倒位是一条染色体发生两次断裂后，两断点之间的片段旋转 180°后重接，造成染色体上基因顺序的重排。染色体的倒位可以发生在同一臂（长臂或短臂）内，也可以发生在两臂之间，分别称为臂内倒位和臂间倒位，如图 5.9 所示。

① 臂内倒位（paracentric inversion）：一条染色体的某一臂上同时发生两次断裂，两断点

之间的片段旋转 180°后重接。

②臂间倒位(pericentric inversion)：一条染色体的长、短臂各发生一次断裂,中间断片颠倒后重接,形成一条臂间倒位染色体。

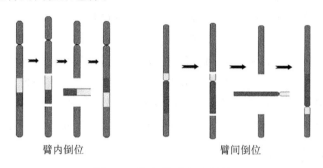

臂内倒位　　　　　　　　　　臂间倒位

图 5.9　染色体畸变之倒位

（3）着丝粒环

着丝粒环为一对有着丝粒的环形染色单体。一条染色体的长、短臂同时发生了断裂,含有着丝粒的片段两断端发生重接,形成环状染色体。

（4）双着丝粒染色体

具有两个或两个以上着丝粒的染色体称为双着丝粒染色体(dicentric chromosome,dic)或多着丝粒染色体,它为不对称互换。两条或两条以上染色体同时发生一次断裂后,具有着丝粒的片段的断端相连接,形成一条双着(或多着)丝粒染色体,而无着丝粒的片段连接成断片。

（5）易　位

一条染色体的断片移接到另一条非同源染色体的臂上,这种结构畸变称为易位。常见的易位方式有相互易位(reciprocal translocation,t)、罗伯逊易位(Robertsonian translocation)和插入易位(insertional translocation)等。

①相互易位是两条染色体同时发生断裂,断片交换位置后重接,形成两条衍生染色体(derivation chromosome),如图 5.10 所示。当相互易位仅涉及位置的改变而不造成染色体片段的增减时,称为平衡易位。

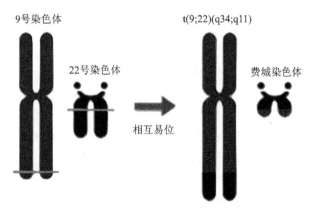

9号染色体　　　　　　　　　　t(9;22)(q34;q11)

22号染色体　　　　　　　　　　费城染色体

相互易位

图 5.10　染色体畸变之相互易位

②罗伯逊易位又称着丝粒融合(centric fusion),这是发生于近端着丝粒染色体的一种易位形式。当两个近端着丝粒染色体在着丝粒部位或着丝粒附近部位发生断裂后,二者的长臂

在着丝粒处接合在一起，形成一条由长臂构成的衍生染色体；两个短臂则构成一个小染色体，小染色体往往在第二次分裂时丢失，这可能是由于其缺乏着丝粒或者是由于其完全由异染色质构成所至。由于丢失的小染色体几乎全是异染色质，而由两条长臂构成的染色体上几乎包含了两条染色体的全部基因，因此，罗伯逊易位携带者虽然只有 45 条染色体，但表型一般正常，只在形成配子的时候会出现异常，造成胚胎死亡而流产或先天畸形等患儿。

③ 插入易位，两条非同源染色体同时发生断裂，但只有其中一条染色体的片段插入到另一条染色体的非末端部位。只有发生了三次断裂，才可能发生插入易位。

用于生物剂量估算的常用畸变指标是 dic 或 d+r，小剂量照射时用 ace。用于远后效应研究时，主要观察 Cs 畸变，其中又以 t 为早先照射剂量估计的主要指标。

5.3.2　染色体数量畸变

正常人体细胞是二倍体(diploid，2n)，22 对常染色体，1 对性染色体，共 23 对。一半来自父方，一半来自母方。在细胞分裂过程中，若受到某些物理、化学或生物因素的作用，使染色体分离发生障碍，则会出现异倍体(heteroploid)，表现为正常二倍体染色体组或整条染色体数量上的增减，称为染色体数量畸变。有多倍体畸变，如三倍体；非整倍体畸变，如 21 三体、超二倍体等。

辐射诱发染色体不分离可能是电离辐射诱发染色体数目畸变的主要机制，可能与辐射导致单体互换，损伤或干扰纺锤体的功能以及染色单体的分离有关。果蝇和哺乳动物的生殖细胞大量实验已证明，电离辐射能诱发染色体数目变化，复杂且无规律，常见的是非整倍体和多倍体。但电离辐射能否对人类产生同样的作用尚无足够资料证明。

5.3.3　染色体畸变形成的机制

关于染色体畸变形成的机制至今尚无肯定学说，概括起来有以下两种假说：一种是断裂-重接假说(breakage-reunion hypothesis)，也叫断裂第一假说(breakage first hypothesis)；另一种是互换假说(exchange hypothesis)。

1. 断裂-重接假说

断裂-重接假说是一种经典假说，由 Stadler 于 1931 年提出，后为 Sax 等人的研究所证实。根据此假说，畸变的形成是当一个电离粒子通过间期核染色体的结构或经过染色体附近时，引起染色体直接或间接的断裂，断裂后的染色体可以有 3 种结局：① 愈合，重新连接成原来状态，修复如初，即愈合；② 重接，与其他断裂连接形成新的重接产物；③ 游离，断裂产物以游离状存在。

根据上述假说，电离辐射引起的简单缺失是单击畸变产物，而互换畸变大多是双击畸变产物，末端缺失和无着丝粒断片则属于保持原先断裂状态的畸变。

2. 互换假说

互换假说认为所有的畸变都是通过互换过程形成的。电离辐射引起的原发事件使得接近荷电粒子径迹处的染色单体丝出现不稳定状态。这种不稳定状态的本质还不十分清楚。如果由于空间关系不能起反应就可以复原，如果同时有两个不稳定区就相互起作用，最终彼此相互起反应形成真正的互换过程。互换假说有一个重要的假设，就是当间期核的染色体处在螺旋状态，并形成一个圈时，互换才能在这个圈上进行。

5.4　辐射诱导染色体畸变的剂量-效应关系

染色体畸变分析作为一种生物剂量测定方法,大量的染色体畸变实验证明,对大多数生物和细胞而言,辐照诱发的染色体畸变与照射剂量间具有良好的量效关系。离体照射的剂量低至 0.1 Gy 时就能检测到染色体畸变。统计表明,一个细胞产生一个染色体畸变平均需要 0.5~2 Gy,该剂量与细胞平均致死剂量属同一剂量级。1962 年,Bender 用照射离体人外周血淋巴细胞的方法,首次肯定人体染色体畸变量与照射剂量呈正比关系。随后,又有大量研究表明,离体照射哺乳动物外周血淋巴细胞诱发的染色体畸变量与活体照射所得结果近似。由此提出,分析辐射事故时受到辐照人员的淋巴细胞的染色体畸变量可估算事故时人员所受到的辐射剂量。

用染色体畸变作为一种生物剂量计,可以估算辐照事故时受到照射人员所受辐射剂量:首先,需要提前制作出染色体畸变数量与照射剂量之间的剂量-效应曲线;其次,当发生事故时,在相同条件下采集受照射人员的外周血、培养并分析获得的淋巴细胞的染色体畸变量;最后,从相应射线的剂量-效应曲线上估算受照射人员所受到的辐射剂量。

5.4.1　急性照射的剂量-效应曲线模式

染色体畸变的剂量-效应曲线是在实验数据的基础上采用适当的数学模式拟合的。采用何种模式进行剂量-效应曲线关系分析,对生物效应的合理描述和发生机制的揭示至关重要。

辐射诱导染色体畸变量和剂量-效应关系的形状取决于很多因素。急性照射条件下,关于辐射诱导染色体畸变剂量-效应关系的研究,1973 年世界卫生组织(WHO)推荐了 4 种数学模式进行拟合:

① 直线方程:$Y = a + bD$;

② 平方方程:$Y = a + cD^2$;

③ 直线平方方程:$Y = a + bD + cD^2$;

④ 指数方程:$Y = a + kD^n$。

上述 4 种公式中,Y 为畸变量与细胞数的比值或畸变率(%);D 为吸收剂量;a 为某种畸变的自发畸变率(如 dic 等);b、c 分别为拟合的回归系数;k 为常数;n 为剂量指数。可通过解方程或用计算机软件计算拟合系数,同时应检验拟合系数的显著性和曲线拟合度。

5.4.2　剂量-效应曲线拟合模式的选择

对于低 LET 射线,一次急性照射染色体畸变和照射剂量之间的关系,就二次击中畸变 dic 或 d+r 两种类型而言,用直线平方方程拟合,即 $Y = a + bD + cD^2$ 较为合适。该模式解释为一个双着丝粒畸变需要两次断裂,两次断裂位于两个染色体上。bD 项表示这部分的二次击中畸变是由一个电离径迹通过两个染色体引起的两个断裂,断裂染色体随后重排形成双着丝粒染色体,它与剂量呈直线关系;cD^2 项表示两个染色体的断裂是由两个不同的电离径迹引起的,断裂染色体随后重排形成双着丝粒染色体,它与剂量的平方成正比。对于一次击中畸变 ace 而言,用直线方程 $Y = a + bD$ 拟合为宜,即一次击中畸变量随剂量的增加而增加。对于高 LET 射线,特别是裂变中子对所有不同类型畸变的剂量-效应关系都呈线性关系。此外,诱发畸变数量随 LET 的变化比随细胞致死性的变化更加迅速。不同中子和光子束的相对生物效应如图 5.11 所示。

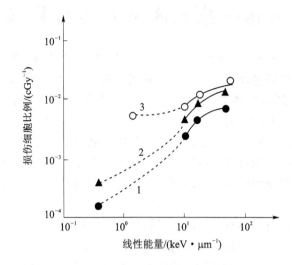

曲线 1—双着丝粒染色体产额；曲线 2—所有畸变染色体产额；曲线 3—细胞死亡

图 5.11　不同中子和光子束的相对生物效应

5.5　生物剂量测定

　　在辐照或核事故时,剂量测定的目的首先是确定受照射者所受剂量,为临床确定治疗方案提供依据;其次为远期射线对健康影响的评价提供参考。对职业慢性受照射者的剂量估计,可以为辐射的早期和远后效应之间的关系,以及对受照射者的工作安置提供生物学依据。

　　在估算剂量时,一方面可用物理仪器进行事故现场模拟,以推算受照射剂量;另一方面可通过生物学指标的检测估算受照射剂量。用生物学方法对受照射个体的吸收剂量进行测定,称为生物剂量测定(biological dosimetry)。通常将用来估算受照射剂量的生物学体系(该体系与照射剂量呈良好量效关系)称为生物剂量计(biological dosemeter)。生物剂量计应具备以下基本条件:

　　① 对电离辐射有特异性或至少在正常人自发本底值很低;

　　② 具有较高的灵敏度,且与照射剂量相关性较好;

　　③ 整体与离体效应一致;

　　④ 对各类射线均具有较好的反应;

　　⑤ 对大剂量急性照射和小剂量累积照射均有较好的剂量-效应关系;

　　⑥ 不受环境诱变剂的干扰;

　　⑦ 个体间变异小;

　　⑧ 方法简便,取材方便,不增加受检者痛苦;

　　⑨ 测定方法快速,最好能在取样后 48 h 内给出剂量结果;

　　⑩ 有可能借助于仪器实现自动化。

　　满足上述全部条件的生物剂量计是很难得到的。迄今为止尚未有一种通用的、理想的生物剂量测定方法。目前已经得到应用或正在研究中的生物剂量计指标主要有三大类,它们分别是细胞遗传学、体细胞基因突变和临床应急生物指标等。其中,属于细胞遗传学范畴的有染色体畸变、淋巴细胞微核、早熟凝集染色体和荧光原位杂交法等;而检测体细胞基因突变常用的指标有次黄嘌呤鸟嘌呤磷酸核糖基转移酶(hypoxanthine guanine phosphoribosyl transferase,HPRT)、血型糖蛋白 A (glycophorin A,GPA)、T 细胞抗原受体(T cell receptor,TCR)等;此外,还可参考受照射人员的临床症状、体征、化验指标,如外周血淋巴细胞的绝对值等临床应急生物指标。

外周血淋巴细胞染色体畸变分析是目前国际上公认的可靠而灵敏的生物剂量计,在国内外重大的辐射事故的剂量估算中起到了相当重要的作用,所给出的剂量与临床表现相符,为临床诊治提供了依据。同时,与物理方法估算的剂量也比较一致,已在国内外事故中得到应用与验证。近年来发展的体细胞基因突变、染色体荧光原件杂交方法,也已在事故受照射者和远后效应研究中得到应用。以下以染色体畸变作为检测指标,详细介绍生物剂量的测定方法。

5.5.1　建立剂量-效应曲线

1. 剂量-效应曲线的制作

建立不同辐射类型、不同剂量率(低 LET)的剂量-效应曲线。以染色体畸变作为指标进行生物剂量估算,首先要在离体条件下用健康人外周血照射不同剂量,根据畸变量与照射剂量之间的关系制作剂量-效应曲线(calibration curve)。

所谓健康个体,是指年龄在 18~45 岁,不吸烟、非放射工作者、半年内无射线和化学毒物接触史、近一个月内无病毒感染者。选取 2~3 名健康个体,每位受检者抽取 5~10 mL 外周血,肝素抗凝。选择 8~10 个照射剂量点,取上述人员血样,进行均匀地离体照射。由于观察到的畸变数会受各种因素的影响,如温度、植物血细胞凝集素的种类等,因此实验方法标准化非常重要。目前,多数实验室都采用世界卫生组织推荐的方法。

收集处于受照射后的第一次分裂中期细胞,观察染色体畸变率。注意,染色体畸变时的细胞有丝分裂与正常细胞的不一致。在子细胞中发现一个双着丝粒畸变的概率为 50%,而一个不正常的单着丝粒染色体是 90%,70% 的无着丝粒断片在发生第一次分裂时就丢失了。

在建立剂量-效应曲线时,每一个剂量点计数细胞的量应尽可能地满足统计学要求。染色体畸变率符合泊松分布,而染色体畸变细胞符合二项式分布,已知畸变细胞率和误差,就可以根据二项式分布 95% 可信限公式求出应计数的细胞数。目前,在染色体畸变的剂量-效应关系中常采用 20% 的允许误差。

通常对每位受检者分析 200 个细胞,如果至少要观察到一个双着丝粒细胞,则要分析 500 个细胞,这样就可以大约估算所受剂量。双着丝粒畸变与 γ 射线剂量的关系如表 5.1 所列。

表 5.1　双着丝粒畸变与 γ 射线剂量的关系

双着丝粒畸变数/计数细胞数	估算的平均 γ 射线剂量/Gy	95%的可信限
0/200	—	—
1/200	2.0	(3~61)
2/200	3.2	(5~71)
3/200	4.1	(13~80)
4/200	5.0	(20~87)
5/200	5.7	(27~94)

双着丝粒畸变数/计数细胞数	估算的平均 γ 射线剂量/Gy	95%的可信限
0/500	—	
1/500	1.0	（<2~34）
2/500	1.7	（2~40）

畸变分析采取双盲法阅片。注意,对常规培养法制作的标本只分析受照射后第一次分裂中期细胞,并确定统一的细胞分析标准。生物剂量测定常采用分析非稳定性染色体畸变,其中尤以"双着丝粒十环(dicentric+ring,d+r)"的频率估算剂量最为准确。根据实验结果,绘制剂量-效应曲线。

2. 剂量-效应曲线的应用

当有事故发生时,按照建立剂量-效应曲线的标准,采集受照射者的血样进行细胞培养、标本制备和畸变分析,得出受照射人员血样的染色体畸变率,根据所得的 dic 或 d+r 的畸变率,从相应射线所建立的曲线回归方程中估算人员所受的剂量。由于不稳定畸变,如 d+r 会随照射后时间的推移而逐渐减少。因此,只有在畸变未明显下降前取样,才能给出较准确的估算剂量。实验观察照射后 1~2 个月"d+r"的值变化不大,3 个月后明显下降。因此,原则上应尽早取血培养,最迟不超过 2 个月。

染色体畸变估算的剂量范围是 0.1~5 Gy。其最低值,对 X 射线而言约为 0.05 Gy,γ 射线为 0.1 Gy,而裂变中子可测到 0.01 Gy。但在此种情况下,必须分析大量的细胞才能得到较为可靠的结果。

5.5.2　双着丝粒染色体数和照射剂量的关系

不管是离体还是在体,相同条件照射后的淋巴细胞的生物效应相同,尤其是双着丝粒畸变数相等,这是建立剂量-效应曲线的基础。细胞培养所采用的技术会影响剂量-效应曲线,因此,对每个实验室来说,都必须建立自己的不同射线类型曲线。

如上所述,双着丝粒畸变数和照射剂量是按直线平方方程 $Y=a+bD+cD^2$ 变化的。因此,当估算受检者接受剂量时,线性部分常占优势,观测到的双着丝粒畸变数几乎与作为时间函数的剂量分布无关。表 5.1 表明观测到的双着丝粒畸变数与受检者接受的累积剂量及其可信限呈函数关系。这就充分说明需要检查大量中期分裂相细胞,从而使分析所需的时间延长。因此,对于低于 25 cGy 或剂量率很低的照射,如放射防护中所遇到的情况(事故除外),剂量-效应曲线并不可靠,这一点必须注意!

5.5.3　双着丝粒畸变作为生物剂量计的价值和局限性

1. 辐射诱发染色体畸变稳定性的实际意义

染色体畸变分析用于生物剂量的估计,都是采用分析不稳定性畸变,其中以 dic 或 d+r 畸变率估算剂量较为可靠。但分析不稳定性畸变会随照射后时间的推移而逐渐消失,畸变率也随之减少,因此作为剂量的估计,必须在畸变率尚未明显下降前取血培养才能得出准确的结果。事实上,有些事故性照射,往往在事隔一段时间后才发现受到过量照射。究竟在受照射后多长时间内取血"有效"是实际工作中面临的重要问题,一般笼统地要求受照射后人员取血越早越好。

根据对事故或医学受照射人群的观察,携带不稳定染色体畸变的淋巴细胞的半寿命期为 3 年左右。因此,有人认为受照射以后不需要立即采集血样,可以通过测定目前染色体畸变估算分析相当长时期内的累积剂量(对此观点研究者仍有争论)。

2. 局部照射

通常淋巴细胞在外周血内保持不足 5 min。当照射仅仅局限于身体某个部位时,由于受照射部位的淋巴细胞迅速进入体循环池,遍布全身,所以外周血管外或器官内的 B 淋巴细胞转为参与免疫反应的浆细胞,此时染色体畸变数不能用以估算某一点的剂量,但可以提供一个在全身范围的累积平均剂量。必须强调,大量的淋巴细胞不是存在于血液中,而是存在于淋巴结或脾等免疫器官内。全身含有 1 300 g 淋巴细胞,循环血中仅有 3 g,淋巴组织内有 100 g,骨髓中有 70 g。

3. 引起染色体畸变的因素

引起染色体畸变的因素有很多,不只是电离辐射,各种化学诱变剂、生物因素,如病毒等也能引起。如果发现受试者的染色体发生畸变,并怀疑受试者受到电离辐射时,则需认真对待,排除受到其他致突剂的影响;此外,还要考虑年龄因素,因为某些畸变率与年龄有关,会随年龄的增加而增加。

5.5.4　常见的其他生物剂量测定方法

除上述染色体畸变量估算受照射剂量以外,还有许多生物指标可用作受照射剂量评估,下面介绍几种常见的生物剂量测定。

1. 早熟凝聚染色体分析

(1) 早熟凝聚染色体

1970 年,R. T. Johnson 和 P. N. Rao 将 Hela 细胞同步在细胞周期中的不同时相,然后在仙台病毒诱导下将 M 期细胞与其他间期细胞相融合。继续培养一段时间后,他们发现与 M 期细胞融合的间期细胞发生了形态各异的染色体凝缩,并将其称为早熟染色体凝聚(premature chromosome condensation)。原因是,当一个分裂中期细胞与一个间期细胞进行细胞融合后,间期的细胞核被诱导提前进入有丝分裂期。此时,间期细胞核中呈分散状态的染色质凝缩成染色体样结构,这种纤细的染色体称为早熟凝聚染色体(premature condensed chromosome,PCC)。不同时期的间期细胞与 M 期细胞融合,产生的 PCC 形态各不相同。G_1 期的 PCC 为细单线状,光镜下在融合细胞中,可见到中期染色体和纤细的单股 PCC,如图 5.12 所示;S 期的 PCC 为粉末状;G2 期的 PCC 为双线染色体状。PCC 的这种形态变化可能与 DNA 的复制状态有关。

(2) PCC 在生物剂量测定中的应用

随着细胞融合技术操作步骤的简化,PCC 技术得到了广泛应用,在辐射损伤的研究中也得到了极大关注。在离体实验中,将受照射的间期淋巴细胞(G_1 期)和分裂中期的细胞融合。在融合细胞中,辐射对染色体的损伤表现为 G_1 - PCC 断片,即每个受损伤细胞中所含的多余的 PCC 数,随着照射剂量的增加而增多,其剂量-效应曲线可拟合为直线方程,即 $Y = a + bD$。Pantelias 等人用不同剂量(0～3 Gy)的 X 射线照射小鼠及其外周血淋巴细胞建立了离体和活体的剂量-效应曲线,统计学分析表明两者之间没有显著性差异。

采用细胞融合 PCC 技术可直接观察细胞间期染色体的损伤,不需要刺激细胞增殖和细胞培养,减少了由于间期细胞死亡及染色体修复等引起的误差,在获得标本 2～3 h 后即可分析

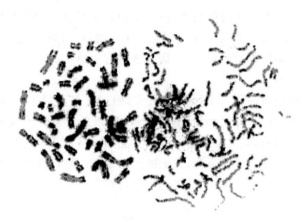

图 5.12　早熟染色体凝聚

染色体损伤情况,得出结果。另外,用 PCC 技术仅需 0.5 mL 血样,分析 100 个细胞即可显示低剂量照射下辐射损伤,而常规染色体畸变分析法需分析数百个甚至上千个中期分裂相。与常规染色体方法相比,PCC 技术有快速、灵敏、准确和简便等优点。

2. 微核分析

(1) 微　核

微核(micronucleus)是在诱变剂作用下,断裂残留的无着丝粒断片(染色体碎片)或在分裂后期落后的整条染色体,在分裂末期都不可能纳入主核。当进入下一次细胞周期的间期时,它们在细胞质内浓缩成小的核,一般小于主核的 1/3,着色与主核相同或略淡,称为微核。

(2) CB 法微核分析在生物剂量测定中的应用

微核仅出现在诱变后经过一次分裂的间期细胞中,早先采用的微核直接制片法和常规培养法由于不能分辨出未转化的、分裂一次的和分裂一次以上的淋巴细胞,影响了微核分析的正确性,使该技术的应用受到一定的限制(见图 5.13(a))。1985 年,Fenech 等人提出胞浆分裂阻滞微核(Cytokinesis-Block,CB)法,该法采用在培养基中加入松胞素 - B(cytochalasin-B,cytB),在不干扰细胞核分裂的同时阻滞胞浆分裂。于是,分裂一次的所有淋巴细胞的胞浆中将出现两个细胞核,这种双核细胞称为胞浆分裂阻滞细胞(cytokinesis-block cell),简称 CB 细胞(见图 5.13(b))。CB 细胞很大,具有双核,极易鉴别。用此方法计数 CB 细胞中的微核数,可显著提高微核检测的灵敏度和准确性。

目前认为 CB 法微核估算剂量范围在 0.25～5.0 Gy 之间较为准确。微核分析进行生物剂量测定主要用于急性均匀或比较均匀的全身照射,对不均匀和局部照射,只能给出等效全身均匀照射剂量。而对于分次照射、内照射和长期小剂量照射等,由于影响因素复杂,目前尚不能用微核来估算剂量。微核检测方法简单,分析快速,又有利于自动化,尤其在事故涉及的人员较多时更显示其优越性,如果已知人体受照射前的微核水平,则可检测到 0.05 Gy 剂量。但是,微核不如双着丝粒体对电离辐射那样敏感、特异,它自发率较高,为 1%～2%;个体差异较大,自发率与性别无关,但与年龄呈正相关,所以估算剂量下限值的不确定度较高;此外,微核的衰减速度比双着丝粒体快。

3. 稳定性染色体畸变

(1) 荧光原位杂交技术

荧光原位杂交(Fluorescence In Situ Hybridization,FISH)技术是近年发展起来的一种快

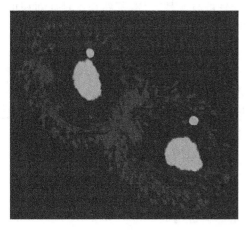
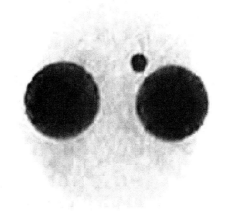

(a) 荧光法直接显示细胞内微核　　　　　　　(b) CB细胞(注意其胞浆内的微核)

图 5.13　微核细胞的分析技术

速分析人类染色体结构畸变,特别是相互易位的新方法。它是检测已固定在玻片上特有核酸序列的一种高度敏感、特异的方法。它的基本原理是,利用荧光染料标记已知碱基序列的核酸作为探针,按照碱基互补的原则,与标本上细胞染色体的同源序列核酸进行特异性结合,形成可检测的杂交双链核酸,最后在荧光显微镜下检查,即可对待测 DNA 进行定性、定量或相对定位分析。目前,已可用不同荧光染料标记的探针同时进行 FISH,这样就可获得更加生动的彩色染色体图像。

(2) FISH 技术在生物剂量测定中的应用

辐射诱导的双着丝粒体和易位与照射剂量呈良好的量效关系。急性照射的剂量估算主要分析双着丝粒体。在 FISH 技术中,双着丝粒体的检测可以用泛着丝粒探针进行杂交,杂交后细胞中染色体着丝粒区着色。在荧光显微镜下能快速计数双着丝粒体。

易位在受照射者体内不影响或不严重影响细胞的生存和繁殖,在体内能长期保持恒定,或变化很少。虽然外周血 T 淋巴细胞的寿命只有几年,但由于骨髓造血干细胞的不断补充,使得外周血淋巴细胞的易位率保持稳定。研究表明,易位畸变至少保持 10 年稳定,尤其是单纯的相互易位,细胞在分裂时不会被淘汰,基本上不受时间长短的影响,特别适用于慢性照射和以往受照射者的剂量估算。目前有两类探针成功地应用于易位的检测中,一类是采用染色体区域的重复序列,如染色体的着丝粒区和端粒区重复序列作探针;另一类是一条或数条全染色体探针。现在辐射研究领域中用得较多的有 1 号、2 号和 4 号全染色体探针。这类探针杂交后可以使同源的整条染色体着色,如果着色和未着色的染色体之间发生易位,则表现为染色体的一部分着色,另一部分不着色,很容易鉴别。可见,FISH 技术可大大提高易位的检出率。

目前,FISH 技术已广泛应用于生物剂量测定的研究中。双着丝粒和易位畸变的剂量-效应关系均符合线性平方模型,即 $Y=a+bD+cD^2$。Straume 等人对巴西 Goiania 的 ^{137}Cs 事故中人员立即用双着丝粒体进行了检测;在照射后 $1\sim1.4$ 年又分别用 1,2,4 号和 1,3,4 号全染色体两组组合探针对其易位率进行检测,并估算剂量,结果与事故后立即用双着丝粒体所估算的剂量比较接近。总之,与 G 显带技术相比,FISH 技术由于不需要分散良好的中期分裂相,增加了可供分析的细胞数,提高了易位的检出率。可见,它是一种快速的、准确的、很有前途的生物剂量测定方法,是当前辐射细胞遗传学发展中的一门前沿技术。其不足之处是,对某些稳定性染色体畸变,如倒位不甚敏感;其次,由于探针的特异性,只有某些与探针相对应的染色体畸变才能被察觉;最后,该技术要求高纯度试剂,价格昂贵。

4.体细胞基因突变分析

哺乳动物细胞内约有 10^5 个基因。目前在辐射生物剂量计研究中,对绝大多数基因突变尚无有效的检测手段。即使有少数的基因突变能够检测,也因为电离辐射诱发的突变率低,加之自发突变率及其他体内外环境诱变因素的影响和体内选择机制的存在,致使体细胞突变检测的特异性差,灵敏度低,个体差异大,能在生物剂量测定中实际应用的不多。下面仅就方法比较成熟、研究较多的血型糖蛋白 A (glycophorin A,GPA)基因和 HPRT 基因突变作介绍。

(1) GPA 基因位点突变分析

GPA 是分布于人类红细胞(red blood cell,RBC)表面的一种重要的血型糖蛋白,由一条含 131 个氨基酸残基的肽链和一条含 16 个糖基的糖链构成。每个 RBC 表面约有 5×10^5 个 GPA 分子。GPA 分子有 M、N 两种形式,二者的差别仅在于 N 端的第 1 位和第 5 位上氨基酸不同,GPA(M)是丝氨酸和甘氨酸,而 GPA(N)则是亮氨酸和谷氨酸。编码 GPA-M,N 分子的等位基因位于 4q28-31,为共显性表达,在人群中的频率基本相当,所以人群中约一半人为 MN 杂合子。

GPA 突变分析技术仅适于测定人群中 MN 杂合子个体的基因突变频率。GPA 突变分析是根据 RBC 表面有 GPA(M)和 GPA(N)两种血型糖蛋白,它们的编码基因不同。如果射线等有害因素损伤了 GPA(M)蛋白基因,受到损害的造血干细胞在分裂增殖后,产生的子细胞就缺乏 GPA(M),而只有 GPA(N);若损伤了 GPA(N)蛋白基因,子细胞就缺乏 GPA(N)。利用对 GPA(M)和 GPA(N)特异性的单克隆抗体,即可检测突变的细胞。

理论上,MN 个体外周血 RBC 中存在 4 种 GPA 变异体细胞(Variant Cell,VC),即单倍型 MΦ、NΦ 和纯合型 MM、NN。用荧光标记的 GPA-M 或 N 的单克隆抗体(McAb)与 RBC 结合时,由于正常 RBC (MN)与 VC 表面 GPA 分子抗原分布的种类或数量不同,结合 McAb 也不同,经流式细胞仪测定时,VC 被记录下来。外周血 RBC 无核,无自我增殖能力,GPA 分析系统所检测到的突变实际上是来自骨髓干细胞或 RBC 成熟过程中 GPA 表达前的 RBC 前体细胞的突变。如突变发生在干细胞,骨髓干细胞就会累积这些突变,通过在造血过程中不断产生相应的 VC,将 GPA 突变持久稳定地表现出来。该基因突变可能是中性突变,故 VC 可在体内长期存在。GPA 基因上有对电离辐射和化学诱变剂都非常敏感的位点。许多学者认为 GPA 突变分析可用于估算长期低剂量辐射的累积受照射剂量,有望作为个体终生生物剂量计。这一推测已在日本原子弹爆炸幸存者及核事故受害者生物剂量测定中得到成功应用。

用流式细胞仪检测 GPA 基因突变只需几分钟,分析速度快,且稳定性好、重复性高,但流式细胞仪、荧光 McAb 价格昂贵,且 GPA 突变的个体差异较大,故仅能用于 MN 型个体。

(2) HPRT 基因位点突变分析

HPRT 基因是体细胞突变研究中常用的基因。HPRT 是一种嘌呤合成酶,其结构基因位于 X 染色体(Xq27)上,其基因产物由 2~4 个蛋白亚单位组成。HPRT 促进次黄嘌呤鸟嘌呤与磷酸核糖焦磷酸间的转磷酸核糖基作用而生成相应的核苷-5-单磷酸,这是细胞体内嘌呤核苷酸生物合成中的一条补救途径,对维持细胞内嘌呤核苷酸的含量,特别是合成新核苷酸能力低下的细胞具有重要意义。但 HPRT 也能代谢嘌呤类似物 6-疏基鸟嘌呤(6-TG)和 8-氮杂鸟嘌呤(8-AG),形成一种致死性的核苷-5-磷酸盐,从而杀死正常细胞。在电离辐射或其他诱变剂的作用下,某些细胞 X 染色体上 HPRT 的结构基因发生突变,不能产生 HPRT 或其功能低下,从而使突变细胞对 6 - TG 或 8 - AG 具有抗性。这些细胞在含 6 - TG 的培养基中仍能正常生存和分裂,而正常细胞却因 6 - TG 的毒性作用不能分裂甚至引起死亡,因此通过检测分裂细胞的数目便能确定 HPRT 基因突变频率。

体细胞 HPRT 基因位点是一个对电离辐射和化学诱变剂都非常敏感的位点,在单基因突变研究中,该基因是一个经典的基因位点,其突变基因可在体内长期存在。研究表明,HPRT 基因位点突变频率与照射剂量呈线性关系。HPRT 基因位点突变分析可用于小剂量急性和慢性照射。其不足之处是,HPRT 基因突变的特异性不强,自发率较高,且随年龄的增加而有所增高。

参考文献

[1] 金璀珍. 放射生物剂量估计[M]. 北京:军事医学科学出版社,2002.

[2] 周焕庚,郑斯英. 人类染色体与辐射诱变[M]. 北京:原子能出版社,1978.

[3] Alper T. Cellular radiobiology[M]. Cambridge:Cambridge University Press, 1979.

[4] Barendsen G W. Influence of radiation quality on the effectiveness of small doses for induction of reproductive death and chromosome aberrations in mammalian cells [J]. Int. J. Radiat. Biol. , 1979, 36:49-63.

[5] Buckton K E, Evans H J. Methods for the analysis of human chromosome aberrations[R]. Geneva:World Health Organization, 1973.

[6] Caspersson T, Zech L, Johansson C. Differential binding of alkylating fluorochromes in human chromosomes[J]. Exp. Cell Res, 1970, 60(3):315-319.

[7] 穆蕊,陈英. 分子辐射生物剂量计发展潜势[J]. 国际放射医学核医学杂志,2008, 32 (2):109-113.

[8] Coggle J E. Biological effects of radiation[M]. 2nd ed. London:Taylor and Francis, 1983.

[9] Dean P N, Dolbeare F, Gratzner H, et al. Cell-cycle analysis using a monoclonal antibody to BrdU[J]. Cell Tissue Kinetics, 1984, 17(4):427-436.

[10] Diffey B L. Medical Physics Handbooks[M]. Bristol:Adam Hilger, 1982.

[11] Dizdaroglu M, Simic M G. Radiation-induced formation of thymine-thymine crosslink [J]. Int. J. Radiat. Biol. , 1984, 46(3):241-246.

[12] Dutrillaux B, Lejeune J. Sur une nouvelle technique d'analyse du caryotype humain [J]. C. R. Acad. Sci. (Paris), 1971, 272:2638-2640.

[13] Evans H J. Use of chromosome aberration frequencies for biological dosimetry in man, in:Advances in physical and biological radiation detectors[R]. Vienna: International Atomic Energy Agency, 1971,IAEA-SM-143/77:593-609.

[14] Fabry L, Leonard A, Wambersie A. Induction of chromosome aberrations in G_0 human lymphocytes by low doses of ionizing radiations of different qualities[J]. Radiat Res, 1985, 103(1):122-134.

[15] Friedman M. The biological and clinical basis of radiosensitivity [M]. Springfield

Illinois：Charles C. Thomas，1974.

[16] Kaplan H S，Moses L E. Biological complexity and radiosensitivity [J]. Science，1964，145：21-25.

[17] 李秀芹，赵进沛，任庆余，等.GPA 基因突变技术及其在放射生物剂量估计中的应用[J]. 现代预防医学，2007，34：(1)：69-70.

[18] 肖汉方，朱国英，顾淑珠，等.不同射线诱发人外周血淋巴细胞微核的剂量-效应关系[J]. 环境与职业医学，2011，28：(05)：267-270.

[19] 陈丽萍，朱小年，陈雯.DNA 损伤修复过程中 H2AX 磷酸化的调控及其意义[J]. 癌变，畸变和突变，2011，23(2)：148-151.

[20] Srivastava N，Gochhait S，Beer P D，et al. Role of H2AX in DNA damage response and human cancers[J]. Mutation Research，2009，681(2)：180-188.

[21] 左汲，郭锋. 医学细胞生物学[M].5 版.上海：复旦大学出版社，2015.

[22] 李瑶，吴超群，沈大棱. 细胞生物学[M].2 版.上海：复旦大学出版社，2013.

第6章 细胞的电离辐射效应

细胞是由 Robert Hooke 于 1665 年最早发现的,它是组成包括人类在内的所有生物体的基本结构和功能单位。因此,只有从细胞水平上研究生物体的生命现象才是对生命现象本质上的揭示。除了病毒、类病毒以外,所有生命体都是由细胞构成的。细胞分为原核细胞(prokaryotic cell)和真核细胞(eukaryotic cell)两大类。原核细胞由质膜包绕,没有明确的核,无核膜,只有一个拟核区,遗传物质仅一个环状 DNA,内部组成相对简单,无细胞器,无细胞骨架,如细菌、支原体等。真核细胞具有三大结构系统:一是生物膜系统,包括质膜、核膜及内膜系统(细胞器);二是遗传信息表达系统,包括染色质(体)、核糖体、mRNA 和 tRNA 等;三是细胞骨架系统,包括细胞质骨架和核骨架。真核细胞的结构和功能比原核细胞的复杂得多。

复杂的多细胞个体,如人体,由具有特定功能的各种细胞组成。组成生物体的细胞在外形和功能上有着巨大的差异。例如,人脑中典型的神经细胞有明显的分枝状树突;小肠上皮细胞朝向肠腔的一侧有很多细小的突起;而血液中的巨噬细胞则通过不断改变形状来移动位置并吞噬异物。当机体受到电离辐射时,这些形态与功能各异的细胞对辐射的反应存在很大的差别,受照射后产生各种生物效应,其中有对电离辐射的共性,也有不同种类细胞的特有反应。研究电离辐射对细胞的作用特点,是了解电离辐射对机体整体作用的基础。

本章主要讨论电离辐射对细胞周期的影响、辐射引起的损伤与细胞死亡、细胞死亡与剂量的关系以及细胞死亡和修饰因子的关系等。

6.1 电离辐射对细胞周期进程的影响

机体的生长、发育与遗传,组织的再生、衰老及癌变,无不与细胞的增殖分化密切相关。细胞增殖(cell proliferation)是指细胞通过生长和分裂获得与母细胞相同遗传特性的子细胞,进而使细胞数量成倍增加的过程。单细胞生物以细胞分裂的方式获得新个体;多细胞生物以细胞分裂的方式补充体内衰老和死亡的细胞,同时,多细胞生物可以通过一个受精卵的分裂、增殖和分化获得一个新个体。

细胞增殖是通过细胞周期来实现的,这是高度严格调控的生命活动过程。细胞周期的精准调控对生物的生存、繁殖、发育和遗传均是十分重要的。现在对细胞周期关键调节因子的研究已比较清楚。电离辐射时这些因子的改变势必影响细胞周期的运行及细胞的功能。因此,研究辐射对细胞周期的影响及作用机理对细胞放射生物学具有重要的理论和实践指导意义。

6.1.1 细胞周期的调控

细胞周期(cell cycle)也称为细胞增殖过程或细胞分裂周期(cell division cycle),表现为细胞分裂,即由原来的一个亲代细胞(mother cell)变为两个子代细胞(daughter cell),使细胞的数量增加。通常,我们将从上一次细胞分裂结束开始,至下一次细胞分裂结束为止,称为一个细胞周期。在细胞周期过程中至少涉及三个根本问题:一是细胞分裂前 DNA 精确复制;二是完整复制的 DNA 如何在细胞分裂过程中确保准确分配到两个子细胞中;三是物质准备与细胞分裂是如何调制的。这三个问题的任何环节错误都可能影响细胞的生死存亡,或导致细胞调控的紊乱,如细胞的恶性增殖。

1. 细胞周期时相及其主要特征

一个细胞周期可以人为地划分为连续的四个时相,即 G_1 期(gap 1 phase)、S 期(DNA synthesis phase)、G_2 期(gap 2 phase)和 M 期(mitosis phase)。前三个时相合在一起又称为静止期(interphase),或称为分裂间期,指从一次有丝分裂结束释放两个子细胞到子代细胞的有丝分裂开始的一段时间。绝大多数真核细胞的细胞周期都包含这 4 个时相。对某种细胞来说,在一定环境下从母细胞分裂得到 2 个子细胞的时间是一定的;不同的生物、不同的组织、机体发育的不同时期,细胞周期时间差异很大。一般来说,大多数处于正常增殖状态的细胞周期时间为 10~20 h。S+G_2+M 的时间变化较小,而 G_1 期的时间差异变化很大,细胞周期时间的差别主要取决于 G_1 期的长短。如 CHO 细胞的细胞周期时间大约为 11 h,G_1 期的时间为 1 h;而 HeLa 细胞的细胞周期时间大约为 24 h,G_1 期的时间为 11 h。

（1）G_1 期

G_1 期是细胞从有丝分裂完成至其 DNA 复制之前的间隙时间,又称合成前期。一般情况下,整个细胞周期中此期所需时间最长。在动物体细胞中生长迅速的细胞 G_1 期约为 6 h,而生长缓慢的细胞 G_1 期可长达 12 h。G_1 期出现一系列复杂的生物化学反应,主要是 RNA 和蛋白质的合成,为 S 期 DNA 复制做准备。

G_1 期细胞能对多种环境信号进行综合、协调并做出反应,以确定细胞是否进入 S 期。因此,G_1 期是决定细胞增殖状态的关键阶段。

（2）S 期

在 S 期,细胞内主要进行 DNA 的复制、组蛋白和非组蛋白等染色体蛋白的合成。此外,还不断合成与 DNA 复制有关的酶,如 DNA 聚合酶。新中心粒也在 S 期合成。S 期的长短由复制整个基因组所需要的时间决定的,一般为 6~8 h。DNA 复制是细胞增殖的关键。细胞增殖的主要物质基础是细胞质和遗传物质的倍增,前者的合成贯穿于整个细胞周期,后者的复制则仅局限于 S 期。

（3）G_2 期

G_2 期也称为丝裂前期,是间期中最短的时相。此期的主要形态特征是染色质进行性地凝聚、螺旋化,为 M 期的细胞结构变化做准备,同时合成一些与细胞分裂有关的蛋白质和 RNA。

（4）M 期

细胞由 G_2 期进入 M 期需要有丝分裂促进因子(Mitosis Promoting Factor, MPF)的调节。MPF 是一种蛋白激酶,通过促进靶蛋白的磷酸化而改变其生理活性。细胞周期中 M 期的时间是最短的,通常不到 1 h,但细胞的形态结构变化最大。这些形态上的变化,主要是保证将 S 期已经复制好的 DNA 平均分配到 2 个子细胞内,从而完成细胞增殖这一基本功能。此期细胞的主要生化特点是:RNA 合成停止、蛋白质合成减少及染色体高度螺旋化。M 期细胞核和细胞质的分裂在时间和空间上紧密配合,相互制约,是一个复杂的连续的动态过程。为了便于描述,根据细胞核的形态变化,习惯上将其分为前期、中期、后期和末期 4 个时期。

Pardee 等人发现正常细胞的 G_1 期有特殊的调节点,称为检查点(check point),也叫作限制点(restriction point)。检查点起控制细胞增殖周期开关"阀门"的作用。检查点保证前一个事件完成之后,才启动下一个事件,使细胞周期按一定的次序来进行。当细胞处于特殊情况,如 DNA 损伤时,细胞周期就会停在某一检查点,并起动有关程序对细胞内损伤的 DNA 进行修复,等修复完成之后,细胞才进入下一个阶段。细胞是继续增殖还是进入静止状态,是由它能否通过 G_1 检查点决定的。当细胞处在不利条件,如电离辐射损伤、营养缺乏或低血清等情况时,细胞代谢速度降低,进入静止期以延长细胞生命;而肿瘤细胞往往失去全部或部分检查点的控制,故细胞能不断地进行分裂。

细胞周期检查点由感受异常事件的感受器、信号传导通路和效应器构成。目前已确定的细胞周期检查点有 3 个(见图 6.1),即 G_1 检查点、G_2 检查点和 M 检查点。G_1 检查点主要监测细胞的大小和环境状态,如果条件适合,就会激发 DNA 复制,此检查点是细胞周期的主要控制点,它决定着细胞能否进入周期进行分裂。DNA 复制的启动发生在 G_1 期。如果细胞通过 G_1 检查点的条件得到满足,细胞就会通过 G_1 检查点,进入 S 期。触发有丝分裂发生在 G_2 期的末尾。G_2 检查点主要监测细胞的大小、细胞所处的状态以及细胞内 DNA 是否复制完毕,如果这些条件合适,就会进入有丝分裂。如果进入 M 期的细胞仍然不分裂,它将保持两套正常的染色体。M 检查点监测所有染色体是否都与纺锤体相连,并排列在赤道板上,否则不能进行有丝分裂和胞质分裂。

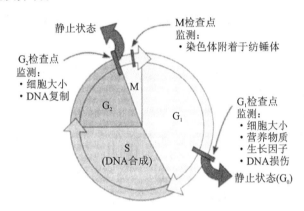

图 6.1　细胞周期中的三个主要的检查点

2. 周期蛋白和周期蛋白依赖性激酶

对哺乳动物细胞而言,细胞周期调控的目的是为了更好地适应多变的外部环境,对各种细胞信号做出正确的反应,保证机体组织、器官的正常运行及个体的正常生长与发育。细胞周期是否正常运行将影响个体的生存、繁殖、发育与遗传。细胞周期的调控其实就是细胞周期检查点的调控,是多因素参与的过程。在这些因素中,细胞周期蛋白(cyclin)和细胞周期蛋白依赖性激酶(Cyclin-Dependent Kinases,CDKs)起着重要作用。此外,还有与其相关的抑制因素参与其中。

细胞周期高度准确的调控依赖于两方面:一方面是细胞内部的时钟样调控,即以细胞周期蛋白-周期蛋白依赖性激酶(cyclin - CDKs)为核心的驱动装置,使细胞周期严格按照 G_1—S—G_2—M 期方向循环运转;另一方面在正常细胞周期事件受到影响,如细胞受到电离辐射时,细胞会采取补救措施进行调控,行使监控功能,杜绝错误的发生。

所有真核细胞周期运作依赖的核心驱动装置:cyclin - CDKs 复合物,在哺乳动物细胞周期的不同时期有不同的周期蛋白和 CDKs 表达,这些周期蛋白和 CDKs 均有不同程度的同源性,称为周期蛋白家族和 CDKs 家族,如图 6.2 所示。

(1)周期蛋白

周期蛋白是一类随细胞周期的变化呈周期性出现与消失的蛋白质。自 1983 年首次发现

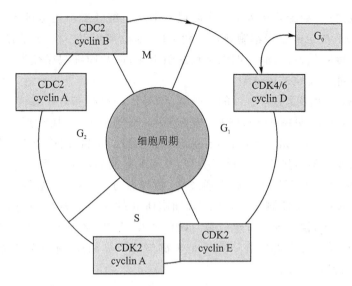

图 6.2　参与细胞周期不同时相转换的 cyclin‑CDKs 复合物

周期蛋白以来,科学家在各种生物体中已分离出数十种周期蛋白。目前人体中已经发现25 种,可归纳为五类:cyclin A、cyclin B、cyclin C、cyclin D 和 cyclin E,它们在细胞周期的不同阶段相继表达,所执行的功能也多种多样。这些周期蛋白中有的只在 G_1 期表达并只在 G_1 期和 S 期转化过程中执行调节作用,所以常被称为 G_1 期周期蛋白,如 cyclin C、cyclin D 和cyclin E 等;有的虽然在间期表达和累积,但直到 M 期才表现出调节功能,所以被称为 M 期周期蛋白,如 cyclin A、cyclin B 等。在哺乳动物细胞中,cyclin A 在 G_1 期早期即开始表达并逐渐积累,至 G_1/S 期交界处,其含量达到最大值并一直维持到 G_2/M 期。cyclin B 则从 G_1 晚期开始表达并逐渐积累,到 G_2 期后期阶段达到最大值并一直维持到 M 期的中期阶段。cyclin E则在 M 期的晚期和 G_1 期早期开始表达并逐渐累积,到 G_1 期的晚期达最大值,然后逐渐下降,至 G_2 期的晚期,其含量降到最低值。总体讲,G_1 期周期蛋白在细胞周期中存在时间相对较短,而 M 期周期蛋白在细胞周期中则相对稳定。

　　不同的周期蛋白在细胞周期中表达的时相及表达的量不同,与相应的 CDKs 结合后,激活CDKs 的活性,进而调控细胞周期进程。研究表明,周期蛋白结构中含有同源序列,被称为细胞周期蛋白盒(cyclin box),这是一个由 100～150 氨基酸残基组成的保守区域。这个区域负责与 CDKs 的相互作用。周期蛋白不仅起激活 CDK 的作用,而且决定了 CDK 何时、何处、将何种底物磷酸化,从而推动细胞周期的前进。表 6.1 显示了不同时相、不同类型的周期蛋白;图 6.3 显示了细胞周期蛋白激活 CDKs 调控细胞周期运行的过程,可以看到,随着时间、时相的变化,细胞周期蛋白有序出现并随周期时相运行的浓度变化。例如,在生长因子的刺激下,G_1 期细胞内 cyclin D 表达,在 G_1 期的中期达高峰,随后逐渐下降,同时 cyclin E 开始表达并逐渐增加。在 G_1 期中期细胞内 cyclin D 与 CDK4/6 结合,该复合物使其下游的蛋白质,如视网膜母细胞瘤蛋白(retinoblastoma protein,Rb)磷酸化,G_1 期晚期磷酸化的 Rb 释放出转录因子 E2F,后者促进许多基因的转录,如编码 cyclin E、cyclin A 和 CDK2 的基因等,如图 6.4所示。

　　在 G_1/S 期,cyclin E 与 CDK2 结合,促进细胞通过 G_1/S 检查点进入 S 期。向细胞内注射 cyclin E 的抗体能使细胞停滞于 G_1 期,说明细胞进入 S 期需要 cyclin E 的参与。同样,将

cyclin A 的抗体注射到细胞内,发现能抑制细胞的 DNA 合成,推测 cyclin A 是 DNA 复制所必需的周期蛋白。

表 6.1 不同时相不同类型的周期蛋白

激酶复合体	脊椎动物		芽殖酵母	
	cyclin	CDK	cyclin	CDK
G_1-CDK	cyclin D*	CDK4/6	Cln 3	CDK1(CDC28)
$G_1/S-CDK$	cyclin E	CDK2	Cln 1、2	CDK1(CDC28)
$S-CDK$	cyclin A	CDK2	Clb 5、6	CDK1(CDC28)
$M-CDK$	cyclin B	CDK1(CDC2)	Clb 1～4	CDK1(CDC28)

注:* 包括 D_{1-3},各亚型 cyclin D 在不同细胞中的表达量不同,但具有相同的功效。CDC(Cell Division Cycle):细胞分裂周期。

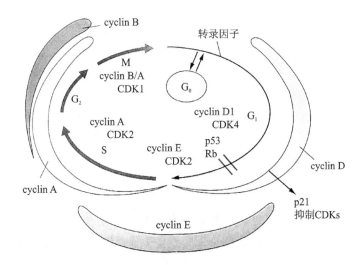

图 6.3 细胞周期蛋白激活 CDKs 调控细胞周期进程

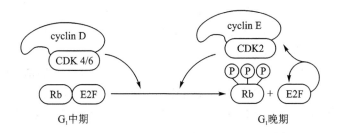

图 6.4 cyclin D 与 CDKs 结合使 Rb 释放结合的转录因子 E2F

在 G_2/M 期,cyclin B 与 CDK1 结合,在细胞从 G_2 期进入 M 期时起作用,是促进 M 期启动的调控因子。cyclin B 与 CDK1 的结合产物又称为有丝分裂促进因子(Mitosis Promoting Factor,MPF)。MPF 的存在范围非常广泛,从酵母细胞到哺乳动物细胞都有。CDK1 又称为 $p34^{cdc2}$ 激酶,简称 p34,它是由 CDC2 基因编码的,分子量为 34 000 的磷酸蛋白。p34 是 MPF 的活性单位,具有丝氨酸/苏氨酸激酶活性,能催化蛋白质中丝氨酸与苏氨酸的磷酸化,与激酶活性有关。cyclin B 的表达随细胞周期的时相发生相应的变化。在细胞周期的 S 相,cyclin B

与 CDK1 结合,后者的 Tyr15、Thr14 和 Thr161 三个氨基酸残基磷酸化,此时 MPF 无活性;进入 G_2/M 相后,Tyr15 和 Thr14 脱磷酸化,此时 MPF 被激活,促使细胞由 G_2 相向 M 相过渡;当有丝分裂由分裂中期向末期过渡时,CDK1 的 Thr 161 脱磷酸化,周期素 B 分解,MPF 失活,细胞由 M 相向 G_1 相转换,如图 6.5 所示。

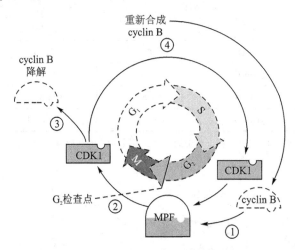

图 6.5　周期蛋白的周期性变化

对于其他种类周期蛋白的功能研究,有的已取得重要进展,有的尚在积极研究之中。

(2) 周期蛋白依赖性激酶

周期蛋白依赖性激酶(CDK)是一类蛋白家族,这些激酶本身并无催化蛋白质磷酸化的活性,但在细胞周期中可以通过与周期蛋白结合成复合物而起两方面作用:一方面通过 CDK 的磷酸化和去磷酸化调节复合物的活性;另一方面,由于某种周期蛋白的含量与细胞周期的运行密切相关,周期蛋白与 CDK 形成复合物的磷酸化能促使细胞由细胞周期的一个时相进入另一个时相,也即 CDK 以周期蛋白作为调节亚单位,进而表现出蛋白激酶的活性,因而它们被称为周期蛋白依赖性激酶。目前,在人体中已发现并被命名的 CDK 有 CDK1(CDC2)、CDK2、CDK3、CDK4、CDK5、CDK6、CDK7、CDK8、CDK9、CDK10、CDK11、CDK12、CDK13等。各种 CDK 分子均含有一段相似的激酶结构区,该区域有一段保守序列,与周期蛋白的结合有关。不同的 CDK 结合的周期蛋白不同,在细胞周期中执行的调解功能也不同。目前,对不同 CDK 的功能认识,有的已经比较清楚,有的尚待深入。

CDKs 的活性依赖于与周期蛋白的结合和其结构上保守苏氨酸残基的磷酸化,也即 CDKs活性受周期蛋白结合以及特定保守苏氨酸残基磷酸化的调节。周期蛋白中与 CDKs 结合并激活 CDKs 的功能域由大约 100 个保守的氨基酸残基组成。该保守区域发生突变可同时抑制对CDKs 的结合与激活。提示周期蛋白 - CDK 结合与 CDKs 激活紧密相关。周期蛋白对 CDK的结合主要通过周期蛋白在细胞中的浓度控制,周期蛋白在细胞周期中的波动主要受到翻译后调控,并涉及与泛素相关的机理。

另外,CDKs 激活也必须依赖特定保守苏氨酸残基的磷酸化。研究表明,人体 CDK1 中的Thr161 和 CDK2 中的 Thr160 的磷酸化,是这两个 CDK 与其相应的周期蛋白形成复合体并表现活性所必需的。负责 CDK1 和 CDK2 的 Thr161/160 磷酸化的酶是 CDK 活化激酶(CDK Activation Kinase,CAK)。CAK 也是一种周期蛋白 - CDK 复合体,其催化亚基为 CDK7,调节亚基为周期蛋白 H。人体 CDK7 的磷酸化激活位点是 Thr170。在正常的细胞增殖中,限速因素则可能是周期蛋白的结合,而不是 CAK 对 Thr 的磷酸化。

3. 周期蛋白依赖性激酶抑制因子

细胞内还存在一些对 CDKs 活性起负调控的蛋白质,称为周期蛋白依赖性激酶抑制因子(Cyclin-Dependent Kinase Inhibitor,CKI)。CKI 通过与周期蛋白 - CDK 复合物结合抑制 CDKs 的活性而起负调控作用。CKI 与周期蛋白及其激酶催化亚单位一样,也具有很高的结构相似性和进化保守性。到目前为止,已发现多种对 CDKs 起负调控作用的 CKI,分别归为 Cip/Kip 家族和 INK4 家族,如表 6.2 所列。

表 6.2　人体 CDKs 及其与之结合的周期蛋白和抑制因子(来自 Kamb,1995)

CDKs	周期蛋白	CKI
CDK1(CDC2)	A、B、E	p21
CDK2	A、E、D	p21、p27
CDK3	C	p27
CDK4	D	p15、p16、p21、p27
CDK5	D	—
CDK6	D	p15、p16、p21、p29

① INK4 (Inhibitor of CDK 4):包括 $p16^{ink4a}$、$p15^{ink4b}$、$p18^{ink4c}$ 和 $p19^{ink4d}$,特异性地抑制 cyclin D - CDK4 和 cyclin D - CDK6 等复合物活性,进而抑制细胞由 G_1 期向 S 期转换。

② Kip (Kinase inhibition protein):包括 $p21^{cip1}$ (cyclin inhibition protein 1)、$p27^{kip1}$ (kinase inhibition protein 1)和 $p57^{kip2}$ 等,特异性地抑制 cyclin D - CDK4、cyclin D - CDK6、cyclin E - CDK2 和 cyclin A - CDK2 等大多数蛋白激酶活性,使细胞生长停滞,细胞周期阻滞于 G_1 期。

图 6.6 简要显示了哺乳动物 p15、p16、p21 和 p27 抑制因子在细胞周期中的作用位置及其信号传导通道。从图中很容易看到,周期蛋白激酶抑制因子在细胞周期 G_1 检验点的控制中起了重要的制动作用。

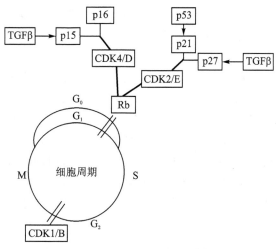

注:箭头表示激活;粗线表示抑制;双线表示细胞周期运行可能被阻止的检查点。

图 6.6　哺乳动物 p15、p16、p21 和 p27 抑制因子在细胞周期中的作用位置及其信号传导通道

4. 其他几个参与细胞周期调控的重要基因

（1）p53 基因

p53 基因位于 17 号染色体的短臂，因编码一种分子质量为 53 kDa 的蛋白质而得名，是一种抗癌基因。p53 基因表达产物为基因调节蛋白（p53 蛋白），p53 蛋白分布于细胞核中，半寿期较短，具有不稳定性的特性。在细胞周期进程中，p53 蛋白作为转录因子参与基因转录的调控，使细胞阻滞于 G_1 期。p53 对细胞周期的调节主要通过促进 p21 基因的转录，增加 p21 蛋白的合成来发挥作用。CDK2 可使细胞由 G_1 期进入 S 期，而 p21 蛋白可抑制该酶的活性，使细胞不能进入 DNA 合成期，致使细胞无法正常分裂。因此，p21 是控制细胞分裂的开关。当 DNA 受到损伤时，p53 基因的表达产物急剧增加，可抑制细胞周期进一步运转。一旦 p53 基因发生突变，p53 蛋白失活，细胞分裂失去节制，就会导致细胞发生癌变。人类癌症中约有一半是由于该基因发生突变所致。

（2）Rb 基因

Rb 基因即视网膜母细胞瘤（retinoblastoma）基因，是第一个被发现的有抑癌作用的基因。Rb 基因编码蛋白质的相对分子质量为 105 kDa，是一种磷酸蛋白（pRb），分布于细胞核中，能与一些转录因子（如 E2F）结合，在细胞增殖和分化的控制中发挥关键作用。在某一给定细胞中，pRb 水平相对恒定，而其磷酸化或脱磷酸化的状态则随着细胞周期而变化。在细胞周期的静止期 G_0、G_1 早期，它主要以脱磷酸化的活性形式存在，pRb 的磷酸化主要发生在 G_1 中期，到 S 期和 G_2/M 期则主要以高度磷酸化形式存在。

（3）GADD45

GADD45（growth arrest and DNA damage inducible 45）基因，是 p53 基因的下游基因之一，其第 3 内含子区有 p53 蛋白的共有序列。GADD45 家族是以 p53 为核心的 DNA 损伤修复途径中的关键调控基因，可与增殖细胞核抗原（Proliferating Cell Nuclear Antigen，PCNA）结合，从而抑制 DNA 的合成，阻止细胞从 G_1 期进入 S 期。

（4）MDM2

MDM2（Murine Double Minute 2）基因最初是从一个含有双微体（Murine Double Mimut，MDM）的自发转化的 BALB/3T3DM 细胞中克隆出来的一个高度扩增的基因，是 p53 基因的下游基因之一。MDM2 的基因产物是一种分子为 90 kDa 的酸性蛋白质，故称为 p90。它是一种 DNA 结合蛋白，具有转录调节作用。

p90 既可与野生型 p53 结合，又可与突变型 p53 结合。如果 p90 表达过度，则可减少 p53 基因突变后引起的生物学作用，即对 p53 起负调节作用。正常情况下，p53 的激活是信号传导通路的一部分，如果 p53 失活，则信号传导通路中断。p90 就是介导 p53 失活的"开关"。转录过程由一定量的 p53 诱导开始，p53 作用于 MDM2 靶基因，使 MDM2 开始表达；继而表达过度，导致 p90 积累，最终使 p53 介导的信号传导终止。可见，p53 蛋白通过与 MDM2 的基因产物 p90 蛋白结合调节其转录；而 p90 蛋白又可通过与 p53 蛋白的结合而抑制 p53 介导的转录激活，进而形成一个负反馈环。因此，在调节细胞分裂、增殖方面，p53 和 MDM 2 之间是一个互相调节的环路。一般认为，MDM2 的功能是限制 G_1 期阻滞的时间，使 DNA 损伤修复后的细胞进入细胞周期。

6.1.2　电离辐射引起的细胞周期紊乱

电离辐射引起多种细胞如酵母和动物细胞周期的紊乱，包括 G_1 阻滞、G_2 阻滞和相 S 延迟,表现为细胞受照射后第一个有丝分裂周期进程发生改变,有丝分裂的时间延迟。辐射所致细胞有丝分裂延迟具有可逆性和辐射剂量依赖性的特点。

1. G₁ 阻滞

细胞受到电离辐射后暂时停滞于细胞周期的 G_1 期,称之为辐射诱导的 G_1 阻滞(G_1 arrest)。阻滞的程度与时间取决于细胞受照射的剂量。并非所有的细胞系在照射后都发生 G_1 阻滞,G_1 阻滞是否出现取决于细胞系的 p53。只有表达野生型 p53 的细胞系才在照射后出现 G_1 阻滞。

在 G_1 检查点,电离辐射导致的 DNA 损伤引起 p53 依赖的细胞周期阻滞,如图 6.7 所示。正常细胞内 p53 的水平通常很低,电离辐射后 DNA 损伤使 p53 基因激活,引起 p53 表达迅速升高,继而引起多种基因转录,如 p21、MDM2 和 GADD45,并表达相应蛋白。p21 蛋白作为周期蛋白依赖性激酶抑制因子,抑制 cyclin D - CDK4 和 cyclin D - CDK6 活性,使 pRb 蛋白处于脱磷酸化,E2F 因子仍于 pRb 结合状态,不能发挥其转录因子作用,使依赖于 E2F 因子调控的基因不能转录,阻止细胞进入 S 期,发生 G_1 阻滞。这条 p53/p21 分子通路是辐射诱导 G_1 阻滞的重要分子通路之一。另一条通路是 p53/GADD45 通路,GADD45 基因激活后,其基因产物 GADD45 蛋白可与增殖细胞核抗原(PCNA)结合,抑制 DNA 的合成,阻止细胞进入 S 期,发生 G_1 阻滞。此外,电离辐射后 DNA 损伤可诱导 p16 基因激活。p16 蛋白作为一个周期蛋白依赖性激酶抑制因子,通过与 p21 相似的机理,发生 G_1 阻滞。

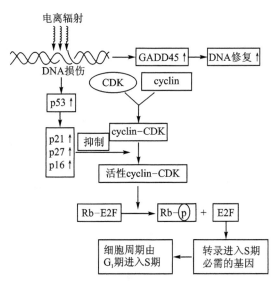

图 6.7　p53 在 DNA 损伤所致 G_1 阻滞中的作用

2. G₂ 阻滞

处于细胞周期中的细胞受到电离辐射后暂时停留在 G_2 期,我们称之为辐射诱导的 G_2 阻滞(G_2 arrest)。

细胞由 G_2 期进入 M 期受 MPF 调控,MPF 在细胞周期的调控中起决定性作用。MPF 由 cyclin B 和激酶 p34 组成,其活性调节是通过 cyclin B 的周期性累积和降解,以及催化亚基 p34 磷酸化、脱磷酸化过程实现的。参与 MPF 活性调节的激酶有 weel 和 Niml,磷酸酶有 CDC25C。

细胞周期蛋白在有丝分裂时被降解,在分裂间期时被重新合成,以调解 p34 的活性。p34

是丝/苏氨酸蛋白激酶。Weel 和 Niml 的基因产物都具有蛋白激酶活性,前者能特异性地对 p34 上的酪氨酸进行磷酸化,而后者将丝氨酸和(或)苏氨酸磷酸化。在促分裂因素(如分裂素)刺激下,磷酸酶 CDC25C 被激活,将 p34 上磷酸化的酪氨酸水解下来,p34 的蛋白激酶活性被激活,此时可使某些转录因子磷酸化,使一些与 DNA 合成或与细胞分裂有关的酶和蛋白质获得表达,或直接激活某些与细胞周期有关的蛋白质,以推动细胞周期的运行。

全身或体外照射后,细胞周期进程停滞于 G_2 期,不进入 M 期,导致 G_2 期细胞堆积。经过一定时间后,大量细胞同时进入 M 期。在一定剂量范围内,细胞出现 G_2 阻滞的程度与剂量成正比。辐射引起 G_2 阻滞时,细胞内 cyclin B 的 mRNA 表达延迟或降低,cyclin B 保持低水平。辐射对 cyclin B 转录和翻译的影响程度与照射剂量有关。此外,细胞受照射后 p34 上苏氨酸磷酸化异常,导致 p34 酪氨酸持续磷酸化。CDC25C 磷酸酶不能被激活,失去对 p34 的反馈调节,是 p34 持续过度磷酸化的重要机制。以上原因均影响 MPF 的活性。可见,MPF 在 G_2 阻滞发生中发挥着重要作用。

强调 MPF 为主的细胞周期调节因子对细胞周期的调控作用,不应忽视细胞核对细胞周期的深刻影响。通常当 DNA 有损伤或复制不完全时,RAD(radiosensitivity)基因发挥作用,抑制 cyclin B 并使 p34 高度磷酸化而失活,以阻止有丝分裂(G_2 阻滞)。图 6.8 所示为 Nurse 提出的辐射引起细胞 G_2 阻滞的机理:DNA 损伤后,经 ATM(Ataxia Telangiectasia Mutation)或 Rad3 将信号传递至 Chk1,进而使 CDC25C 第 216 位上丝氨酸磷酸化,促进 CDC25C 与 14-3-3 结合,抑制 CDC25C 进入细胞核,阻止 CDC2 第 15 位上的苏氨酸脱磷酸化,导致 G_2 阻滞的发生。

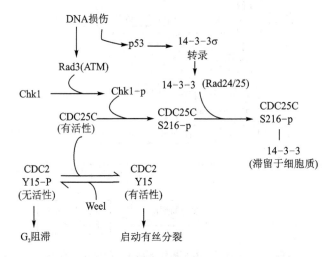

注:Chk1(Checkpoint kinase 1)为检查点激酶基因;14-3-3 为 Rad24/25 基因表达产物。

图 6.8　DNA 损伤信号传递至细胞周期引擎的分子机理

3. S 相延迟

电离辐射使细胞通过 S 相的进程减慢,称为 S 相延迟(S phase delay),与 DNA 合成速率的下降有关。电离辐射对 DNA 合成的抑制呈现双相的剂量-效应关系。在较低剂量范围内,剂量-效应曲线斜率较大;在较高剂量范围内,斜率较小。辐射敏感部分是由于复制子启动受到抑制。有人推测,辐射时一次击中即可阻断一整簇复制子的启动。辐射抗性部分是 DNA 分子延伸阶段。有资料表明,DNA 链延伸受阻程度与受照射剂量呈依赖性关系,其 D_0 值为 130 Gy。

前面已指出 cyclin A 参与 DNA 合成,辐射能抑制 cyclin A 的表达,这可能也是 DNA 合成率下降的原因之一。此外,p53 蛋白具有 DNA 结合活性。电离辐射时,p53 表达增多,作为转录因子,p53 通过对激酶的影响,抑制 DNA 的合成。

4. S/M 解偶联

电离辐射诱导细胞周期解偶联(uncoupling)是指照射后处于细胞周期中的 G_2 期细胞既不能进入有丝分裂的 M 期,也不发生 G_2 阻滞,而是返回到 S 期,继续进行 DNA 复制,使细胞形成内含数倍 DNA 而不分裂的巨细胞(giant cell),最终细胞死亡。此效应也被称为电离辐射诱导的 S/M 解偶联,是辐射诱导细胞死亡的重要机制之一,其表现形式为多倍体细胞,这种特异性细胞存活数小时死亡。

在正常情况下,DNA 合成(S 相)与有丝分裂(M 相)之间存在协调关系,称为 S/M 偶联(coupling),即细胞未完成有丝分裂前不会启动下一轮 DNA 合成。电离辐射后,出现 S/M 解偶联与细胞内 p21 缺失(或功能受损)或上游调节基因 p53 表达异常有关,具体原因尚不清楚。

6.1.3　辐射对细胞周期进程的影响及意义

电离辐射可引起多种细胞(如酵母和动物等)的细胞周期紊乱,包括 G_1 阻滞、S 相延迟、G_2 阻滞及 S/M 解偶联,进而影响细胞周期进程。

目前对细胞周期紊乱的生物学意义尚无定论,多数学者认为是机体对外界刺激的一种保护性反应,目的在于保证基因组的遗传稳定性。G_1 阻滞和 S 相延迟可提供充足的时间来促使受损伤的 DNA 修复,或使处于 S 期的受损伤 DNA 修复后再进行合成,损伤严重的细胞则通过凋亡被消除,从而降低基因组的不稳定性,减少突变和癌变的发生。G_2/M 阻滞可保证细胞有丝分裂分配的忠实性。

某些 DNA 损伤在修复前从细胞周期的某个时相进入另一时相,这种损伤就被固定下来,导致基因组遗传不稳定,并具有潜在致死性。细胞 G_2 期延迟被认为是阻止不可逆 DNA 损伤固定的关键点。在哺乳动物细胞中已发现,某些癌基因转染细胞后,会影响辐射引起的细胞 G_2 期延迟,并使之消失,同时增加转染细胞的辐射敏感性。但是由于引起 G_2 期延迟的信号通路与增加细胞辐射敏感性的信号通路间有共同的通路,所以使该说法的正确性受到怀疑。

利用咖啡因处理细胞可破坏辐射引起的细胞周期紊乱,同时增加细胞的辐射敏感性。毛细血管扩张性共济失调(AT)症病人的细胞周期检验点调控异常,对辐射极敏感,表明 AT 突变(Ataxia Telangiectasia Mutation,ATM)基因和咖啡因作用的靶点参与细胞辐射损伤早期信号传导过程。由于细胞 G_1 期、S 期及 G_2/M 期阻滞或延迟均不能正常发生,同时修复也受到抑制,所以无法从咖啡因抑制辐射细胞学反应推测出哪一时相紊乱在损伤 DNA 不可逆固定中更重要。但是从 AT 来源细胞遗传不稳定、易发生突变癌变的现象,可推测细胞周期阻滞在保护基因组遗传稳定性中发挥着重要作用。

6.2　细胞内在的放射敏感性

不同种类细胞的存活曲线会有很大的区别,细胞的放射敏感性可以通过比较存活曲线来评价。与细菌相比,同一种射线相同剂量与剂量率照射下,病毒的辐射耐受性较高,平均致死剂量 D_0 与病毒的质量几乎成反比,而细菌显示中度敏感。相比之下,真核细胞对辐射敏感得多。

6.2.1　不同类型哺乳动物细胞的放射敏感性

同等剂量的同种辐射作用于机体后,不同细胞的反应性差别很大。有些细胞迅速死亡,有些细胞则仍保持其形态完整性,说明各种细胞对电离辐射的敏感程度存在很大差异,即细胞的放射敏感性(radiosensitivity)不同。这主要取决于细胞类型,而动物种类之间的差异很小。

从细胞形态学角度,以细胞损伤程度来衡量,哺乳动物的细胞群体依据其更新速率大致可分为三类:第一类是分裂更新迅速的细胞群体,这一类细胞对电离辐射的敏感性较高;第二类是基本不分裂的细胞群体,对电离辐射相对有抗性;第三类细胞是指在一般情况下不分裂或分裂的速率很低,因而对辐射相对不敏感,但在受到刺激后可迅速分裂增殖,其放射敏感性随之增高。

第一类细胞对辐射最为敏感,包括经典的自我更新系统的干细胞,如皮肤的基底细胞、小肠的隐窝细胞、造血淋巴组织的细胞和生殖细胞系列的原始细胞等。机体中这些细胞有规则地不断更新、分裂,稳定地提供充足的子代细胞,子代细胞分化为成熟的功能性细胞。这些分裂、分化中的细胞对射线敏感,中等剂量即可导致部分细胞在有丝分裂期死亡。1906 年,Bergonié 和 Tribondéau 在研究大鼠睾丸的辐射效应时指出:"X 射线对增殖能力较强的细胞更为有效,即对那些要在较长时间内不断进行分裂,在形态和功能上尚未定型的细胞具有较大的效应,也即 X 射线的效应与细胞的增殖能力成正比,而与分化程度成反比。"这就是Bergonié 和 Tribondéau 总结的定律,即组织的放射敏感性与其细胞的分裂活动成正比,而与其分化程度成反比。但从组织水平再深入到细胞水平仔细分析时,就有许多例外,最明显的例子就是外周血中的小淋巴细胞。正常情况下,小淋巴细胞是不再分裂的细胞,在实验室中需要在培养液中加入促分裂原才分裂。但当机体受到非常小的剂量照射后,小淋巴细胞便会很快地在外周血中减少甚至消失。一般来说,大多数放射敏感的细胞受照射后发生增殖死亡,而大部分从不分裂的细胞则需要非常大的剂量才能杀死它们。但是,我们普遍认为,小淋巴细胞是由于间期死亡所致,是哺乳动物细胞中对放射最为敏感的细胞。相似的还有卵母细胞,既不分裂也不分化,但却高度敏感,它们何以如此放射敏感尚不清楚。

第二类细胞,如神经元、骨骼肌细胞、成熟粒细胞和红细胞等,均为高度分化并已丧失分裂能力的"终末"细胞。这些细胞的存活时间各不相同,从形态上看,它们被视为最具放射抗性的细胞,但这并不是说它们对辐射不发生反应。例如,神经元受到较小剂量照射就会引起功能上的变化,因此从生理机能上说,神经元对辐射是比较敏感的。要注意的是,传统放射敏感性的概念是从形态损伤和细胞存活方面对不同组织和细胞进行区分,一般不依据功能反应判定其辐射敏感性。

第三类细胞具有相对放射耐受性。作为哺乳动物个体,寿命相对较长。一般情况下,这些细胞不进行有丝分裂,对辐射不十分敏感,但当受到刺激进入活跃的分裂状态时,其放射敏感性增强。肝细胞是这类细胞的典型,在成人正常情况下很少或没有分裂;但若大部分肝细胞被外科手术切除,那么当剩余的肝细胞发生活跃分裂时,其放射敏感性明显增强。这类例子还包括肾和胰腺细胞以及各种腺体,如肾上腺、甲状腺和垂体等。

在人体组织学中将行使某组织主要功能的细胞称为实质细胞。实质细胞执行组织的独特功能,但它们需要结缔组织的支撑,并埋藏其中,同时需要血管供应营养和氧气,并需要神经组织参与调节。组织受照射时,结缔组织和血管的放射敏感性介于最敏感和最抗拒的实质细胞之间。

6.2.2　细胞周期不同时相细胞的放射敏感性

在一般培养条件下,群体中的细胞处于不同的细胞周期时相中。为了研究某一时相细胞的代谢、增殖、基因表达或凋亡,常需采取一些方法使细胞处于细胞周期的同一时相,这就是细胞同步化技术。G_0 或 G_1 期的细胞在组织中往往是功能细胞。在细胞培养时,常常采用使细胞处于饥饿状态下获得,包括血清饥饿法或异亮氨酸营养缺乏法;在培养液中加入 DNA 合成抑制剂均能将细胞阻止在 S 期,目前常用的是羟基脲法和胸腺嘧啶核苷双阻滞法等。根据细胞周期测定的时间,采用胸腺嘧啶核苷双阻滞法使细胞同步在 G_1/S 期交界处后,洗去胸腺嘧啶核苷使细胞释放后继续培养;培养时间应长于 S 期的时间而小于 $S+G_2$ 期的时间;然后先用振荡法使已进入 M 期的细胞脱落,弃去培养基中的上清液,再用胰酶消化,加入新鲜培养基制成细胞悬液,离心收集细胞,即为 G_2 期细胞。收集 M 期细胞最简单的方法是振荡收集法。利用分裂期细胞粘附性差的特点,通过剧烈摇晃使 M 期细胞脱落下来。此外,还有 N_2 阻断法,该方法对细胞无毒性,比秋水仙素阻抑法好。

处于细胞周期不同时相的细胞受到照射时对射线的反应也不同。照射同步化培养的细胞证明,M 期细胞对辐射最敏感,较小剂量即可引起细胞死亡或染色体畸变,使下一代子细胞夭折。G_2 期细胞对辐射敏感。其次为 G_1 期细胞,短 G_1 期细胞比长 G_1 期细胞对辐射有抗性;对长 G_1 期细胞而言,G_1 期晚期比早期敏感。S 期细胞较不敏感。若 S 期较长,则早 S 期比晚 S 期的细胞敏感。由图 6.9 可知,中国仓鼠细胞 M 期和 G_2 期细胞最敏感,相应的存活曲线几乎呈指数型;晚 S 期细胞对射线最具抗性,存活曲线有一个很大的肩区;G_1 期和早 S 期细胞呈中度放射敏感性。

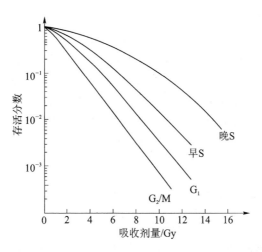

图 6.9　照射不同周期时相中国仓鼠细胞的细胞存活曲线

目前对细胞处于周期不同时相的敏感性出现差异的原因尚不清楚,在此介绍两种观点:一种是 DNA 被普遍认为是辐射导致细胞死亡的原始靶,DNA 的数量或序列的改变都有可能造成敏感性的变化。在 S 期基因组复制时 DNA 数量加倍,紧接着在有丝分裂前染色体浓缩。这两个事件与最大及最小放射敏感性的时期相吻合,虽然这一原因与效应间关系的性质尚不清楚,但确实是观察到了相关性。另一种是已观察到细胞周期时相放射敏感性改变与细胞内天然存在的巯基化合物水平的变化有相关性,而这类化合物是有力的放射防护剂。

6.2.3　肿瘤细胞的放射敏感性

不同组织类型的肿瘤细胞对射线的敏感性差异很大,因而表现出在放射治疗时治疗效果也不同。一般认为,肿瘤细胞的固有放射敏感性与其组织来源有关,电离辐射时 DNA 损伤的数量可能相同,但最后的结果可能不同,这可能与不同的肿瘤细胞对 DNA 损伤的修复不同有关或损伤耐受不同有关。有的肿瘤对射线高度敏感,例如恶性淋巴瘤、精原细胞瘤、肾母细胞瘤等;有的肿瘤中度敏感,如多种鳞状上皮癌、分化差的腺癌、脑胶质瘤等;而有的对射线表现出很高的抗性,如恶性黑素瘤、胃癌、软骨肉瘤等。对射线敏感的肿瘤是对放疗反应良好的肿瘤,可单独用放射治疗有效,也可与细胞毒性药物化疗联合应用,如 Wilm 肿瘤和霍奇金病的晚期。

体外培养的细胞株其辐射敏感性差别也很大,照射剂量为 2 Gy 时的细胞存活分数(Survival Fraction at 2 Gy,SF2)在 0.01~0.90 的范围内变动。即便是同一类型的肿瘤细胞,不同个体之间的差别也很大。有资料报道了 88 例宫颈癌病人的癌细胞 SF2,其数值范围在 0.38~0.55 之间;人神经胶质瘤细胞的 SF2 在 0.02~0.64 之间;四例黑素瘤细胞的 SF2 在 0.1~0.82 之间。

6.2.4　细胞周期调控与敏感性的关系

与细胞辐射敏感性有关的另一重要方面是细胞周期的调控。细胞的辐射敏感性确实与其周期调控有一定关系,尤其是在一些无明显修复缺陷的敏感细胞株中,细胞周期进程的改变直接影响细胞的敏感性。虽然多数学者赞同细胞周期的调控是细胞辐射敏感性的另一决定因子,但迄今为止,还没找到细胞周期进程变化与辐射敏感性之间的确切关系。因为影响细胞周期进程的原因很多。有一种情况是由于检查点的缺陷。例如,酵母的辐射敏感株 Rad9 受到辐射后不能表达正常 Rad9 的基因产物,G_2 检查点不能发挥阻滞作用,细胞带着 DNA 损伤进入有丝分裂,导致细胞分裂期死亡。这是典型的缺少 G_2 阻滞而造成细胞高度敏感的例子。还有另一种情况,细胞由于修复缺陷不能有效地清除损伤,致使细胞不能顺利地进入下一时相,使 G_2 期延迟拖长。此时细胞敏感性增强,周期阻滞反而使细胞周期延长。因此,搞清楚深层的调控机理才能真正明了周期调控与辐射敏感性的关系,了解周期进程长短的变化只提供了初步的线索。

6.2.5　与细胞辐射敏感性相关的基因

细胞的辐射敏感性是一个很复杂的问题。当涉及细胞辐射敏感性时,一般理解为某些特殊分子结构、功能的敏感性,如 DNA 分子。人们期望了解究竟是哪些基因决定细胞的辐射敏感性以及是如何行使作用的。近年来随着分子生物技术的发展,通过基因导入和基因敲除技术的应用,对辐射敏感基因和抗性基因方面的研究已取得很大进展。目前已认识到决定细胞辐射敏感性或抗性的基因绝不是少数几个,而是有一系列互相关联的基因。这主要包括与 DNA 双链断裂修复相关的基因、与细胞凋亡相关的基因、与细胞周期调控点和信号转导膜相关的基因以及与热休克蛋白相关的基因等。p53、Bcl - 2、p21、Bax 及 ATM 等基因已被普遍认为是细胞辐射敏感性的决定基因。

1. DNA 修复基因

与 DNA 修复有关的基因目前已研究得比较深入,通过哺乳动物细胞突变株已确定了一组 XRCC 基因,相应的人细胞中的基因也已定位或克隆。此外,参与 DNA 修复的各种酶和蛋白的基因也属于此范围(参见第 4 章)。这类基因的缺陷会引起细胞的辐射敏感性升高或造成个体发育阶段中的死亡。例如,最近克隆了人类 DNA 连接酶 I 的基因,此基因缺陷者生长迟延,免疫功能异常,其细胞对包括电离辐射在内的 DNA 损伤因子敏感。

2. 抑癌基因及癌基因

癌基因(oncogene)与抑癌基因(tumor suppressor gene)参与细胞信号的转导、细胞周期的调控,并与细胞凋亡有关。它们的调控异常与细胞恶性变关系密切,同时也与细胞敏感性密切相关。

癌基因是一类会引起细胞癌变的基因,是正常细胞基因——原癌基因(proto-oncogene)被激活的产物。细胞内的原癌基因与细胞增殖相关,是维持机体正常生命活动所必需的,在进化上高等保守。正常情况下,原癌基因处于低表达或不表达状态,但在某些条件下,如病毒感染、化学致癌物或辐射等作用下,原癌基因可被异常激活,转变为癌基因,从而诱导细胞发生癌变。

抑癌基因又称抗癌基因(anti-oncogene),是指能够抑制细胞癌基因活化的一类基因,其功能是抑制细胞周期,阻止细胞数目增多以及促使细胞死亡。通常,当一对等位基因均告缺失或因突变都失去活性时,细胞发生癌变。基因点突变是失活的主要方式。正常情况下,抑癌基因对细胞分裂周期或细胞生长设置限制,当抑癌基因的一对等位基因都缺失或都失活时,这种限制功能随之丢失,于是细胞癌变。抑癌基因与癌基因之间的区别在于癌基因只要有一个等位基因发生突变就可引起癌变,而抑癌基因只要有一个等位基因是野生型就可抑制癌变。

目前已发现的抑癌基因有 10 多种。以 p53 基因为例,它是一个典型的肿瘤抑制基因,p53 失活或突变时会导致细胞癌变。p53 基因参与细胞周期的调控,同时也参与 DNA 损伤限制点的调控。因此,p53 是影响细胞辐射敏感性的一个重要基因。p53 在细胞周期信号转导过程中的作用可简单地表示为图 6.10。辐射诱导 p53 上游的 AT 基因活化,后者诱导 p53 基因的表达。p53 作为一个转录调节因子,调节一系列其他基因的表达。p53 激活 MDM2 基因,MDM2 基因产物再反馈调节 p53。p53 还同时活化 GADD45 及 WAFl/CIPI 基因。WAFl 的编码产物是 p21 蛋白,p21 蛋白与 cyclin、CDK、PCNA 构成四元复合物,抑制复合物中的激酶活性,阻止其底物 pRb 的磷酸化,因而阻止细胞从 G_1 期进入 S 期。因此,目前认为 WAF1 的表达是引起 G_1 阻滞的直接原因。受辐射损伤的细胞在这一系列蛋白的作用下暂时停留在 G_1

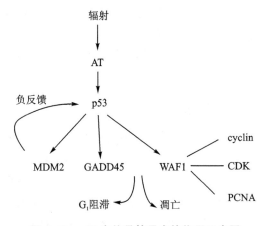

图 6.10　p53 在信号转导中的作用示意图

期,其中一部分细胞得到修复,通过限制点,继续进入细胞周期循环;也有部分细胞长期不可逆地停留在 G_1 期,不再进行分裂;还有部分损伤严重的细胞在 p53 的调控下发生凋亡。

可见,p53 在信号转导、细胞间相互反应、周期调控以及维持基因组的稳定性等方面起着重要调控作用,它的功能状态对细胞的辐射反应影响重大。但究竟怎样影响抗性或敏感性仍是一个需要深入探讨的问题。例如,人们很容易想到,既然 p53 的功能直接导致 G_1 阻滞,那么细胞在阻滞期就有更多的机会得到修复,也即正常功能的 p53 可降低细胞的放射敏感性,则丧失 p53 的功能应会导致细胞敏感性增高。然而,事实恰恰相反,丧失 p53 功能的细胞往往表现出辐射抗性。人体肿瘤中发生 p53 基因突变、p53 蛋白功能异常的比例很高,这种恶性肿瘤往往复发率高,放疗和化疗的效果也差。

3. 热休克蛋白基因

热休克蛋白(Heat Shock Protein,HSP)家族的基因与辐射敏感性密切相关。热休克蛋白是一类结构高度保守的蛋白质,具有多种重要的生物学功能,按其分子量大小可以分为HSP90、HSP70、HSP60、HSP32 等大小分子多个家族。尽管各种蛋白与辐射敏感性的确切关系及机制尚不清楚,但这一家族在辐射敏感性中的作用不容忽视。通过体内和体外研究证实,当细胞受到辐射时 HSp70 对保持基因组的稳定性起着关键作用。Kassem 等人利用 cDNA芯片技术研究细胞辐射敏感性与基因表达之间的关系,结果表明,HSP90 和 HSP27 在辐射敏感性细胞系中表达明显下调。总之,尽管热休克蛋白与细胞放射敏感性间的机制尚不完全清楚,但从已有的研究结果可以得出该蛋白家族中的某些蛋白可以作为放疗中的敏感性靶目标。

6.3　细胞的放射损伤与修复

辐射诱导的细胞损伤与修复是以细胞内生物大分子的损伤与修复为基础的复杂生物学过程。诸多因素影响着细胞放射损伤与修复的过程。

6.3.1　细胞放射损伤的分类

哺乳动物细胞的放射损伤有三类:第一类为致死性损伤(Lethal Damage,LD),是不可逆的和不可修复的,最终无可挽回地走向死亡;第二类为亚致死性损伤(Sublethal Damage,SLD),在正常环境下,如果没有进一步追加损伤(如受到第二次照射),则可在几小时内修复,如果受到第二次照射,则可能造成致死性损伤;第三类为潜在致死性损伤(Potentially Lethal Damage,PLD),这部分损伤受照射后环境的影响,或能修复,或走向死亡。所有这些术语都只是反映细胞在照射后的表现,实际尚未充分了解哺乳动物细胞在分子水平的修复和放射敏感性的作用机制。

6.3.2　细胞放射损伤的修复

细胞损伤的对立面就是细胞修复。组织受照射后的恢复或修复过程可发生在组织水平、细胞水平和分子水平。分子水平的修复是通过细胞内各种酶系的作用使受损伤的 DNA 等大分子恢复完整性。分子修复可通过细胞结构、功能的恢复反映于细胞修复水平,并可由细胞存活的提高最终反映于组织修复的程度。组织的修复是由未受损的正常细胞在组织中再增殖(repopulation),形成新的细胞群体替代由于放射损伤而丧失的细胞群体。再增殖的正常细胞可以来源于受照射部位未受伤的细胞或来源于远隔部位的正常细胞。细胞水平的修复发生于照射后第一次有丝分裂之前,表现为细胞存活率的增高。细胞水平的修复可由两种方式诱导:一种是改变照射后细胞存活的环境条件;另一种是分割照射剂量。

1. 潜在致死性损伤的修复

潜在致死性损伤之所以称为是"潜在致死的",是由于细胞所受损伤是致死性的,在通常情况下将引起细胞死亡,但通过适当地控制照射后,细胞生存的环境使细胞存活发生改变。这说明受潜在致死性损伤的细胞因所处环境条件的改变,损伤得以修复,细胞存活分数增高,这种修复称为潜在致死性损伤修复(PLDR)。

用一个密集抑制稳相细胞培养(density-inhibited stationary-phase cell culture),即培养的细胞因生长密度过高而抑制其分裂和增殖,作为在体肿瘤生长的体外模型,观察细胞的潜在致死性损伤修复。通常体外细胞培养的最佳条件是 37 ℃,5% CO_2,全生长培养液,不过分拥挤等;否则,视为非正常培养。

实验时,让培养的细胞处于密集抑制状态,然后照射细胞。照射后,培养的细胞有两种方式:一种方式是先不将它们分入不同的平皿中培养,而是让其继续处于密度抑制状态 6～12 h,再分入不同的平皿中培养,观察细胞克隆生长情况;另一种方式是照射后立即将处于密集抑制状态的细胞分入不同的平皿中培养。结果发现,两种情况下细胞存活率明显不同。同照射后立即分入不同平皿培养相比,不分平皿的细胞存活率明显提高,如图 6.11 所示。不只离体培养细胞有此现象,动物实验性肿瘤的体内实验也有类似结果。如在体照射实验肿瘤,然后让其继续留在体内几个小时再取下肿瘤离体培养,做克隆生长分析,可见到细胞存活率比照射后立即取出者明显提高,这是体内肿瘤潜在致死性损伤修复的表现。

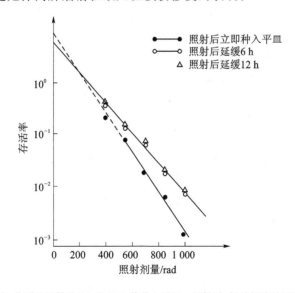

注:分别于照射后 6 h 和 12 h 接种入平皿。照射后,如果细胞处于稳相,则可以让受潜在致死性损伤的细胞有修复时间,存活率增加。

图 6.11　密集抑制稳相细胞受 X 射线照射后的存活曲线

上述实验资料表明,当细胞受到一个特定的剂量照射后,如让细胞处于相对稳定期,在本实验中即处于次佳生长环境中,使之有时间进行潜在致死性损伤的修复,则受损伤的 DNA 将得到修复。当细胞再进入适合生长繁殖的环境时,这些已修复的细胞就能继续分裂。而若在照射后使细胞立即处于适合生长繁殖的环境中,则 DNA 受损的细胞无法完成修复,正常分裂受抑,也就无法形成克隆。

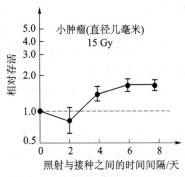

图 6.12　小鼠纤维肉瘤内的潜在致死性损伤修复

在可移植的动物肿瘤中存在潜在致死性损伤的修复已无争议。用小鼠纤维肉瘤做实验,在原位时对肿瘤进行照射,然后取下肿瘤制备成单细胞混悬液,再离体种植于培养皿内,观察、计数细胞的克隆形成率,也即细胞存活率。结果表明,在一定时间范围内如果从照射到取下肿瘤之间的时间越长,则特定剂量照射后肿瘤细胞的存活率就越高,如图 6.12 所示,这说明在此期间存在有潜在致死性损伤的修复。

潜在致死性损伤的修复在临床放射治疗中的重要性尚有争论。人体肿瘤中是否存在、存在的情况尚无定论。有人提出,某些人体肿瘤的放射抗性与它们修复潜在致死性损伤的能力有关,亦即放射敏感的肿瘤潜在致死性损伤的修复能力弱,而放射抗性的肿瘤修复潜在致死性损伤的能力强。这是非常有吸引力的假设,但尚需验证。

2. 亚致死性损伤的修复

在分割剂量实验中亚致死性损伤修复(SLDR)表现得最明显。分割剂量实验,即将一个特定的照射剂量分为多次较少剂量给予,在两次照射的间隔时间内,会观察到细胞存活率的增加。这说明在照射间隔期间存在细胞修复。亚致死性损伤修复通常进行得很快,照射后 1 h 内就可出现,4~8 h 内即可完成。Elkind 用中国仓鼠细胞做分割剂量实验,两次照射间细胞培养于 24 ℃,在此温度下细胞于细胞周期内不运行,处于相对静止状态。结果显示,一次照射 15.58 Gy 的存活率为 0.005;当将这一剂量分割为两次大致相等的剂量(7.63 Gy+7.9 5Gy),间隔 30 min 给予时,存活率明显增高;当间隔时间延长至 2 h 以上时,存活率达到了坪值,约为 0.02,为一次照射时的 4 倍;若再进一步延长间隔时间,细胞存活率不再升高,如图 6.13 所示。剂量分割后的细胞存活率增高被认为是细胞亚致死性损伤修复的结果。

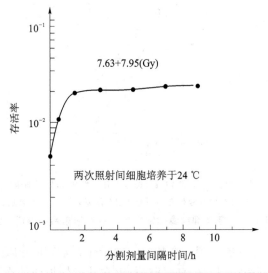

图 6.13　分割剂量实验中亚致死性损伤修复

大多数哺乳动物细胞的细胞存活曲线为带肩区的曲线,肩区为曲线的低剂量区域,显示从细胞受损至致死有一个损伤累积的过程。多靶点是细胞存活曲线开始时出现肩区的原因。根据靶学说,细胞内有一个靶区被多次击中或多个靶区分别被击中一次,也即细胞内所有关键靶点都发生电离事件时,细胞就丧失了完整的再增殖能力,意味着细胞已死亡;而若一个细胞的部分而不是所有的关键靶点发生电离事件,则细胞只是受到损伤但没有被杀死,此时只要给细胞足够的时间,它就有能力修复损伤而恢复正常。

几乎所有的有定量指标的生物实验系统都证实存在亚致死性损伤的修复。这些实验包括细胞离体及在体内的培养、完整的正常皮肤效应、全身照射正常动物及荷瘤动物实验等。在临床放射治疗中通常采用多分次照射方案来实现亚致死性损伤修复,以达到杀伤肿瘤细胞,同时保护正常组织的目的。

6.3.3　影响细胞放射损伤及其修复的因素

1. 射线种类

高 LET 辐射在组织内能量分布密集,生物学效应相对较强,故在一定范围内,LET 越高,RBE 越大。前面所述修复规律,大多数依据 X 射线照射的实验资料,所以,基本上适用于低 LET 辐射。高 LET 射线照射培养中的细胞还是荷瘤动物的肿瘤后,细胞基本上没有潜在致死性损伤修复,亚致死性损伤修复也很少。如用 α 粒子照射时,细胞存活曲线没有肩区;如将 α 粒子的照射剂量分为数次照射,分次间隔的时间保证不出现细胞分裂,此时分次照射的生物效应与总剂量一次照射的效应一致。图 6.14 显示中国仓鼠细胞分别受 X 射线和中子照射,分别于不同时间间隔的两次分割照射后的细胞恢复情况。210 kV X 射线 2 次 4 Gy,间隔不同时间的照射与 8 Gy 单次照射时相比较,随着间隔时间的延长(1~4 h),亚致死性损伤修复迅速增加,细胞存活数明显上升;而中子(35 MeV d$^+$→Be) 2 次 1.4 Gy 分次照射与单次 2.8 Gy 的照射相比较,单次照射与两次分次照射对细胞存活的影响很小,提示亚致死性损伤较少。实验结果显示,中子照射后几乎不存在亚致死性损伤修复。

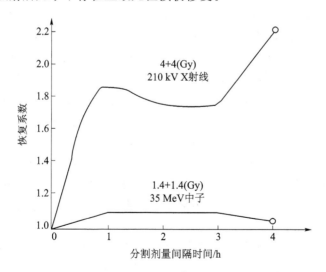

图 6.14　中国仓鼠细胞受 X 射线和中子分割剂量照射后的恢复曲线

总之,无论是辐射对细胞的损伤还是损伤后的修复,都显示为随射线 LET 的增加,细胞损伤逐渐加重,修复概率越来越小,其原因在于高 LET 对细胞的损伤多为致死性的。

2. 剂量率

剂量率是决定低 LET 辐射生物效应的重要因素之一。一般情况下,当总剂量一定时,剂量率越低,照射时间就越长,一个特定剂量的生物效应就越轻。其机制是在拖延照射的过程中发生了亚致死性损伤的修复和细胞的分裂增殖。大多数的细胞无论是体内照射还是体外照射都表现出上述的剂量率效应。但正常细胞与肿瘤细胞的剂量率效应表现的程度不一样,这对于肿瘤的放射治疗有实际意义。正常细胞有很大的剂量率效应,而不同种类肿瘤细胞的剂量率虽有所差别,但总的看来剂量率效应不明显。二者对剂量率反应的不同,意味着在肿瘤放射治疗中低剂量率照射将获得较好的治疗效果。因为低剂量率照射与单次剂量相比,可明显减小对正常组织细胞的损伤作用,而不减小对肿瘤细胞的杀伤作用,从而达到抑制肿瘤的生长,保护正常组织的目的。正常细胞与肿瘤细胞间剂量率效应的差别也为低剂量率组织间埋藏疗法和分次射束疗法提供了理论依据。

3. 氧浓度

哺乳动物细胞照射时,完全氧合的细胞比低氧细胞对辐射更敏感。如前所述,低 LET 的 X 射线或 Y 射线,其 OER 值在 2.5~3.5 之间;重粒子的 OER 为 1;中子辐射的 OER 值约为 1.6。但是,氧浓度对亚致死性损伤修复的影响,目前尚无一致的看法。

有些实验显示,在照射时和(或)在分次剂量之间的间隙时间乏氧并没有影响修复。有些实验表明,如在照射时及在分次剂量之间的间隔时间内,生物体维持较低的氧含量,则亚致死性损伤修复即使不是被完全抑制,至少也是被减少。这些矛盾的结果很可能是因为离体哺乳动物细胞在乏氧情况下进行实验时由实验技术上的困难所造成的。

Suit 用小鼠可移植性乳癌研究乏氧对亚致死性损伤修复的影响。他用两种不同的方法照射带有肿瘤的小鼠组:一种方法是在高压氧环境下给予一次 30 Gy 的首次照射剂量。高压氧可使在正常呼吸空气时处于乏氧边缘的细胞进入含氧的细胞群。首次照射后,氧合好的细胞被杀死,存活的是那些处于肿瘤慢性乏氧索条内的细胞。将接受首次照射的动物分为两组,并给予不同剂量的照射:一组在照射后立即测定肿瘤的 50% 治愈剂量(50% Tumor Control Dose,TCD_{50}),而另一组在照射后 6 h 测定。另一种方法是采用夹持后腿造成肿瘤内所有细胞呈暂时乏氧状态。首次照射剂量也是 30 Gy,后续操作与前面方法一样。将首次照射的动物分为两组,给予不同剂量的照射后即刻或间隔 6 h 测定 TCD_{50}。结果发现,第一种方法两组之间的差别较小,仅为 4.8 Gy;而第二种方法两组之间的差别较明显,为 15.2 Gy。

在第二种治疗方案中,首次照射后,存活的细胞分布在肿瘤内的各个部位,是随机的。存活的细胞有正常情况下肿瘤内的含氧细胞、乏氧细胞以及介于两者之间的细胞。那些在正常情况下处于含氧区域的肿瘤细胞,在实验时仅仅因为阻断血流而造成急性乏氧,在首次照射后,如果没有死亡,即可迅速进行亚致死性损伤修复,这反映在实验中表现为两组间的 TCD_{50} 有显著性差异。上述实验说明肿瘤内的慢性乏氧细胞不可能有较多的亚致死性损伤修复,更不可能达到正常含氧细胞的修复程度。

实验观察与测定表明,几乎所有的实体瘤中均含有乏氧细胞。在乏氧情况下,有无修复对放射治疗有深远的意义。在分次放射治疗中,慢性乏氧的肿瘤细胞因不能修复亚致死性损伤而被分次照射最终杀伤;而正常组织因为在治疗间隙中进行的亚致死性损伤修复及再增殖得到保护。

4. 辐射增敏剂和辐射防护剂

增敏剂包括诸多种类,除氧以外,还包括卤代嘧啶类化合物、亲电子性化合物、巯基抑制剂、乏氧细胞毒性化合物、修复抑制剂和中药等。增敏剂的作用机理主要是降低细胞积累亚致死性损伤的能力,即使细胞存活曲线上的肩区减少甚至消失,曲线直线部分左移。在上述众多药物中,2-硝基咪唑类的 MISO(misonidazole)为增敏剂代表。

辐射防护剂的作用机制涉及自由基清除,与氧有关的修复反应以及对细胞的防护保护作用等。目前最具代表性的是 waleer Reed 系列防护剂,其中 WR2721 较理想,对造血器官有很好的防护作用,对小鼠 30 天存活率的剂量降低系数为 2.7,接近理想的最大值 3.0。剂量减低系数(Dose Reduction Factor,DRF)是指有防护剂与未有防护剂出现同样生物效应时所需照射剂量比。WR2721 对受试肿瘤无保护作用,而对大多数正常组织均有防护作用,该差异的存在将为其在肿瘤的放射治疗中的应用提供理论依据。

5. 温热疗法

温热疗法(hyperthermia)可增强放射治疗效果已有诸多报道,大量体内外实验研究结果已为其在临床上的应用提供了依据。温热疗法可用于局部和全身。温热疗法包括热水浴、短波透热、超声和射频等。CHO 细胞的温热疗法效应特点是在 41.5～46.5 ℃之间,温度越高,持续越久,细胞杀伤作用越显著。CHO 细胞存活曲线是开始出现"肩区",随后出现指数杀灭部分。温热处理可使细胞膜的流动性发生改变,严重时会引起细胞死亡。癌细胞细胞膜的流动性比正常体细胞大,43 ℃温热处理时,在 100 min 内随保温时间的延长,细胞膜的流动性逐渐增加,并且癌细胞比正常体细胞更显著。保温结束,冷却到体温(37.5 ℃)后,正常体细胞膜的流动性比癌细胞的恢复快且更完全。影响温热疗法效应的因素主要有 pH 值、细胞营养条件和氧等。酸性条件下,缺乏营养和乏氧的细胞环境均可提高热的辐射增敏作用。另外,细胞不同时期对热的敏感性也不同,对 X 射线抗性最高的晚 S 期细胞对热最敏感,这是温热疗法与 X 射线联合应用能够提高肿瘤治疗疗效的重要的细胞学基础。

6.4　辐射所致的细胞死亡

细胞死亡(cells death)是细胞受到电离辐射后诱发 DNA 损伤、细胞周期紊乱所引起的严重细胞学后果。细胞因其种类不同以及受照射剂量的不同,死亡类型也不同。通常人为地将机体的细胞分为两大类:一类是具有完整增殖能力的细胞,如造血干细胞;另一类是已经分化不再增殖的细胞,如神经细胞等。对有增殖能力的细胞,保留其增殖能力,无限产生子代细胞为存活细胞,如皮肤的基底细胞;凡是失去增殖能力,不能产生大量子代的细胞,则称为死细胞。对那些不再增殖的已分化的细胞,如骨骼肌细胞,则以其是否丧失特殊功能来衡量细胞是否存活,保留功能者为存活细胞,失去功能者为死亡细胞。

6.4.1　辐射所致细胞死亡的类型

随着对细胞死亡研究的深入,死亡分子机制方面的研究取得了长足进展,细胞死亡由过去主要基于形态学的分类,到近年来分类形式的多样化。目前比较常用的细胞死亡的分类方式是按照形态学和机制变化两种来分类,但两者又有很多方面是重叠的。因此,现在对于细胞死亡的分类还有一些混乱,相信随着对细胞死亡机制的研究深入,分类方法会更加合理。

1. 按细胞死亡的细胞周期时相分类

传统上,放射生物学根据照射后细胞死亡发生的细胞周期时间和增殖与否将辐射所致细胞死亡分为两种类型,即间期死亡(interphase death)和增殖死亡(productive death)。

（1）间期死亡

电离辐射时细胞受到大剂量（几百戈瑞）照射后，无论细胞以前是否具有分裂、增殖能力，其所有的机能都迅速中止，最终细胞溶解，这种情况称为细胞间期死亡，也即受照射细胞未经细胞分裂，在间期发生"即刻死亡"。有些细胞在中等剂量或更低剂量时即可发生间期死亡，如胸腺细胞、淋巴细胞、A 型精原细胞等，这些都属于放射敏感性较高的细胞，1 Gy 以内即可引起 50% 以上的细胞死亡。细胞死亡的发展要经历一定时间，一般在照射后 24 h 内达到顶点，剂量越大，此发展过程越快。间期死亡的发生机制尚未完全阐明。除 DNA、染色质结构损伤以外，还可能与细胞受到照射后导致能量耗竭和代谢障碍有关，也可能与细胞膜结构的损伤有关。

（2）增殖死亡

用较低剂量（几个戈瑞）照射正在分裂或还能进行分裂增殖的细胞，如成纤维细胞，此时部分细胞丧失其分裂或增殖能力。因此，细胞增殖死亡是指受照射细胞丧失了其持续增殖能力，在经过一次或几次有丝分裂周期后丧失其代谢活动和细胞功能而死亡，如图 6.15 所示。对于克隆源性细胞，即一个存活细胞可繁殖成一个细胞群体，形成集落或克隆，这类细胞的死亡是

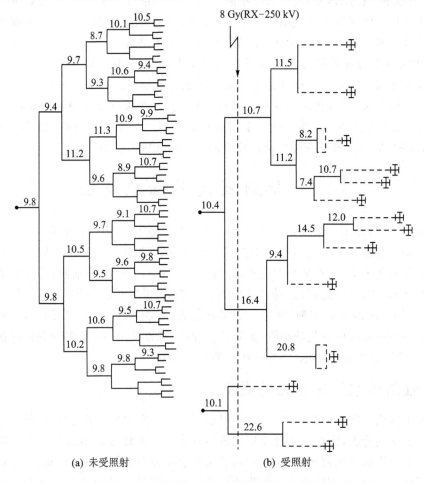

(a) 未受照射　　　　(b) 受照射

注：(a) 未受照射时，细胞分裂增殖形成克隆。图中的数字表示细胞分裂周期，约为 10 h。(b) 细胞受到电离辐射后（8 Gy），细胞被杀死，即丧失了分裂增殖能力，有的在分裂若干次后死亡，有的在第一次分裂时即死亡。

图 6.15　未受照射和受照射 EMT6 小鼠细胞的增殖能力

指只要细胞失去无限分裂增殖的能力,就应认为该细胞已死亡。

细胞受到照射后最常见的细胞死亡形式是有丝分裂死亡。因染色体受损,试图分裂的细胞死亡。细胞死亡可以发生在辐射后的第一次分裂时或后续分裂时。

细胞增殖死亡的定义对放射治疗具有特殊的指导意义。大多数肿瘤细胞属于克隆源性细胞,使细胞丧失增殖能力的平均致死剂量(mean lethal dose)D_0 一般在 2 Gy 以内,而使细胞功能立即丧失死亡则需高达 100 Gy 以上。肿瘤放射治疗的目的在于使肿瘤细胞丧失增殖能力,故临床放射治疗的分次放射治疗方案中一般每分次给予 2 Gy 照射。因为在放射治疗时,受照射的肿瘤细胞即使全都存在,只要其失去了无限增殖的能力,就会失去局部浸润或远地转移的能力,这样也就达到了局部控制的目的。

而正常组织中的某些细胞属于克隆源性细胞,受照射后其数量也会迅速减少。大多数急性和慢性放射反应都发生在因细胞丧失增殖能力的情况下。当组织受到放射损伤时,组织的再生能力取决于组织中存活的干细胞数量以及增殖能力的完整性。放射治疗后这些存活细胞通过迅速增殖重建受到损伤的组织。放射治疗时一定要防止过渡损伤这些组织的干细胞,避免干细胞耗竭引起组织萎缩。但是,增殖死亡的概念不能用于已分化的细胞,这类细胞具有执行特殊功能的能力,在正常情况下长期不分裂,如神经细胞、肌细胞及分泌细胞等。这类细胞已高度分化,本质上对辐射具有很强的抗性,修复能力强。它们的死亡常是由于对其功能和存活都极为重要的间质细胞或血管内皮细胞受损而间接影响所致。

2. 按细胞死亡机制分类

通常按照细胞死亡机制可将细胞死亡方式分为非程序性细胞死亡和程序性细胞死亡(Programmed Cell Death,PCD)。其中,非程序性细胞死亡一般指细胞坏死(cell necrosis)。程序性细胞死亡主要是指细胞的死亡是受细胞内部的基因调控的,包括细胞凋亡(apoptosis)、自噬性细胞死亡(autophagic cell death)、类凋亡(paraptosis)、有丝分裂死亡(mitotic catastrophe)、胀亡(oncosis)、坏死性细胞死亡(necroptosis)、失巢性死亡(anoikis)和侵入性细胞死亡(entosis)等。在电离辐射损伤时,它们都可能存在或存在一种或几种。到目前为止,在基因调控方面,细胞凋亡和自噬的研究最为深入,这里主要介绍这两种细胞死亡。

(1)非程序性细胞死亡——细胞坏死

细胞坏死是细胞受到严重损伤时的病理性死亡过程,以酶溶性变化为特点的活体内局部组织细胞死亡。细胞坏死可迅速发生,但多数情况下由可逆性损伤逐渐发展而来。细胞坏死的形态学变化为细胞质膜完整性丧失和离子平衡失调,组织液中水分子进入细胞内导致细胞肿胀、细胞器崩解、细胞核碎裂溶解,同时伴随质膜崩解、结构自溶,并常伴有周围组织的炎症反应。细胞坏死通常是细胞群受到影响而不是单个细胞。坏死细胞的 DNA 在琼脂糖凝胶上形成一个随机的"涂片",它的碎片没有性状。

(2)程序性细胞死亡

1964 年,Lockshin 提出了"程序性细胞死亡"的概念,它是指在生物发育过程中,细胞在特定的地点、时间发生死亡。它强调地是在器官发育过程中,一种生理性的、预先设定好的死亡方式。程序性细胞死亡是一个功能性概念,描述在一个多细胞生物体内,某些细胞的死亡是由基因触发并受到严格地调控。电离辐射时细胞 DNA 分子的损伤、细胞膜结构的改变等作为一种信号启动相关基因有序地表达,制约着对整体无用的或有害细胞的清除,维持内环境稳定。它是一个主动过程,涉及一系列基因的激活、表达和调控等作用,是为更好地适应生存环境而主动争取的一种死亡过程。

1) 细胞凋亡

细胞凋亡(apoptosis)是 Kerr 于 1972 年提出的,以区别于细胞坏死。细胞凋亡是一种主动的由基因主导的细胞消亡过程,在生物体中普遍存在,对维持机体内稳态发挥积极作用。在生理或病理过程中,凋亡相关基因在一定的信号启动下有序地表达,调控那些无用或有害的细胞清除。在胚胎发生、器官发育与退化、免疫和造血细胞的分化选择以及正常细胞和肿瘤细胞的更新等方面起着重要作用。电离辐射时清除那些辐射损伤后无法正常修复的细胞或对机体有害的细胞。

细胞凋亡的主要形态特征是凋亡细胞首先明显皱缩,体积变小,失去粘附力,从附着处脱落下来或与周围细胞分离。最突出的变化发生在细胞核,染色质密集、位于皱缩的核膜下,核仁消失,核的体积缩小。染色质的核小体连接区遭核酸内切酶攻击,DNA 链断裂,核膜内陷,包裹染色质,形成许多细小的、由膜包裹的核碎片,完整的细胞核消失。细胞膜进一步内陷皱褶,形成一些泡状结构,包裹胞浆形成颗粒,最后整个细胞都裂解成这种由细胞膜包裹着内含核碎片、细胞器和胞浆成分的颗粒,称为凋亡小体(apoptosis body)。这些凋亡小体被周围邻近的细胞吞噬清除或排出管腔,如肠道。同细胞坏死相比,因其自始至终有膜包被,没有内容物释放,故不会引起炎症反应,如图 6.16 所示。线粒体无形态学上的变化,溶酶体活性也不增加。

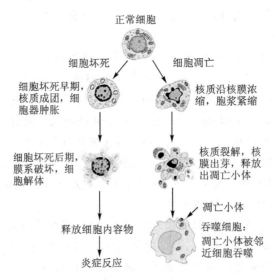

图 6.16　细胞凋亡与细胞坏死的形态比较

细胞凋亡的生物化学特征是染色质 DNA 裂解(fragmention),裂解发生于核小体连接区,一个或数个核小体从 DNA 母链裂解开,形成小的片断,一般为 180 个碱基对或其整倍数。这一过程受基因调控,为细胞的主动代谢反应,需要 RNA 和蛋白质的合成。在某些细胞中已证实有钙离子和镁离子依赖性核酸内切酶参与作用。

2) 自噬性细胞死亡

自噬性细胞死亡也称为Ⅱ型程序性细胞死亡(type Ⅱ programmed cell death)。"自噬"来自于希腊语,意为"自己吃"。自噬是细胞在外界环境因素的影响下,细胞对其内部受损的细胞器、错误折叠的蛋白质和侵入其内部的病原体进行降解的生物过程,是一个严格控制的过程。本质上其是一种防御反应,但最终会导致细胞死亡。

一般认为自噬需要受到诱导才会发生,进而形成自噬体。自噬在生理过程中处于较低水平,目的是保持内环境稳定。当细胞外部环境发生变化(如饥饿、低氧或受到电离辐射时导致细胞营养和生长因子缺乏或应激反应),或者细胞内部发生改变(如损伤的刺激)时,细胞自噬增强。自噬前体的诱导过程可以是选择性的,也可以是非选择性的,分别称为选择性自噬和非选择性自噬。选择性自噬指游离膜结构识别并包裹胞质内的特殊底物形成自噬体,同时将其降解,如过氧化酶体降解途径;非选择性自噬是指随机包裹细胞质形成自噬体。选择性自噬主要由细胞内的底物诱导发生。非选择性自噬主要是对细胞外刺激发生反应的结果,在饥饿或生长因子缺乏时可诱导非选择性自噬的发生。

根据包裹物质及运送方式的不同可将自噬分为三种类型:第一种是巨自噬,也叫宏自噬,自噬体比较大,细胞膜或者其他的双层膜通过形成具有双层膜结构的自噬体包裹胞内物质,然后和溶酶体融合。一般情况下所说的自噬都是指这种巨自噬,也是电离辐射时常见到的自噬细胞死亡。第二种是微自噬,是溶酶体或者液泡直接用自身去吞噬需要降解的东西:可能是细胞器,也可能是蛋白质。第三种是分子伴侣介导的自噬,是分子伴侣将细胞内的蛋白质先从折叠状态恢复为未折叠的状态,再放到溶酶体里。

自噬的发生过程大体分为四个步骤:首先,细胞核发出一种信号,指示细胞里某个部分需要降解(如某个细胞器),或者是某些垃圾诱导细胞产生了某种反应;其次,对哺乳动物细胞而言,在内质网和线粒体接触的某个地方开始逐渐形成一种扁平的、类似碗形的双层膜结构,这种结构不断延伸扩张,形成最初的自噬体;再次,最初的自噬体逐渐扩张,包裹部分胞质和细胞内需要降解的细胞器、蛋白质等形成球形的自噬体(autophagosome);最后,自噬体与溶酶体融合形成自噬溶酶体(autophagolysosome),降解其所包裹的内容物,实现细胞稳态和细胞器的更新。

自噬的形态学特征是细胞器膨胀,胞质内形成大量自噬泡(自噬体),细胞质膜失去特化,可能发生细胞膜出泡现象,细胞核碎断、固缩。自噬性细胞死亡是与细胞凋亡不同的程序性细胞死亡,在病理学中它们的相互作用还不是十分清楚。自噬可能比凋亡早发生,从而启动凋亡。自噬既可抑制也可促进凋亡,自噬抑制凋亡,从而保护细胞;自噬也可能向凋亡转化。自噬对细胞死亡的调节具有双重性,温和自噬在一定程度上保护细胞免受有害因素的侵害,促进细胞存活;严重或快速的自噬将诱导细胞进入程序性死亡,即自噬性细胞死亡。

3. 按形态学分类

因为细胞核在细胞死亡时变化最明显,所以很多人将细胞核的形态变化作为标准对细胞死亡进行分类。其可分为凋亡、凋亡样程序性细胞死亡、坏死样程序性细胞死亡和坏死,其中,前三种属于程序性细胞死亡,坏死属于非程序性细胞死亡。

6.4.2 电离辐射与细胞死亡

细胞死亡是生物界普遍存在的现象,是机体维持自身稳定的一种基本生理机制,具有重要的生物学意义。

细胞死亡方式的多样性和机制的复杂性,是生物进化的必然结果。多细胞生物在生命过程中会受到物理、化学、生物等多种因素的影响,组织、细胞会因多余、损伤、衰老等原因而死亡。如果死亡方式只有一种,那么对某一生命体来讲是非常危险的。因为一旦这条唯一的死亡通路受到抑制或损害,所引起的后果将不可想象。多种死亡方式共存为生命体的成长和存活提供了保证,有利于机体清除多余的或对机体有害的细胞。

电离辐射所致细胞内 DNA 结构损伤在细胞致突和致癌机制中起着重要作用。DNA 损伤修复后有两种结果：一种是恢复原状的无错修复；另一种是错误修复，这将导致基因突变。对后一种情况，受损的细胞在检测到修复错误的信息后会立即启动上述多种细胞死亡机制中的一种或多种，诱导细胞死亡，避免疾病，特别是癌症的发生。如果细胞死亡机制特别是凋亡机制失调，则可引起多种疾病的发生，其中肿瘤是最多见的例证。

肿瘤放射治疗时，射线既可以杀死肿瘤细胞也可以杀死邻近的正常组织细胞。肿瘤细胞受到照射后，细胞死亡的途径会因照射剂量、细胞类型以及个体状况的不同而产生很大的差别。对两大主要死亡途径——凋亡和坏死而言，虽然这两种死亡方式泾渭分明，但有时却很难区分它们的主次、前后顺序等。有些细胞受照射后，表现为以基因调控为主的细胞死亡，即以凋亡样死亡为主要形式。如小鼠白血病 L5178Y 细胞受到 2～10 Gy 照射后，细胞死亡的方式几乎全部为凋亡；而有些细胞如中国仓鼠细胞（CHO）受到 15 Gy 照射后，仅 3% 的细胞发生凋亡，表现出对凋亡的抗拒。放射治疗时，随照射剂量的增加，正常组织的细胞（如小肠隐窝细胞、淋巴细胞、各期精原细胞等）凋亡量也会增加。正常组织的凋亡反应可影响肿瘤的治疗疗效，从而影响病人的生活质量。如头颈部肿瘤的病人进行放射治疗时射线常常损伤到唾液腺，导致腺细胞凋亡、唾液分泌减少、病人急性口干、吞咽困难，影响病人的生活质量。放射治疗时如何减少正常组织的凋亡是放射治疗防护的一个重要课题，目前尚无有价值的方法或药物。

6.4.3　细胞凋亡的基因与分子调控

细胞凋亡是一个高度调控的过程，迄今为止凋亡过程的确切机制尚不完全清楚。目前已经了解到至少有三个主要通路参与，即死亡受体介导的凋亡信号转导通路（或称外源途径）、线粒体介导的凋亡信号转导通路（或称内源途径）以及过度内质网应激启动的细胞凋亡信号转导通路。

1. 细胞凋亡的基因

细胞凋亡大致要经历启动、调控、执行和最后死亡四个阶段。启动信号为 Ca^{2+}、cAMP 或神经酰胺，信号被转导后激活凋亡基因，表达相应的酶类及有关物质，它们主要是核酸内切酶和 Caspases 家族，执行细胞凋亡，最后凋亡细胞被清除。凋亡发生的过程是按自身固有程序逐步实现的，这个程序需要信号传递机制的参与和凋亡相关基因的有序表达。调控细胞凋亡四个阶段的基因主要包括凋亡促进基因和凋亡抑制基因两大类。其中，凋亡促进基因主要包括 p53、Ced-3、Ced-4、ICE、Bcl-Xs 和 Bax 等；凋亡抑制基因包括 Ced-9、Bcl-xL、Bcl-2 和 Mcl-1 等。这两类基因在机体内相互协调维持机体内环境的稳定。下面简要介绍几种与凋亡有关的基因及其产物。

（1）凋亡蛋白酶基因及其家族

凋亡蛋白酶家族是一组对底物天冬氨酸部位有特异水解作用，其活性中心富含半胱氨酸的蛋白酶。凋亡蛋白酶位于细胞质中，酶活性依赖于半胱氨酸残基的亲核性，总是在天冬氨酸之后切断底物（也可以水解自身特异位点的天冬氨酸而活化自身），所以又称为含半胱氨酸的天冬氨酸蛋白水解酶（cysteinyl aspartate specific proteases，Caspases）。酶的切断只发生在少数（通常只有 1 个）位点上，主要是在结构域间的位点上。切断的结果可能是活化某种蛋白，或使某种蛋白失活，但从不完全降解一种蛋白质。Caspases 是引起细胞凋亡的关键酶，一旦被信号途径激活，就能将细胞内的蛋白质降解，使细胞不可逆地走向死亡。对该家族蛋白的研究源于线虫的程序性细胞死亡。线虫在发育过程中，有 131 个细胞将进入程序性细胞死亡；研究发现有 11 个基因与程序性细胞死亡有关,其中 ced3(cell death – 3)基因和 ced4 基因是决定细胞凋亡所必需的,ced9 基因抑制程序性细胞死亡。线虫程序性细胞死亡的研究促进了其他动物特别是哺乳类动物中细胞凋亡的研究。最早发现哺乳动物中与线虫 ced3 同源的基因是 ICE,即白介素 – 1β 转换酶(interleukin – 1β – converting enzyme)。

Caspases 家族成员的特征是:① 被合成后以无活性的酶原形式存在,在凋亡信号刺激下剪切成为两个大亚基和两个小亚基组成的四聚体活性分子;② 不同的 Caspases 与底物结合的位点不同,具有各自的底物特异性,但具有相同的激活位点,其含有 Gln – Ala – Cys – X – Gly(QACXG)五肽序列,X 为保守结构域,该结构域中都含有一个与活性有关的半胱氨酸残基,这个氨基酸残基随 Caspases 不同而变化;③ 具有自身活化和活化其他 Caspases 家族成员的能力。位于 N 端的前结构域(pro-domain)长度和氨基酸的组成因 Caspases 而异,使得 Caspases 在凋亡信号转导途径中执行的功能不同。

在哺乳动物细胞中已发现 14 个 Caspases 家族成员,人类细胞中至少发现 11 个,其可分为 3 组:① 炎症组:Caspase – 1、Caspase – 4、Caspase – 5、Caspase – 11、Caspase – 12、Caspase – 13、Caspase – 14;② 凋亡起始组:Caspase – 2、Caspase – 8、Caspase – 9、Caspase – 10;③ 凋亡效应组:Caspase – 3、Caspase – 6、Caspase – 7。

(2) Bcl – 2 基因及其家族

Bcl – 2(B cell lymphoma/leukemia – 2)基因家族是目前最受重视的调控细胞凋亡的基因家族。按其对细胞凋亡的作用及含有同源区域(Bcl – 2 Homology,BH)的数量分为 3 个亚家族:① 具有 BH1 – 4 保守结构区域,对细胞凋亡起抑制作用,如 Bcl – 2、Bcl – xL 和 Mcl – 1 等;② 具有 BH1 – 3 结构区域,对细胞凋亡起促进作用,如 Bax、Bad 和 Bak 等;③ 只有 BH3 结构区域,对细胞凋亡起促进作用,如 Bid 和 Bik 等。

Bcl – 2 家族成员中抑制凋亡的蛋白和促进凋亡的蛋白之间可形成异二聚体,调节细胞的凋亡,还可通过磷酸化和脱磷酸化修饰其活性。有些成员通过改变线粒体膜的通透性来调节细胞凋亡。其作用原理有的与线粒体膜上小孔形成有关,有的作用于线粒体外膜上的电压依赖性阳离子通道。此外,Bcl – 2 家族蛋白还可通过内质网膜来调节细胞凋亡,它们可能在内质网膜上构成一个微调钙代谢调节变阻器,介导内质网启动细胞凋亡。

Bcl – 2 基因是研究最早的与凋亡有关的基因,是一个凋亡抑制基因,其功能相当于线虫中的 ced9。它们在线粒体参与的凋亡途径中起调控作用,能控制线粒体中细胞色素 c 等凋亡因子的释放。Bcl – 2 蛋白主要定位于线粒体外膜,也存在于线粒体膜、内质网膜以及外核膜上,能使细胞在受到促凋亡因子作用时仍然保持活力并维持形成克隆的能力。

(3) 凋亡蛋白酶活化因子 – 1

1997 年,凋亡蛋白酶活化因子 – 1(Apoptosis protease activating factor – 1,Apaf – 1)首次从人宫颈癌细胞的细胞质中纯化并克隆出 cDNA。Apaf – 1 是一种分子量为 130 kDa 的多结构域衔接蛋白,与线虫中 ced4 基因同源,其分子中存在着显著的与线虫 ced4 基因编码的同源区。在同源区的两侧存在着两个结构域,其 N – 末端存在着 CARD(Caspase recruitment domain,Caspase 募集结构域),可直接结合 N – 末端具有同源性的 Caspase – 9;而其 C – 末端有一个由重复序列组成的大的结构域,该结构域阻碍 Apaf – 1 自身多聚化,但当它与细胞色素 c 结合后,改变 Apaf – 1 的构象,消除了对 Apaf – 1 自身多聚化的阻碍作用,使 Apaf – 1 与 procaspase – 9 结合并启动其活化过程。活化的 procaspase – 9 激活下游的 Caspase – 3 与 Caspase – 7,它们通过破坏细胞核纤层使细胞结构损坏。因此,Apaf – 1 是线粒体细胞凋亡途径中的一个重要因子,是凋亡体的真正核心。

（4）自杀相关因子和 Fas 配体

自杀相关因子（Factor associated suicide,Fas）又称为凋亡蛋白-1（Apo-1）/CD95,属肿瘤坏死因子（Tumor Necrosis Factor,TNF）受体家族。人类 Fas 基因编码产物为相对分子质量 36 kDa,由于糖基化的影响,实际分子量约为 43 kDa 的跨膜蛋白,其分子结构包括膜外区、跨膜区和胞质区。胞质区的一段 80～100 个氨基酸序列与肿瘤坏死因子受体的胞质区高度同源,介导细胞凋亡,该区称为死亡结构域（death domain）;此外,胞质区还含有阻抑结构域（suppressive domain）,Fas 的阻抑结构阈与 Fas 结合磷酸酶-1 结合后可抑制 Fas 的诱导凋亡作用。Fas 成员之间有 25% 的同源性,但胞质区分很少有同源性,1993 年人白细胞分型国际会议上将 Fas 统一命名为 CD95。

生理状况下,Fas 抗原可广泛表达于胸腺细胞、活化的 T/B 淋巴细胞等免疫细胞表面,也可表达于肝、脾、肺、心、脑、肠、睾丸和卵巢等组织细胞表面。

Fas 配体（Fas Ligand,FasL）属于肿瘤坏死因子超家族成员,是一种 II 型跨膜糖蛋白,其 N-末端位于胞质中,不同成员之间的差异较大;C-末端延伸至细胞外,成员间有 20%～25% 的同源性。FasL 主要表达于 T 效应淋巴细胞和肿瘤细胞。

Fas 是一种重要的诱导细胞凋亡的死亡受体,与靶细胞表面相应配体 FasL 结合后激活 Caspases,导致靶细胞凋亡,维持内环境的稳定。Fas 高度表达于各种组织细胞表面,而在人体肿瘤发展过程中却常伴有肿瘤细胞 Fas 表达缺失或功能丧失,FasL 表达却增加的现象。Fas/FasL 系统异常在肿瘤病理过程中的作用越来越受到关注,科学家期望通过对 Fas/FasL 系统的深入研究寻找到针对 Fas/FasL 系统靶向治疗肿瘤的新药。

（5）凋亡诱导因子

凋亡诱导因子（Apoptosis-Inducing Factor,AIF）是一种位于线粒体膜间隙的黄素蛋白。成熟 AIF 的相对分子质量为 57 kDa,它既具有细胞凋亡活性又具有氧化还原酶活性,但两者的作用是解偶联的。正常情况下,AIF 位于线粒体中,能清除细胞内的自由基而阻止凋亡。当调控凋亡时,它是一种主要的效应蛋白,可直接介导独立于 Caspases 之外的细胞凋亡途径。当细胞受到凋亡刺激后,AIF 首先从线粒体转移到细胞质中,然后再转移到细胞核并独立作用于染色质,在相关酶的催化作用下,引起 DNA 片段化和染色质凝缩,促使细胞凋亡。尽管线粒体释放 AIF 是不依赖 Caspases 的,但 Caspases 却能够增强线粒体膜的通透性,从而促进线粒体释放 AIF。

（6）p53

p53 基因是一种抑癌基因。p53 蛋白在正常细胞内的浓度很低,半衰期只有 20 min。当 DNA 受到损伤时,p53 基因激活后具有转录活性并作为转录因子激活其下游的基因,促使它们转录、表达相应的蛋白产物,诱导细胞产生 G_1 阻滞。在此期间如果受损 DNA 不能被修复,则促其凋亡。因此,p53 介导的下游事件主要有两个途径:一是诱导细胞周期停滞;二是诱导细胞凋亡。

p53 基因是人体肿瘤有关基因中突变频率最高的基因。人体肿瘤有 50% 以上是由 p53 基因的缺失造成的。如将 p53 基因重新导入已转化的细胞中,则可能产生生长阻遏和细胞凋亡这两种不同的结果。前者是可逆的,后者则不可逆。两种结果的导向取决于生理条件及细胞类型。在皮肤、胸腺及肠上皮细胞中,DNA 的损伤导致 p53 的积累并伴随着细胞凋亡,说明这些细胞的凋亡是依赖于 p53 的。然而在另一些条件下,p53 并不是细胞凋亡的必要条件。例如,糖皮质激素诱导的胸腺的凋亡就与 p53 无关。缺少 p53 的小鼠发育过程基本正常,说明正常发育过程中出现的各种细胞凋亡并不要求 p53 的参与。

依赖于 p53 的细胞凋亡中,p53 是通过调节 Bcl - 2 和 Bax 基因的表达来影响细胞凋亡的。p53 能特异地抑制 Bcl - 2 的表达,相反对 Bax 的表达则有明显的促进作用,p53 是 Bax 基因的直接的转录活化因子,p53 的积累和活动引起了细胞凋亡。

(7) c - myc

c - myc 是一种细胞原癌基因,在凋亡细胞中 c - myc 也是高表达。作为转录调控因子,一方面它能激活那些控制细胞增殖的基因,另一方面也能激活促进细胞凋亡的基因,给细胞两种选择——增殖或凋亡,即当生长因子存在,Bcl - 2 基因表达时,促进细胞增殖,反之细胞凋亡。

上述几种凋亡相关基因只是与凋亡有关的基因的一部分,有些研究比较深入,而有些相对比较浅显。随着研究的深入,许多无法阐明的机制将更加明了,同时还会发现存在其他与凋亡调控有关的基因。

2. 细胞凋亡的信号转导通路

(1) 死亡受体介导的凋亡通路

死亡受体介导的细胞凋亡是细胞凋亡的一条重要途径。各种外界因素作为细胞凋亡的启动剂,如电离辐射导致的 DNA 损伤,通过不同的信号传递系统转导凋亡信号引起细胞凋亡。接受凋亡信号的受体位于细胞表面,称为死亡受体(Death Receptors,DR)。死亡受体为一类跨膜蛋白,位于细胞膜和细胞质两个区域,前者传导死亡信号,后者称为死亡结构区域或死亡区域(Death Domain,DD),参与激发蛋白酶级联反应,调节细胞凋亡。

典型的死亡受体是 Fas 和肿瘤坏死因子受体。以 Fas 为例,FasL 和 Fas 结合后激活的受体与 Fas 相关死亡结构域(Fas-Associated Death Domain,FADD)蛋白结合,形成死亡诱导信号复合体(Death Inducing Signalling Complex,DISC),然后募集凋亡起始分子 Caspase - 8 或 Caspase - 10,进而级联激活下游 Caspase - 3、Caspase - 6、Caspase - 7,再进一步诱导凋亡的发生。

(2) 线粒体介导的凋亡通路

线粒体介导的凋亡通路也称为内源性途径,该凋亡途径中线粒体所释放的促进细胞死亡的分子主要有三类,如下:

第一类是细胞色素 c(Cyt c)。哺乳动物细胞凋亡时,死亡信号使线粒体渗透性转换孔开启,导致线粒体跨膜电位崩解,膜通透性发生变化,Cyt c 由线粒体膜间隙释放到细胞质,与 Apaf - 1 结合形成多聚体,多聚体再进一步与凋亡起始分子 procaspase - 9 结合形成凋亡小体,procaspase - 9 被激活为 Caspase - 9,Caspase - 9 进一步激活下游的凋亡执行分子 Caspase - 3、Caspase - 6、Caspase - 7 等诱导细胞凋亡的级联反应。在此过程中,Bcl - 2 家族蛋白通过两种途径调节 Cyt c 的释放:一种是通过控制膜通透性调节 Cyt c 由线粒体膜间隙到细胞质的释放;另一种是 Bcl - 2 家族成员中的某些促凋亡蛋白如 Bax(Bcl - 2 associated X)、Bad(Bcl - xL/Bcl - 2 associatedagonist of cell death)等的释放能促进线粒体外膜通道的打开,致使线粒体释放 Cyt c。两种介导细胞凋亡通路的模式图如图 6.17 所示。

第二类是活性氧自由基。活性氧自由基可使细胞发生坏死样程序性细胞死亡。

第三类是凋亡诱导因子(AIF)。线粒体释放的 AIF 可直接诱导凋亡的发生,而不依赖于 Caspases 途径。AIF 切割染色体产生的 DNA 片段约 50 kb,较大;而 Caspases 激活的 DNA 酶切割的 DNA 片段很短,只有几十个碱基对。但是,在细胞内直接检测 AIF 比较困难,而且

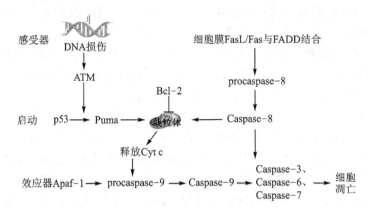

图 6.17　两种介导细胞凋亡通路的模式图

AIF 的变化不一定能代表凋亡发生的程度,因为引起凋亡发生的途径不一。

（3）内质网介导的凋亡通路

内质网在凋亡信号处理过程中也起着重要作用。内质网是细胞内蛋白质合成的主要场所,也是钙离子贮存的主要场所。内质网对细胞凋亡的作用表现在两方面:一方面是内质网对钙离子的调控;另一方面是凋亡酶在内质网上的激活。许多细胞在凋亡早期出现胞质内钙离子浓度迅速持续升高,这源于细胞外钙离子的内流及胞浆内钙库,如内质网的钙释放。高浓度的钙离子既可以激活胞浆中的钙依赖性蛋白酶,又可以影响线粒体膜的通透性及膜电位,从而促进凋亡;但内质网上 Bcl－2 家族中的抑凋亡蛋白酶可以调节内质网腔内游离钙离子的浓度,使其浓度维持在合适的范围内,进而起到抗凋亡的作用。

Caspases 家族中的 Caspase－12 定位于内质网,当内质网内钙离子浓度的动态平衡被破坏或者蛋白质积累过量时,内质网介导的细胞凋亡信号被触发,诱使内质网膜上的 Caspase－12 表达,继而导致胞质中 Caspase－7 转移至内质网表面。Caspase－7 激活 Caspase－12,后者裂解 Caspase－3 等下游效应蛋白酶,最终导致细胞凋亡。在线粒体信号途径和死亡受体途径中都没有发现 Caspase－12 的激活与参与。

3. 细胞的抗凋亡调控

细胞受到电离辐射后,细胞膜和核 DNA 的损伤启动细胞凋亡,但为什么不是所有的细胞都死于凋亡呢? 这是因为细胞内除了凋亡传导途径以外还存在有抗凋亡传导途径。细胞为了生存需要积极地抑制凋亡发生,一方面需要抑制促凋亡因子的表达,另一方面则需要表达某些抗凋亡因子。其中,PI3K－AKT 信号途径是一种重要的抗凋亡通道,其能经多种途径抑制细胞凋亡,促进细胞存活。

磷脂酰肌醇 3－激酶(phosphatidylinositol 3－kinase, PI3K)是一种脂类激酶,具有磷脂酰肌醇激酶和丝氨酸/苏氨酸蛋白激酶的双重活性。AKT(a kind of serine/threonine kinases)是一类丝氨酸/苏氨酸蛋白激酶,又称为蛋白激酶 B(protein kinaseB,PKB),是以 PI3K 依赖的形式被细胞外因子磷酸化和激活。PI3K－AKT 抗细胞凋亡的途径主要有以下几种:

第一种是直接调节作用。PI3K 激活 AKT,活化的 AKT 可以使 Bad 特定位点磷酸化,有效阻断 Bad 诱导的细胞凋亡。

第二种是通过直接或间接影响转录因子家族,如叉头转录因子(forkhead transcription factor)、p53 等,发挥细胞存活调控作用。

第三种是通过调节细胞周期运行以影响细胞增殖达到调控细胞生存的作用。AKT 激活其下游靶点——哺乳动物雷帕霉素靶蛋白（mammalian Target Of Rapamycin, mTOR），mTOR 通过调控核糖激酶控制特定亚组分 mRNA 的翻译，进而调节蛋白质的合成，影响细胞的增殖。

除上述途径以外，PI3K - AKT - Bcl - 2 家族还可通过控制线粒体膜的通透性来调控凋亡。促凋亡因子 Bax 与抗凋亡因子 Bcl - 2 协同控制着细胞膜的"渗漏"。细胞存活或凋亡取决于这两种因子哪一方的作用更强。

6.4.4　电离辐射致细胞死亡的机制

已有大量实验数据证实细胞核 DNA 是细胞辐射损伤的主要靶。细胞受到射线照射后，DNA 发生单链或双链断裂损伤。对于功能完整的细胞，单链断裂易于修复，对细胞几乎没有杀灭作用；而 DNA 双链断裂，易导致错误修复，是染色体辐射损伤的关键。很多资料报道了某些染色体畸变，如双着丝粒染色体，可导致细胞在分裂时死亡。证实染色体尤其是核 DNA 是辐射致细胞死亡的原始靶的证据有以下几方面：

1. 细胞核的放射敏感性

真核细胞的细胞核有核膜将其与细胞质分开。辐射对细胞膜或胞质内其他亚细胞成分虽有一定的损伤作用，但敏感性远不及细胞核。Munro 在实验时首先使单个哺乳动物细胞附着于一盖玻片的背面，然后用钋微针发射 α 粒子，选择性地照射特定部位。因为 α 粒子在细胞内的射程很短，可控性好，故可根据实验要求控制微针位置，照射细胞质或单独照射细胞核，如图 6.18 所示。以不同剂量照射中国仓鼠细胞 14 天后观察发现，以 250 Gy 照射细胞质对细胞的增殖没有影响，但只要几个 α 粒子进入细胞核 $1 \sim 2~\mu m$ 就能使细胞致死，表明细胞核的放射敏感性比细胞质要高 100 倍以上。

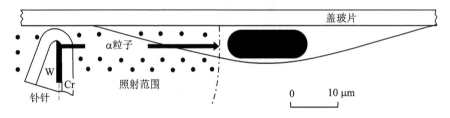

图 6.18　用钋微针发射的 α 粒子照射培养仓鼠细胞的部分细胞质

另一种技术是使用氚（^{3}H）标记化合物。氚发射 18 keV 的 β 粒子，在组织中的射程小于 $1 \sim 2~\mu m$，可选择性地照射氚标记的化合物结构。胸腺嘧啶核苷是 DNA 合成的特异前体物质，如用氚标记胸腺嘧啶核苷，掺入后只照射细胞核。而尿嘧啶核苷是 RNA 合成的前体物质，虽然 RNA 可存在于细胞核和细胞质中，但主要还是存在于胞质中。研究比较 ^{3}H - 胸腺嘧啶核苷和 ^{3}H - 尿嘧啶核苷的掺入对细胞的作用，显示前者比后者的效应高，证明细胞核受照射是造成细胞死亡的决定性原因。与此相似，以重水形式加入的氚，其作用是氚标记的胸腺嘧啶核苷的 1/1 000。把 ^{125}I 标记的化合物掺入到 DNA 中，其效果比依附于细胞膜只照射细胞质的化合物的效果大 $200 \sim 300$ 倍。

2. 染色体的放射敏感性

大量实验资料证明染色体在细胞死亡中具有重要作用，染色体 DNA 是辐射诱导细胞致死的主要的靶。与单倍体酵母菌相比，二倍体酵母菌的放射抗拒性随着倍体的增加而增加，这是由于二倍体细胞可通过重组的途径修复双链断裂。放射敏感性与很多因素有关,如细胞核的体积、每个核的 DNA 量以及设定 DNA 量的情况下分裂间期染色体的体积和它们的 DNA 含量等。

辐照后第一次有丝分裂时细胞致死性与染色体畸变有关。这种关系在不同实验条件下都可观察到,尤其是细胞处于细胞周期 G_2/M 期时受照射和有放射增敏剂时更明显。用 ^3H-胸腺嘧啶核苷掺入结合放射自显影技术能直观地观察到染色体畸变与细胞分裂期死亡的关系。

5-BrdU 是胸腺嘧啶核苷的一种类似物,它们的空间构象相似。溴(Br)原子的存在可导致 DNA 双螺旋结构变松散,也即 Br 原子的存在导致 DNA 分子不稳定,在受到辐射时易受到损伤,使细胞的放射敏感性增加。5-BrdU 类似物掺入的程度越大,细胞放射敏感性就越大。图 6.19 比较了掺入 5-BrdU 和给予放射防护剂(二甲基亚砜,dimethyl sulfoxide,DMSO)后哺乳动物细胞存活分数的变化。掺入溴元素后使 DNA 分子稳定性减弱,增加了细胞的放射敏感性,掺入量与敏感性具有相关性(曲线 A 和 B)。当加入 DMSO 后,由于 DMSO 捕获 HO,增加了细胞的放射抗性,保护了掺入 5-BrdU 的细胞(曲线 D)和无掺入 5-BrdU 的细胞(曲线 C)。

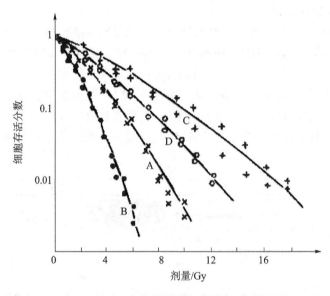

图 6.19　5-BrdU 和 DMSO 对哺乳动物细胞存活分数的影响

此外,也有许多实验支持细胞膜是细胞辐射损伤的靶,因为细胞膜系统在稳定细胞内环境、物质运输、能量转换及信息传递中起重要作用。电离辐射可致细胞膜通透性、完整性和流动性改变,影响膜功能,甚至导致细胞死亡。细胞的核膜受到照射后可影响核孔的结构,干扰核内 RNA 向细胞质的转移,进而影响蛋白质的合成。总之,作为仅次于 DNA 的辐射攻击靶点,电离辐射对细胞膜系统的影响尚有很多未知之处。

6.5　细胞存活的剂量-效应关系

辐射剂量与生物效应的关系简称剂量-效应关系,是指任何一种生物效应与剂量的关系,是一个广义的概念。辐射剂量与细胞效应的关系是其中研究最多的一种剂量-效应关系,且细胞存活是研究最多的细胞效应。测量受不同剂量照射后有增殖能力的细胞在体内、外形成克隆或集落的能力,即细胞存活率的变化,继而绘制出的剂量-效应曲线通常称为细胞存活曲线 (cell survival curve)。

1965 年,Puck 和 Mareus 获得了第一条哺乳动物细胞存活曲线,由此开创了定量细胞放射生物学的研究。用离体克隆细胞培养获得的细胞存活曲线,其方法类似微生物学中用于测量细菌或酵母细胞的方法,因其方法相对简单、快速、重复性好且经济,故被广泛应用。需注意的是,离体培养细胞对射线的反应与在体细胞相比是有差别的,有时还会很大。

6.5.1 体外培养细胞存活曲线的绘制

细胞在适当条件下进行培养,每个存活的细胞都能繁殖生长为一个集落。离体克隆培养技术适用于大多数动物和人的肿瘤细胞系及某些正常细胞,如成纤维细胞。

1. 体外培养细胞的常规照射

目前实验室应用的离体细胞系基本上都能贴壁生长,不能贴壁的细胞系占极少数。下面主要介绍贴壁的细胞存活曲线。对那些不能贴壁生长的细胞,可采用软琼脂培养技术进行克隆培养。用细胞存活曲线表达接种细胞形成克隆的百分比与照射剂量之间的关系,具体的实验方法和步骤如图 6.20 所示。

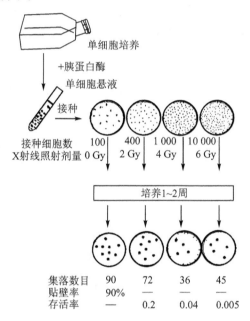

图 6.20 离体细胞培养示意图

从单细胞悬液中取一定数量的细胞接种到平皿内,在恒温恒湿的培养箱内,于 37 ℃、5% CO_2 的培养条件下培养一定时间(一般 2~3 周),单细胞贴壁、分裂增殖形成克隆。一般每个克隆含有 50 个以上的细胞,即单个存活细胞经过 5 代以上增殖,形成肉眼可见到的克隆或集落。计数平皿内的克隆数。一个克隆代表一个存活细胞。但由于受多种因素的影响,接种的存活细胞不可能全部形成集落,因此,需用一个系数——接种效率(Plating Efficiency,PE),加以校正。

$$PE = \frac{克隆数(或集落数)}{接种的细胞数} \times 100\%$$

受不同剂量照射的细胞培养后计数形成的克隆数,并分别求出细胞的存活分数(Surviving Fraction,SF)（或称作存活率），即某一实验组受某一剂量照射后形成的克隆数除以该组未照射时形成的克隆数，可由下式计算：

$$SF = \frac{某一实验组受某一剂量照射后形成的克隆数}{该组种植细胞数 \times PE}$$

以照射剂量为横坐标（线性标度），存活率为纵坐标（对数刻度），不同剂量的存活率通过特定的数学模式拟合，可得该细胞系半对数坐标的细胞存活曲线，即细胞存活的剂量-效应曲线。

细胞群无论是在指数生长期还是在相对密度生长期都可以进行照射。指数生长期细胞是指在培养液内接种少量细胞，它们全都处于增殖状态，其数量呈指数性增长。相对密度生长期是指培养细胞在平皿中没有被稀释再接种，细胞密度很高，出现接触抑制，细胞基本停止分裂，进入静止期。

2. 体外培养细胞的乏氧照射

放射生物学研究的目的就是提高临床放射治疗的效果，即增加对肿瘤细胞的杀伤效果，同时减少对正常组织的损伤。在离体细胞实验中，有氧细胞和乏氧细胞对某一方案的反应是经常需要观察的指标，在放射增敏剂的研究中更是如此。通常用氧增强比（OER）和增敏比（Sensitization Enhancement Ratio,SER）来表示氧和放射增敏剂对放射效应的增强作用，如图 6.21 所示。OER 是指生命物质在乏氧条件下照射引起与有氧条件下同样的生物效应所需剂量之比。若以细胞存活曲线研究氧效应或乏氧细胞增敏剂效果，则可用乏氧和有氧状态下两条细胞存活曲线的 D_0 值之比表示：

$$SER = \frac{单纯乏氧条件下照射的对照组 D_0}{增敏措施 + 乏氧条件下照射的实验组 D_0}$$

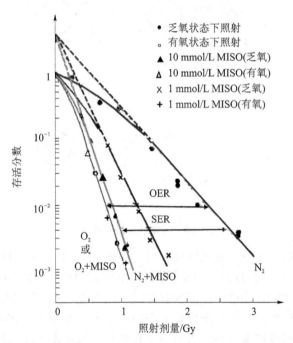

图 6.21　有氧、乏氧和不同浓度的 MISO 对 V79 – 379A 细胞作用的细胞存活曲线

该公式用以比较的参数，可根据需要用细胞存活曲线的其他参数代替。若观察该方案在低剂量时是否有作用，可用两条曲线的 D_q 值作比较。若是用线性二次方程模式拟合的细胞存活曲线，则可相应地使用曲线的 α 或 β 值进行比较。

　　体外培养细胞的乏氧照射方法建立于 20 世纪 60 年代,至今仍被认为是反映照射后离体细胞存活情况的最佳手段。曾有人尝试用 MTT(商品名:噻唑蓝)法替代,认为 MTT 法可用于对化疗药物的效应检测和放射增敏作用的初筛,但对细胞的放射效应最后还得用本法做出效价评定,主要原因是 MTT 法不能准确判定细胞增殖性死亡。然而,这并不排斥 MTT 法在化疗实验研究中的应用。

6.5.2　细胞存活的体内测量

　　已有许多方法可在体内测量正常或肿瘤细胞的存活分数,其中脾结节计数法是最常见的测量骨髓造血干细胞存活的体内测量技术。简述如下:首先以致死剂量照射受体动物,使其无内源性脾结节形成能力;然后将同系未照射的供体动物骨髓细胞经静脉注入受体动物体内,约2 周,受体动物脾脏内形成肉眼可见的结节。只有造血干细胞才能形成结节。一般情况下,10^4 个正常骨髓细胞可形成一个结节,一个结节代表一个存活干细胞。以未受照射供体动物骨髓细胞形成脾结节的数目计为 100%,便可计算出受不同剂量照射后骨髓细胞的存活分数。某一剂量照射后的存活分数可用下列公式计算:

$$SF = \frac{N_x/C_x}{N_c/C_c}$$

式中:N_x 和 C_x 分别代表受某一剂量照射供体细胞形成的结节数及注入的细胞数;N_c 和 C_c 分别代表未受照射供体细胞形成的结节数及注入的细胞数。根据不同剂量照射后测定的细胞存活分数,绘制细胞存活曲线。

6.5.3　细胞存活曲线的数学模型

　　细胞存活率(SF)随剂量(D)的增加而减少,细胞存活曲线是这种关系的一种图解表示法。在考虑到实验误差的情况下,绘出通过各点的平滑曲线。通常以半对数坐标作图,ln SF为 D 的函数。这种作图方法强调的是高剂量区的 SF 值非常小,但在低剂量区或许很难用它正确评价细胞存活。因为在刚开始时,虽然靶的一次击中数与射线剂量成正比,但由于辐射剂量小,击中的靶数也相应的少。当照射剂量增加时,靶的击中数随之增加。为了能够在曲线之间进行比较,用方便的数学方程来表达存活分数,通常称之为数学模型(mathematical model)。这些数学方程式是建立在假设细胞死亡基础上的。

　　细胞存活曲线因多种因素的影响而变化。定性地描述细胞存活曲线是一件简单的事,但从生物物理事件的角度来解说生物现象则又是另一件事。尽管为说明哺乳动物细胞存活曲线已提出很多生物物理模型和理论,但至今尚未找到一个能完全符合实验数据的数学模型或理论。

1. 常用曲线形式和数学模型

在此,仅介绍在肿瘤放射生物学实验中最常用的曲线形式和数学模型。

(1) 指数型细胞存活曲线

在指数型细胞存活曲线(exponential cell survival curve)中,细胞(或生物大分子)的存活分数为辐照剂量的简单函数,细胞存活曲线在半对数坐标上是一条直线。对于致密电离辐射,如低能中子、几个 MeV 的 α 粒子等,细胞存活曲线为一条由高到低的直线;而对于低密度电离辐射,常见于下列情况:① 某些病毒、细菌或酶的灭活;② 对哺乳动物细胞而言,常见于某些特殊类型的细胞,如造血干细胞;或细胞群体处于 G_2/M 期。此时,哺乳动物细胞受照射后的细胞存活曲线在半对数坐标上才会是一条直线。描述此类细胞存活曲线的参数只有一个 D_0 值。

　　拟合所得的细胞存活曲线呈指数型。存活率 SF 和剂量 D 之间的关系以 $SF = e^{-\alpha D}$ 表示。更为通用的表达方式为

$$SF = e^{-D/D_0}, \quad D_0 = 1/\alpha$$

式中：e 为自然对数的底，近似等于 2.7。

　　按照靶学说的解释，该模型属于单击单靶模型，即在细胞或生物大分子中存在一个敏感靶点，此处被射线击中即可导致细胞死亡或大分子灭活。该模型是靶学说最基本的数学表达式，表明存活率随照射剂量的增加而呈指数性下降，所以亦称指数失活。在剂量 D_0 的作用下，平均每个靶被击中一次，即 $\alpha D_0 = 1$，此时细胞存活率 $SF = e^{-1} = 0.37$，也即细胞群受剂量 D_0 照射后，并不是所有细胞都受到打击，实际上，只有 63% 的细胞受到致死性击中，而 37% 的细胞幸免。此时，D_0 就等于 D_{37}，代表细胞的平均致死剂量或平均灭活剂量，也即平均每个靶被击中一次时的剂量（见图 6.22 中的（a）线）。

$$\ln SF = -\alpha D = -D/D_0$$

　　用半对数坐标，存活曲线是一条直线，其斜率为 $-\alpha$ 或 $-1/D_0$。因细胞类型不同，所以 D_0 的值变化范围很大，但如果只考虑哺乳动物细胞，则变化就很小。哺乳动物细胞受不同 LET 辐射作用后细胞存活曲线如图 6.22 所示。

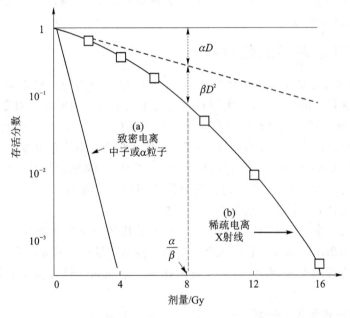

图 6.22　哺乳动物细胞受不同 LET 辐射作用后细胞存活曲线

　　如前所述，对于致密电离辐射如低能中子、α 粒子等，受照射哺乳动物细胞的细胞存活曲线是一条直线；而对于稀疏电离辐射，像 X、γ 射线等，其只存在于某些特殊情况。这种细胞存活曲线的特点是只有一个生物学参数，即斜率或 D_0 值。D_0 值越大表示细胞抗辐射的能力越强；反之，表示细胞对射线越敏感。D_0 值在线性曲线中等于 D_{37}，意味着一次照射能杀灭 63% 的细胞，或 37% 细胞存活的剂量，也是最终斜率的倒数。D_0 值的大小代表细胞放射敏感性的高低。

（2）带肩区的细胞存活曲线

对稀疏电离辐射而言（如 γ 射线），哺乳动物的细胞存活曲线常出现弯曲，初始部分呈弧形，称为初始的肩区；在高剂量照射区域趋于直线。

根据靶学说，稀疏电离辐射模型属于多击单靶或多靶单击模型，即细胞内或生物大分子必须有一个靶点被多次击中或多个靶点分别被击中一次才能引起效应。某些大的病毒和细菌、酵母菌落多细胞系统、哺乳动物细胞等都属于该模型。该模型可由下式表示：

$$SF = n e^{-aD}$$

式中：SF 为受到剂量 D 照射的细胞存活分数；n 为外推值；a 为细胞存活曲线直线部分的斜率，其倒数为 D_0 值（平均致死剂量）。

D_0 值即对每一个细胞提供一个灭活事件所需的平均致死剂量，反映每种细胞在相对高剂量区对射线的敏感性。D_0 值越大，细胞对射线越具有抗性。同一种细胞 D_0 值的改变，标志着细胞放射敏感性的变化。由纵坐标 0.1 和 0.037 分别作与横坐标相平行的线，其与细胞存活曲线的直线部分相交，两个交点在横坐标上投影的两个剂量点之差即为 D_0 值，在图 6.23 中即为 D_2 与 D_1 的差值。该模型绘出的细胞存活曲线在低剂量区有一个缓慢下降的肩区，在剂量 $D=0$ 时，初始斜率为 0，即认为在剂量很低时没有细胞死亡发生（但有一些资料并不支持这个观点）。细胞存活曲线在高剂量区近似为直线，即呈指数失活。该模型是研究哺乳动物细胞存活曲线的一种常用形式。

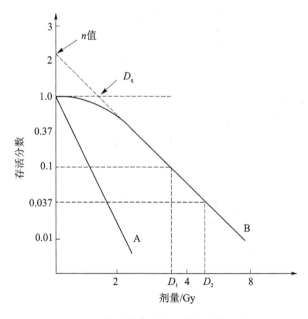

图 6.23 增殖的哺乳动物的细胞存活曲线

直线外推与纵坐标相交点的数值，称为外推 n 值（extrapolation number），表示肩宽的量。同一延长线由细胞存活 100% 处作一条与横坐标平行的线，与外推线的交点在横坐标上投影点的剂量即为 D_q 值，称为准阈剂量（quasi threshold dose），多在 0.5~2.5 Gy 之间。D_q 代表细胞积累亚致死性损伤的能力，与细胞亚致死性损伤修复有关。D_q 值越小，表明细胞对亚致死性损伤修复能力越弱，细胞受照射剂量很小时便进入致死性损伤的指数存活曲线部分。

D_0、D_q 和 n 三个参数之间的关系可用下式表示：

$$\ln n = D_q / D_0$$

D_0、D_q 和 n 三个参数中,应用任意两个参数便可在一定程度上反映细胞的放射敏感性。

D_{37} 定义为引起 63% 细胞(或酶分子)死亡的剂量,此时,

$$D_{37} = D_0 + D_q$$

单击单靶时,细胞存活曲线无肩区,则 $D_q = 0$,此时 D_{37} 与 D_0 相等,此模拟就是前述的指数型曲线。

对所有哺乳动物细胞的研究表明,不论其组织来源如何,正常组织或恶性组织的细胞受 X 射线照射后细胞存活曲线形式相似,其特征是带有一个初始肩区,初始肩区的大小可以不同,但肩区后延续的都是直线或近似直线部分。离体培养细胞系在 X 射线照射后的细胞存活曲线的 D_0 值均在 1～2 Gy 之间;外推 n 值变化较大,范围是 1.5～10。但也有少数例外,如 X 射线照射人类肾细胞的细胞存活曲线表现为一个宽大的肩区,后面始终是曲线,高剂量区也不会变成直线(见图 6.22 中的(b)线)

以上介绍的两种细胞存活曲线数学模型是目前应用较广泛的模型,还有许多不常用的数学模型,如带初始斜率的多靶模型以及以修复为基础的模型等。实际工作中究竟选择哪种模型无一定之规,应根据不同细胞对射线不同的反应,采用各种模型进行拟合,从中选择最佳拟合曲线,但不能在由不同数学模型拟合所得的参数之间比较其辐射效应。

2. 分次照射的细胞存活曲线

上面讨论的是细胞受到一次大剂量照射后立即培养后的存活情况。在肿瘤放疗中,常采用分次放射治疗的方式,即总的照射剂量被平均分割成一系列相等的小剂量照射,分次的间隔时间要足以使受损细胞得到修复。因此,分次照射的细胞存活曲线中存在多个肩区,当将每个分次照射的细胞存活曲线的肩区起始点相连时,成为一条直线,此直线被称为*有效剂量-存活曲线*(effective dose survival curve)。

分次照射中每一次照射都需要一定剂量用于重建细胞存活曲线上的肩区。随着分次照射次数的增加,细胞存活率将等比例减少。如果每次剂量小到一定程度,细胞亚致死性损伤近于完全恢复,则所有死亡的细胞全部由单击引起,此时等剂量分次照射的剂量-效应关系是对数关系。在半对数坐标上,细胞存活曲线就是一条直线,此时的斜率将达到一个极限值。图 6.24 所示为单次照射的细胞存活曲线 A 和分次照射的有效剂量-存活曲线 B。

有效剂量-存活曲线的 D_0 可以用有效 D_0(effective D_0,$_eD_0$)表示,定义为在分次照射中细胞存活 37% 所需的剂量。$_eD_0$ 值比单剂量曲线的 D_0 值大,人体肿瘤细胞的 $_eD_0$ 值多为 3 Gy,这是一个平均值,其大小因肿瘤种类而异。由于分次存活曲线起始点为 1,所以任何总剂量的存活分数 SF 均可简化为 $e^{-\frac{D}{_eD_0}}$。如果已知单剂量的效应,就可以求出 $_eD_0$ 的值。例如,2 Gy 照射时细胞存活分数为 0.51,则 $_eD_0$ 的值为

$$SF = e^{-\frac{D}{_eD_0}}$$

当 SF = 0.51 时,由 $0.51 = e^{-\frac{2}{_eD_0}}$ 得到 $_eD_0 = 3$,即 2 Gy 分次照射时,$_eD_0$ 为 3 Gy。

肿瘤放射治疗时为了计算方便,在有效剂量-存活曲线中又引入了另一个参数 D_{10},此值被定义为使肿瘤细胞群死亡 90% 所需的剂量,可通过下式计算:

$$D_{10} = 2.3 \times _eD_0$$

此处,2.3 是 10 的自然对数。

与单次照射相比,分次照射在一定程度上保护了正常组织。因为在肿瘤放射治疗过程中,

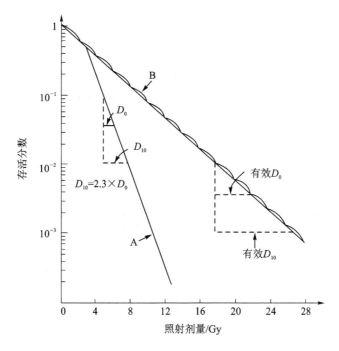

A—单次照射的有效剂量-存活曲线；B—分次照射的有效剂量-存活曲线

图 6.24　分次照射的有效剂量-存活曲线

每次分次照射后机体的正常组织都通过亚致死性损伤修复和细胞再增殖使辐射受损的组织、细胞基本得以回复正常；而大多数肿瘤内部都含有乏氧细胞，亚致死性损伤修复和细胞再增殖的能力相对较低，在分次照射过程中逐渐被杀伤。

3. 计算肿瘤细胞的杀灭

肿瘤放射治疗时可用有效剂量-存活曲线计算某一方案放射治疗后肿瘤细胞死亡数。这种计算虽然简单，但仍然具有一定的参考价值。下面试举 2 例予以说明该曲线在实际工作中的应用。

例 6-1　某一肿瘤内含有 10^9 个克隆源性细胞，其有效剂量-存活曲线没有肩区，每分次照射剂量分别为 2 Gy，$_eD_0$ 为 3 Gy。如要达到 90% 肿瘤控制的可能性，则需要的总剂量为多少？

解：对于含有 10^9 个细胞的肿瘤要达到 90% 肿瘤控制的可能性，需要细胞存活降至 10^{-10}。需要细胞下降 10^{-1} 的剂量（D_{10}）是

$$D_{10} = 2.3 \times {}_eD_0 = 2.3 \times 3 = 6.9 \text{（Gy）}$$

故 10 个 10^{-1} 的剂量 D_{10} 为

$$10 \times 6.9 = 69 \text{（Gy）}$$

例 6-2　假设在上述例 6-1 中，克隆源性细胞在治疗期间进行了三次倍增，那么要达到同例 6-1 一样的肿瘤控制率需要多大的总剂量？

解：三次细胞倍增将增加的细胞数为：$2 \times 2 \times 2 = 8$。

大约需要外加一个杀灭细胞至 10^{-1} 的剂量，相应于再加一个 6.9 Gy，因此，总剂量是 $69 + 6.9 = 75.9$（Gy）。

参考文献

[1] Taylor J M G,Withers H R. Estimating the parameters in the two-component model for cell survival from experimental quanta response data[J]. Radiat Res,1985, 104 (3):358-386.

[2] Thames H D,Hendry J H. Fractionation in Radiotherapy[M]. London:Taylo & Francis,1987.

[3] Fowler J F. The radiobiology of brachytherapy[M]. Columbia:Nucletron Corporation,1990.

[4] 谷铣之,殷蔚伯,刘泰福,等.肿瘤放射治疗学[M].北京:北京医科大学中国协和医科大学联合出版社,1993.

[5] 杨伟志,冯宁远,沈瑜.LQ 公式的生物学概念及应用[J].中华放射肿瘤学杂志,1995,4(2):125-127.

[6] 童新,罗瑛,孙志贤.辐射诱发淋巴细胞凋亡生成与抑制作用研究[J].中华放射医学与防护杂志,1996, 16(5):293-295.

[7] Zamai L,Falcieri E,Zauli G, et al. Optimal detection of apoptosis by flow cytometry depends on cell morphology[J]. Cytometry, 1993,114(8):891-892.

[8] 夏寿萱.分子放射生物学[M].北京:原子能出版社,1992.

[9] 童新,董燕,张双喜,等.γ射线诱发细胞程序性死亡的时间及剂量效应研究[J].辐射研究与辐射工艺学报,1996,14(2):111-115.

[10] 汪俊,沈瑜,糜福顺.细胞存活曲线数学模型的三种拟合方法的比较与改进[J].中华放射医学与防护杂志,1988,8(2):117-119.

[11] 聂俊,杨冬芝,杨晶.细胞分子生物学[M].北京:化学工业出版社,2009.

[12] 左伋,郭锋.医学细胞生物学[M].5版.上海:复旦大学出版社,2015.

第7章 正常组织的电离辐射效应

组织(tissue)是由细胞群和细胞外基质构成的。生理情况在机体调节机制作用下人体组织结构及构成组织的细胞数量保持在稳定状态,即组织中的细胞增殖、分化与死亡都有其特定的规律,它们之间形成了一个复杂微妙的动态平衡。因此,要了解组织放射损伤的发生、发展和转归,进行有效的防治,必须在前述分子、细胞水平基础上进一步阐明组织放射性损伤时的变化规律、发生机制及其相互关系。通常血管损伤对晚反应起重要作用。

本章将讨论从细胞损伤到组织早期效应的转化过程,探讨正常组织的剂量-效应关系和一些较重的晚反应。

7.1 从细胞效应到组织损伤

一种组织或器官对特定剂量的电离辐射的反应主要取决于两个因素:一是构成组织的细胞的敏感性,即组织中单个细胞固有的敏感性;二是构成组织的细胞群体动力学。当用丧失完整增殖能力即丧失无限增殖能力作为指标时,大多数哺乳动物细胞的放射敏感性是相似的。但是,如果组织中分裂细胞的比例不同,则组织对辐射的反应也会明显不同,这主要是由组织中细胞群体动力学的不同所致。

7.1.1 组织中细胞的丢失

人体组织是在胚胎发育时期形成的,它是由一些形态相似、功能相近的细胞和细胞外基质(细胞间质)所组成。人体任何一种组织都不是由单一细胞组成的,而是多种细胞的混合体。

1. 组织中细胞群类型

根据细胞群动力学的特点对组织中细胞群进行分类。一个群体可包含由外界进入的细胞,同时有些细胞也可进入其他的细胞群体。许多细胞群的重要特点是其中一些细胞能分裂并产生新的子细胞。通常根据组织中细胞的功能将人体细胞分为以下几组:

① 静止细胞群(closed static population):全部由分化完全的细胞构成,无细胞分裂活动。成年人的神经组织是最好的例子,它既不产生也不释放细胞,处于相对稳定状态。然而,如果认为此细胞群是绝对不变的,就太过简单了。自 20 世纪 80 年代,大量实验研究证明神经系统中存在着神经干细胞,它具有分裂增殖和自我更新能力,但目前对其尚未完全了解。

② 增殖不稳定细胞群:在机体的生命周期内不断增殖,但速度逐渐减慢,增殖略大于丢失,如肝、肾细胞。

③ 增殖稳定细胞群:有自身的干细胞,其不断分裂、分化增殖,分化成熟的细胞逐渐丢失,维持在动态平衡状态。造血系统、皮肤和小肠黏膜是其典型的例子。

④ 干细胞群:维持自身系统稳定,其功能是为另一细胞群产生细胞,通过反馈机制加速或减慢新细胞产生。骨髓的造血组织以及皮肤表皮等的干细胞是其最典型的例子。

⑤ 肿瘤细胞群:细胞持续分裂的速度仅受细胞空间、营养和遗传特性限制,而完全不受机体控制。肿瘤早期生长阶段,分裂的细胞及其后代都能进一步分裂,当细胞群变得较大时,有

些细胞可因缺乏氧或营养物质而停止分裂,甚至死亡。

　　不同细胞群受到电离辐射时对射线的反应是不同的,其敏感度取决于群体中分裂细胞的多少。静止细胞群因没有或很少有分裂增殖的细胞,故对射线不敏感;而其他类型的细胞群,分裂细胞在细胞群中所占比例越高,对射线越敏感。组织中的分裂细胞受到中等剂量照射后,很大一部分细胞失去增殖能力。组织或器官作为一个整体对射线的反应程度除取决于受照射的组织中分裂细胞的比例以外,还要考虑残余细胞(特别是干细胞)继续维持其功能的能力。

　　2. 辐射所致细胞丢失

　　辐射所致细胞的增殖性死亡是指细胞增殖能力的丧失。对于特定区域的组织、细胞来说,这是一个随机现象,因为在一个细胞群体中哪些细胞会被杀死,哪些还能保持增殖能力是不可预测的。受到照射后的组织中的每个细胞都存在着被杀死的可能性,这种可能性随照射剂量的增加而增大。对某一给定剂量而言,这种可能性因组织和构成组织的细胞类型而异。在每个剂量点,受照射组织的细胞都会有一定比例的细胞被杀死,即使是小剂量地照射,这个比例也不会是零。只是当剂量较小时,损伤的细胞数也较小,对机体的伤害也较小。当照射剂量超过阈剂量时,即组织中细胞的死亡数达到一定量,且这些细胞在组织中相当重要时,才会造成可观察到的损伤,表现为组织或器官功能的不同程度的丧失。哺乳动物种属之间的同一组织的辐射生物效应会有一些小的差别,但同一种属不同个体之间基本相同。阈剂量以及损伤被观察到的时间在不同组织之间有很大差异。

　　几戈瑞的小剂量照射时,增殖性死亡的细胞可在细胞第一次分裂时死亡,但大多数细胞通常会有几次分裂。不同组织的细胞经过有丝分裂的次数互不相同,这与组织中细胞的更新速率有关。例如小肠上皮的更新时间为数小时,皮肤粘膜为数天,而肺、肾则约为数月。对细胞很少分裂的组织而言,其细胞损伤常潜伏很长一段时间才显露出来。Bergonié 和 Tribondéau 观察到由低分化细胞构成的组织具有更大的增殖能力且分裂较快,但其放射敏感性也较大;而部分分化、在一定时间内分裂次数很少或不分裂的细胞,对辐射具有较大的抗性。正常组织需要干细胞进行分裂、分化,产生子细胞,以维持细胞数量的动态平衡。组织受照射后,干细胞的损伤程度直接影响组织恢复,而组织中干细胞数量的变化及辐照敏感性则取决于受照射组织。组织中细胞数量的变化受多个因素影响,主要取决于具有分裂能力的细胞的比例和增殖率。

　　受照射后组织中具有增殖活性的细胞增殖能力比未受照射时弱,形成的克隆细胞数量少,且这种抑制作用随照射剂量的增加而增大。这种现象在体实验时变得更加复杂,原因在于机体的动态平衡机制和影响因素复杂。无论在体还是离体照射都会发生两种现象,即照射后存活细胞数量减少和对诱导细胞增殖的刺激反应降低。这两种现象在分次照射时都减弱,表明在组织损伤中除细胞的增殖性死亡以外,还有其他因素影响组织损伤的表达。

　　在组织中,细胞并不是孤立存在的,它们通过细胞间连接与相邻的细胞发生通信联系,接收并释放生长因子、细胞分裂抑制因子等微环境信号分子,彼此连接成一个统一整体。1992 年,Nagasawa H. 等人首次报道了极低剂量的高 LET 射线照射后细胞呈现的辐射诱导旁效应 (radiation-induced bystander effect)。实验中被 α 粒子击中的细胞不到 1%,但却有 30% 的细胞表现出姐妹染色体互换(sister chromatid exchanges),据此提出了辐射诱导旁效应的概念。辐射诱导旁效应是指未直接受照射细胞表现出与受照射细胞类似的生物学反应,包括细胞凋亡或延迟死亡、基因表达改变或不稳定性、突变以及细胞生长异常等。辐射诱导旁效应描述了受辐射的细胞群中那些未经辐射的细胞内发生的生物学变化,它们是由不同信号分子介导的效应。辐射诱导旁效应的机制尚不明了,有研究表明,靶细胞和旁效应细胞之间通过细胞间的通信连接介导这些非靶向效应,在此过程中释放细胞因子、活性氧和一氧化氮等。

因此,当某一组织受到电离辐射时,组织中的细胞不是作为独立的单元对辐射做出反应。组织中特定细胞的损伤可引起组织或器官损伤的绝对效应,此时细胞之间的相互依赖、内环境的稳定受到破坏所引起的旁效应和群体效应不容忽视,这有助于解释辐射损伤引发的各种不良反应。

7.1.2　正常组织的增殖动力学

1. 正常组织的调控

人体正常组织受一种自动稳态控制系统的调控,细胞增殖到一定程度就会停止。正常机体的细胞或生长分裂,或处于静止状态,执行其特定的生理功能。在成年个体的某些组织中新生和死亡的细胞数相等,当某一细胞群失去平衡时,这种自动控制作用将使细胞加快增殖以迅速补充缺损。在动态平衡中维持组织与器官的稳定,这是一种非常复杂且严格的控制过程。调控作用主要有两种:一种是直接作用于细胞群,由子代细胞产生的对细胞增殖的反馈作用,如接触性抑制等;另一种是作用于细胞周围的环境,可以同时对几种细胞群起作用,如激素等。除上述两种主要调控作用以外,神经、营养、组织中的氧浓度和组织液的酸碱度等也起一定的调节作用。

2. 正常组织动力学参数

在肿瘤放射治疗中,正常组织对射线的反应会限制放射治疗的剂量。因此,有必要对正常组织与肿瘤组织的增殖动力学进行研究以搞清楚它们的异同点。在研究细胞增殖周期中,用 ^{3}H 标记胸腺嘧啶显示放射自显影标记细胞的比例叫作标记指数(Labelling Index,LI)。先使细胞群与一定量的 ^{3}H 标记的胸腺嘧啶接触一段时间,然后将在平皿上的细胞群或从组织上切下的薄片固定、染色,计数被标记的细胞比例,这一过程被称为标记指数测定。标记指数等于 S 期细胞的比例。在全部细胞都处于周期的细胞群体中时,LI 等于 T_s/T_c,即 S 期的时间(T_s)除以细胞周期的时间(T_c)。

细胞群体中另一种定量测定方法是计数处于有丝分裂的细胞比例,即有丝分裂指数(Mitotic Index,MI)。假设细胞群体中的所有细胞都增殖并具有相同的细胞周期时间,且细胞在周期各时相的比例不变,则 MI 等于 T_m/T_c,即 M 期的时间(T_m)除以细胞周期的时间(T_c)。

上述测定得出的 MI 及 LI 分别是有丝分裂时间占细胞周期时间的比例以及 DNA 合成时间占细胞周期时间的比例,均为相对数值,尚不能得出细胞周期各时相的绝对时间。

有丝分裂以后细胞进入静止状态,这个时间称为 G_0 期。当细胞受到刺激时,如生长因子等的作用,G_0 期细胞可由静止状态进入细胞周期。

生长比例(Growth Fraction,GF)是指处于增殖周期的细胞数(N_P)与细胞总数(N)之比,即

$$GF = N_P/N = N_P/(N_P + N_Q)$$

式中:N_Q 是 G_0 期的细胞数。当组织处于稳定状态时,细胞新生的数量与死亡的数量相等。更新率等于单位时间内新生细胞的比例。

7.1.3　组织的修复

正常组织的细胞受自身稳态机制控制,在调控机制的作用下每种类型细胞的数量保持恒定。细胞分裂仅仅是为了取代因死亡而丢失的细胞。当分化细胞的寿命很短时,细胞的更新

速率就很快。

正常情况下,任何涉及细胞丢失的损害(如创伤、中毒、放射等)都能启动正常细胞的代偿性增殖。皮肤的划伤使皮肤丧失了连续性,但几天后伤口便可修复,伤口边缘的细胞快速倍增使伤口恢复至原来的形态。同样,大鼠肝部分切除后,肝脏的初始重量和形状在几天内便恢复。肝部分切除后,剩余的所有肝细胞受到刺激后开始增殖,12～15 h 开始倍增,表明刺激是通过血液传播的,这种刺激因子现在已分离出来。

生长因子和抑制因子之间的平衡调节正常组织的增殖,刺激可以使抑制因子浓度下降(如分泌抑制因子的细胞数量减少或分泌功能降低)或生长因子分泌增加,组织受到照射后这两种现象都可能出现。组织受照射后从引起细胞丢失、分裂增殖到再次达到机体的动态平衡会有一段时间延搁,这是因为照射后组织中的细胞在整个细胞周期中的运行可能会延迟几十个小时;同时,组织中细胞有丝分裂比例或称有丝分裂指数降低。细胞停止有丝分裂的时间与剂量成正比。不同组织的这一延搁也有所差别,其原因可能是增殖细胞丢失或非增殖的功能细胞丢失所致。

7.1.4　组织的慢修复

在增殖率低的组织中慢修复(slow repair)起一定作用。事实上,从照射到细胞分裂这些组织的修复可能会延迟数周或数月。在这样较长的一段时间内,细胞的损伤修复可能只是部分修复,这相当于潜在致死性损伤修复,但速度更慢。在某些有丝分裂活性低的组织中,如血管内皮,如果在照射以后的不同时间刺激增殖,则随照射和刺激之间间隔时间的延长,活性细胞的比例升高而染色体畸变率下降。这种修复不完全的慢修复机制和实际重要性目前还有异议。电离辐射引起组织损伤时必须将缓慢修复与细胞增殖引起的再生区分开来,但这有时会很困难。

7.1.5　组织的结构层次

组织中有三种类型的细胞或有三个组织层次,如下:

第一类是干细胞(stem cell)。这是一类具有自我复制(self-renewing)和分化潜能的细胞。依据分化潜能,干细胞可分为全能、多能和专能三类。全能干细胞(totipotent stem cell)具有发育成一个完整生物体的潜能,在人体只有受精卵及其早期分裂的一些细胞具有此功能。在一定条件下,多能干细胞(pluripotent stem cell)可以分裂分化出多种类型的细胞,如造血干细胞。专能干细胞(unipotent stem cell)能产生一种具有特殊功能的细胞,如神经干细胞等。正常情况下的大部分干细胞都处在 G_0 期,但受到刺激以后可很快进入细胞周期。

第二类是已分化的或功能细胞。例如,外周血循环中的粒细胞和小肠粘膜绒毛细胞等,这些分化成熟的细胞行驶组织或器官的功能,通常没有分裂能力,在行使功能的过程中逐渐衰老而死亡。一定类型的所有细胞都具有相似的寿命,但不同类型的细胞之间差别很大,如红细胞寿命为 120 天,而粒细胞则不到 1 天。

第三类是正在成熟的细胞,是干细胞和已分化细胞之间存在的一个由正在成熟的细胞组成的中间层次。在这个层次中,部分分化的干细胞的后代在分化进程中倍增。例如,骨髓中的成红细胞和成粒细胞就是中间层次的细胞。有些情况下,能从形态学上辨认出几种连续的细胞类型。当有大量的细胞分裂时,每个干细胞都产生大量的分化细胞。例如,如果在成熟过程中有 4 次细胞分裂,那么每个进入这个层次的干细胞都将产生 16 个分化细胞。假设没有细胞的死亡,进入和离开这个层次的细胞数之比称为扩增因子(amplification factor)。

　　辐射主要影响干细胞,而对已分化成熟的细胞寿命无太大影响。当某一干细胞开始活化至分化成熟的层次较多,所需时间较长时,损伤表达的时间与受损的细胞处于哪一层次有关。如辐射对造血系统的影响,当造血干细胞受损且数量较多时,损伤出现得较晚,恢复得也很慢。造血干细胞分化图如图 7.1 所示。

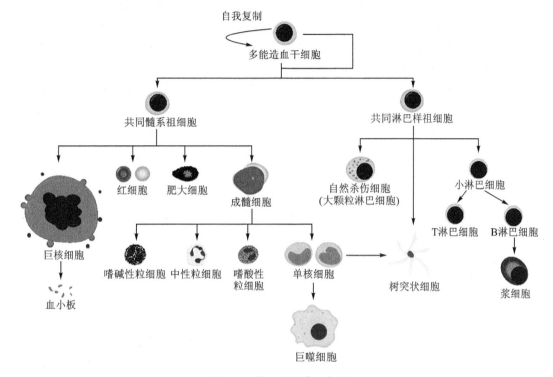

图 7.1　造血干细胞分化图

　　许多组织的结构符合层次结构模式(model of hierarchical),如骨髓中造血组织、小肠隐窝上皮、皮肤表皮和膀胱上皮等;而肝脏、甲状腺和真皮具有不同的结构,它们由在正常情况下很少分裂的细胞组成,但在受刺激以后,如肝部分切除,在自身稳态机制调控下大量细胞进入细胞周期分裂增殖。

7.1.6　组织类型

　　严格地说,没有一种组织完全不受辐射的影响,但不同组织及其构成的细胞对辐射的反应却有很大的差别。哺乳动物的各种细胞的放射敏感性与其功能状态有密切关系。细胞的放射敏感性取决于细胞的类型和细胞的分化程度。通常干细胞的放射敏感性最高;成熟进程中的细胞放射敏感性较低,且随分化的完成而继续降低;不再分裂的、充分分化了的细胞具有抗拒性。因此,照射后的低分化细胞损伤最重,且随照射剂量的增加,细胞的损耗加重;而已分化细胞(如肾细胞)放射敏感性较低,这可能与它们几乎不分裂有关。

　　给具有相同放射敏感性的克隆源性细胞(干细胞)以相同剂量的照射,损伤的表达和修复时间却不相同。例如,小肠和睾丸的干细胞具有相似的放射敏感性,小肠的损伤在几天内就表现出来并在两周内完成修复,而睾丸中精子的减少可持续几个月。这些差别可用组织结构和细胞自身平衡机制来解释。为了更好地理解这些反应,把组织分成两种模式。

1. 层次结构模式

由上述层次组织(hierarchical tissues)结构的描述可知,层次结构组织至少存在两个层次的细胞,即干细胞层和成熟细胞层。从组织受到照射到表现出损伤,这中间有一段时间间隔,该时间与组织更新的时间成比例。例如,在外周血液循环中的成熟血细胞群是由骨髓中的原始干细胞通过很多过渡细胞群分裂分化而来的,从一个原始的造血干细胞至分化成熟的血细胞需要很长时间,因此,干细胞群体内细胞数的减少和最后损伤表现为外周血细胞减少之间将有相当一段时间间隔。与此相反,小肠粘膜上皮、肠隐窝中的干细胞从一个新生细胞到作为成熟功能细胞出现在小肠绒毛表面之间的时间间隔则是很短的,仅几天时间,因此,放射损伤很快在这种组织中表达出来。组织更新的时间是一个与功能细胞衰老所致死亡有关的时间过程,它与照射剂量无关。实验已证实损伤的进一步发展只取决于功能性细胞的寿命,照射通常不影响这个进程。随照射剂量的增加,照射几乎杀死了所有的干细胞,干细胞层的细胞逐渐损耗,已分化细胞数随细胞衰老而不断减少,但剂量大小并不影响功能性细胞的衰老速度。

然而在某些组织(如造血组织),较高剂量照射后的增殖细胞群损伤较重时,干细胞层再生增快。再生持续时间和照射剂量之间没有确定的关系,如中等剂量照射后,增殖细胞死亡前仍可进行数次分裂,增殖细胞耗损增大时对干细胞层再生的刺激也增加。存活的正逐渐成熟的细胞在受照射初期能引起新生细胞数量的增加,然而要恢复正常,则需要干细胞分裂增殖启动同一系中所有类型细胞的增殖。

2. 弹性结构模式

弹性组织(flexible tissue),组织学上称为软组织(soft tissue),是指人体的皮肤、皮下组织、肌肉、肌腱、韧带、关节囊、滑膜囊、神经、血管等,没有明确的细胞层次和严格的细胞结构等级,损伤后所有细胞包括功能性细胞都进入细胞周期进行有丝分裂。在这种组织内,一个细胞衰老死亡后其位置由临近的另一细胞分裂的后代所取代。受照射后,如果有丝分裂未能产生有活性的细胞,那么细胞的衰老死亡即引起临近的一系列细胞的分裂。受照射后的细胞总数进行性耗减,当达到临界水平 F 时就引发代偿性增殖(见图7.2),引起大量细胞进入有丝分裂状态,结果是出现大量细胞死亡的雪崩现象(avalanche phenomenon),组织损伤迅速表现出来。

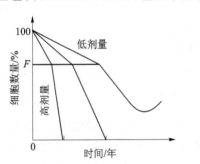

注:一次大剂量照射后,当细胞总数低于临界水平 F 时,细胞的自身稳定机制开始发生作用,大量细胞进入细胞周期,从而造成这些细胞的大量死亡——出现细胞雪崩现象。

图7.2 弹性组织受照射后细胞数量随时间变化的模式图

在这种情况下,组织损伤显现的时间与照射剂量呈明显的函数关系(见图7.2)。假如损伤较轻则需要很久损伤才表现出来,因为这些细胞不常分裂,而且由于体内平衡机制的表达滞后,损伤会潜伏很长一段时间。例如,甲状腺的功能衰竭可以拖延到照射后10~15年才表现出来。在这种情况下,只能进行几次分裂的细胞可能发挥重要的作用。即使分裂的次数很少,它们在一段时间内至少也能帮助维持组织中细胞的数量。尽管克隆源性细胞的细胞存活曲线是指数型的,但这种亚克隆源性增殖(subclonogenic proliferation)可导致该组织的细胞存活曲线明显弯曲,而且可能在一个很长的过渡时期内,克隆细胞的存活部分与组织损伤程度之间没有联系。

上述两种模式是组织增殖结构的两个极端模式。实际上,许多组织兼具上述两种组织模式——混合模式(hybrid model)。在混合模式中大多数细胞是具有低分裂能力的亚克隆源性细胞,但同时可能存在少数干细胞。这种模式的组织具有弹性模式的两个重要特征,即受照射后细胞群规模随时间加速下降(雪崩效应)和细胞存活曲线的形状依赖于亚克隆源性增殖细胞的特性依赖性。然而,与弹性组织类型不同的是,理论上混合模式存在一种通过辐照后刺激干细胞增殖并抑制功能细胞增殖来进行放射保护的可能性。

7.2　正常组织的辐射效应

正常组织受到电离辐射时,细胞死亡是引起辐射效应的主要因素,但有些效应则不是。比如以下常见的效应就不是细胞死亡引起的:腹部受照射后几个小时内的恶心呕吐,包括腹部的大体积受照射后病人常常感觉疲乏无力,头颅受照射后几个小时可能出现的嗜睡,以及由于辐射诱导的急性炎症或血管渗漏所致的急性水肿或红斑。人们认为这些效应是由辐射诱导的炎性细胞因子介导的。除了这些效应以外,正常组织的主要辐射效应是由于细胞死亡导致的细胞群体的耗损。

7.2.1　早反应组织与晚反应组织

7.1 节主要阐述了两种不同结构的组织类型以及它们在受到辐照后组织损伤出现的时间差异。临床实际应用时,根据组织增殖动力学、组织对电离辐射反应的时间以及靶细胞存活公式中对 α/β 值的推算等,将正常组织分为增殖快的早反应组织和增殖慢的晚反应组织两大类,两种组织在辐射损伤方面的表现明显不同。

1. 早反应组织

早反应组织(early response tissue),也称快更新组织 (fast renew tissue),是指组织的放射反应常在放射治疗期间或照射后几天就发生,主要表现为急性反应,轻至中度反应在治疗后很快恢复。有些组织内的干细胞在放疗开始 1~2 天内就开始增殖,一般为照射后 2~3 周开始再生,如粘膜红斑、溃疡等。

2. 晚反应组织

晚反应组织(late response tissue),也称慢更新组织 (slow renew tissue),是指组织的放射损伤常在放疗结束后一段时间出现,常难以恢复,常发生在一些已经分化的缓慢更新器官,其表现一般都有纤维细胞和其他结缔组织的过度增生,形成广泛的纤维化。另外,还有内皮细胞的损伤,最终造成供血减少及器官特定功能的缓慢丧失。发生晚反应的正常组织中,如肺、脊髓、膀胱、脑、肝脏和肾脏组织等,受到照射后的损伤往往是由邻近细胞分裂来代偿,而不是干细胞分裂分化成终末细胞。

3. 早反应与晚反应的发生机制

无论是发生早反应还是晚反应,都主要与组织中相关靶细胞的细胞增殖动力学有关,也就是与靶细胞更新的速度有关。靶细胞更新速度快,辐射效应就出现得早,反之就出现得迟。电离辐射后组织发生早反应或晚反应的靶细胞是不同的。例如,皮肤发生早反应的靶细胞是表皮中的基底细胞,而与晚反应相关的靶细胞是皮肤真皮中的细胞。因而,早反应的严重程度并不能预测后期反应的严重性。换句话说,早反应和晚反应是相互分离的。早反应的靶细胞基本上已明确,但对引起晚反应的靶细胞仍不太清楚。

早反应主要与组织中克隆源性细胞的损伤有关,而晚反应涉及的因素却复杂得多。例如,肺的早期和晚期的反应会合并,它们之间没有任何无症状的间隔。这两种损伤的区别在于它们的进程:早期的、急性损伤修复很快并可以完全修复,而晚期损伤即使能改善也不能完全修复。原因是,在第一种情况(早反应)下,快速增殖的干细胞重建各细胞层次后再构建该组织;而第二种情况(晚反应),或由于干细胞过度损伤,或由于它们所处的微环境和/或缺乏增殖刺激因子,或由于相关的干细胞只有有限的增殖能力,从而使干细胞似乎丧失了增殖能力,组织发生进行性萎缩。反复照射以后所致的造血干细胞增殖能力下降以及由于血管损伤造成的甲状腺损伤都可用这个机制解释。

除了血管损伤这一主要原因以外,晚反应的部分原因是干细胞数量的减少。如肾的损伤可能是由构成肾实质的肾单位中干细胞的丢失引起的。如果一个肾单位(大约含有 3 000 个细胞)不再含有任何具有再生能力的干细胞,那么肾单位会逐渐消失。肾单位的大量死亡最终导致肾萎缩。细胞的丢失也可引起生物化学的变化,例如,如果皮肤真皮中的成纤维细胞数量减少,则胶原分子的合成也随之减慢,这些胶原分子就会"老化",最终导致皮肤萎缩。

如果所有晚期并发症都是由血管损伤引起的,那么所有组织的剂量-效应关系都应是相同的,但实际情况并非如此,耐受剂量因组织而异,如表 7.1 所列。例如,垂体受照射后,垂体前、后叶的血管损伤是相同的,但激素的紊乱主要与前叶的分泌功能有关。

表 7.1 人体正常组织的放射耐受量

器 官	损 伤	$TD_{5/5}$/Gy	$TD_{50/5}$/Gy	射野面积或长度
皮肤	溃疡,严重纤维化	55	70	100 cm²
口腔粘皮	溃疡,粘膜发炎	60	75	50 cm²
食管	食管炎,溃疡,狭窄	60	75	75 cm²
胃	溃疡,穿孔,出血	45	55	100 cm²
小肠	溃疡,穿孔,出血	50	65	100 cm²
结肠	溃疡,狭窄	45	65	100 cm²
直肠	溃疡,狭窄	60	80	100 cm²
唾液腺	口腔干燥	50	70	50 cm²
肝脏	急、慢性肝炎	25	40	全肝
		15	20	全肝条状照射
	肝功能衰竭、腹水	35	45	全肝
肾脏	急、慢性肾炎	20	25	全肾
		15	20	全肾条状照射
膀胱	挛缩	60	80	整个膀胱
输尿管	狭窄	75	100	5~10 cm
睾丸	永久不育	1	4	整个睾丸(5 cGy/d),散射
卵巢	永久不育	20~30	6.25~12	整个卵巢
子宫	坏死、穿孔	>100	>200	整个子宫
阴道	溃疡,瘘管	90	>100	全部

续表 7.1

器　官	损　伤	TD$_{5/5}$/Gy	TD$_{50/5}$/Gy	射野面积或长度
儿童乳腺	不发育	10	15	全乳
成人乳腺	萎缩,坏死	>50	>100	全乳
肺	急、慢性肺炎	30	35	100 cm^2
		15	25	全肺
心脏	心包炎,全心炎	45	55	60%
脑	梗死,坏死	60	70	全脑
		70	80	25%
脊髓	梗死,坏死	45	55	10 cm
眼	全眼炎,出血	55	100	全眼
角膜	角膜炎	50	>60	整个角膜
晶体	白内障	5	12	整个或部分晶体
耳(中耳)	严重中耳炎	60	70	整个中耳
前庭	美尼尔综合征	60	70	整个前庭
甲状腺	功能低下	45	150	整个甲状腺
肾上腺	功能低下	>60	—	整个肾上腺
垂体	功能低下	45	200~300	整个垂体
儿童肌肉	萎缩	20~30	40~50	整块肌肉
成人肌肉	纤维化	60	80	整块肌肉
骨髓	再生不良	2	4.5	全身骨髓
		30	40	局部骨髓
淋巴结及淋巴管	萎缩,硬化	50	>70	整个淋巴结
胎儿	死亡	2	4	整个胎儿
外周神经	神经炎	60	100	10 cm^2
大动脉	硬化	>80	>100	10 cm^2
大静脉	硬化	>80	>100	10 cm^2

注:TD(Tolerance Dose)表示耐受剂量,其中,TD$_{5/5}$为最小耐受量,指在标准治疗条件下,治疗 5 年内,小于或等于 5%的病例发生严重并发症的剂量;TD$_{50/5}$为最大耐受量,指在标准治疗条件下,治疗后 5 年,50%的病例发生严重并发症的剂量。标准治疗条件是指超高压低 LET 射线治疗,10 Gy/周,每天 1 次,治疗 5 次休息 2 天,整个治疗总剂量在 6~8 周内完成。由于临床资料的限制,TD$_{5/5}$和 TD$_{50/5}$实际上均采用较宽的百分比范围,分别为 1%~5%与 25%~50%。

　　随照射剂量的增加,许多组织出现晚反应之前的潜伏期缩短,这同上一节弹性结构模式中描述的细胞雪崩现象一致,例如脊髓照射后的截瘫(见图 7.3)。小剂量照射后,潜伏期可能很长,受到照射的组织表面上看起来似乎是正常的,手术或化疗等第二次治疗很容易破坏其脆弱的平衡,引发晚反应,造成截瘫。

　　从放射生物学特性来看,导致晚反应的关键细胞不论是血管内皮细胞还是其他细胞,都不同于引起急性反应的细胞,特别是在分次照射方面。对于给定的总剂量,临床上有两种不同的

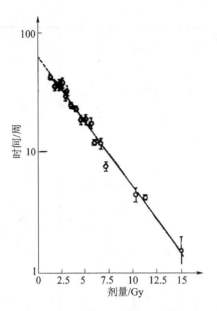

图 7.3　大鼠下肢瘫痪的潜伏期随照射剂量的变化

方案达到相同的早反应,分次剂量越大,晚反应组织损伤越严重,而小剂量分次照射的晚反应组织细胞则具有更强的修复能力。

7.2.2　组织的功能性亚单位

　　人体的许多组织被认为是由功能性亚单位组成的。根据放射生物学理论,器官或组织中存在功能性亚单位(Functional Subunits,FSUs),它可以是一个解剖结构或干细胞,从残留存活的干细胞不断增殖而维持其功能。一些组织的功能性亚单位是独立的,解剖学上描述的结构与其组织功能的关系是明确的,例如,肝小叶、肾单位和肺泡等。以肝脏为例,肝小叶是肝脏的基本结构功能单位。血液通过门静脉和肝动脉的分支进入肝小叶,然后汇入肝血窦,也即窦状毛细血管。血窦通道的外侧紧邻肝细胞构成的条索。肝细胞从血窦中摄取氧和其他营养物质,清除血液中的有毒物质,然后通过中央静脉离开肝小叶(见图 7.4(a))。而在另一些组织中,功能性亚单位没有明确的解剖界限。例如,脊髓、皮肤和粘膜等。图 7.4(b)显示脊髓主要由灰质和白质两部分组织构成。灰质主要由神经元的胞体构成,白质主要由神经元的轴突纤维组成,从脊椎延伸至大脑。腹根将运动神经元的轴突纤维从灰质输送到肌肉,传入的感觉信号(如痛觉)通过背根神经节中的一个连接或突触,沿着背根进入灰质。这两种组织类型的辐射反应差异很大。

　　第一种有独立功能性亚单位的组织受到电离辐射时,组织的存活取决于组织中克隆源性细胞的数量和放射敏感性,取决于功能性亚单位内一个或多个克隆源性细胞的存活。这类组织通常由大量的功能性亚单位组成,每个功能性亚单位都是一个独立存在的实体。受照射后存活下来的克隆源性细胞,不能从一个功能性亚单位迁移到另一个功能性亚单位。一个功能性亚单位受到低剂量照射后,低剂量可以耗尽其中的克隆源性细胞,造成一个功能性亚单位的失活。当功能性亚单位失活累积到一定程度时,导致组织器官功能衰竭。如肾脏中含有大量的肾单位,每一个肾单位独立行使其功能。受到照射后肾单位的存活取决于肾单位中至少有一个克隆源性细胞的存活,因此,也取决于每个肾单位中克隆源性细胞的初始数量及其放射敏

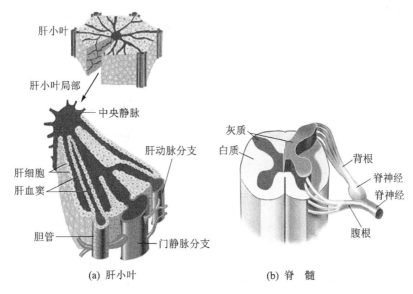

图 7.4　两种不同组织的功能性亚单位

感性。因为肾单位非常小,它的克隆源性细胞很容易被低剂量照射所耗竭。因此,肾脏的耐受剂量较低。除肾脏以外,肝脏、肺和外分泌腺等组织的耐受剂量也较低。

　　在没有明确功能性亚单位的组织系统中,克隆源性细胞并不局限于一个特定的功能性亚单位结构内,克隆源性细胞可以从一个功能性亚单位迁移到另一个功能性亚单位,这使得某一耗竭克隆源性细胞的功能性亚单位能够从临近功能性亚单位的细胞得到补充,进而重新繁殖。例如,皮肤剥脱区的再上皮化可以发生在剥脱区内存活的克隆源性细胞或从邻近区域迁移而来。

7.3　常见的组织损伤

此节仅以几种组织为例,说明早反应、晚反应以及分次照射的影响。

7.3.1　小肠粘膜

　　研究辐照后小肠粘膜增殖动力学的实验技术主要有两种:一种是计数肠段中存活的小肠隐窝(intestinal crypt)数目,另一种是同位素标记法。

　　一个隐窝是由单个有活性的克隆源性细胞分裂增殖而成的,因此可以通过计数隐窝来推测克隆源性细胞的比例。这种方法只能在 9～14 Gy 相当窄的剂量范围内使用。通过分次照射可得出大致的 α/β 值。

　　注射 ^{3}H 标记的胸腺嘧啶核苷(^{3}H - TdR)以后,通过放射自显影技术辨认出 S 期的细胞,从而确定出小肠细胞的增殖部位。给予大剂量放射活性标记物后,掺入 ^{3}H - TdR 的细胞会被射线杀死(自杀效应),用这种方法可以测量 S 期细胞的克隆源性细胞比例。

1. 小肠粘膜的细胞更新

　　正常小肠绒毛和隐窝中没有增殖能力的细胞位于上 1/3,有增殖活性的细胞(^{3}H - TdR 标记细胞)位于隐窝中心部位,见图 7.5。标记后 4 h,被标记的细胞开始分化,然后向隐窝上部移动并不再发生分裂,在绒毛顶部成熟并最后脱落。在大鼠的小肠,这个过程需要 3 天。年龄较大的动物细胞移动较慢,这个过程稍长一些。在无菌动物中分化细胞的寿命更长,因此,绒毛更高,细胞迁移时间更长,这个过程大约为 5 天。人类小肠绒毛细胞的更新时间为 3～4 天。

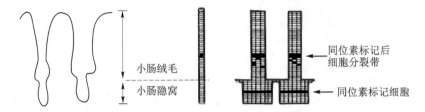

小肠绒毛
小肠隐窝
同位素标记后
细胞分裂带
同位素标记细胞

图 7.5　小肠隐窝图解

　　小肠粘膜的干细胞位于小肠隐窝底部附近,它们很少分裂。即使给予大剂量的 ^{3}H - TdR 也很少能影响到这些干细胞的数量。小肠隐窝内干细胞的数量很少,每个隐窝含 4～6 个干细胞,但也有研究显示多达 16 个以上。在小肠粘膜中干细胞的分裂是不对称性分裂,即一个干细胞分裂形成的两个子细胞中一个维持干细胞原样,另一个分化为小肠粘膜的前体细胞,也称为祖细胞。祖细胞继续向上分化成粘膜的各种成熟细胞。通过此过程实现干细胞在隐窝中数目的稳定,保证小肠粘膜上皮细胞的及时更新,从而保障小肠内稳态的平衡。隐窝干细胞的这种增殖分化特点,导致粘膜不同部位细胞的放射敏感性出现差异。

　　2. 急性照射后早反应

　　小肠粘膜细胞的存活曲线起始部有一个很大的肩区(α/β = 12 Gy)。当照射剂量在 9～14 Gy 之间时 D_0 值约为 1.2 Gy,但某些位于隐窝底部附近的干细胞似乎对照射更为敏感。首次照射后的几天,处于再生期间的粘膜细胞的放射敏感性较低(D_0 = 2 Gy)。

　　当给予杀灭 99% 克隆源性细胞的照射剂量时,最初小肠的形态貌似正常,在隐窝的中心区域,细胞继续以似乎正常的方式进行分裂、分化、迁移,其寿命也不缩短。但照后 3～6 h,含有干细胞的隐窝底部的细胞开始出现核固缩,继而有丝分裂的数量减少。当单次给予 6 Gy 的照射时,24 h 内处于 S 期的细胞为零,这反映细胞的增殖停止,其后果就是绒毛的高度不断变短;24 h 以后,进入增殖周期的隐窝细胞数增加,大约在第 4 天达到最大值,此值比正常值大很多,这时绒毛的细胞数最小;此后分裂细胞又缓慢下降。

　　低剂量照射时,每个隐窝内可有几个再生灶。随着照射剂量的增加,隐窝内再生灶随之减少。10 Gy 照射时,每个隐窝内平均只有一个再生灶,提示只存在一个克隆源性细胞。如果用更高的剂量照射,则隐窝密度需经过存活隐窝的纵向分裂过程才能恢复。

　　在再生过程中粘膜细胞增殖加速的原因是:① 细胞周期缩短,从 18 h 缩短到 12 h;② 隐窝上部增殖的细胞带延长。分裂细胞带和不分裂的分化细胞带之间边界的移动,导致细胞产量显著增加。当绒毛高度降低至少相当于 50 个细胞的高度时,就可以看到这种边界移动现象。当剂量更高时,粘膜在 4～5 天后出现溃烂,暴露出其下层组织。临床上伴有腹泻、厌食和感染等症状,这是小肠被覆细胞耗竭的结果。

　　3. 晚反应

　　小肠分次照射后,即使没有早反应,也可能发生晚反应。小动物小肠给予总剂量 50 Gy 的分次照射后约 6 个月,毛细血管和细胞的数量均减少。肠粘膜下层纤维化逐渐发展,12 个月后肠腔明显缩少。人小肠的晚反应通常出现在放疗结束后 12～24 个月之间,有时可在数年后出现。肠襻的蠕动可降低部分肠管所受的剂量,这可能是被固定的回肠末端受局部照射后经常发生损伤的原因。若放疗前有外科手术造成的小肠粘连,则放射损伤的危险度将增加,损伤肠段的小肠壁增厚硬化并伴有水肿和纤维化,常见到小肠肠腔狭窄及纤维性腹膜炎、浅表性溃疡和肠系膜增厚变硬。此时外科手术是很危险的,因为对小肠的操作有可能损伤脆弱的血管。坏死肠段的穿孔和末梢动脉内膜炎暗示了血管损伤。

　　肠部并发症临床表现为腹绞痛、脂肪消化不良、腹泻和便秘交替发生以及因肠管粘连而出现的腹膜包块等。有些并发症很复杂,需要外科介入,如急性、亚急性肠梗阻,穿孔,以及瘘管等。腹腔大野放疗,特别是以前做过手术的病人,40～50 Gy 中等剂量的照射即可看到这些并发症。50～60 Gy 照射后有 1/3 的病人发生不同程度的肠并发症。当分次剂量超过 2.5 Gy 时,这些并发症发生的机会更多,2.5 Gy 是个限制剂量。一年内,60 Gy 放疗结合化疗(5 - FU)可增加晚期并发症(瘘管和穿孔)的发生率。若组织发生萎缩、血液循环差,则即使化疗只引起中度细胞耗减,也不能耐受。

　　结肠和直肠的放射敏感性较低,55 Gy 照射后可见到损伤;60～70 Gy 照射后约 1/3 的病人受影响,照射野的大小是关键因素。

7.3.2　皮　肤

1. 皮肤的解剖组织学

　　皮肤由表皮(epidermis)和真皮(dermis)构成。表皮是复层鳞状上皮组织。表皮细胞分为两大类:一类为角质形成细胞,占表皮细胞的绝大多数,主要功能是形成角蛋白,参与表皮角化;另一类为非角质形成细胞,数量少,分散在角质形成细胞之间,包括黑素细胞、朗格汉斯细胞和梅克尔细胞。黑素细胞能合成黑色素,黑色素能吸收和散射紫外线,保护表皮深层的幼稚细胞不受辐射损伤。朗格汉斯细胞是一种抗原提呈细胞(antigen presenting cell),在皮肤免疫中起重要作用。梅克尔细胞与神经感觉有关。

　　按角质形成细胞的形态和功能,表皮由深至浅由多层细胞构成。最底层是基底层,附着于基膜上,由一层基底细胞组成。基底细胞是表皮的干细胞,可不断分裂增殖并向浅表推移,分化为 4～10 层有核的棘细胞并丧失分裂能力。棘细胞继续分化为颗粒细胞并逐渐成熟,同时向浅表移动,最后共形成 30 层左右的细胞,被覆在皮肤表面。最表层是由多层扁平角质细胞组成。这些细胞无核和细胞器,胞质内充满角蛋白。表皮由基底层到角质层的结构变化,反映了角蛋白形成细胞增殖、分化、移动和脱落的新陈代谢过程,如图 7.6 所示。表皮细胞更新周期为 3～4 周。

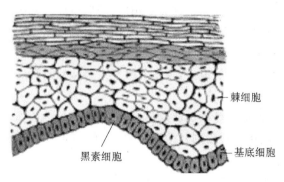

棘细胞

黑素细胞　　　基底细胞

图 7.6　皮肤表皮图解

　　真皮位于表皮下方,是不规则的致密结缔组织,一般厚 1～2 mm。真皮中散布着大量的成纤维细胞。成纤维细胞分泌的蛋白质组装成结缔组织中的各种纤维并参与基质的构成。真皮是慢增殖组织。真皮中的血管成分在放射反应中起主要作用。

1969 年 Mackengil 首先描述了皮肤角化层的构筑特征,并指出某些部位的皮肤角化层由垂直的六角棱柱状结构单位构成,棱柱内角质形成细胞整齐叠置。一般棱柱的结构向下达颗粒细胞层,有的部位表皮小柱向下达基底细胞层,此结构被称为表皮增殖单位或形态功能单位。在表皮内增殖单位彼此平行排列并与皮肤表面垂直。每个柱状的增殖单位内含有 6～12 个完全角化的细胞,其深层堆集着处于不同分化阶段的颗粒细胞和棘细胞,下方的所属范围包含有 8～12 个基底细胞。表皮增殖单位内角化细胞、颗粒细胞和棘细胞等严格地分层排列,而基底细胞则是 6 个排列在周边,3～4 个排列在中央。每个增殖单位与周围 6 个增殖单位相邻,相邻单位的角化形成细胞常处于不同的分化阶段。

受照射后存活的克隆源性细胞使组织再生,但其数量随照射剂量的增加而减少。正常表皮内的克隆源性细胞数可用细胞存活曲线外推的方法来估算。每平方毫米的表皮大约有 1 500 个增殖单位,共有 20 000 个左右的基底细胞,其中克隆源性细胞 1 000～2 000 个,这提示每个增殖单位只有一个干细胞,增殖单位里其他细胞只是正在分化的细胞。用 ^{3}H－TdR 标记的方法可分辨处于不同成熟阶段和分化周期的细胞类型。实验显示最后 1 次有丝分裂后大约 2 天,大部分分化细胞离开增殖单位向表层移动。

皮肤中毛囊的数目随部位不同而有所差别,毛囊中的干细胞对表皮再生有协助作用。

2. 单次照射的早反应

皮肤对辐射最敏感的组织是上皮细胞迅速发育的基底层。正常皮肤的表皮由基底层到表皮层各生发层的细胞外观均匀,分化良好。辐射损伤基底细胞导致上层细胞出现非典型和变异细胞,细胞间连接处的凝聚力普遍丧失。单次照射后可以观察到以下几种反应:

(1) 早期红斑

剂量大于 5 Gy 时,照射后几小时皮肤表层出现类似于晒伤的早期红斑。这是由于血管扩张、水肿和毛细血管内血浆成分渗出所致。此症状可持续几天。

(2) 与细胞死亡有关的继发反应

剂量达 10 Gy 左右照射约 10 天后,皮肤表层开始发生与细胞死亡有关的继发反应。反应的严重程度和高峰出现的时间在一定程度上取决于表皮基底层所受的剂量,10 Gy 照射后出现干燥脱屑,15 Gy 照射后则出现湿性脱屑等。继发反应的延迟及其损伤发生后发展的速度不受照射剂量的影响,而是随物种和解剖区域而变化。图 7.7 显示暴露于 100～150 Gy X 射线的患者手背皮肤组织切片图像。同正常表皮相比,受照射表皮基底层细胞数量减少,剩下的细胞形状和大小不规则,有些分离,表现为棘层松解,偶尔也会出现核分裂象。在这种情况下,整个表皮层最终会溃烂和脱落。随照射剂量的增加,再生所需要的时间变长,这是因为存活的克隆源性细胞数量减少。大剂量照射后,表皮的修复主要从照射野周围的细胞开始。

(3) 放疗和化疗的联合应用

放疗期间注射细胞毒性药物可增加放射效应,降低阈剂量。例如,5 周内 50 Gy ^{60}Co 照射只产生干燥脱屑,如同时应用阿霉素则发生湿性脱屑,有时甚至出现坏死。如果放、化疗之间间隔 1 周,则这种叠加作用消失。

3. 早反应的放射生物学基础

集落分析法(即计数再生灶数目)可用于研究皮肤的急性反应。具体方法是动物照射 10～14 天后测量在体存活的克隆细胞数。当剂量超过 8 Gy 时,每个再生灶由一个细胞形成。用这种方法测定的存活曲线的 D_0 值为 1.3 Gy。分次照射可以得到曲线初始部的参数,显示

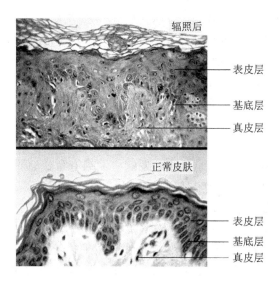

图 7.7　暴露于 100～150 Gy X 射线的患者手背皮肤组织切片图像

曲线有一个大的初始斜率,肩区为 4.5 Gy 左右,α/β 值很高,为 20 Gy 左右。2 Gy 照射后,存活细胞比例约为 50%;15 Gy 照射后,每平方毫米只残留大约一个克隆源性细胞;30 Gy 照射后,每平方毫米只有 $10^{-4}\sim10^{-5}$ 个克隆源性细胞。照射野在 1～400 cm^2 之间时,损伤效应的严重程度和存活克隆源性细胞的数量明显取决于照射野的面积。

即使大剂量照射后,基底层上方也没有固缩细胞,基底层内退化细胞数量也很少。在 3～35 Gy 之间,对剂量的依赖性很小。退化细胞数量在 3～4 天达到最高,即使照射剂量能够杀灭所有克隆源性细胞并造成溃疡,退化细胞数也不会超过基底层干细胞的 10%。因此,皮肤的剥脱不是由于细胞死亡,而是由于细胞停止增殖所致,这与紫外线照射后退化细胞数很高的损伤情况完全不同。

用 ^{3}H－TdR 标记证实,在照射剂量即使几乎杀灭所有克隆源性细胞时,成熟细胞仍能合成 DNA、分裂和迁移。基底层的逐渐减少是由于细胞的分化和迁移,这些细胞并没有因为干细胞的死亡、生产减少或中断而改变分化程序。因此,损伤的时间进程与剂量无关,因为损伤的时间进程对应于分化层细胞和增殖单元中成熟细胞衰老所需的死亡时间,而且照射后 20 天左右成熟迁移导致的基底层耗竭和正常角质形成细胞由基底层增殖、分化至表皮剥脱具有相同的时间尺度。各种因素都会加速皮肤表皮剥脱,例如感染和位于基底层上方的细胞层附着不良等。当基底层细胞密度变得非常小时,上层细胞也会迅速流失。

照射后 1 周左右开始再生,此时表皮中可见到快速增殖的细胞岛,标记指数大大高于正常值。

基底层少量的细胞损耗一般不会产生肉眼可见的反应,只有当剂量超过临界值时才会出现。但当剂量低于阈值,甚至低于 1 Gy 时,却确实会减少基底层干细胞的数量,这种损伤会降低机体对以后辐照的耐受性,使产生皮肤反应所需的剂量约减少 10%。

4. 晚反应

与核事故或职业性照射相同,皮肤放疗后晚反应主要发生在真皮。晚反应比早反应更严重,因为它们是不可逆的。晚反应表现为皮肤变薄而脆弱,轻微的损伤即可造成难以愈合的溃疡;还可见到血管扩张,说明血管系统也受损。如果照射很浅,则损伤只限于表皮和真皮。用高能 X 射线和 γ 射线照射时,皮肤的吸收剂量较少使早反应轻微,但最高剂量构建处于皮下,因而有可能对深部施以较大的剂量,由此可能引起皮下组织的纤维化。

早反应(干性或湿性脱皮)和晚期损伤之间并非平行发展,特别是在分次剂量发生改变时,当分次剂量增加时,晚反应出现的较早。α/β 值的大小反映的是组织对射线的反应敏感度。与早反应组织的 α/β 值不同,晚反应组织的 α/β 值要小得多,约为 3。α/β 值越大说明组织的直接作用效应越明显;反之,α/β 值越小表明直接杀伤作用越少,组织具有修复损伤的能力,达到相同的效应需累积杀伤。皮肤早、晚反应的发生机制是不同的,早反应主要发生在表皮,而晚反应起源于真皮。

照射后 6 个月或 2 年内出现的晚反应的发病机制尚有争论,但血管损伤是主要原因。实验表明,发生晚期损伤及其严重程度与照射后 3 个月测定的供血减少有关。供血减少是由于真皮微动脉的内皮细胞损伤导致血管部分或全部阻塞。尽管最终供血能恢复正常,但受照射后皮肤已萎缩和挛缩。血流减少可能是导致真皮中细胞死亡的一个原因。移植到皮下的肿瘤组织块的快速生长表明受照射的血管细胞具有快速增殖能力。

成纤维细胞减少的原因可能是由于射线直接作用的结果,因为受照射后数十年在成纤维细胞中仍能发现染色体的畸变。不管是什么原因,皮肤成纤维细胞数量的减少导致胶原分子更新速度减慢和不完全吸收,最终使得胶原分子之间形成了交联,皮肤失去弹性。

7.3.3 造血组织

在胎儿期,肝脏和脾脏具有一过性造血功能,以生成红细胞为主。胎儿和婴幼儿时期的骨髓都是红骨髓,大约从 5 岁开始长骨骨干的骨髓腔内出现脂肪组织并随年龄的增长而增多,称为黄骨髓。成人的红骨髓和黄骨髓约各占一半。健康成年人的红骨髓是主要造血组织,当机体需要时黄骨髓可转变为红骨髓。

骨髓的造血组织主要由网状组织和各级造血细胞组成。网状纤维和网状细胞构成网状支架,网孔中充满不同发育阶段的各种血细胞以及少量的基质细胞(如巨噬细胞、未分化间充质细胞等)。虽然不同的血细胞及同种血细胞的不同阶段对辐射的敏感度不同,但总体上造血组织对辐射非常敏感。造血组织辐射损伤的程度在相当程度上与放射病的病情轻重与转归有关。

1. 骨髓的放射反应

在骨髓中电离辐射的主要作用是诱导造血干细胞池和造血祖细胞池中增殖细胞死亡,进而导致其下游增殖池、前体细胞和成熟细胞群缺乏更新细胞,最终导致所有造血小室逐渐衰竭,外周血细胞耗竭。最初预测造血干细胞对电离辐射会非常敏感,但大量实验结果表明,造血干细胞比最初预测的更具抗辐射性,并且具有很高的修复能力。静止的干细胞可能是负责造血恢复的细胞亚群。

人体全身受到中度急性照射后 2 h,肉眼观察骨髓造血无显著病变。光学显微镜下可见增殖细胞数减少,细胞膜通透性被破坏,核内 DNA 含量下降。12 h 左右,细胞内出现明显核固缩、破碎、溶解等病变。1~2 天后,骨髓干细胞大量破坏和坏死,骨髓内细胞数急剧减少,出现畸形分裂细胞;外周血中成熟粒细胞一过性增多。3 天后,在辐照后的骨髓中,前体造血细胞不再存在,骨髓内细胞不均匀地散布于小出血灶间,处于退行性变状态。红色区域是充满红细胞的血窦,其内偶尔含有浆细胞。浆细胞是分化的细胞,在这个阶段相对抗辐射。该区域边界清晰,显示了造血组织的位置。照后 2 周,组织切片显示骨髓内的细胞进一步减少,甚至基本消失。此时血窦扩张、破裂出血,基质水肿,且出血范围也逐渐扩大。到极限时,骨髓内造血组织破坏严重,细胞数明显减少,骨髓呈血水状,失去正常的红色粘稠状外观,造血功能接近停止。辐射对骨髓的影响如图 7.8 所示。

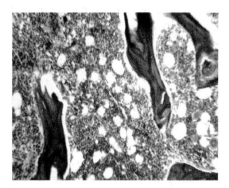

正常骨髓

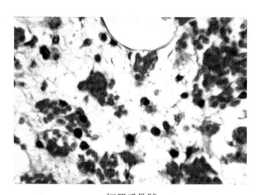
辐照后骨髓
缺乏各种造血前体细胞

图 7.8　辐射对骨髓的影响

严重程度及持续的时间与照射剂量呈正相关。中等剂量下,受照射一个月后骨髓造血干细胞的机能开始逐渐恢复。造血组织再次充满骨髓腔,但通常分布不均匀,即可见到造血活跃的区域,亦可见到枯竭区;造血区红系和粒系的造血细胞比例不确定,各有局限区,常见到较多的浆细胞。此时,损伤的血窦再建,血液循环逐渐恢复正常。

2. 造血干细胞和造血祖细胞的生物学特性

血细胞的产生是造血干细胞在一定微环境和某些因素的调节下,先增殖分化为各类血细胞的祖细胞,然后祖细胞定向增殖、分化成为各种成熟血细胞的过程,如图 7.9 所示。

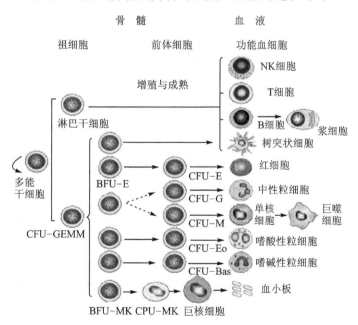

图 7.9　骨髓不同分化层次细胞图解

(1) 造血干细胞

造血干细胞(Hemopoietic Stem Cell,HSC)又名多能干细胞(pluripotential stem cell),是

生成各种血细胞的原始细胞。造血干细胞是正常机体赖以维持稳态造血的重要基础,也是电离辐射损伤后造血系统得以重建的关键因素。

造血干细胞起源于人类胚卵黄囊血岛。出生后造血干细胞主要存在于红骨髓中,约占骨髓有核细胞的 0.5%,其次是脾和淋巴结。外周血也有分布,其数量约为骨髓造血干细胞的 1%。

造血干细胞是一群具有很强的增殖潜能、多向分化能力及自我更新能力等特征的细胞群。造血干细胞同造血微环境(尤其是造血基质)相互作用,在机体统一调节与控制下,能分化为各种类型的造血祖细胞,进而分化产生不同谱系的骨髓和淋巴样血细胞。在分化过程中,造血干细胞首先丢失了自我更新能力,然后逐步失去多能性,最终变为特定的有功能的成熟细胞类型,如红细胞和粒细胞等。

造血干细胞功能的维持以及自我更新受到严格的调控。造血干细胞的命运决定(如细胞死亡和存活、细胞分裂或静止、细胞分化或自我更新、极性和迁移或定居)都处于一个动态的网络调控之中,这可避免因造血干细胞衰竭而引起的造血重建失败,或者因造血干细胞过度增殖而引起的增殖失控。这种命运决定不仅在干细胞水平上非常重要,而且在整个造血干细胞分化过程中(例如,祖细胞分化阶段中)也很重要。大量新生成的血细胞不是在干细胞阶段增殖来的,而是祖细胞在多个短暂分化阶段通过指数扩增而来的。正常情况下,造血干细胞几乎不分裂,主要处于静止状态,只有一小部分造血干细胞参与特定阶段的活跃造血。在骨髓移植时,只有真正的长周期造血干细胞(Long-Term Hematopoietic Stem Cells, LT - HSCs)的成功归巢才能保证血液系统的终生重建。

造血干细胞的存在最初是通过小鼠脾集落生成实验证实的,但迄今为止,尚不能用单纯的形态学观察来辨认造血干细胞。用遗传学、分子生物学、细胞生物学等方法发现造血干细胞群体有明显的不均一性。人造血干细胞表面表达 CD34 分子,但 CD34 阳性细胞并不都是造血干细胞,例如部分造血干细胞是 $CD34^+CD38^-$ 细胞。异种移植方法鉴定发现,CD34 阳性细胞是一群异质性细胞,只包含<1%的功能性造血干细胞。近年来利用谱系标志($CD34^+CD38^-$ $CD45RA^-CD90^+CD49f^+$)提高了人造血干细胞的富集方法,但其纯度仍然只能达到 15%。目前,通过骨髓干细胞标记物确切鉴别干细胞仍是困扰医学界的难题。

(2)造血祖细胞

造血祖细胞(hemopoietic progenitor cell)是由造血干细胞分化而来的、分化方向确定的干细胞,故也称为定向干细胞(committed stem cell)。这一阶段的细胞已经丧失造血干细胞所特有的自我更新和多向分化能力。造血祖细胞增殖力有限,其数量的恒定依赖造血干细胞增殖分化后的补充。造血祖细胞在不同的集落刺激因子(Colony Stimulating Factor,CSF)作用下只能沿着有限的几个方向或某一方向分化,分化为形态可辨认的各种血细胞。根据细胞的分化能力,造血祖细胞可分为多向性(pluripotent)、狭向性(oligopotent)和单向性(monopotent)三群;根据分化方向,造血祖细胞又分为红系(erythroid)、粒系(granulocytic)、巨核系(megakaryocytic)、淋系(lymphocytic)和髓系(myeloid)多向造血祖细胞等类。

3. 造血细胞的辐射损伤

不同类型、不同分化程度的血细胞辐射敏感性也不同。增殖分化比较活跃的造血、血液细胞具有较高的辐射敏感性。从形态学上,它们基本上遵循 Bergonic 和 Tribondeau 定律,也就是说,幼稚细胞较成熟细胞敏感,进入细胞周期的细胞比静止期的敏感。血液系统中各种血细胞的辐射敏感性顺序大致为:淋巴细胞>幼红细胞>单核细胞>幼粒细胞。

（1）造血干细胞的辐射损伤

造血干细胞是血细胞更新系统中最原始的细胞，是维系机体正常造血功能的重要保障，也是造血辐射损伤后造血组织和外周血液循环得以重建的关键细胞。目前尚无更好的办法分离辨认出全部的造血干细胞，但这并不能阻止科学家对造血干细胞的辐射损伤研究。

脾集落形成单位（Colony Forming Unit-Spleen，CFU-S）是最早用于研究造血干细胞的细胞群。每个 CFU-S 都是由一个造血干细胞发展而成的。通过研究机体照射后对 CFU-S 的影响阐明不同射线与射线剂量与造血干细胞的放射敏感性、损伤修复之间的关系。研究表明：CFU-S 的细胞存活曲线大多为 S 形，在半对数坐标图中有"肩区"，其 D_0 值在 0.6～1.3 Gy 之间，一般为 0.9 Gy 左右。脾与骨髓 CFU-S 的 D_0 值相接近，并随射线能量的增加而减少。

急性大剂量辐射损伤后，造血干细胞遭到严重破坏，细胞数量骤减，干细胞需分裂很多次（十几次）才能使干细胞数量达到照射前水平。故照射后需经过一段分裂停滞，干细胞才开始增殖。一旦开始再生，其增长速度是较快的。亚致死性剂量或较小剂量（1.5～2.0 Gy）照射时，虽然造血组织改变较轻，但 CFU-S 在数量上的恢复却比较缓慢，持续时间较长。低剂量率连续照射时，CFU-S 的变化取决于剂量率的大小。

局部照射（即屏蔽部分骨髓）时，屏蔽骨髓中出现两种间接效应：首先由于分化导致 CFU-S 数量减少，并且减少量随着照射部位剂量的增加而增加；然后触发剩余 CFU-S 的增殖，这两种作用决定了屏蔽骨髓区的细胞数量。图 7.10 显示局部骨髓受到 1.5 Gy 照射后，屏蔽骨髓中的造血干细胞数几乎保持稳定；但由于受照射骨髓组织所释放刺激因子（受照射组织释放的刺激因子已在血浆中检测到）扩散至屏蔽骨髓区，使屏蔽骨髓的 S 期造血干细胞百分数在照射后 15～20 h 快速升高；受照射骨髓的 S 期造血干细胞百分数稍后也有所增加，可能是由于受照射细胞对刺激的反应较慢所致。上述结果说明在骨髓中 CFU-S 的增殖、分化与迁移是相互影响的。当造血干细胞大量破坏时必须通过造血干细胞自身的增殖来补充其数量，同时限制造血干细胞的分化速度以加快造血干细胞数量的恢复。电离辐射所致造血干细胞的残留损伤，很可能导致辐射远后效应（如粒细胞性白血病等）。

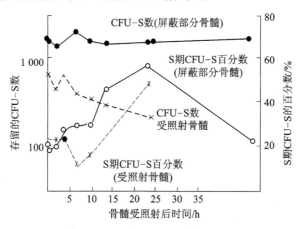

图 7.10　骨髓局部受照射 1.5 Gy，受照射部位与屏蔽部位骨髓中造血干细胞的变化

（2）造血祖细胞的辐射损伤

造血祖细胞基本丧失了造血干细胞特有的自我更新能力，但在体液因子调控下，仍具有分裂并向有限几个方向分化的潜能。根据其分化方向不同可分为不同系的祖细胞，它是各亚群组成的、不均一的细胞群体，对射线相当敏感。

1) 造血祖细胞的细胞存活曲线

造血祖细胞的细胞存活曲线与 CFU－S 的形态相似,但肩区较明显。不同动物种类或同一动物的同种射线不同能量辐射产生的祖细胞的细胞存活曲线略有不同,主要是曲线的直线部分斜率不同。图 7.11 所示为小鼠、犬和人骨髓及血液中粒细胞和巨噬细胞集落形成单位 (Colony Forming Unit-Granulocyte and Macrophage,CFU-GM) 的细胞存活曲线。按照曲线斜率的大小排列为:小鼠骨髓 CFU－GM＞人骨髓 CFU－GM＞犬骨髓 CFU－GM＞犬血液 CFU－GM。

人骨髓中红细胞集落形成单位(Colony Forming Unit-Erythrocyte,CFU－E)的细胞存活曲线的斜率比骨髓 CFU－GM 的略小,即红系的辐射敏感性高于粒系的敏感性。巨核造血祖细胞的细胞存活曲线斜率较大,最具有辐射抗性,n 值接近 1;而红系、粒系祖细胞的曲线斜率较小,n 值较大。

2) 造血祖细胞的辐射损伤

粒系造血祖细胞在受到辐射后有明显的即刻效应和辐射后效应。细胞数量在照后 1～2 天明显减少,减少程度与照射剂量成正相关。然后,粒系祖细胞以指数速度开始回升,回升速度与照射剂量有关,有剂量越大回升越早的趋势。其原因除与细胞群体倍增时间的变化有关以外,也可能与剂量越大辐射后效应持续相对越短,使回升越早有关。

红系爆式集落形成单位(Burst-Forming Unit-Erythroid,BFU－E)和 CFU－E 是只能向红系分化的红系造血祖细胞的不同亚群,它们对电离辐射的反应基本相似。BFU－E 受照射后与 CFU－S 和 CFU－GM 类似,有辐射后效应。受 5 Gy 照射后 1～2 天细胞数可降到正常值的 0.8% 以下,而后以指数速度增长。照射后 15 天达平台期缓慢上升,25 天时略低于正常水平。而 CFU－E 受照射后下降幅度虽大于 BFU－E,但无照射后效应,即刻效应后立即进入指数增长,照后 10 天已达正常水平,并一直维持到观察的第 25 天,如图 7.12 所示。

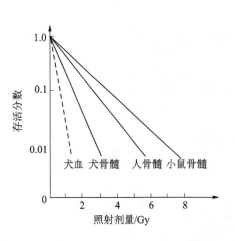

图 7.11　小鼠、犬和人 CFU－CM 的细胞存活曲线

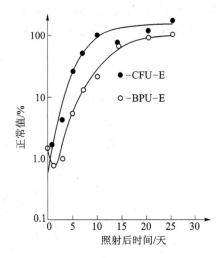

图 7.12　5 Gy γ射线全身照射后小鼠股骨 CFU－E 和 BPU－E 细胞数的变化

(3) 全身照射后血细胞比例的变化

电离辐射时造血组织中所有细胞都是放射敏感细胞。较大剂量照射以后,血细胞数量最早发生变化。首先是淋巴细胞减少,紧接着是粒细胞,然后是血小板,最后是红细胞减少,导致

贫血。接受相同照射剂量的所有个体都发生一样的变化。

　　淋巴细胞是人体中放射最敏感的细胞之一（见图 7.13），特别是外周血中的小淋巴细胞，但敏感程度因不同个体而有差异。人体全身照射 0.5 Gy 就能造成血中淋巴细胞下降（也有资料显示 0.3 Gy 就能导致淋巴细胞数减少）。全身照射 4 Gy 时，受照射后 3 天即迅速下降至最低值（为正常值的 5％ 左右），恢复期开始后缓慢回升，1 年左右才恢复正常。

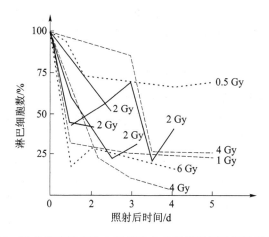

图 7.13　准备器官移植的 9 例患者全身照射后淋巴细胞数的变化

　　粒细胞的放射敏感性紧随淋巴细胞之后，中等剂量受照射后早期在细胞数量下降后有一过性反应性增高，随后逐渐下降，至极期降至最低值（10％ 以下），恢复期开始回升，数月后恢复正常。血小板受照射 14 天内下降很慢，极期时才降至最低值的 10％ 左右，恢复期回升较快，2～3 个月即接近正常。红细胞数下降最慢，早期无明显变化，极期最低值尚可保留相当数量（40％～50％），恢复期则很快回升到正常值。图 7.14 所示为大鼠全身照射 5 Gy 时，几种血细胞的变化趋势。

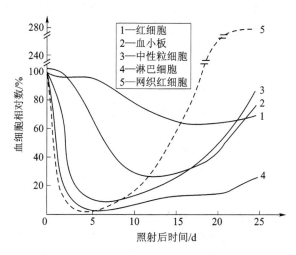

图 7.14　中等致死剂量(5 Gy)照射后几种血细胞的变化

　　照射剂量越大，细胞数量降到最低点出现得越早，增殖抑制的时间也越长，出血、感染的危险度增加。以粒细胞为例，1 Gy 左右的低剂量照射，粒细胞数减少不明显，但持续时间较长，再生也不快；6 Gy 以上全身照射，7～9 天内粒细胞达到临界水平（300/μL）。3～4 Gy 照射后

1 天的骨髓细胞数下降 30%,8 Gy 照射后下降达 80%;5 Gy 或以上照射后 3～4 天达到最低值,照射后 6 天由于未分化细胞集落的存在显示骨髓的再生,而 8 Gy 照射后骨髓再生开始的时间比低剂量照射后早。多次小剂量照射(慢性照射)后血细胞的数量变化要复杂得多。

尽管辐射损伤因细胞更新迅速很快便表现出来,但外周血循环细胞的数量并不能显示造血组织损伤的程度,特别是干细胞损伤的严重性。虽然干细胞受损严重,但由于正在成熟的细胞使循环中血细胞代偿性增高,外周血细胞仍能保持一定数量,如红细胞早期阶段的细胞在成熟过程中仍能够通过分裂使红细胞的数量增加。相反,相对低剂量的急性照射能暂时抑制血细胞的产生。

(4) 照射后红细胞和粒细胞生成变化的原因

受照射后存活的造血干细胞决定了骨髓中血细胞的行为。全身照射后最初几小时多能干细胞和祖细胞数量骤然减少,其原因是照射的致死效应和对较高分化层次细胞的耗减做出的反应。然而,当造血干细胞数量降到临界水平或以下时,造血干细胞的分化被阻滞,从而导致增殖、成熟层次的细胞耗减,继而在照后 10 天前后功能细胞停止生成,这时造血系统中没有成熟阶段的细胞(成红细胞、嗜酸粒细胞或晚幼粒细胞)生成。在造血干细胞层次部分恢复再生之前,功能性的细胞生成几乎是零;之后,造血干细胞的快速增殖使各细胞系再次分化和再群体化,从而出现爆发性再生。给予造血生成因子(haemopoietic factor)能显著缩短骨髓抑制的时间并加速血细胞的再生。

分次照射后的造血干细胞和祖细胞池中细胞数量减少,但祖细胞数量的减少可被扩增因子的增加所代偿,其原因为造血干细胞层次的细胞过渡期延长,有大量分裂细胞,特别是很少分化的细胞也进行有丝分裂,此机制补偿了这个层次细胞的死亡率。在拖延连续照射中造血干细胞的细胞存活曲线的初始形状与单次照射中时的相同,然而,在低剂量率照射时细胞存活曲线的初始斜率突然发生变化,此时造血干细胞存活得很少。CFU-S 的数量在每天 0.7 Gy 时可以保持稳定,在每天 0.5 Gy 时却可能会增大,这是由于造血干细胞正以最大速度进行周期循环。因此,CFU-S 增殖率的加速和成熟层次细胞有丝分裂数的增加可使大于 30 Gy 的低剂量率全身照射小鼠的外周血循环细胞数保持基本正常。

4. 局部照射

在照射区内,局部照射的效应与全身照射相似。照射后数小时内,未受照射骨髓的造血干细胞进入有丝分裂细胞期,S 期细胞增多(见图 7.10),并出现代偿性增生以保证血细胞总数基本正常。此外,造血作用可扩展到其他部位的骨髓,如正常情况下成年人不造血的长骨也恢复造血功能,甚至可出现脾和肝等的髓外造血。分次照射时,未受照射部位造血干细胞池中的细胞由于加速分化而逐渐减少,此现象将持续到照射部位骨髓恢复正常。当剂量大于 30 Gy 时,照射部位的骨髓将永远不能恢复正常,未受照射部位骨髓的增生和骨髓活跃范围扩大并将无限期地存在下去。

骨髓受照射后,如果照射体积扩大,那么照射部位内骨髓细胞的再群体化也会增大。例如人类 20% 的骨髓受到照射后,照射部位的造血功能处于比较低的活跃水平;而 50% 或 60% 的骨髓受照射后,甚至在相对高的照射剂量时,受照射部位的骨髓仍有部位再生,其原因可能是受到了强烈的刺激,机体的一种应急反应。

5. 晚反应及其转归

骨髓受到大剂量的照射后,造血干细胞数量下降,造血干细胞需要分裂多次才能恢复到原水平。照射后造血干细胞需经过一段分裂停滞才开始向下分化增殖,受照射剂量越大,恢复到正常就越缓慢。因此,照射后外周血恢复正常需要一段时间,时间的长短与照射剂量有关。当总剂量较大时,造血干细胞层次的再生更慢,因此,全身照射或化疗后数月或数年内病人对再次放疗或化疗非常敏感。

当受照射部位再次恢复造血功能时,此处的祖细胞死亡率相当高,称为无效造血(ineffective haemopoiesis)。在维持时间长短不等的正常血象后,受照射人或动物的骨髓都会出现晚期衰竭。关于晚反应有以下几种解释:

① 造血细胞所处的造血微环境被破坏。造血微环境对造血干细胞经血循环迁移至适宜的造血组织内,有识别、引导并调节其定居、增殖和分化的作用。造血微环境包括造血基质(细胞性基质和非细胞性基质)和局部的各种化学物质(如粘多糖、谷胱甘肽、各种激素及微量元素等),其中基质细胞在造血微环境中起着重要作用,它们与不同阶段的血细胞相互作用,对细胞的增殖分化具有诱导作用。骨髓受照射后基质细胞发生了变化,原来的微环境发生了改变,造血干细胞的自我更新、分裂增殖也随之改变。

② 血管形成的改变。受照射后骨髓血管系统中血窦扩张,充血甚至破裂,基质水肿。重建后可出现血管异常。

③ 干细胞的遗留损伤使它们再群体化能力下降。但是,这些解释都不是很充分,可能还有未明的原因。

7.3.4　免疫系统

免疫系统由淋巴器官、淋巴组织和免疫细胞构成。淋巴器官包括中枢淋巴器官(胸腺和骨髓)和外周淋巴器官(淋巴结、脾和扁桃体等)。淋巴组织除主要构成外周淋巴器官以外,也广泛分布于消化管和呼吸道等非淋巴器官内。免疫细胞由两大种类型细胞组成:淋巴细胞和单核吞噬细胞(如巨噬细胞)。巨噬细胞和血液中的粒细胞来源于相同的祖细胞——粒细胞-巨噬细胞集落形成细胞 (Granulocyte-Macrophage Colony-Forming Cells,GM－CFC)。GM－CFC 分化形成单核细胞。单核细胞从骨髓释放入血液中,经短期的循环后,可随机或对趋化性刺激物起特异反应而移动到各种组织里,分化成具有不同形态和功能特征的组织巨噬细胞。巨噬细胞对射线不敏感,有一定的放射耐受性,但不是所有的巨噬细胞都具有相同的功能和放射敏感性。

1. 淋巴细胞的类型

与其他血细胞系相同,淋巴细胞也来源于多能干细胞。淋巴细胞主要分为 B 细胞、T 细胞和 NK(Natural Killer,自然杀伤)细胞三种类型。

(1) B 细胞

初始 B 细胞离开骨髓后与相应的抗原结合,在外周淋巴组织中转化为大淋巴细胞,增殖分化,大部分子细胞分化为效应 B 细胞,即浆细胞,分泌免疫球蛋白,参与体液免疫。少部分子细胞转化为记忆性 B 细胞。B 细胞的寿命约为 7 周,转化为浆细胞后其寿命为 2～3 天。记忆性 B 细胞寿命可长达数年,甚至终身。

(2) T 细胞

T 细胞的定向祖细胞在胚胎期迁入胸腺,初始 T 细胞在胸腺内发育。在外周淋巴组织中发育为效应 T 细胞和记忆性 T 细胞。T 细胞有三种亚型:第一种是细胞毒性 T 细胞,负责细胞免疫;第二种是辅助性 T 细胞,分泌多种淋巴因子,辅助 B 细胞和细胞毒性 T 细胞进行免疫应答;第三种数量较少,称为抑制性 T 细胞,调节免疫应答的强弱。效应 T 细胞的寿命仅 1 周左右,而记忆性 T 细胞寿命可长达数年。

（3）NK 细胞

NK 细胞无需抗原提呈细胞的中介,也不借助抗体,即可直接杀伤病毒感染的细胞和肿瘤细胞。它们没有特异的识别功能。

B 细胞和 T 细胞的免疫反应是细胞间相互作用的结果,其中包括辅助性 T 细胞和抑制性 T 细胞的参与协调,是一个非常复杂的过程。由于这些不同类型的细胞以及它们前体对射线的敏感性不同,因此,辐射通过干扰细胞间的相互作用与平衡导致免疫反应发生改变。

2. 淋巴组织的放射反应

全身照射后外周血中 B 细胞和 T 细胞数量迅速下降(见图 7.13),低剂量照射后数周淋巴细胞数量就能恢复正常,高剂量照射后淋巴细胞恢复正常的时间将延长。

构成淋巴器官（如胸腺、淋巴结、脾等）的淋巴组织对射线非常敏感,小剂量照射即发生细胞耗减。中枢淋巴器官(胸腺)的淋巴组织比周围淋巴器官(如淋巴结)的更加敏感。图 7.15(a)显示的是正常淋巴结的低倍照片,淋巴结表面被覆有被膜,被膜下的实质主要包括皮质、副皮质区和髓质,皮质与髓质的边界轮廓清晰。皮质中淋巴小结的结构清晰可见。图 7.15(b)所示为淋巴小结的高倍照片,淋巴小结的生发中心和皮质旁区域清晰可见。生发中心呈浅粉红色,主要是 B 细胞增殖区。生发中心的顶部及周围有一层密集的小淋巴细胞(小结帽),由 T 细胞和 B 细胞组成。副皮质区位于生发中心的深部和侧面,主要是淋巴结内的 T 细胞区。图 7.15(c)所示为一只接受 9 Gy ^{60}Co γ 射线照射后狗的淋巴结,可见淋巴结已经衰竭,被膜下窦中度水肿。由于皮质内淋巴样细胞的整体耗竭,皮质、髓质的功能结构并不明确。图 7.15(d)所示为接受全身照射 40～60 Gy 的人体淋巴结生发中心的切片,显示淋巴小结生发中心的淋巴细胞广泛坏死,以核固缩和核变性为特征。坏死的碎片被巨噬细胞吞噬或清除。这些变化发生在辐射后数小时内。这位病人在受照射 35 h 后死亡。

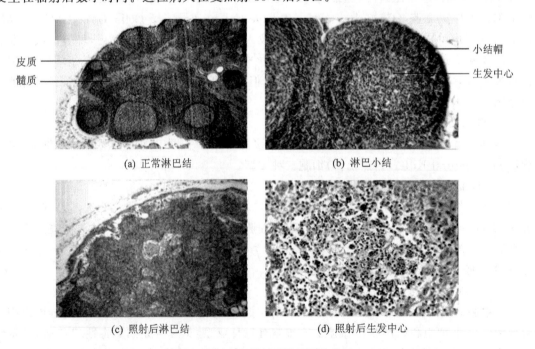

　　　　(a) 正常淋巴结　　　　　　　　　　(b) 淋巴小结

　　　　(c) 照射后淋巴结　　　　　　　　　　(d) 照射后生发中心

图 7.15　电离辐射对淋巴结的作用

局部照射后,附近未照射部位的免疫细胞迁移至照射区,淋巴组织的再生加速,导致未照射部位的细胞部分耗减。全身照射后,主要是骨髓干细胞的再生增殖和分化,但存活的淋巴细胞也能倍增。虽然淋巴细胞属于放射最敏感的细胞群,$0.2\sim0.3$ Gy 就足以杀死大部分的间期细胞,但有些群体相对也是有放射抗性的。一般情况下,B 细胞较 T 细胞更具放射敏感性。T 细胞不同亚群间的放射敏感性也不同。电离辐射使 T 细胞各亚群间的平衡被打破,作用过程非常复杂。特别指出的是,辅助 T 细胞(Th)比抑制 T 细胞(Ts)更为敏感,抑制 T 细胞(Ts)再生得也更快。全身照射或大野放疗以后 Th/Ts 之比下降,可持续数月或数年。NK 细胞的活性恢复较早。

用集落形成能力测定淋巴细胞的放射敏感性,结果显示其敏感性与造血干细胞很接近($D_0=0.8\sim1.0$ Gy,$n=1\sim1.2$)。受抗原或有丝分裂原刺激而增殖的淋巴细胞的放射敏感性比静止的淋巴细胞低。

胸腺的放射敏感性很高,但照射后细胞再群体化的速度很快,可能与细胞快速倍增有关。不过,胸腺内也有相对抗拒的细胞亚群。脾对射线也非常敏感,机体受照射后脾中的 T 细胞再生优于 B 细胞。淋巴结也非常敏感,剂量大于 30 Gy 可造成淋巴结基质破坏、血管病变、萎缩和纤维化。

3. 放射对免疫功能的影响

放射对免疫功能的影响非常复杂。它与免疫细胞的存活数、细胞的移动能力以及是否残存它们发挥正常功能所需的微环境等有密切关系,同时,还取决于照射野的大小和照射时间等因素。

全身大剂量照射($3.5\sim4.5$ Gy)抑制机体对新抗原的免疫反应,这种抑制效应对准备施行器官移植的病人有利。对已被抗原致敏的器官,全身照射的抑制效应非常小(如已经接受过供体移植的病人再进行同一个体的皮肤移植)。同样,受过抗原刺激后再给予照射,放射效应是很低的,而免疫力却甚至有所提高,这种抑制效应的缺乏由以下几个因素造成:① 免疫细胞被致敏,存在大量被抗原致敏的细胞;② 增殖态淋巴细胞的放射敏感性比静止态淋巴细胞低得多;③ 记忆淋巴细胞具有放射抗拒性。

局部照射对机体免疫反应的影响有限。但由于照射野内淋巴结和循环血液受到照射,导致 T 细胞和 B 细胞数量下降。如果照射野很大,那么 T 细胞下降的时间比 B 细胞长,这不是因为 T 细胞缺乏再生能力,而是由于相对放射抗性的 Ts 抑制了 Th 细胞数量的恢复,出现 Th/Ts 比值下降。这种长时间的 T 细胞数量减少并不降低机体的抗感染能力,唯一的病变是受照射机体带状疱疹的发生率增加,而且这种现象在放疗合并化疗的个体比单独放疗时高。

7.4 正常组织的剂量-效应关系

许多实验方法都能得到正常组织的剂量-效应关系。第一种是有限数量的克隆源性细胞分析技术,此技术的观察指标直接取决于体内单个细胞的再增殖完整性,这种实验方法与离体存活细胞类似。在骨髓造血干细胞、甲状腺细胞和乳腺细胞的分析体系中,由于供体的克隆源性细胞在受体动物不同组织上克隆生长,所以实验结果会因受影响而略有不同。例如,在 Till 和 McCulloch 的骨髓分析体系中,供体骨髓细胞的集落数是从受体动物脾脏的集落计数获得的,而 Clifton 和 Gould 所做的甲状腺和乳腺细胞的剂量-效应曲线是通过测定移植到受体动物脂肪垫内的克隆细胞生长情况而得到的。

第二种是观察组织的功能情况,从而得到可重复的、定量的正常组织剂量-效应关系。目前较广泛应用的功能性指标包括啮齿动物或猪的皮肤反应(如红斑或脱皮),小鼠脚的变形,小鼠放射性肺炎或肺纤维化(呼吸频率的变化),以及脊髓损伤所引起的后肢瘫痪。这些观察指标倾向于反映组织或器官中所保留的最少功能细胞数,而不是保持有再增殖完整性的细胞的存活分数。

另外,一些重复性比较好的能定量反映某一脏器剂量-效应关系的方法和指标,也可用来观察这一脏器的放射损伤,如采用特制的滤纸来定时、定量地测定照射后小鼠泌尿系统的损伤。

第三种是有些正常组织不可能得到完整的剂量-效应关系,但可以用一个能观察的、简单明确的指标来表示,如照射后观察动物死亡率(LD_{50})。

第四种是模拟计算,即用一系列分次实验的结果,用线性二次方程来推算一些组织的剂量-效应关系。Douglas 和 Fowler 首先提出了这个方法,并被广泛应用于推算不能直接测得参数的正常组织剂量-效应关系的 α 值和 β 值。

下面重点介绍有限数量的克隆源性细胞分析技术,并以皮肤集落再生为例描述此方法。

图 7.16 所示为 Withers 采用皮肤隔离带技术设计的实验,以确定小鼠皮肤的细胞存活曲线。主要的实验过程是,首先剃除小鼠背部的毛,然后用不同的 X 射线剂量进行照射。为了防止外周未照射区域的皮肤干细胞在实验期间生长进入照射区,进而干扰实验结果的准确性。实验时先用浅层 X 射线机给皮肤以 30 Gy 的大剂量照射,照射时用一小金属球屏蔽环状皮肤中心部,形成一环状壕沟,照射时壕沟内没有存活的皮肤干细胞。然后对这一屏蔽皮肤区域进行不同实验剂量(D 剂量)的照射,最后观察皮肤细胞的再生长。如果在这个皮肤区域有一个或更多的干细胞存活,几天以后将会在这个区域内出现小的皮肤结节,也即上皮细胞的集落;如果这个小区域内没有干细胞存活,一段时间后,周围的干细胞将跨过壕沟形成细胞浸润,使皮肤愈合。图 7.17 显示了小鼠皮肤的再生结节。为了得到较准确的细胞存活曲线,必须在不同的皮肤区域反复实验。

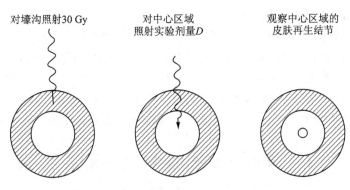

对壕沟照射30 Gy　　　对中心区域照射实验剂量D　　　观察中心区域的皮肤再生结节

图 7.16　实验照射时的皮肤隔离带技术

在用实验结果得出剂量-效应关系时,存在着一些实际操作上的限制。一方面在小鼠背部照射不可能形成一个杀灭所有皮肤干细胞的太大区域作为壕沟;另一方面可用于实验的最小面积受浅层 X 射线机的影响,因为即使 30 kV X 射线的照射对周围也有一些散射。图 7.18 中单次照射的细胞存活曲线是一条直线,剂量范围是 8~25 Gy,曲线的 D_0 值是 1.35 Gy,与离体培养哺乳动物细胞的 D_0 值非常接近。此实验方法不能直接得到外推数 n,因为纵坐标是每平方厘米皮肤表皮存活细胞数,它不能直接转化成存活分数,因为不知道单位面积内确切的

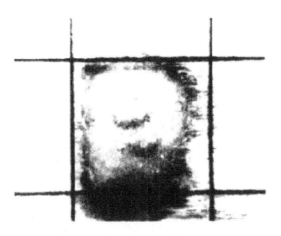

图 7.17　照射野内由单个存活干细胞形成的皮肤再生结节

皮肤干细胞数,但是可用间隔 24 h 的两分次照射实验所得到的细胞存活曲线间接推算出外推数 n。图 7.18 显示两分次照射所得到的细胞存活曲线与单次照射的细胞存活曲线平行,但已移至更大的剂量处。两条曲线在 X 轴上的跨度是 3.5 Gy,这相当于 D_q,即小鼠皮肤的 D_q 是 3.5 Gy,与用分次实验所估算的人皮肤的 D_q 相似。根据 D_q 和 D_0 可以估算外推数 n。

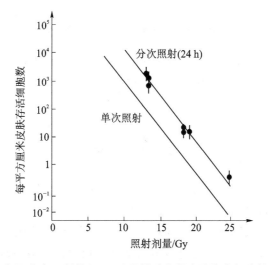

图 7.18　单次和两分次 X 射线(30 kV)照射后小鼠皮肤表皮细胞的细胞存活曲线

除原位再生长克隆技术以外,以克隆形成为指标的方法还包括细胞异位移植的克隆技术。图 7.19 汇集了用克隆源性细胞分析方法(原位或异位克隆)得到的多种正常组织细胞的细胞存活曲线。从图中可以看出,正常组织实际存在着放射敏感性的不同,主要表现为肩区宽度的变化。图中也显示了取自 AT 病人、离体培养细胞的细胞存活曲线,这些细胞可能是放射最敏感的哺乳动物细胞。骨髓克隆形成单位、乳腺细胞和甲状腺细胞代表异位细胞克隆移植技术,小肠隐窝细胞和睾丸干细胞则是照射后原位再生长的例子。

组织或器官的放射效应主要取决于两个因素:一是构成组织个体细胞的内在敏感性;另一个是细胞作为整体一部分的群体动力学。两种因素的结合决定了组织辐射效应的主要差别。组织中高分化的细胞是不再进行分裂的细胞,这些细胞对辐射具有很强的抗拒性。不同的组织包含的高分化细胞比例也不同,导致组织间细胞存活曲线差别很大。与群体动力学有关的

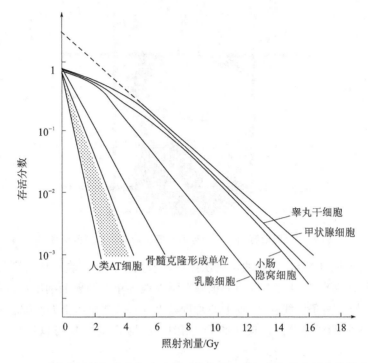

图 7.19 用克隆源性细胞分析方法得到的多种正常组织细胞存活曲线综合图

另一个因素是放射与放射损伤表达的间隔时间,不同细胞群体的间隔时间差异很大。间隔时间的长短取决于成熟功能细胞的寿命,即从干细胞分裂直到功能成熟的时间。这与组织的结构类型有关。

参考文献

[1] 从玉文,陈家佩,邵源.辐射后造血细胞对造血因子增殖反应性变化的研究[J].军事医学科学院院刊,1999,23(2):119-122.

[2] 刘及,陈家佩,吴祖泽,等.辐射血液学[M].北京:原子能出版社,1991.

[3] 陈家佩,从玉文,马平,等.吉林放射事故病人血浆造血活性观察[J].中华放射医学与防护杂志,1997,17(1):26-29.

[4] 夏寿萱.放射生物学[M].北京:军事医学科学出版社,1998.

[5] 林飞卿,余云霖,何球藻.医学基础免疫学[M].上海:上海医科大学出版,1992.

[6] 宋述强,程天民,林远.全身γ射线照射后大鼠伤口巨噬细胞功能的变化及苯妥因钠的影响[J].中华放射医学与防护杂志,1996,16(5):317-319.

[7] 刘树铮.低水平辐射兴奋效应[M].北京:科学出版社,1996.

[8] 杜吉泽,苏燎源,刘芬菊.小剂量辐射对淋巴细胞亚群间相互作用的影响[J].辐射研究与辐射工艺学报,1992,12(4):247-250.

[9] 刘树铮.低水平环境因子与适应性反应[J].中华放射医学与防护杂志,1998,18(5):310.

[10] Browne D,Weiss J F,Macvittie T J,et al. Treament of radiation injuries[M]. New

York:Plenum Press, 1990.

[11] Kysuncki Y, Kyoami S, Hirai Y,et al. Flow cytometry measurements of T, B and NL cells in peripheral blood lymphocytes of atomic bomb survivors[J]. Radiat Res, 1998,150(2):227-236.

[12] Gourabi H,Mozdarani H. A cytokinesis-blocked micronucleus study of the radio-adaptive response of lymphocytes of individuals occupationally exposed to chronic doses of radiation [J]. Mutagenesis, 1998, 13(5): 475-480.

[13] Kumasa A, Ouyang H, Dong L, et al. Catalytic subunit of DNA-dependent protein kinase:impact on lymphocytes development and tumorigenesis[J]. Proc Nat Acad Sci USA, 1996, 96: 1403-1408.

[14] Kawana A, Shioya S, Katoh H,et al. Expression of intercellular adhension mole-cule-1 and lymphocyte function-associated antigen-1 on alveolar macrophages in the acute stage of radiation-induced lung injury in rats[J]. Radiat Res, 1997,147(4): 431-436.

[15] Al-Barwari S E, Potten C S. A cell kinetic model to explain the time of appearance of skin reaction after x-rays or ultraviolet light irradiation[J]. Cell Tissue Kinet, 1979, 12(3):281-289.

[16] Croizat H, Frindel E, Tubiana M. The effect of partial body irradiation on haemo-poietic stem cell migration[J]. Cell Tissue Kinet, 1980,13(3):319-325.

[17] Haidenberger A, Hengster P, Kunc M, et al. Influence of fractionated irradiation on neutrophilic granulocyte function[J]. Strahlenther Onkol, 2003, 179(1):45-49.

第 8 章 电离辐射的远后效应

随着电离辐射在各领域的广泛应用和核能的迅速发展,许多人不同程度地受到辐射损伤(包括物理学家和医生)。机体受到电离辐射作用后,不仅在受照射后立即表现出损伤效应,而且在受照射后的远期也能表现出损伤病变。其中,辐射诱发肿瘤是重要的远后效应之一(将在第 9 章专门介绍),本章重点介绍肿瘤以外的远后效应。

8.1 概 述

电离辐射引起生物效应是一个非常复杂的过程,它包括机体的分子、细胞、组织和器官从吸收辐射能量开始到产生形态结构和功能变化的整个过程。生物效应的发生要经历不同的阶段和许多性质不同的变化。为了研究辐射生物效应发生、发展的规律,以便更有效地利用辐射和进行辐射防护,就需要对辐射生物效应进行分类。通常,辐射生物效应有三种分类方式,如下:

第一种,按效应发生规律的性质可分为确定性效应(deterministic effect)和随机性效应(stochastic effect)。

机体大多数组织、器官的功能并不会因为少量细胞的缺失而受影响,因为机体具有较强的代偿功能。但当细胞数量减少到某一数值并超出机体的代偿能力时,就会造成组织、器官功能不同程度的丧失,呈现肉眼可观察到的损伤。当机体受到电离辐射时,低剂量区细胞损伤的概率很少,表现不出结构功能的损伤。随着剂量的增加,细胞损伤的数量也逐渐增多。当剂量达到某一水平,即阈剂量值时,细胞损伤的概率就是 100%,并在超过阈值后损伤程度随剂量的增加而加重。辐射的这种效应被称为确定性效应,也称为非随机效应(non-stochastic effect)。它存在剂量阈值,即在阈值以下,效应不会发生;达到阈值,效应一定会发生。通常效应的严重程度与剂量大小呈正相关。

当机体受到电离辐射时,有些细胞受损而死亡,而有些细胞则通过 DNA 的修复发生了变异,成为一个突变细胞。在远后期条件适合的情况下,突变的细胞可能形成一个变异的子细胞克隆。这个细胞克隆可能导致恶性病变,即发生癌变或肿瘤,发生的概率随照射剂量的增加而增大,但严重程度与剂量无关。辐射的这种效应称为随机性效应。可见,随机性效应是指效应的发生概率,而不是严重程度与受照射剂量相关的效应。现在认为它不存在剂量的阈值。

第二种,按辐射作用的对象和效应出现的范围,将辐射生物效应分为躯体效应(somatic effects)和遗传效应(heritable effect)。通常把出现在受照射个体身上的损伤效应称为躯体效应;把影响受照射者后代的效应称为遗传效应。躯体效应又可分为全身效应和局部效应。前面提到的确定性效应都是躯体效应,而随机性效应可以是躯体效应(辐射诱发癌症),也可以是遗传效应(损伤发生在后代)。

第三种,按照辐射效应出现的时间可分为近期效应(early effect)和远后效应(late effect)。其中,近期效应又分为急性效应(acute effect)和慢性效应(chronic effect),慢性放射病和慢性皮肤放射损伤属于此类。电离辐射的远后效应(late effect of ionizing radiation)是指一次中等以上的 X 射线、γ 射线或中子照射;或是长期小剂量累积作用;或是放射性核素一次大量或多次小量侵入体内所致内照射损伤,在受照射半年以后(通常是几年或数十年)出现的病理变化;或是急性放射损伤未恢复而迁延成经久不愈的病变。这种效应可表现在受照个体上,也可显现在其后代身上。所以,远后效应可表现为受照射者的躯体效应及其子代的遗传效应。

电离辐射对人体的远后效应主要通过受照射人群的辐射流行病学调查和必要的动物实验观察来确定。目前,辐射流行病学调查资料最完整,样本量最大,包括不同年龄、不同性别,而且观察时间最久的是日本广岛和长崎原子弹爆炸后幸存者的资料;其次是马绍尔群岛的居民和日本渔民受核辐射落下灰污染的调查资料;还有核辐射事故如苏联切尔诺贝利核事故(Chernobyl accident)以及散在发生的辐射事故、天然高本底辐射地区居民、职业受照射人员及医疗受照射者所进行的调查资料。

我国在辐射流行病学调查中,人群样本较大的有广东阳江天然高本底辐射地区人体受照射剂量和居民健康状况的调查(1972—1997 年)、我国医用诊断 X 射线工作者 1950—1995 年非肿瘤死亡分析、天然铀化合物对生产工人的健康影响(1976—1985 年),以及辐射事故的个例追踪观察(如对 1963 年安徽省三里庵放射源丢失事故中 4 例患者进行的长达 30 年的随访调查等),都为电离辐射远后效应的研究提供了重要资料。

研究辐射远后效应的目的是为了更好地预防和避免此效应的发生,减少电离辐射所诱发的躯体效应和遗传效应,同时为确定剂量当量限值提供科学依据。

8.2　电离辐射的遗传效应

电离辐射遗传效应(ionizing radiation-induced hereditary or genetic effect)是指电离辐射对受照射者后代产生的辐射随机性效应。它是通过损伤亲代生殖细胞(精子和卵子)的遗传物质造成的,使其遗传性状在子代中表现出来,通常具有终生性特征。辐射遗传效应和辐射诱发肿瘤效应都属于随机性效应。

8.2.1　遗传物质突变

遗传效应的发生是由于生殖细胞中 DNA 结构或数量出现了异常。这种遗传物质发生的可遗传性变异叫作突变(mutation)。根据其变异发生的大小分为基因突变(gene mutation)和染色体畸变(Chromosome Aberration,CA)。当 DNA 分子链上基因位点或内部碱基化学结构、排列顺序发生改变时,即发生基因突变。基因突变是发生在分子水平上的变化,突变后 DNA 就按照新的位点及结构复制、传代而形成新的细胞。由一个基因突变引起的疾病为单基因疾病,由多基因突变引起的疾病为多基因疾病。染色体数目异常或结构改变叫作染色体畸变,由它引起的疾病叫作染色体病,是亚细胞水平上的变化,可以从亲代的生殖细胞或子代细胞中看到遗传物质的丢失、重复或增加等结构改变。染色体畸变与基因突变两者在本质上没有明显的区别。

8.2.2　实验动物的辐射遗传效应

早在 20 世纪 20 年代,Müller 采用 X 射线照射果蝇,发现 X 射线能大大提高基因的突变频率,在一定范围内突变率与辐射剂量成正比。Müller 还指出,X 射线既可引起基因突变,也可引起染色体畸变。用 X 射线诱发的可见突变中,绝大多数为隐性突变,但也有少量的显性突变。无论是显性突变还是隐性突变，往往都出现致死效应。

美国国立 Oak Ridge 实验室的 Russell 夫妇用 700 万只小鼠对各种照射条件诱发小鼠特定位点基因突变进行筛选实验，实验结果表明，有 6 种毛色变化和 1 种耳发育不全的突变频率明显增加。图 8.1 显示了小鼠 3 种皮毛颜色的变异。小鼠的皮毛颜色可局部发生改变，可以变深、变浅甚至白化。这些广泛研究包括用一系列不同的剂量、剂量率及分次照射对雄性和雌性小鼠进行照射。所得到的结果极为复杂，其中有以下 5 个主要结论与放射学有关：

图 8.1　显示 3 种皮毛颜色的变异

① 在 35 个显著因子上不同突变的放射敏感性有所不同，因此只能用平均突变率来表示。现在我们知道这仅仅是由于不同基因之间的大小差异造成的。

② 在老鼠身上剂量率效应相当重要。将某一给定照射剂量在相当长的一段时间内给予，与短期急性照射相比，导致的突变大为降低。Russell 将这种剂量率现象归因于机体的修复过程。

③ 基本上所有辐射诱导遗传效应的实验资料都有雄性小鼠参与。小鼠的卵母细胞具有极高的放射敏感性，即使是低剂量的辐射也很容易杀死卵母细胞。因此，小鼠被选为辐射诱发遗传效应实验的理想动物。

④ 如果个体在受到照射后间隔一段时间再妊娠，则可极大地降低某一给定剂量照射所致的遗传效应。对雄性小鼠而言，这个间隔时间约为 2 个月，而对雌性小鼠来讲还需要更长时间，而人类的这个间隔时间的长短还不太清楚。保守一些的建议是，性腺在受到一次明显的照射后，必须间隔 6 个月至 1 年的时间才能有计划的妊娠，以使遗传效应降到最低。对于接受放射治疗的年青的何杰金氏病人，或接受包括性腺在内的腰椎或胃肠下端 X 射线诊断的病人，即使受到 0.1 Gy 的照射，上述的时间间隔也是一个很好的建议。

⑤ 倍增剂量(doubling dose)是指在一代中使自然发生率增加 1 倍所需的剂量。目前公认的倍增剂量为 1 Gy，这是从低 LET 低剂量率慢性照射动物实验结果(主要是基于小鼠实验)外推得来的，是从辐射防护偏于安全考虑而提出的(见联合国原子辐射效应委员会(UNSCEAR)1977 年、1982 年、1986 年和 1988 年的报告以及电离辐射生物效应委员会(BEIR)1990 年的报告)。小鼠急性照射倍增剂量为 0.3～0.4 Sv。对日本广岛、长崎原子弹爆炸幸存者半个多世纪的遗传效应调查和研究后，估算的倍增剂量平均数是 1.56 Sv。

8.2.3　辐射诱发遗传效应的影响因素

电离辐射遗传效应的发生可受多种因素影响。不同的动物种属对射线的敏感性也会不同。以 X 射线诱发精原细胞染色体易位为观测终点,人和狨猴的敏感性约为小鼠的 3 倍。辐射性质、剂量和剂量率也是重要的影响因素,如高 LET 辐射比低 LET 辐射诱发基因突变率高。在一定范围内,受照射剂量越大,基因突变率或染色体畸变率越高。剂量率越高,对性细胞诱发基因突变的作用越强。慢性 γ 射线照射后,特定位点的突变率明显低于急性照射(很高剂量除外)。全身均匀照射与睾丸局部照射后,精母细胞染色体畸变率均与剂量呈线性关系,但全身照射的斜率是局部照射的 2 倍。此外,大剂量分次照射比一次大剂量照射诱发的基因突变率高。如用 5 Gy 照射,分 2 次,间隔一天,诱发的精原细胞突变率比 5 Gy 一次照射诱发的突变率高 5 倍。

8.2.4　人类的辐射遗传效应

电离辐射对人类遗传的危害还没有精确的估计方法。根据人类遗传学的基本知识,或对哺乳动物实验结果的外推,只要辐射在细胞内沉积足够的能量并导致生殖细胞变异,就会随机地造成遗传效应。但是,迄今尚不能在人类群体中直接证实辐射诱发突变造成遗传负荷的增加。

对原子弹爆炸时双亲受照射(性腺总平均剂量约为 0.4 Sv)后受孕,即 1946 年 5 月 1 日后出生的 31 150 名子女进行长期观察表明,一个如此庞大的人群样本量受到中等剂量的急性照射,对他们后代健康的不利作用是很小的,以至于小到被自然发生的突变的本底率所淹没的程度;甚至在最近 50 年内,用精确的流行病学方法也未显示出任何微小的效应。这可能与人体受照射后到妊娠总会有一定的时间间隔有关。推迟妊娠,大部分有害的遗传性后果都是可以避免的。一般建议男女受到一次明显照射后,为把遗传危害减少到最低,妊娠至少推迟 6 个月到 1 年,这是一个慎重而又保守的建议。所以,人类的辐射遗传效应流行病调查材料可能没有在啮齿类动物实验基础上外推的那么敏感。

从对国内、外辐射事故受照射者,如受核试验落下灰污染的马绍尔群岛居民、切尔诺贝利核电厂事故受辐射人员以及天然高本底辐射地区居民的资料调查分析来看,除生育能力有不同程度的影响以外,未看到有明显的遗传效应。

总之,从现有样本流行病学调查资料分析来看,人类受射线照射后的遗传危害概率都是很微小的。正常人群每代自发突变与由于选择作用而被淘汰的突变保持平衡。某一人群接受照射后新产生的突变加入社会全部基因组成(即基因库)中,通过世代随机婚配,其频率会因自然选择和淘汰最后降到原来的平衡值,其减低速度取决于选择或淘汰的效果。

8.3　电离辐射致血液系统疾病

血液系统电离辐射损伤的远后效应是指机体受到一定剂量辐射后数月至数年所发生的血液系统损伤性变化,其发生与受照射剂量、剂量率、造血实质细胞与间质细胞的放射敏感性、损伤后的修复率以及基因突变率等有密切关系。

8.3.1　贫　血

贫血(anemia)是指人体外周血红细胞容量减少,低于正常范围下限的一种临床症状。由于红细胞容量测定较复杂,临床上常以血红蛋白浓度来代替。血红蛋白是一种携带氧到身体各个组织的蛋白质。红骨髓中的造血干细胞首先分化为红系定向祖细胞,然后依次发育为原红细胞、早幼红细胞、中幼红细胞、晚幼红细胞和网织红细胞,最后发展成为成熟的红细胞。网织红细胞的细胞核已被排除,但胞浆中仍含有少量核糖核酸具有合成血红蛋白的能力。外周血中网织红细胞的含量很少,成人为 $0.5\%\sim1.5\%$。

造血组织对射线高度敏感,尤其是在骨髓中的发育阶段——幼红系发育前的各个时期。中等剂量照射后外周血中的网织红细胞几乎降为零,恢复需要的时间较长,而且骨髓中造血组织的辐射损伤恢复常常是不完全的,如红细胞数量低下。临床表现为,受到一定剂量照射后患者远期常常出现贫血的症状。1986 年,苏联切尔诺贝利核电厂事故中受照射 1.0 Gy 的救援人员中 3 年后有 30% 的人红细胞和血红蛋白含量降低。污染区的儿童也观察到血红蛋白含量降低,5.35% 的儿童出现高铁蛋白性贫血。辐射所致远期贫血以轻症为多,但也可能出现较严重的贫血。

1. 再生障碍性贫血

再生障碍性贫血(aplastic anemia)是一组由多种病因所致的骨髓造血功能衰竭性综合征,以骨髓造血细胞增生降低和外周血全血细胞减少为特征。人体受到射线照射后,骨髓中的造血干细胞受到损害,干细胞数量减少;同时,骨髓中微血管损伤破裂、基质细胞受到破坏,数量下降导致造血微环境损坏,干扰骨髓造血干细胞的再生与分化。早期从事医用 X 射线的人员,因缺乏防护措施而受到较大剂量的职业性照射。美国学者统计了 1948—1961 年,在 35~75 岁死亡的 425 名医院放射科人员中死于再生障碍性贫血的有 4 例。英国报道 X 射线治疗的 11 287 例脊髓硬化症患者中有 13 例患再生障碍性贫血。放射性再生障碍性贫血与一般性再生障碍性贫血的临床经过、细胞形态相同,潜伏期为 19~20 年。

2. 高色素性贫血

由于红细胞的大小略大于正常,因此高色素性贫血(hyperchromatic anemia)也叫作大细胞性贫血。与缺铁性贫血相比,患者的红细胞较少而血红蛋白却较多。发病原因往往是缺乏维生素 B12 或者叶酸导致的。在原子弹爆炸后幸存者的随访调查中,高色素性贫血的发生率为 4.4%,比对照组(原子弹爆炸后 5 年(1950 年)日本全国人口普查时,调查清楚了广岛、长崎两市原子弹爆炸当时各人所在位置距爆炸中心的距离,并规定以距离爆炸中心 2 500 m 以内的人员作为受照射者,距离爆炸中心 2 500 m 以外和当时不在者为对照组)高 1 倍。高色素性贫血患者的红细胞数小于 370 万/mm^3,血红蛋白小于 90%,血色指数大于 1.2。

8.3.2　骨髓纤维化症

骨髓纤维化症(myelofibrosis)是一种由于骨髓造血组织中胶原增生,其纤维组织严重影响造血功能所引起的一种骨髓增生性疾病。骨髓放射损伤后造血干细胞损伤,基质细胞发生异常反应,导致纤维组织增生,甚至形成新骨,骨髓造血组织受累最终导致造血功能衰竭。据广岛原子弹爆炸幸存者 1950—1959 年尸体解剖资料显示:共解剖 659 例,发现 12 例骨髓纤维化症,其中 10 例是距离爆炸中心投影点 1 500 米以内。估计剂量 1.7 Gy 以上的受照射者在此距离内的发病率比远距离者高 10 倍,比普通人的发病率高 50 倍。

8.3.3　白血病

白血病(leukemia)是一种克隆性起源,多能干细胞或很早期的祖细胞(髓系或淋系祖细胞)突变而引起的造血系统恶性肿瘤。突变的细胞因为增殖失控、分化障碍、凋亡受阻等机制在骨髓和其他造血组织中大量增殖,并浸润其他非造血组织和器官,同时抑制正常造血功能。

电离辐射诱发人体白血病已由职业性受照射人员、医疗受照射者和日本原子弹爆炸幸存者随访结果所证实。1911 年,奥地利的 Jagic 首先报道了放射线工作者发生白血病的病例。此后,人们发现接受大剂量 X 射线照射的人员白血病发病率高,因而射线与白血病的关系在射线应用早期就被关注了。目前,白血病已被公认为是一种主要的辐射远后效应。从其发病规律看,受照射后 3 年发生率开始升高,6～7 年达高峰,以后逐渐减小。流行病学调查研究发现,白血病的发病率与辐照剂量有关,随剂量的增加而增加,呈明显的线性关系;其次,与受照射时的年龄有关,年龄越小,发病越早。

8.4　放射性白内障

白内障(cataract)用于描述正常是透明的眼晶状体发生了可以识别的混浊性改变,其变化可以从极小的斑点至晶状体几乎完全混浊而导致全盲。通常白内障与老年人有关,少数是由某种代谢紊乱(如糖尿病)、慢性眼部炎症或外伤引起。由放射线引发的晶状体混浊叫作射性白内障(radiation cataract)。

晶状体由晶状体囊和具有生发能力的晶体纤维组成。晶状体囊为一层透明且具有高度弹性的薄膜。晶状体没有血液供应,为富有弹性的双凸圆形透明体,前面凸度较小,后面凸度稍大,两面交汇处称为赤道部。晶状体的分裂细胞只限于赤道区域的前方,这些分裂细胞的后代向后,继而向中心移动形成晶状体纤维,这种细胞分裂持续终生,因而晶状体可被认为是一种更新的组织。然而,在这个系统中并没有细胞清除机制。如果分裂细胞受到辐射损伤,则形成的异常纤维并不能从晶状体清除掉,而是向后极移动。然后集中堆集在阻力最小的后极部囊下,形成放射性白内障初始阶段特有的形态特征。当白内障进一步发展,混浊扩大到整个晶体时,与其他原因诱发的白内障从形态上无法区别。

照射诱发的白内障不同于照射引起的其他效应(如白血病),它的特征是在大多数情况下能和自然原因或其他合并症引起的白内障相区别。根据检眼镜观察,人类早期放射性白内障表现为一圆点,常位于后极,当它变大时四周出现小颗粒和空泡。混浊区域继续增大,当直径达到数毫米(1～2 mm)时,形成一个比较清晰的中心。与此同时,前囊下区域在瞳孔区可能出现颗粒状混浊和空泡。白内障在此阶段常保持静止,并局限于包膜下区域的后方。如果继续发展,它将变为非特异性白内障,与其他类型的白内障不相区别。

放射性白内障的发生率与受照射剂量有关并依辐射性质而异。根据对原子弹爆炸幸存者及其他核事故受照射者的调查资料的研究表明,单次 X 射线照射能致成年人白内障的剂量大约为 2 Gy,剂量达到或超过 5 Gy 时会出现严重的渐进性白内障。分次照射可以提高晶体混浊的耐受剂量。一般认为 X、γ 射线照射累积剂量达 3.5～6 Gy 后,大多数人可发生晶状体混浊,潜伏期最短为 6 个月,最长可达 35 年,平均为 2～4 年。潜伏期的长短与受照射剂量、射线性质、分次照射、剂量率以及受照射时的年龄有关。受照射剂量越大,年龄越小,潜伏期越短。中子照射致白内障效应比 X、γ 射线要高,损伤的累积作用也强。快中子引起白内障的剂量为 0.75～1 Gy。眼睛受到强紫外线照射也可导致白内障,在紫外线照射下组织中的磷离子可能与晶状体中的钙离子结合,最终形成不可溶解的磷酸钙,导致眼睛晶体硬化与钙化。

另外,放射性白内障发生率与受照射时患者的年龄有关。晶状体上皮细胞具有分裂能力,其分裂增殖能力随年龄的增加而逐渐降低,对射线的敏感性减弱,所以晶体混浊的发生与受照射者的年龄有关。受照射时年龄越小,发生率越高。妊娠最初 3 个月如受过量 X 射线照射则极易引起先天性白内障。日本原子弹爆炸幸存者中受照射时年龄不到 15 岁的青少年的白内障发病率高于 15 岁以上的人群。与对照组(与 8.3.1 小节中的"2. 高色素性贫血"中的对照组相同)相比,原子弹爆炸时年龄在 15 岁以下人的白内障发病率是对照组的 4.8 倍;15～24 岁为 2.3 倍;25 岁以上的为 1.4 倍。

现有资料显示,诱发人类晶状体出现可观察到的混浊的剂量存在一个阈值。但这不能排除很小剂量就会引起晶状体某些损伤的可能性,特别是在应用高 LET 射线时更应特别注意射线对眼睛的影响。

8.5　射线对寿命的影响

电离辐射因其在历史上曾发生的惨痛事故和本身的不易感知性使人们惧怕。其实,电离辐射虽然不像电磁辐射那样与人们息息相关,却也算得上无处不在。飞行机组人员、宇航员会接触到宇宙辐射,就医的病人和放射科医师会接触到医学辐射,户外活动会接触到紫外线带来非电离辐射等,这些辐射因其辐射的剂量有限,只要防护得当,都不会对人体健康造成危害。事实上,电离辐射对人体健康产生危害通常是在中高剂量照射的情况下发生的。那么,如何界定低剂量与中高剂量的电离辐射呢?

国际辐射防护委员会(ICRP)第 60 号出版物(1991 年)建议剂量低于 0.2 Gy,或剂量高于 0.2 Gy 但剂量率低于 0.1 Gy/h 的辐射为低剂量电离辐射。低剂量电离辐射是一种微弱的环境刺激因子,不会对个体寿命造成影响。

有学者认为低剂量辐射能激活细胞广谱防御性表观遗传信号,上调适应性相关基因表达,诱导应激蛋白产生,清除自由基,增强 DNA 损伤修复能力,诱导细胞通过凋亡或者自噬清除癌前细胞和突变细胞,这些作用都有利于细胞抵抗辐射损伤,降低辐射诱导的癌症和非癌性疾病的发病率和死亡率,延缓神经退行性疾病的发生,延长个体寿命。许多辐射流行病学调查研究也支持低剂量诱导兴奋性效应有益于健康的观点。

当人体受到中等剂量照射时,射线确实能够损伤人体的组织与细胞,对身体健康造成影响。受到电离辐射的小动物,其寿命会缩短。动物受到不足以造成早期死亡的辐射剂量后,血液循环、血细胞计数可恢复正常,胃肠道症状消失,体重也几乎恢复正常。但是,这种动物仍然会比未照射组的动物死亡早些。Lindop 等人发现小鼠受照射后寿命缩短与受照射剂量相关,每给予 1 Gy 的照射,寿命可缩短 5%。平屿邦猛报道,小鼠一次接受 1 Gy 照射,平均寿命可缩短 5 周且比未受照射的小鼠老得快。照射后存活者的表现与未经照射的老年动物相似,表现出它们丧失了一部分年轻的生命。慢性辐射效应的症状很像"老化(aging)",这种现象同时也被称为"辐射导致的老化"。原因可能是辐射后组织中实质细胞受损且数量减少,毛细血管网破坏,间质增生。但是,Warburg 的研究表明,只考虑非肿瘤死亡原因时,辐射诱发人类寿命缩短的效应并不明显。

有关人类的寿命调查结果也不一致。美国早年调查医用 X 射线工作者,他们的平均寿命比非放射工作人员的缩短 5.2 年。但是,随着辐射防护条件的改善,两组寿命构成逐渐接近。英国的统计资料却未见到寿命缩短现象。日本原子弹爆炸幸存者死亡调查表明,除白血病和恶性肿瘤导致死亡增加以外,未见其他引起早死的原因。目前,人们倾向于承认受照射人群及实验动物在小剂量照射后所表现的"寿命缩短"是由于辐射致癌而致超额死亡所引起的。总之,对人的放射性非特异性寿命缩短的效应问题,尚需累积更多的资料进行进一步研究。

8.6　电离辐射对胚胎和胎儿的影响

早在 20 世纪初的医学文献中就开始有病例报告出现,这些病例描述了在意识到自己怀孕之前接受过骨盆放射治疗的母亲们所生的儿童,他们智力低下并伴有小脑畸形和其他严重畸形。1929 年,Goldstein 和 Murphy 就回顾总结了 38 起此类案例,令人惊奇的是,他们得出的结论是需要大剂量的辐射才能产生这样的效果,并且不认为母亲的诊断性盆腔辐射是危险的。

8.6.1　辐射对胚胎影响的概述

现在,关于辐射对发展中胚胎及胎儿的效应,我们已有大量的临床资料和实验数据。胚胎及胎儿暴露于射线之下产生的影响可分为确定性效应和随机性效应两种。随机性效应发生在辐射暴露后的一段时间内,由于单细胞的 DNA 损伤可能诱发癌症,甚至可能将突变传递给受照射个体的后代。确定性效应主要发生在阈剂量以上,是由于细胞受到辐射死亡而引起的。典型的效应有生长延缓、胚胎、胎儿或新生儿死亡以及可见的先天性畸形等。主要影响因素是射线的吸收剂量、受照射时的胎龄以及剂量率。胚胎的许多病理变化因剂量率的降低而明显减少。

胚胎发育的主要过程包括卵裂、植入、胎盘形成、器官发生及各种器官的分化成熟。所有哺乳类动物都经过这些程序,不同的是各阶段经历的时间长短不同。因此,有理由相信,假定在胚胎发育的特定阶段照射小鼠或大鼠,出现的主要效应也会发生在人类相应阶段。至于啮齿动物和人类产生相同辐射效应所需的剂量间关系,目前尚不清楚。

关于辐射对发育中胚胎或胎儿作用的实验资料大多来自小鼠或大鼠。它们妊娠期相对较短,而繁殖量很大,利于获得大量样本。Russell 把整个宫内发育期分为三个阶段:第一个阶段为植入前期。这段时间是指从受精开始到胚胎进入子宫并附着于子宫壁上,这个阶段对所有哺乳动物都是相似的,见表 8.1。第二个阶段为器官发生期,是指主要器官形成雏形。第三个阶段是胎儿期,此期胎儿进一步生长,各器官由雏形向成熟逐渐发育。对于不同的动物种属,第三个阶段的时间变化很大。图 8.2 所示为根据 Russell 实验资料绘制的小鼠妊娠后不同时期照射 2 Gy 对胚胎的效应,横坐标下面的标尺是 Rugh 依据器官发育的可比阶段估算的人类胚胎的相应胎龄。来自啮齿动物的这些资料能否外推到人是一个重要问题,多数专家确信至少定性的外推是正确的。

表 8.1　胚胎发育的主要时期

天

动　物	植入前期	器官发生期	胎儿期
小鼠	0～5.5	5.5～13.5	13.5～20
大鼠	0～7	8～15	13～21.5
人	0～8	9～60	60～270

Brent 和 Ghorson 用大鼠做了一系列的实验,在妊娠的不同阶段给予 1 Gy 的 X 射线照射后,观察射线对不同时期胚胎和胎儿的影响,发现无论是用大鼠还是用小鼠,所得的实验综合结论相当一致。

近年来研究表明,即使低剂量的照射对人类胚胎也是有害的。中枢神经系统和视觉组织

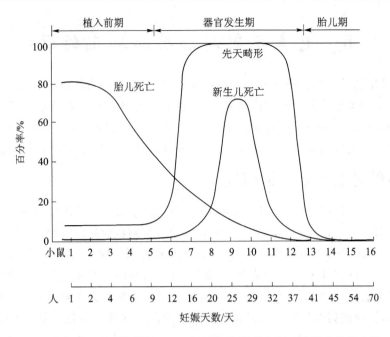

图 8.2 妊娠后不同时期照射 2 Gy, 先天畸形、胎儿和新生儿死亡的发生率，以及估算的人类胚胎的相应胎龄

对辐射具有高度的敏感性,小剂量(0.05~0.10 Gy)照射可引起这些器官的异常,其他哺乳动物胚胎所得到的资料也支持上述的剂量-效应关系。人类现有的胚胎损伤资料主要是根据1945 年广岛和长崎原子弹爆炸时受到照射的妊娠妇女或者因放射诊断或放射治疗而受照射妇女的资料分析得来的。

8.6.2 辐射的剂量-效应关系

1. 从放射诊断中得到的估算剂量

首先了解一下诊断性照射时女性性腺和胚胎所受的照射剂量,见表 8.2~表 8.5,其中1 Gy=100 R。可以看出,女性在医院里检查时性腺受到一次照射,吸收剂量有可能超过0.1 Gy。问题的关键是,胎儿受到 0.01~0.1 Gy 的照射后是否有影响? 近来资料表明这样的剂量确实有害。

表 8.2 女性在一次住院期间接受诊断性照射后性腺所受剂量水平

受照射方式	估计受照射剂量/R
每年天然本底照射	0.1
胸部 X 射线透视,前后位及侧位	0.03
胆囊造影	0.1
静脉注射,肾盂照相,8 次照片	1.0
腰骶椎照相,6 次照片	2.0
上消化道 X 线透视	2.0
钡餐	6.0
合计	11.2

注:摘自 *Bull Ny Acd Med*, 1968 年第 44 卷,388~399 页。

表 8.3　胎盘射线照相时剂量

mR

受照射部位	放射源				
	X 射线	^{131}I	^{131}I①	^{131}I	^{131}I
母体的性腺	1 000	15	12	10	9.4
胚胎的性腺	1 000	7	5	5	2.6
胚胎的甲状腺	1 000	4 900	2 500	130	20
胚胎全身	1 000	—	6.5	8	14

注：① 不同文献作者估计的剂量。

表 8.4　在妊娠第 14～15 周接受 5 mCi ^{131}I 后胚胎受照射部位及剂量

胎龄/周	胚胎部位	总剂量/R
14～15	全身	6～8
22	甲状腺	6 500
11	全身	5

注：表中数据资料是根据以前的工作总结的，其中甲状腺尚未发育成熟。

表 8.5　在服 200 μCi ^{197}Hg 24 小时后胚胎各器官的累积吸收剂量分布

胚胎器官	累积吸收剂量/R
心	1.2
肺	3.7
肝	6.1
肾	1.2

2. 胚胎发育时间和辐射效应的关系

胚胎发育过程中受到电离辐射作用，称为胎内照射或宫内照射。胎内照射是指精子和卵子结合后，在植入前期、器官形成期和胎儿期任何一时间段受到射线的照射。辐射效应的严重程度和特点除了取决于受照射剂量、剂量率、照射方式、射线种类和能量以外，与胚胎发育阶段密切相关。胎内照射效应可分为致死性效应、畸形和发育障碍三类。

（1）植入（着床）前期（妊娠 1～9 天）

胎生哺乳类动物的胚泡埋入子宫内膜的过程称植入（implantation），又称着床（imbed）。人类胚泡于受精后的第 4 天形成并进入子宫腔开始着床，在第 11～12 天完成。在妊娠初期，胚胎的细胞数很少且功能尚未分化，这时细胞受到损伤后不能着床或导致不易察觉的胚胎死亡。因此，此期受到照射后的特点是胚胎死亡，即表现为显性致死性效应。由于是着床前胚胎丢失，所以检查不出死亡的特定指证，特别是对人类而言，迄今尚没有这类效应资料。这是因为植入前胚胎丢失，似乎像一次错后的月经，在临床上不被人们注意。事实上，人类胚胎发育的前 3 周是辐射敏感性最高的时期。此时期细胞分化较弱，但正在迅速增殖。随照射的剂量不同，受照射细胞可死亡或修复。已修复的细胞可继续进行正常的分化和成熟，因此，越早期的辐射损伤胚胎越不以器官畸形的形式反映出来，然而这些细胞可能携带有功能损伤或突变，而且突变在 F1 代（第一代子女）中也可能不显示。因此，胚胎早期受照射，特别是着床前期的受精卵受到照射,如果能存活下来,胚胎则可正常发育,而且看不出生长迟缓,发育畸形也很少见到,呈"全"或"无"反应,即或者死亡或者正常。这种现象与对日本原子弹爆炸幸存者的流行病学调查及动物实验资料是一致的,如图8.2所示。

(2) 器官形成期

受精卵植入后(小鼠为受精后5~13天,人为10天~8周),胚胎细胞处于高度分化状态,一些细胞相继向专一化具有某种特殊功能的器官系统分化、增殖和迁移,这一阶段称为器官发生期(organogenesis),或称胚胎期。受照射后的特点是,新生儿死亡和各种器官畸形。此期是细胞由胚胎状态向成熟状态转化的阶段,是病原学上对射线最敏感期,如人的成神经细胞、成肌细胞和成红细胞分化的时间为妊娠的第18~38天。因此妊娠早期,特别是妊娠6周前的辐射敏感性比6周后高得多。资料显示,此期进行分次照射要比同剂量的单次照射发生器官畸形的数目大大增多,这是因为许多正在分化、发育的细胞受到照射,器官原基在其发育的关键阶段受到损伤。图8.3显示不同胎龄的小鼠和人受X射线照射所致的先天性畸形发生率,表明胚胎早期受到照射以致死性效应为主,致畸率很少。啮齿类的胚胎受到0.05~0.15 Gy照射后,胚胎的致死率和中枢神经系统的缺陷可增加,但明显的先天性畸形却罕见。人类辐射诱发先天性畸形发病率最高的胎龄为18~45天,但此期辐射的致死率却较低。资料显示,人类胚胎受到0.25 Gy照射即可引起上述改变(发生何种变化与受照射时胎龄有关)。此外,此期受照射还可引起宫内发育呈一时性延迟,表现为新生儿体重较轻,且与畸形发生率相关。但出生后恢复较快,到成人时与正常人已无差别。该期受照射新生儿死亡率增加,严重的畸形可导致新生儿不到足月即夭折。

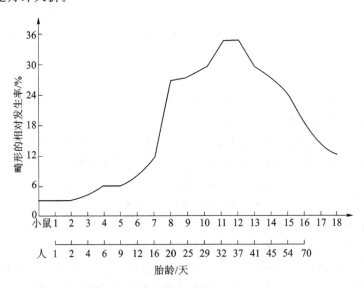

图8.3　X射线所引起的人和小鼠胚胎畸形发生率

(3) 胎儿期

胎儿期(fetal period)是器官系统生长发育阶段(小鼠为受精后14天,人为9~38周)。在各器官已分化并进一步生长和成熟发育时,它们对辐射敏感性有所下降,此期受照射后新生儿器官结构畸形的数量减少。辐射效应主要表现为组织和器官的病理损伤和相关的功能障碍,这些变化可在生命的不同时期出现或被检查出来。值得注意的是,胚胎在任何时间受照射都会引起神经功能缺陷,临床表现为小头症(microcephaly),伴有或不伴有智力低下、永久性发育延迟等确定性效应。这是因为神经系统在胚胎发育过程中,分化发育的时间比其他器官长,神经外胚层分化为成神经细胞,然后迁移至大脑皮质,进一步成熟为神经元。这些细胞的辐射敏感性有明显的差异,成神经细胞比神经外胚层敏感,而神经元对辐射具有高抗拒性。人类胚胎在神经发育尚未完成之前受到 X 射线照射可引起中枢神经的严重异常。

3. 小头症和智力发育障碍

各种畸形的剂量-效应关系尚未确定,但关于辐射对神经组织效应的研究已进行得很深入。有资料证明,妊娠女性诊断性或治疗性受照射者可导致胎儿脑畸形和肿瘤发生率增高。对日本原子弹爆炸幸存者的调查证明,胎内受照射者的主要损伤是头部发育不良,与正常同龄者相比,人均头围小两个或两个以上标准差,故称小头症(microcephaly)。小头症伴有或不伴有智力低下,而且小头症的发生与受照射剂量、受照射时胎龄有密切关系。在 1 613 名胎内受照射的人群中,距爆炸中心投影点 1.5 km 以内者与 3.0 km 以外者(此处受照射剂量可以忽略不计)相比,头围直径平均减少 1.1 cm,两组有明显的差别。

关于辐射诱发小头症的病理基础,有人认为是由于神经细胞减少(细胞死亡)所致,但事实可能并非如此。Reyner 等人发现,大鼠受到 0.09～0.45 Gy X 射线的照射时神经细胞和神经胶质细胞的计数密度增大,而细胞体积却大大缩小。

胎儿宫内受到照射可诱发智力减弱。人类妊娠的 8～15 周是人类胚胎中紧靠脑室区的皮质神经元迁移运动到皮质的时间,在此阶段成神经细胞由大脑的内部增殖、分化、迁移到外部并相互形成突触连接。此时一个成神经细胞受到损伤,往往会造成一个皮质功能单位的功能受损。损伤细胞的数量和智力减弱的程度与照射剂量正相关。

ICRP 第 60 号出版物指出,妊娠 8～15 周内受照射,智商值下降系数约为 30IQ 分/Sv,而且严重智力低下的发生概率大约为 0.4/Sv。妊娠 16～25 周受照射,智商值下降较小,严重智力低下的发生概率大约为 0.1/Sv。注意,所有智商及智力发育严重迟钝的观察限于大剂量、高剂量率,用这些数据外推小剂量、小剂量率会过高地估计辐射危险。ICRP 有关文献认为严重智力低下者有 60% 的人伴有小头症,而全部小头症者中的 10% 有智力低下的症状。

对眼睛来说,啮齿类动物在胚胎的特定时期受到 1～3 Gy 照射后可引起肉眼可见无眼和小眼畸形。发育中的视网膜对辐射很敏感,虽然它对损伤具有明显的重建和修复能力,但在视网膜修复之后,永久性的损伤仍然存在,表现为小眼症。出生后第一周,随着视网膜细胞分化逐渐成熟,其辐射敏感性呈进行性下降。对于大鼠胚胎期,0.15 Gy 照射即可引起脑和眼的畸形。

4. 胎内受照射的致癌效应

发育中的胎儿对电离辐射更为敏感,辐射致癌作用比成年时期高。Stewart 等人对 7 649 例 15 岁以下儿童癌症(主要是白血病)患者进行了回顾性调查,其中有 1 141 例在出生前有接受 X 射线诊断性照射的病史。即便排除母亲怀孕期服药、患病等因素,也能证明胎内受照射相对危险的增加。研究发现,母亲怀孕时接受治疗或诊断性照射的儿童资料中,受照射儿童中白血病和癌的发病率略有增加(如恶性淋巴瘤、肾胚细胞瘤、中枢神经系统肿瘤、神经母细胞瘤等)。其他的研究也显示白血病发病率增加,但其他类型的癌的发病率没有增加。不过,此结果有争论,争论的焦点是对照问题,受照射儿童与未受照射儿童有可比性吗? 有人认为患儿母亲可能正是因为孩子有病才接受放疗或诊断的。对于广岛、长崎原子弹爆炸时怀孕的母亲生下的儿童,白血病的发病率没有明显增加。

有研究表明,人群中对辐射的敏感性至少可分为两个小组(敏感组和不敏感组)。妊娠期的低水平照射,例如诊断性 X 射线照射,不敏感组的白血病发生率很少有增加的情况,而对于受相同剂量照射的敏感组个体来说(根据儿童及其母亲健康记录的统计概率确定),其白血病相对危险性几乎要比不敏感者高 10 倍,但其他类型癌的发病率没有增加。但动物实验未能显示胚胎或胎儿对辐射致癌更敏感。即使假设此效应是存在的,增加的白血病和癌的发病数也不会大,2 cGy 为 0.05%。狗受照射 20～80 Gy 可导致恶性造血性疾病、乳腺癌、肺癌和甲状腺癌发病率的增加。照射时胎龄是重要因素,发现怀孕的头 3 个月危险性最大。尽管主张胎内照射与致癌效应之间存在因果关系的资料尚不能令人信服,但 ICRP 第 60 号出版物仍然认为,在现阶段明智的办法是将这种特异敏感性当作真实的来看待,甚至在剂量很小的情况下也是如此。因此,为了避免孕妇意外受照射,有学者极力主张 X 射线诊断部门执行"十日法则"。这条法则建议除了医疗指征绝对必须以外,对育龄妇女骨盆或下腹部的放射性诊断或治疗措施都应当在正常月经周期第 1～10 天内进行。这样就可避免对妊娠子宫的照射,即使小剂量的辐射作用也应完全避免。

5. 发育迟缓

人的生长发育是指从受精卵到成人的成熟过程,包括生长和发育两方面。生长是指儿童身体各器官、系统的长大,可有相应的测量值来表示其量的变化;发育是指细胞、组织、器官的分化与功能成熟。发育迟缓(hypoevolutism),又称生长发育迟缓,是指在生长发育过程中出现速度放慢或者顺序异常等现象。啮齿动物在器官发生期或胎儿期受到 0.1 Gy 照射即可引起子宫内发育迟缓,表现为出生后的重量减轻和产后生长延迟。

人胎内受照射能引起生长发育障碍,特别是 16 周后受照射发生率较高。有关日本原子弹爆炸胎内受照射 1 613 名青年人(80% 在 17 岁)的调查材料表明,距爆炸中心投影点 1.5 km 内的儿童与 3.0 km 以外的对照组相比较,平均身高矮 2.25 cm,体重减轻 3.0 kg。医疗照射也有类似报道。1968 年报道的 152 名母亲妊娠 4 个月内腹部 X 射线诊断受照射后出生儿身高明显低于未受照射组,出生体重偏低。Meyer 等人调查出生前受 X 射线诊断照射 1 109 名女青年的身高与 1 124 名未受照射的女青年的身高,发现受照射组儿童身体矮小者明显多于对照组,但与受照射组的母亲身高相关。胡玉梅等人调查了 1 026 例接受 X 射线诊断性胎内照射的儿童,未发现与正常值有显著差别。

6. 癫 痫

癫痫(epilepsy)发作是脑发育损伤的常见后遗症。小鼠在妊娠第 23～30 天之间受到照射(1.50 mGy/d,总剂量 15～50 mGy)后,内源性癫痫发作的频率增高。Dunn 及其同事研究了出生前受广岛和长崎原子弹爆炸照射的幸存者中癫痫的发病率、类型及与受照射时胎龄的关系,表明胎龄 8～15 周受照射的儿童中,剂量超过 0.1 Gy 者癫痫患病率最高并与剂量呈线性关系。在胚胎发育的更早期或更晚期,受照射的儿童中没有癫痫患者增多的记录。

参考文献

[1] 孙世荃. 人类辐射危害评价[M].北京:原子能出版社,1996.

[2] 安笑兰,符绍莲. 环境优生学[M].北京:北京医科大学中国协和医科大学联合出版社,1995.

[3] UNSCEAR(1986).电离辐射:躯体效应与遗传效应[S].太原:辐射防护通讯编辑部,1988.

[4] UNSCEAR(1993).电离辐射源与效应[S].北京:原子能出版社,1995.

[5] 遗传效应调查专题组.我国医用诊断 X 线工作者的辐射遗传效应调查[J].中华放射医学与防护杂志,1984,4(5):60-63.

[6] 陶祖范.高本底辐射研究的实际和理论意义[J].中华放射医学与防护杂志,1999,19(2):74.

[7] 陶祖范,秋叶澄伯,查永和,等.阳江高本底地区恶性肿瘤死亡调查 1987—1995 年资料分析[J].中华放射医学与防护杂志,1999,19(2):75-82.

[8] 吴德昌.放射医学[M].北京:军事医学科学出版社,2001.

[9] 许雪春,赵风玲,郭伟,等.河南"4.26"^{60}Co 源辐射事故受照者照后 20 年医学随访[J].中华放射医学与防护杂志,2020,40(8):623-630.

[10] 叶根耀.急性核辐射对人的远期效应[J].国外医学(放射医学核医学分册),2000,24(5):217-222.

[11] 程天民.充分关注核辐射的远后效应[J].癌变·畸变·突变,2011,23(6):405.

第9章 电离辐射诱发肿瘤

辐射诱发肿瘤(radiation induced neoplasm)是指接受辐射后发生的与所受该照射具有一定程度病因学联系的恶性肿瘤,是照射后重要的远期效应之一,属于随机性效应(stochastic effect)。1902 年第一例放射性皮肤癌确诊,从此人们知道了电离辐射的致癌作用。在射线发现早期,许多研究 X 射线和从事放射性工作的先驱死于皮肤癌或白血病。为了评估电离辐射诱发肿瘤的风险,主要从三方面获得信息资料,分别是分离细胞的体外研究、动物实验和人类流行病学研究。其中,人类流行病学研究的信息资料最为重要,因为由细胞或动物实验的结果外推到人是很困难的,影响因素很多。流行病学调查是获得定量估价危险度的唯一途径,但其他方法也可用来比较不同组织的危险度并确定剂量-效应关系的模型。

9.1 人类流行病学的调查研究

电离辐射诱发肿瘤的人类数据主要来源于医学照射的病人、日本原子弹爆炸幸存者、职业性照射的工作人员以及核事故受害者。

9.1.1 医学照射的病人

对接受放射治疗的病人进行了许多研究,其中有三大人群的资料特别重要。第一个群体是接受放射治疗的强直性脊椎炎病人。1935—1954 年在英国和北爱尔兰的 87 个放射治疗中心用 X 射线治疗强直性脊椎炎患者 14 554 人,脊椎和骨盆局部受照射 3.75~27.5 Gy,到 1960 年有 60 例死于白血病。骨髓受照射剂量在 2~6 Gy 之间,定期随访超过 35 年,发现白血病发病率增加 3.17 倍,在治疗后 2.5~4.9 年的发病率最高;最多见的是急性粒细胞性白血病,其次是食管癌发病率增加 30%,其他肿瘤发病率增加 28%。从图 9.1 可以看出,受大剂量照射后人群中实体瘤死亡率(观察值)与期望值之比为 1.5 倍,这个比例在照射后 10~12 年之

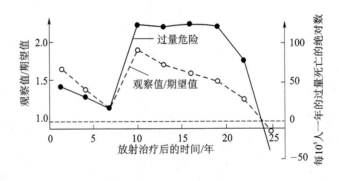

注:计算了观察值/期望值的比值和过量死亡的绝对数。患有白血病的人数在照射后 3~5 年最高,然后减少;照射区患有实体瘤的人数在照后 9~11 年最高,20 年后减少,这个减少无统计学意义。

图 9.1 强直性脊椎炎病人受照射后恶性病过量死亡与时间的关系

间达到最大,增加了大约 70％,然后下降。受照射后一定时间(大于 25 年),辐射所致癌症的相对危险下降甚至与未受照射对照人群的死亡率相似。但并不是所有癌症的病死率都下降至对照人群水平,某些癌症的危险可能上升。例如,在这群人员中放疗后 25 年食管癌的相对危险就显著增加。此外,当人群中癌症的自然病死率较大时,用过量危险评估就不准确了。(过量危险(excess risk)是受照射人群观察到的癌症发生数或死亡率(观察值)与该人群预期发生癌症数(期望值)之差。)

第二个群体为受外照射或腔内放射源照射的宫颈癌患者。对受外照射或腔内放射源照射的 82 000 例宫颈癌患者,随访观察研究 5～20 年,发现实验组中第二次癌发病数(3 324 例)明显高于同龄未受照射妇女(3 063 例),多 261 例。与只进行外科治疗的女性相比,两组肺癌发病数都相当多。但排除了烟草所致癌(肺、口腔等)以后,无统计学上的显著差异。照射后 10 年癌的发病数很低,但受照射剂量大于 1 Gy 的仍显著增高,特别是膀胱和直肠。骨和小肠癌发病率虽然没有显著性差异,但病例数增加是可能的。

第三个群体是 1948 年以色列对 10 000 余例移民儿童用 X 射线治疗头癣,使用的剂量是能够脱毛,观察发现,受照射儿童的头皮、脑、腮腺和甲状腺的良性或恶性肿瘤增加。对甲状腺肥大的儿童用 X 射线治疗或口服[131]I 治疗甲亢症,甲状腺癌的发病率增加。出生前受到过 X 射线照射的儿童,恶性肿瘤包括白血病的发病率增加。

接受放疗的乳腺炎患者或频繁接受胸透、胸片检查受到过量照射的肺结核病人,其乳腺癌发生率增高。用放射性核素行血管造影术进行疾病诊断会诱导血管肉瘤的发生。

9.1.2　日本原子弹爆炸幸存者

原子弹灾害委员会(Atomic Bomb Casualty Commission,ABCC)后改为放射线影响研究基金会(Radiation Effects Research Foundation,RERF),其从 3 方面对原子弹爆炸幸存者的医学健康进行了观察:

① 从 1950 年开始进行寿命研究(Life Span Study,LSS),监测 120 000 人的死亡率,其中 93 000 名为原子弹爆炸幸存者(atomic bomb survivors),27 000 名为对照者。

② 成人健康研究(Adult Health Study,AHS)。1958 年起从 LSS 人群随机抽样,约 2 万人,每两年做一次临床体检进行医学评估。

③ 病理学研究。规定以离爆炸中心 2.5 km 以内的作为受照射者,离爆炸中心 2.5～10 km 以及 10 km 以外和爆炸当时不在者为对照组,进行比较研究。

对日本原子弹爆炸幸存者长达 60 年的追踪观察,其调查人数较多,包括不同年龄、不同性别,故资料比较完整,是研究人类辐射致癌效应的宝贵资料。根据寿命研究的死亡率资料,辐射致癌是肯定的,但定量关系相对较小(1％),几乎不改变存活总数。资料显示,原子弹爆炸后 2 年受照射人员中白血病的发病数逐渐增加,5～8 年间超过对照组 10 倍以上达到发病高峰,然后缓慢下降趋于正常基线水平,而其他肿瘤的发病率开始增加,如图 9.2 所示。已确定有统计意义的超额危险的癌症有乳腺癌、膀胱癌、结肠癌、肝癌、肺癌、食管癌、卵巢癌、多发性骨髓瘤和胃癌。受到 0.5 Gy 照射即可以观察到甲状腺癌。儿童癌症的发病率随时间的延长而减少,但成年人未见此现象,这与放疗病人的结果不同。

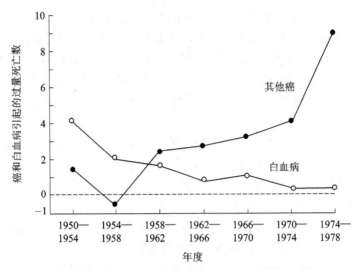

图 9.2　广岛和长崎存活者因白血病和实体瘤引起的过量死亡数
（每百万人每分戈瑞）与爆炸后时间的关系

9.1.3　职业性照射的工作人员

　　早年从事核物理的科学家、放射科医生，由于辐射防护措施不好常发生皮肤癌和白血病等。铀矿工人易发生肺癌，用镭涂表的工人易患骨癌，接触二氧化钍胶体可致肝脏血管肉瘤等。

　　1920—1959 年，物理学家、放射学家和皮肤科医生早期在应用辐射时很少考虑辐射防护，他们的白血病和致死性皮肤癌的发病数很高，并且越早期越高。1959 年后参加工作的放射学家则与对照组（非放射科室医务工作人员）无差别。

　　用镭涂抹钟表表面的工人中骨肿瘤发病数增加。钟表制造工人因用含镭的发光颜料涂抹发光盘面，工作过程沾染放射性镭，其中大部分是 α 粒子，进入体内，沉积于骨骼，诱发骨肉瘤。

　　捷克、加拿大、法国、瑞典和美国的科罗拉多都曾报道过吸入放射性粉尘引发癌症的案例。沥青和铀矿矿工工作时防护不当，会吸入一定量带有放射性物质的粉尘，沉积于他们的肺部。这些放射性物质主要是氡和钍，其放射 α 粒子，吸入呼吸道后，引起长期低水平的肺照射。对流行病学资料的分析发现，各种矿工人群中过量肺癌有剂量-效应关系，吸烟和不吸烟人群之间有很大差异。过量肺癌大约在照射后 5 年开始出现，高峰出现在 15～20 年，25～30 年后就不明显了。

9.1.4　核事故受害者

　　1954 年比基尼岛居民受美国氢弹核试验落下灰污染，结节性甲状腺肿和甲状腺癌发病率增加，受污染渔民的白血病、肝癌和肝硬化发病率增高。对于苏联切尔诺贝利核电厂事故，在白俄罗斯、乌克兰和俄罗斯的受照射儿童中经 10 多年观察发现，甲状腺癌的检出率明显增加，且年龄越小其危险性越大。

　　目前制定小剂量电离辐射致癌危险的主要依据是日本原子弹爆炸幸存者的资料、核事故和医疗照射病人的资料。关于辐射致癌可得到以下几点：

　　① 与剂量有关。如果剂量够大，无论是一次急性还是慢性照射都可能致癌，在同等剂量时急性比慢性照射更可能致癌。

② 没有对辐射致癌易感的特异细胞类型。

③ 不同组织类型肿瘤的潜伏期不同。肿瘤在潜伏期后快速出现,达高峰后下降。白血病的潜伏期至少 2 年(平均 8 年),实体肿瘤最少 10 年(骨肉瘤平均 20 年),某些实体瘤甚至更长。

④ 辐射致癌在照射后出现的时间可以比肿瘤生长期更晚。在相同部位许多实体肿瘤发生的年龄与非辐射性肿瘤相似,潜伏期大约 10 年或更长。特别是年轻人受到辐射时,辐射致癌可以到老年时才出现。很多部位的潜伏期是受照射时年龄的函数,但某些类型的癌在大剂量照射后潜伏期较短。

⑤ 受照射时的年龄是最重要的宿主易感性因素,年轻时受照射癌症发生的危险性增加。

与细胞毒药物、天然致癌化合物(如黄曲霉素)以及矿物燃料的燃烧产物相比,电离辐射致癌性是相对较弱的。

9.2　辐射致癌的量效关系与影响因素

辐射剂量与癌症发生率之间的关系对人类发展至关重要。假定辐射遵循泊松分布规律的单径迹作用而对细胞群落产生影响,就细胞效应和癌症诱发而言,辐射效应随剂量变化有三个基本的无阈模型:线性模型、线性平方模型和纯平方模型。低剂量辐射时存在的辐射径迹非常少并且稀疏,单个细胞或细胞核被一个以上径迹穿过的概率非常小。按照以上假设,剂量-效应关系应该是线性的,与剂量率无关并且无剂量阈值。现有的放射流行病学数据,大多是从高剂量引起的确定性效应中得到的,而评估低剂量下致癌风险的方法是使用一种理论性的线性剂量-效应关系去拟合高剂量数据,以便预测缺乏数据的低剂量的危险。这种拟合方法预测低 LET 射线在低剂量、低剂量率条件下辐射致癌诱变率时往往被高估。但从偏安全角度考虑,ICRP 至今仍采用线性无阈假说作为制定辐射防护标准的依据。

人类辐射致癌的资料主要来源于原子弹爆炸幸存者和几起意外核事故等几个较大的群体,现有的资料尚不能准确地归纳出剂量-效应曲线图来。尽管动物实验已有大量数据,但应特别注意的是,在物种之间应用这种外推风险时须谨慎。这并不是说辐射致癌的动物实验资料不重要,恰恰相反,这些大量的动物实验研究资料是推测辐射致癌剂量-效应曲线形状的重要依据。图 9.3 显示肿瘤的发病率随剂量的增加而增加,达到峰值后随剂量的增加而下降。

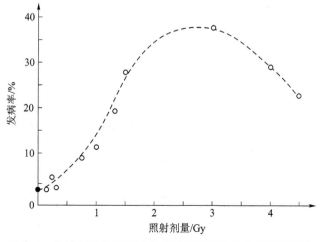

图 9.3　雌性小鼠全身受 X 射线照射后髓性白血病的发病率

这是由于低剂量时,射线的致死性效应较低,受损的 DNA 在修复过程中出现错误,导致基因突变,后期诱发肿瘤;随着剂量的增加,受损 DNA 修复的错误率增加,导致肿瘤发生率增加;但当剂量继续增加至射线对细胞的作用转为致死性效应时,肿瘤的发生率不再上升反而下降。虽然实验动物不同,观察的肿瘤不同,但它们的剂量-效应曲线形状大致相似,因此有理由认为在动物身上取得的这些资料,在人体肿瘤中也会有相似的情况。

9.2.1　辐射致癌的剂量-效应关系

经过大量动物实验研究和人群流行病学调查证实,机体受电离辐射后多种恶性肿瘤的发生率增高。辐射诱发的肿瘤因射线性质、受照射剂量、照射条件、受照射个体的差异而不同,所得的肿瘤剂量-效应曲线也随之各异,如图 9.4 所示。剂量小于 0.1 Gy 时,由于癌症的发生概率非常低,与自发性癌症的基数相比,很难显示其统计学差别。随着剂量的增加,发病率缓慢增加,此时肿瘤的诱发占优势;随着照射剂量的继续增加,细胞的致死性效应逐渐占优势,细胞死亡的概率增多;曲线峰值时的剂量是两种情况持平时的剂量。曲线的初始部分非常适合于二次多项式、线性平方关系,曲线的最后部分呈指数下降。

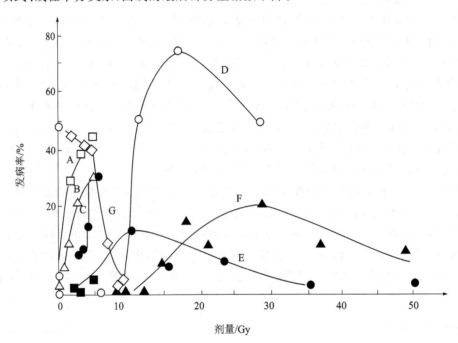

A—X 射线照射后小鼠的髓性白血病;B—⁶⁰Co γ 射线照射后大鼠乳房肿瘤;C—X 射线照射后小鼠胸腺肿瘤;D—X 射线照射后大鼠肾肿瘤;E—α 射线照射后皮肤肿瘤(发病率×10);F—电子照射后皮肤癌(发病率×10);G—X 射线照射后小鼠网状细胞肉瘤

图 9.4　外照射引起动物各种类型肿瘤的剂量-效应关系

目前,中等以上辐射剂量的致癌效应常用模型有 3 种:

① 线性模型 (linear model),该模型认为辐射致癌的概率随辐射剂量的增大呈直线增加,无阈值,即任何微小剂量的增加都有致癌的危险,剂量和剂量率不影响单位剂量诱发肿瘤的概率。大剂量范围,大于 1 Gy 的高 LET 和低 LET 辐射支持线性无阈值模型。但是,当剂量低于 0.2 Gy 时线性无阈值尚没有找到直接证据,用高剂量外推低 LET 在 1 Gy 范围内的效应可

能过高地估计了辐射致癌危险。

②　平方模型或二次模型（quadratic model），该模型认为辐射致癌概率随剂量的平方而增加。

③　线性平方模型（linear-quadratic model），这种模型适用于低 LET、低剂量率照射。实际上，这种模型形式意味着低剂量时，癌症的发生率与剂量成正比；而在高剂量时则与剂量的平方成正比，如剂量大于 1.0 Gy 和剂量率大于 1.0 Gy/min 时以平方模型占主导。

上述剂量-效应关系的多种模型说明了辐射致癌的复杂性。每种模型都有其优点也有其限度。根据流行病学调查，特别是对日本原子弹爆炸幸存者的跟踪观察发现，在大剂量范围内实体瘤（除白血病以外的恶性肿瘤）与剂量的关系为线性模型，白血病与剂量的关系适用线性平方模型。在低剂量范围内，因为流行病学资料有限，出于辐射防护的目的，根据大中剂量流行病学研究结果做了简单的外推，认为剂量-效应关系符合线性模型，且不存在剂量阈值。肿瘤的严重性与受照射剂量无关，如 1 Gy 致癌并不比 0.1 Gy 致癌更严重。近年来，一些新的流行病学研究结果对无阈值学说提出挑战。日本原子弹爆炸幸存者接受的照射剂量范围很大，在寿命研究样本中，只有约 3% 的人接受了大于 1 Gy 的照射，94% 的人接受的剂量小于 0.5 Gy，80% 的人接受的剂量小于 0.1Gy。所以，原子弹爆炸幸存者群体也是低剂量电离辐射致癌危险估计的重要资料来源。

目前关于低剂量致癌效应的估算曲线形状还有争议，特别是低剂量致癌是否存在有阈值的问题。向线性无阈假说提出质疑的是低剂量辐射的兴奋效应（hormesis）现象。该理论认为低剂量辐射所致机体防御、适应功能增强，表现为效应偏离线性规律而使损伤减少，所以，低剂量辐射效应比高剂量辐射剂量效应模型外推所估计的效应低。此外，日本长崎原子弹爆幸存者发生白血病的患者似乎有 0.5 Gy 的耐受剂量。摄入 β 核素所致肝肿瘤、肾肿瘤和皮肤癌，^{90} 锶或镭等长寿命核素引起的骨瘤也存在有实际阈值。但是有学者报道，人体受到 0.06 Gy 照射时甲状腺癌和乳腺癌的发病率就会提高，说明在这样低剂量水平下，很少的剂量与较大的剂量的危险度是相似的。可见，有阈与无阈的问题仍需进一步研究。

9.2.2　辐射致癌的影响因素

辐射致癌中，辐射即可作为启动剂又可作为促进剂，射线的品质与剂量率影响癌症的发生。致癌效应随辐射类型有很大变化，像中子、α 粒子等高 LET 辐射，具有较高 RBE，剂量-效应关系通常为线性；它们的剂量率的改变比低 LET 辐射的效应差别小，因而在低剂量和低剂量率时 RBE 可以达到很高，而此条件下 X 射线等低 LET 辐射的效应则很少甚至为零。低 LET 辐射的剂量率降低对启动和促进的概率都有影响，剂量率过低时因不存在组织损伤而没有细胞增殖所致的促进作用。高剂量率的高剂量或中等剂量照射能增加 DNA 损伤及染色体的重排。

人体不同组织对辐射的生物效应不同，诱发癌变的反应也不同，不同的组织诱导肿瘤的概率有很大差异。不论是动物还是人，辐射诱导骨髓、甲状腺和乳腺癌变相对较多，特别是骨髓中以白血病发生率最多，其中粒细胞性白血病又最常见，而前列腺和睾丸几乎不被辐射所诱发。在特定组织内因年龄不同而有很大差别，例如辐射引起乳腺癌的易感年龄在 5～20 岁，成年和老年后逐渐降低。年龄影响乳腺癌的发生率可能与两个因素有关，对致癌易感的干细胞数的变化以及受照射时与绝经期之间间隔时间的长短，在此期间部分转化细胞能够增殖而易受到转化事件的伤害。此外，日本原子弹爆炸幸存者资料表明，10 岁以下受照射，早期发生白血病的危险系数最高,肺癌的发病率随受照射时年龄的增加而增加。

　　另一个重要方面是性别特异性的剂量反应。对日本原子弹爆炸幸存者寿命研究中的实体癌发病率的分析发现,男性和女性之间在所有实体癌症剂量-效应曲线上存在差异,男性的辐射剂量-效应呈非线性上升,而女性呈线性上升。通过研究发现,基于实体瘤作为唯一的结果不是评估辐射导致实体瘤风险的最优方法,应综合分析并选择合适的癌症组别。现有资料显示辐射诱发人类乳腺癌只在女性中增多,甲状腺癌的发病率女性比男性高3倍,男性白血病的发病率略高于女性。

　　从受照射到肿瘤长大再到足以被发现的体积需要一定时间,这段时间称为潜伏期。潜伏期的长短取决于很多因素,如肿瘤生长的速度、特征及部位、发现肿瘤所使用的方法以及受照射人群是否受到医学上的密切监视等。辐射诱发人体恶性肿瘤的潜伏期变化很大,如表9.1所列。辐射所致白血病的潜伏期最短,原子弹爆炸后2~5年开始,20年后趋于正常,平均10~13年。宫颈癌的发生,首次癌前损伤出现在大约25岁,接着在40岁左右有更多恶性损伤,大约50岁出现浸润性癌,整个过程长达20年以上。癌前损伤的出现率是浸润性肿瘤的10倍,并不是每个癌前损伤都发展为肿瘤。UNSCEAR(1986年)推荐的辐射诱发肿瘤潜伏期中位时间为20~30年。潜伏期长的肿瘤常常被随访期所截断,所以此值随着随访时间延长应有所增加。在低剂量时最长潜伏期可以超过受照射个体的寿命,这样在人的存活期内就不会发生肿瘤,这个剂量被推测为实际上的耐受剂量(tolerable dose)。

表9.1　辐射诱发人体恶性肿瘤的潜伏期

肿瘤类型	最短潜伏期/年	平均潜伏期/年	全部表现期/年
白血病	2~3	10	25~30
骨肉瘤	2~4	15	25~30
甲状腺癌	5~10	20	>40
乳腺癌	5~15	23	>40
其他实体瘤	10	20~30	>40

9.3　辐射致癌机制研究

　　关于电离辐射诱发癌症,已被公认为的事实是:辐射致癌有三个阶段——启动期、促癌期和进展期,在这个过程中电离辐射既是致癌的始动因子——作用于细胞使其转化具有肿瘤特性,又是促进因子——使处于"休眠"状态的肿瘤细胞得以生长成肿瘤。体细胞突变假说已成功地描述了小鼠中某些类型的辐射相关肿瘤,然而,对于大多数常见类型的癌症,电离辐射诱发正常细胞转化为癌细胞的确切机制尚不清楚,本节仅探讨以下几个主要方面。

9.3.1　辐射致癌的分子基础

1. 体细胞突变

　　体细胞突变的累积与细胞最初的癌变密不可分。所谓突变,就是指基因在结构上发生碱基对组成或排列顺序的改变,由于基因结构的改变而引起遗传变异,癌细胞无限增殖的特性及代谢性质的变化都能通过细胞分裂忠实地传递给后代细胞。细胞受到电离辐射后DNA分子结构损伤(特别是双链断裂和交联),在修复这些损伤过程中 DNA 分子会出现错误并传递给下一代,导致细胞可遗传性突变。此外,DNA 复制缺陷会导致突变负荷增加,且不同组织的突变负荷升高情况区别较大,如肠隐窝和子宫内膜的突变负荷升高程度明显高于其他组织,进而增加癌症风险。电离辐射诱发的染色体畸变,如易位和重排都可遗传给子代细胞。紫外线照射常以诱发点突变为主。

毛细血管扩张共济失调症(AT)、Fanconi 贫血症及着色性干皮病(XP)等是几种人类对DNA 损伤有不同修复缺陷的遗传性疾病。这些患者的体细胞由于 DNA 修复缺陷导致染色体非常不稳定,染色体易于断裂并重排。尽管临床上他们的病症不同,对辐射敏感的种类也不同,有的人对紫外线敏感,有的人在受到 X 射线照射后染色体畸变率增高,但这些病人均倾向于易发生癌症。

尽管突变是由 DNA 损伤发展而来的,然而认为突变部位就是损伤部位却是不准确的。Haseltine 等人利用紫外线损伤模型研究了嘧啶二聚体的形成与突变之间的关系,发现紫外线引起的突变有 95% 发生在相邻两个嘧啶上。紫外线造成的二聚体主要是 TT 二聚体,而突变却主要发生在 TC 序列上,因此不同损伤部位的突变频率并不一致。目前认为染色质的结构、核小体中 DNA 的扭转应力等对突变有重要作用。至于电离辐射诱变的易发部位有无特殊性尚缺乏确切资料。

2. 癌基因与抑癌基因

(1) 癌基因

癌基因(oncogene)最先是在逆转录病毒劳氏肉瘤病毒中发现的,后来发现逆转录病毒中普遍带有癌基因,而且在细胞中通常存在这些癌基因的等位基因。

1) 原癌基因和癌基因

原癌基因(proto-oncogene)广泛存在于生物界中,从酵母到人的细胞中普遍存在。在进化进程中基因序列呈高度保守性,其作用是通过其表达产物蛋白质来体现。在正常情况下,原癌基因的产物不表达或只低水平表达,对细胞正常的生长分化和凋亡起着重要的调节作用。在某些因素(如射线、病毒和某些化学药物等)作用下,原癌基因被激活转化为癌基因。当癌基因的结构或调控区发生变异,基因产物增多或活性增强时,细胞过度增殖,从而形成肿瘤。病毒中存在的癌基因统称为病毒癌基因(virus oncogene,v - onc)。各种动物细胞基因组中普遍存在的与病毒癌基因相似的序列统称为细胞癌基因(cellular oncogene,c - onc)。癌基因虽然来自宿主细胞的原癌基因,但它的结构和蛋白质产物的功能与原癌基因的均不相同。癌基因具有很强的转录活性,而原癌基因由正常细胞转录序列所控制。

根据真核细胞基因组中原癌基因的来源、结构和功能等,将它们分为若干家族,其中包括src 家族、ras 家族和 myc 家族等,还有一些尚未明确分类的,如 erbA、Blym 和 gsp 等。随着研究的深入将会有更多的癌基因或原癌基因被发现。

癌基因的表达产物是一类使细胞转化的蛋白质,称为转化蛋白。根据其在细胞信号传递中的生物学功能分为生长因子或生长因子受体、非受体酪氨酸蛋白激酶、GTP 和 GTP 结合蛋白、核内转录因子等。

2) 原癌基因激活机制

细胞原癌基因的激活是指原本不致癌,在某些特定条件下转变成有致癌活性的基因。主要有以下几种激活方式:

① 启动子插入激活。

当逆转录病毒侵入细胞后,病毒基因组中长末端重复序列含有很强的启动子,插入到细胞原癌基因的启动区域或内部,启动下游基因的转录并影响转录水平,使原癌基因过度表达或由不表达转为表达,导致细胞恶性变。

② 突变激活。

原癌基因在射线或化学致癌剂的作用下,发生点突变改变了编码蛋白质的氨基酸组成,如在辐射致癌研究中发现的 ras 基因点突变。ras 基因的表达产物 Ras 是一种 G 蛋白,在信号转导中起重要作用。正常 Ras 的作用因其自身的 GTP 酶活性而受到严格调控,突变后的 Ras 的 GTP 酶活性下降或丢失,致使细胞增殖信号持续存在,细胞恶性转化。

③ 癌基因扩增。

某些癌基因复制时可以由单个拷贝转变为多个拷贝,即为癌基因扩增。癌基因的扩增使转录模板增加,进而使其 mRNA 的水平增高,翻译的蛋白量急剧升高,导致正常细胞调节功能紊乱而致癌。myc 家族的扩增见于多种肿瘤,如肺癌、胃癌、乳腺癌、结肠癌、神经母细胞瘤和胶质瘤等中都有 c-myc 基因扩增。在癌变过程中至少有两类原癌基因被激活才能完成癌变过程,一类是使细胞产生永生性的癌基因,这类癌基因通常分布于细胞核中,如 myc 癌基因等;另一类是引起细胞快速增殖、细胞形态和功能改变的癌基因,这类癌基因通常分布于细胞质中,如 ras 癌基因。在致癌过程中,myc 和 ras 癌基因互补才能使细胞恶变。

④ 染色体畸变。

原癌基因在肿瘤细胞中从染色体的正常位置转移到其他染色体的某个位置上称为易位(或重排)。易位使原癌基因失去了正常的转录调控环境而被激活。原癌基因常易位于另一强启动子或增强子基因的附近,被启动激活,或者易位后失去原旁侧的抑制性调节域,使其表达增强。例如,髓性白血病中的基因重排是由位于 9 号染色体上的细胞原癌基因 abl(abelson)部分序列从其正常位置易位至 22 号染色体的融合基因断裂点簇集区(Breakpoint Cluster Region,BCR)形成的,可激活酪氨酸蛋白激酶进而使细胞恶变,如图 9.5 所示。

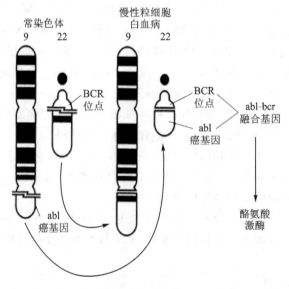

图 9.5　粒细胞性白血病中的基因重排使癌基因活化

不同原癌基因有不同的激活方式,一种原癌基因也可有几种激活方式。如 c-myc 的激活主要有基因扩增和基因重排两种方式,而突变很少见;ras 的激活方式则主要是突变。原癌基因激活的结果可能是出现新的表达产物,或是过量的正常表达产物,也可能是异常、截短的表达产物等。

(2) 抑癌基因

抑癌基因(tumor suppressor gene)又称为抗癌基因(anticancer gene),是一类存在于正常细胞中,与原癌基因共同调控细胞生长和分化的基因。与原癌基因的调控作用相反,抑癌基因在正常细胞的增殖、分化和凋亡中起负调控作用,抑制细胞进入增殖周期,诱导终末分化和细胞凋亡,维持基因稳定,具有潜在抑制肿瘤生长的功能,它们的功能失活或基因缺失、突变可导致细胞恶性转化而发生肿瘤。抑癌基因的功能主要包括两方面:一方面是抑癌基因产物与癌基因产物直接作用;另一方面是抑癌基因对癌基因的表达起负性调节作用,包括转录和转录后的调节。

下面介绍几种重要的抑癌基因。

1) Rb 基因

Rb 基因(retinoblastoma gene)为视网膜母细胞瘤易感基因,是世界上第一个被克隆和完成全序列测定的抑癌基因。它位于人类 13q14,转录产物约 4.7 kb,表达产物为 928 个氨基酸组成的蛋白质,分子量约 105 kDa,故编码蛋白质称为 p105,有非磷酸化(活化型)和磷酸化(非活化型)两种形式。在 G_1 期,非磷酸化的 Rb 可以和细胞转录因子 E2F 结合,使 E2F 处于非活化状态。当细胞开始向 S 期转化时,Rb 磷酸化并与 E2F 解离,解离后的 E2F 活化一系列参与细胞从 G_1 期向 S 期转换的基因,使细胞进入增殖状态。

Rb 基因的失活可见于骨肉瘤、软组织肉瘤、乳腺癌、小细胞肺癌、非小细胞肺癌和膀胱癌等。

2) p53 基因

最初发现的 p53 蛋白及其基因均为突变型,具有促癌作用。20 世纪 80 年代末,在癌旁组织中发现野生型 p53 蛋白及其基因有抑癌作用,始将 p53 基因命名为抑癌基因,p53 蛋白称为野生型 p53 蛋白。现已发现 50% 以上的人体肿瘤中含有突变型 p53 基因。

人类 p53 基因定位于 17p13.1,编码的 p53 蛋白是分子量为 53 kDa 的核内转录因子。p53 蛋白以四聚体形式与 DNA 结合来调节基因表达,四聚体中任何一个亚基突变都不能使四聚体与 DNA 结合。此外,p53 对细胞周期进程也具有调节作用。电离辐射时,如果 p53 的 2 个等位基因均受损,则 p53 基因发生突变,这些 p53 基因突变的细胞不会发生周期阻滞而是进入 S 期。如果 p53 基因没突变,则其表达增加,细胞周期停止在 G_1 期,使细胞有足够的时间修复受损的 DNA。p53 基因突变不仅使野生型 p53 失去抑制肿瘤增殖的作用,而且突变本身使该基因具备癌基因功能,导致基因转录失控,发生肿瘤。

3) WT_1 基因

WT_1 基因(Wilm tumor gene1),即 Wilm 瘤基因,定位于人类 11p13,其表达的蛋白质有 4 种同源异构体,起转录因子作用。WT_1 是参与转录调控的双向调节子,它与各种造血调控因子相互作用,在白血病发病过程中起重要作用。近年的研究发现,80%～90% 的急性白血病中 WT_1 基因表达增高,且与病情的进展呈正相关,确定为"泛白血病"标志,可能成为白血病基因治疗和特异性免疫治疗的靶点。

(3) 辐射中原癌基因与抑癌基因的作用

原癌基因的激活在电离辐射致癌中可能起重要作用。电离辐射能引起基因错位、重建和缺失,这些 DNA 损伤或修复时发生的错误在条件适合的情况下能够激活一个或多个原癌基因。在辐射诱导的鼠淋巴瘤形成过程中,ras家族的突变都发生在致癌的早期,它们的点突变能引起细胞异常增殖,这是导致肿瘤形成的原因。研究还发现,γ射线和中子诱导的ras突变位点不同,说明射线的物理性质可能影响突变位点。2号染色体重排是辐射所致急性髓样白血病的结构特点。也有学者认为,原癌基因所处位置使其功能被抑制,若易位到另一位置则可被激活。例如,已知Burkitt淋巴瘤的发生与染色体易位有关,myc癌基因从8号染色体易位至14号并与免疫球蛋白的重链基因相连。当然原癌基因的激活只是导致细胞发生转化,从细胞转化到发展为癌还需要很多步骤并受很多因素的影响。

电离辐射还可通过原癌基因的激活促进癌的发展。通过对各类促癌剂的研究发现,促癌剂主要是通过蛋白激酶C的途径起作用。蛋白激酶C能激活c-myc、c-fos和c-jun等,使细胞生长失去控制,促使癌的发展。Donnis等人发现X射线能够激活蛋白激酶C,进而对细胞内信号转导过程起干扰作用。在研究紫外线的致癌作用时同样可见到蛋白激酶C的激活,提示蛋白激酶C激活很可能是辐射促癌的公共途径。

辐射所致抑癌基因的失活也可能是癌发生的原因。由于抑癌基因是显性的,只有两个等位基因都突变时才能导致异常的细胞增殖。对家族性肿瘤,如视网母细胞瘤的研究发现,在合子形成前抑癌基因已发生一个等位基因的突变,只要第二点再发生一次突变即可启动成瘤,而且易并发由治疗引起的骨肉瘤。

9.3.2　辐射致癌的单细胞起源说

电离辐射导致DNA分子损伤、修复异常致使细胞突变,基因表达异常,翻译的蛋白质结构和功能发生改变,细胞将不能正常工作甚至会出现异常行为。原癌基因的突变更会使细胞的增殖和分裂失去控制,而抑癌基因的突变有可能使最后一道防线失效,细胞可能摆脱抑癌基因的限制而无限增殖分裂下去。当一个细胞内抑癌基因的突变导致其无法在必要的情况下启动细胞凋亡时,这个细胞就已经是癌细胞了。这就是辐射致癌的单细胞起源说。

人类结肠癌常始于腺癌。正常结肠上皮是多克隆起源,而始自单隐窝上皮的腺癌则来自于干细胞的单克隆,这是肿瘤单细胞起源的一个重要证据。在同一个癌症的细胞中,可以检出同一种细胞遗传标志物。具有双表型的肿瘤是很少见的,来自正常混合细胞群体而发展成肿瘤也是不多见的。

有部分学者持有不同意见,认为癌症是相邻一组细胞损伤效应的场效应(field effect)的结果。电离辐射会导致广泛的组织损伤,这些损伤随后会经历长期的系统恢复过程,成为肿瘤细胞的促进剂。换句话说,位于辐射场中的潜在癌症干细胞可以逃避致癌损伤,但在生命后期会受到刺激,在辐射诱导的微环境中发展为恶性肿瘤。这是辐射非目标或旁观者效应的一种不寻常形式。值得注意的是,该模型表明可能存在一条或多条途径用于干预辐射后的致癌过程。假如致癌过程要求多细胞同时受累,说明可能存在阈值,但是目前尚未得到多数研究结果的支持。

由于肿瘤的初始至最终发生恶性转化的发展过程,经历细胞增殖、克隆化或克隆选择等多次循环变化,因此,单细胞起源并不能排除肿瘤的初始变化发生在多个靶细胞中,继之单一癌克隆占有优势的结局。

9.3.3　肿瘤的发展阶段

根据研究的最新进展,辐射(包括化学物)诱发肿瘤可以高度简单地概括为3个阶段:始动、促进和发展,如图 9.6 所示。

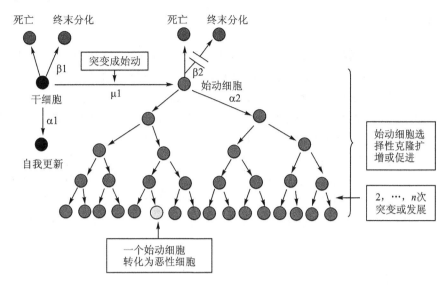

图 9.6　辐射致癌 3 阶段示意图

1. 始动阶段

始动阶段(initiation)是一种不可逆的过程。正常细胞的遗传物质 DNA 在被修饰后获得肿瘤形成前的特征,此时启动或转化的细胞仍然是无限期地处在静止状态,没有增殖。始动可通过原癌基因的激活形成癌基因导致过度表达,包括基因易位、重排、基因扩增、点突变及表达增加等;也可通过抑癌基因的失活,表现为纯合子和杂合子丢失。基因点突变是失活的主要方式,但如果以靶的相对大小为基础,则认为抑癌基因失活是主导方式,如 p53 基因。目前认为始动过程是一多发事件,涉及多个基因位点。始动的下一步既可能是促进、发展,也可能是淘汰,多数始动细胞将被淘汰(见图 9.6)。淘汰机制包括 DNA 修复、机体免疫系统的识别监视与消除,其结果是绝大多数细胞被清除,只有极少数细胞免予淘汰,然后在促进因子作用下转化为恶性细胞。电离辐射的剂量越大,始动细胞免于被淘汰的概率就越大。

2. 促进阶段

促进阶段(promotion)对癌症是否出现和何时出现有重要作用。促进是事件发生的结果,重要特征是可以促进细胞的分裂增殖。一个转化细胞发展成为许多恶性细胞,有能力增多并侵犯邻近组织。促进剂是具有刺激细胞增殖性质的物理或化学因子,它们也可能作用于DNA。电离辐射对癌变既有启动作用同时又有促进作用。

3. 发展阶段

经过始动与促进两个阶段,正常细胞通过转化逐步发展为癌细胞,此后是朝恶性方向越来越快的发展,成为独立的和侵入性的发展阶段(progression)。发展阶段的重要特征是病变从原发性肿瘤扩散或遗传表型转移,在其他部位形成继发病灶或转移。这是一个复杂过程,不断重复直到临床上转移,似乎是不可逆的。致癌因子和致突因子是有效的发展因子。近年来的实验证明,慢性重复性照射诱发癌症的过程不大可能只归因于单独某一次照射的始动效果,后继照射作为发展因子也有重要作用。

受照射者体内转化细胞的比例随照射剂量的增加而增高,在低剂量时此关系呈线性,但在纵坐标为对数的图中却难以表达。随着 γ 射线的分次,转化细胞的比例减少,但在中子照射时比例是增加的。

9.3.4　肿瘤的遗传易感性

肿瘤在人群中不是随机出现的,不同个体对辐射诱发肿瘤的敏感性不同。除年龄、性别以外,遗传因素起着重要作用。对家族聚集现象明显的肿瘤进行相应的研究,无疑是寻找易感基因的捷径。单基因遗传病中易发生肿瘤的疾病大约有 200 种,它们都有 DNA 修复缺陷,可使癌发病率增加,例如毛细血管扩张性共济失调症(AT)、着色性干皮病(XP)等。多因素遗传病的肿瘤易感性是由一系列共显性基因与环境相互作用的结果。

个体对肿瘤的易感性可分为遗传易感性(genetic susceptibility)和获得易感性(acquired susceptibility)两类。遗传易感性由双亲遗传而来,获得易感性由后天体内外各种环境因素的影响而产生。个体暴露于辐射具有不同的敏感性,其本质是由于个体的易感基因具有结构、功能多态性,与基因结构的变异、多态性的形成与 DNA 修复能力丧失或下降以及代谢酶的结构变化有关。

9.3.5　免疫监视功能

免疫监视(immunologic surveillance)是机体免疫系统的功能之一。1959 年 burnet 和 thomas 提出了免疫监视的假说,该假说认为免疫系统能够识别并清除恶性肿瘤,从而抑制了肿瘤的发生发展。当机体受到电离辐射作用时,可使机体免疫监视功能降低,从而使肿瘤细胞逃逸免疫打击并发展成癌。支持免疫监视理论的证据是免疫功能抑制的人的癌发病率增高。此外,也有人认为免疫抑制可能使肿瘤病毒得以增殖,间接使癌细胞发展到不可逆转的程度。

9.3.6　病毒的作用

人和实验动物中病毒以多种机制影响肿瘤的显现。病毒致癌约占人体肿瘤发病率的 15%。目前认为病毒可以通过以下途径致癌:① 抑制宿主消除肿瘤细胞的能力;② 病毒与细胞蛋白特异性相互作用,刺激细胞增殖;③ 将获得性和激活的病毒基因及生长调节基因转导到宿主细胞;④ 在宿主细胞染色体特异部位积累,使关键性基因激活或失活(插入性突变)。辐照损伤后人体免疫力降低,病毒易侵入人体激活原癌基因。人类病毒致癌的详细情况迄今仍不完全清楚,病毒因子只是复杂致癌机制之一。

9.4　电离辐射致癌危险度的估计

9.4.1　辐射危险与危险系数

所谓危险(risk),是指受到一定剂量照射后发生某种有害效应的概率,根据统计方法的不同分为绝对危险(absolute risk)和相对危险(relative risk)。辐射致癌的绝对危险是指受照射人群癌症实际发生数(或观察值)与该人群预期发生数(预期值)之差,又称过量危险(excess risk);相对危险是两者之比。通常更多使用过量相对危险(excess relative risk),用相对危险减去 1 表示。预期值可以来自对照人群的观察结果,也可以通过相应本底率(基线率)得出。

为了评价辐射危害,ICRP 第 26 号出版物(1997 年)提出了危险系数(risk coefficient)或危险因子(risk factor)的概念。当某种有害健康的效应发生概率与辐射剂量成正比时,其比例因子就称为危险系数。危险系数只适用于符合线性假说的随机性效应,如辐射致癌、辐射遗传危害的估计等。危险系数的提出使辐射危害得以实现定量、相加和对比,为选定辐射防护剂量限值提供生物学依据,是评价辐射对健康危害的重要参数。实际上,危险系数是单位剂量照射引起的危险,通常以接受 1 Gy(或 1 Sv)照射后每百万人口中每年或终生的超额发生数表示(例数$\times10^{-6}$/ Gy 或例数$\times10^{-6}$ a/Gy)。

9.4.2　低剂量照射诱发癌症危险度的评价

低 LET 一次照射 1 Gy 或以上的剂量时(剂量率＞1 cGy/min),从流行病学资料可准确地估算近期或中期的危险度。低于 0.4 Gy 时,大部分研究者都没有发现任何效应,如果有效应,产生效应的剂量也不确定,致使危险度的估计不可靠或只能提供危险度的上限。低于 0.2 Gy,未见肿瘤发病率增加。对低剂量、低剂量率照射的危险评价需要从大剂量估计的危险系数外推。线性外推导致过高估计危险度。当流行病学资料足够多时,通常符合线性平方关系。原子弹爆炸幸存者的资料以线性平方关系模型最能反映总体资料的情况。

有几种癌的剂量-效应关系是线性的。第一种是白血病,流行病学调查研究发现白血病的发病率与辐照剂量呈明显的线性关系,但某些研究资料显示不符合线性剂量-效应关系。根据原子弹爆炸幸存者的资料,受照射剂量低于 0.3 Gy 时未见效应,小于 0.5 Gy 的人群提示相对小的危险度并呈现曲线关系。第二种是乳腺癌。研究资料中 3/4 符合线性剂量-效应关系,但不排除符合线性平方关系。另 1/4 是研究继发于胸部透视的乳腺癌并且其照射是分次的,符合平方或线性平方的剂量-效应关系。照射剂量低于 0.2 Gy 时,肿瘤发病数仍明显增加。第三种是甲状腺癌。甲状腺对辐射特别敏感,易于致癌,特别是 20 岁以内受到照射时。原子弹爆炸幸存者的发病率适合线性模型。儿童的头部接受放射治疗后,甲状腺肿瘤的发病率增加,发生甲状腺癌的受照射儿童剂量估计为 0.1 Gy。

1988 年,UNSCEAR 报告建议重新评估对 1977 年由高剂量估算的 1.6～4.4 的危险系数,对低剂量和低剂量率则推荐减少 2～10 倍。辐射致癌危险系数估算受辐射致癌危险模型、人群间辐射致癌危险转移模型和研究的人群影响数值波动很大。如研究发现,我国人群外照射致结肠癌的危险系数比美国人群的低,但比日本人群的略高;研究还发现,根据原子弹爆炸幸存者的资料估算而得的数值较高,而从病人调查资料中得到的危险系数较小。

参考文献

[1] 孙世荃. 人类辐射危害评价[M].北京:原子能出版社,1996.

[2] 安笑兰,符绍莲. 环境优生学[M].北京:北京医科大学中国协和医科大学联合出版社,1995.

[3] Hall E J. Radiobiology for the radiologist (seventh edition)[M]. Philadelphia, PA: Lippincott, 2012.

[4] 李雨,赵芬,蔡建明.切尔诺贝利核事故导致的人类甲状腺癌[J].国外医学・放射医学核医学分册,2004,28(2):86-87.

[5] 遗传效应调查专题组.我国医用诊断 X 线工作者的辐射遗传效应调查[J].中华放射医学与防护杂志,1984,4(5):60-63.

[6] 陶祖范.高本底辐射研究的实际和理论意义[J].中华放射医学与防护杂志,1999,19

　　（2）：74.

［7］孙志娟，王继先，孙全富，等. 我国人群辐射致结肠癌危险系数估算［J］.辐射防护，
　　　2016,36：76-81.

［8］孙志娟，王继先，向剑，等. 我国人群辐射致肺癌危险系数估算研究［J］.中华肿瘤防
　　　治杂志，2015,22(13)：993-997.

第 10 章　肿瘤增殖动力学及其放射反应

肿瘤放射生物学是放射生物学的一个分支,是在放射生物学的研究基础上,探讨肿瘤及正常组织在电离辐射局部作用下的反应特点。其目的是为临床放射治疗设计合理的方案以提高射线对肿瘤的杀伤作用并减轻正常组织的损伤,为提高肿瘤放射治疗的水平提供理论基础。

10.1　实验肿瘤模型及其分析方法

不同种属、品系和类型的实验动物其肿瘤学方面的性状各不相同。为了获得更好的放射治疗方案应当选择合适的实验动物肿瘤模型,肿瘤模型的建立是放射肿瘤学实验研究的基础。目前用于实验研究的肿瘤模型包括:① 自发性肿瘤动物模型;② 诱发性肿瘤动物模型;③ 移植性实体瘤动物模型;④ 人体肿瘤异种移植模型;⑤ 多细胞球状体体外肿瘤模型。

10.1.1　自发性肿瘤动物模型

实验动物种群中不经有意识的人工实验处置而自然发生的一类肿瘤称为自发性肿瘤。自发性肿瘤发生的类型和发病率可随实验动物的种属、品系及类型的不同而各有差异。肿瘤实验研究中,一般应当选用高发病率的实验动物肿瘤模型作为研究对象,否则就无法进行研究。当然,低发病率的肿瘤模型也有一定用处,可以用它作为对照。自发性肿瘤动物模型有两个优点:首先,与实验方法诱发的肿瘤相比,自发性肿瘤通常更相似于人类所患的肿瘤,有利于将实验结果外推到人;其次,这一类肿瘤发生的条件比较自然,可通过细致观察和统计分析发现原来没有发现的环境的或其他的致癌因素,可以着重观察遗传因素对肿瘤发生的影响。但自发性肿瘤动物模型也存在一些缺点,如肿瘤的发生情况可能参差不齐,不可能在短时间内获得大量肿瘤学材料,观察时间可能较长,实验耗费较大。目前已培育了许多种小鼠自发肿瘤,从肿瘤发生学上看这些自发肿瘤与人体肿瘤相似,在肿瘤发病学等实验中表现理想。但是,由于不易同时获得大批病程相似的自发肿瘤,并且这种肿瘤生长较慢致使实验周期相对较长,所以一般很少用于药物筛选。

10.1.2　诱发性肿瘤动物模型

诱发性肿瘤动物模型是指使用化学、射线、生物和激素等致癌因素在动物身上诱发出不同类型的肿瘤。强化学致癌物二甲基苯蒽(DMBA)和甲基胆蒽可诱发乳癌,二苯苄芘诱发纤维肉瘤均已列为美国国家癌症研究所(NCI)第二筛瘤株。致癌物的诱癌过程需时较长,成功率多数达不到 100%,肿瘤发生的潜伏期个体变异较大,不易同时获得病程或癌块大小较均一的动物供实验治疗之用,再加之肿瘤细胞的形态学特征多种多样,且致癌多瘤病毒常诱发多部位肿瘤,故不常用于药物筛选。但从病因学角度分析,它与人体肿瘤较为近似,故此模型常用于特定的深入研究。由于该类型肿瘤生长较慢,瘤细胞增殖比率低,倍增时间长,所以更类似于人类肿瘤细胞动力学特征,常用于综合化疗或肿瘤预防方面的研究,用于验证可疑致癌因子的作用,在病因学研究中有很大价值。

10.1.3　移植性实体瘤动物模型

诱发的、自发的肿瘤可移植到同种或异种动物身上。现已建立了大量的纯系小鼠和大鼠移植性实体瘤动物模型并清楚地了解了它们的多种生物特性,用于肿瘤放射生物学的实验研究。在这些纯系动物身上进行实体瘤移植时,使用纯系动物移植传代自发肿瘤,并保持在同一品系纯种动物体内移植传代,才能保证所建立的实验肿瘤体系不会因免疫反应而消失或改变其生物学特性。由强致癌物或病毒等因素诱发的肿瘤,或者不是在同一品系动物身上移植传代的肿瘤往往会出现免疫反应,所以都不能用于肿瘤放射生物学研究。

为了保证实验研究结果能够准确地反映客观现实以及实验结果的可重复性,需要大量生物学特性相同的实验肿瘤,以达到在同一实验方案组间和批间的可重复性,提高近似实验方案所得结果之间比较的可信度。在应用实体瘤的整体实验中,尤其是验证某一措施的效果时,除一般的重复实验以外,还应采用至少 2~3 种肿瘤模型进行验证。

1. 动物肿瘤和人体肿瘤的可比性

小鼠肿瘤的绝对体积比人体肿瘤小,但小鼠的肿瘤及其载体(整个身体)体积的比值要大得多。在放射生物学中由于氧合程度的不同,肿瘤细胞及其附近血管的距离决定了细胞的放射敏感性。人和啮齿类动物肿瘤内毛细血管和组织坏死之间的距离是十分相似的,两者间乏氧细胞的比例差别也很小。

两类肿瘤的组织类型和它们的生长率有一定的差异,但可以通过选择获得需要的肿瘤模型。有些小鼠肿瘤和人体肿瘤的特点是一样的,例如肉瘤的生长速度比癌快。当然其生长的绝对时间值及具体模式还是不一样,例如标记指数和分裂时间常不相符。一般小鼠肿瘤比人体肿瘤长得快,但小鼠肿瘤的倍增时间范围仍很宽,如从 0.25 g 长到 0.5 g 所需要的时间在不同小鼠肿瘤内可以从 1~30 天不等。为此,应根据所用实验肿瘤的具体特性制定实验计划,或根据实验时间的要求选择实验对象。

2. 实体瘤接种部位

肿瘤移植接种部位对其生长状态、远处转移、实验时的处置以及各种效应的评价均有影响。通常实体瘤移植部位的选择主要根据对肿瘤压迫而影响肿瘤血液供应的程度来确定,因为移植部位可影响肿瘤的供血进而影响治疗效应。接种部位大致分成三类:一类是不受压迫的皮下部位,如胸部、背部和两胁及腹股沟的皮下;二类是受压的皮下部位,如头、尾和足的皮下;三类是体内较深的部位,如肺、肌肉和肾包膜等。总之,应根据实体瘤的生长特征、实验要求、目的和照射设备条件等选择最适宜的接种部位。

3. 肿瘤的接种方法

最常用的实验动物是啮齿类动物。现以小鼠为例,取荷瘤小鼠,用脱颈椎法处死,无菌条件下剥离皮下肿瘤,除去包膜、血块及坏死组织等。肿瘤的接种有组织块接种和细胞悬液接种两种方法。如果是以组织块方式接种,则把肿瘤切成 1~2 mm³ 小块,用套管针或眼科镊子直接植入到同一品系小鼠或裸鼠预定部位。如果是细胞悬液接种,则肿瘤经酶消化或用匀浆器制成单细胞悬液,选择同一品系小鼠的适当部位,每只接种 10^5~10^6 个肿瘤细胞。一般在种植后 1~2 周,接种部位可触及肿瘤。小于 1~2 mm 直径的肿瘤氧合很好,对放射敏感。大于 2~3 mm 直径的肿瘤就已因有乏氧而变得较具放射抗性。用这种荷瘤动物可进行各种整体实验,如设计肿瘤对辐射的反应、肿瘤的放射敏感性、分次照射方案、放化疗联合应用等定量实验研究。

4. 实体瘤的整体实验方法与分析评价

（1）实体瘤照射方法

除个别有特殊要求部位的肿瘤以外，一般根据实验室条件选择照射肿瘤的接种部位。为了保证实验结果能如实反映肿瘤的放射反应性，选择用于照射的肿瘤大小不能差异太大，其误差不能大于 0.5 mm。因为肿瘤的大小和肿瘤的反应程度有密切的关系，差异太大将严重影响实验结果的可靠性，所以最好是在小鼠清醒状态下照射以避免麻醉对肿瘤反应的干扰。

若要观察某种措施对肿瘤乏氧细胞的效应，可用夹子夹住肿瘤根部的血管或其他能把整个肿瘤血供阻断的方法使肿瘤缺血 10 min，耗尽肿瘤内的氧气，使整个肿瘤处于乏氧状态。待照射结束后，应尽快恢复血供，以免造成组织坏死而影响肿瘤照射效应的评价。

（2）实体瘤照射效应的分析评价

图 10.1 所示为国际上通用的肿瘤放射生物学独特的整体实验方法，将分析肿瘤放射反应性的方法分为体内原位分析和离体分析。图的左侧用于体内原位观察肿瘤，可在实验过程中跟踪监测肿瘤的变化情况，适用于不同实验动物甚至临床实践。图的右侧是肿瘤离体实验，将肿瘤从体内取出制备成单细胞悬液；然后可直接进行体外培养，或将单细胞悬液按一定比例注射入新的受体，以观察细胞离体或在体的集落形成能力，对细胞存活进行定量的分析以评估实验方法或治疗方案的有效性。但体外培养的克隆分析测试并非对所有的肿瘤都能进行，只有经过训练和选择在整体和离体都能生长的并有较高贴壁率的肿瘤细胞才能用此方法。不论用哪一种方法分析系统，目的都是得出一条剂量-效应曲线，找到控制肿瘤的最佳照射剂量。

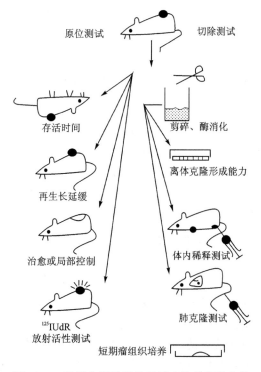

图 10.1　用于分析肿瘤放射反应性的实验方法

1）实体瘤体内原位分析

① 肿瘤生长速率。

肿瘤生长速率是评价实体瘤对某种处理方案反应的最简单、最常用的终点指标，通过测量肿瘤的平均直径或体积的大小来表示肿瘤生长速率的快慢。这一指标所需样本数量较大。实验中以肿瘤生长快慢决定是每天还是每两天测量肿瘤的大小。当肿瘤长到一定大小(大鼠肿瘤一般在 8~10 mm 之间,小鼠肿瘤在 2~4 mm 之间)时,可选择多种实验方案进行处理,观察处理后肿瘤生长速率的变化,以评价某种方案的治疗效果。

从肿瘤生长曲线中可计算出两个时间参数,统称为肿瘤生长延缓时间,用以评价各种处理对肿瘤的控制效应。图 10.2 所示为 X 射线单次照射后的肿瘤生长曲线,一种计算肿瘤生长延缓时间的方法是从照射时日算起,肿瘤再次生长到受照射时大小(A)所需的时间;另一种是从照射时日算起,肿瘤再次生长至指定大小(B)所需的时间。

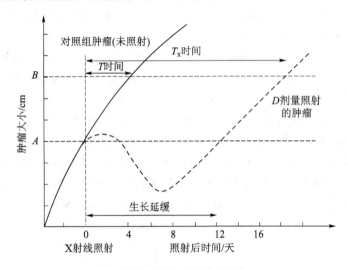

注:实线为对照组,虚线为实验组。

图 10.2　肿瘤在 X 射线单次照射后的生长曲线

② 50%肿瘤控制剂量。

50%肿瘤控制剂量(50% Tumor Control Dose,TCD_{50})是指 50%荷瘤动物的肿瘤得到控制或治愈所需要的照射剂量,用于评价某种放射治疗方案对肿瘤的控制程度。首先,将荷瘤动物分成若干实验组,用大剂量照射肿瘤局部,连续定期观察并记录不同剂量照射组小鼠局部肿瘤控制情况。然后,以不同天数肿瘤局部控制率或治愈率为纵坐标,照射剂量为横坐标作图,可得不同条件下的剂量-效应曲线,取不同处理组达到 50%被控制的剂量,即 TCD_{50}。图 10.3 所示为小鼠乳腺癌单纯 X 射线照射和照射前 30 min 分别给予不同剂量的放射增敏剂 MISO 后照射的剂量-效应曲线。

该实验方法重复性较好,标准误差一般不超过 5%,它可给临床放疗提供极为有价值的资料。其缺点是实验所需的动物数量较多,周期较长(短者 3 个月,长至 4~5 个月)。

③ 核素活性丢失测试。

核素活性丢失测试的方法首先使肿瘤内处于活跃增殖周期的细胞标记上 $^{125}IUdR$,当肿瘤受到照射时这些活跃增殖的细胞就会被杀死,肿瘤内参与构成 DNA 的 $^{125}IUdR$ 则因细胞的死亡和溶解而下降。测定肿瘤在受照射后不同时间内核素活性丢失的情况,可反映肿瘤对某一治疗方案的反应程度。

这种方法用时较短(约 10 天),实验所用动物少,仅几只即可;但其敏感性有限,仅限于低剂量的一到两个数量级的细胞杀灭(SF=0.1~0.01),如肿瘤有免疫反应性,还会受肿瘤内的

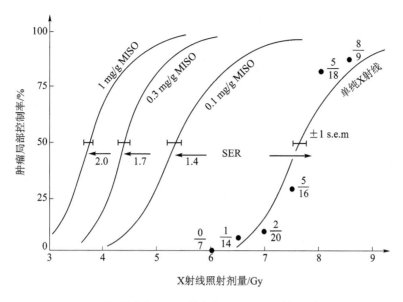

注:横线为 TCD_{50},数字为 SER,s.e.m 为标准误差。

图 10.3　小鼠乳腺癌单纯 X 射线照射和照射前 30 min 给予不同剂量 MISO 后的照射剂量与局部控制率之间的关系

非肿瘤细胞干扰。

2) 稀释测定分析技术

稀释测定分析技术是获得体内细胞存活曲线的基本技术。1959 年 Hewitt 等人首先采用稀释测定分析技术绘制出第一条体内肿瘤细胞剂量存活曲线,具体步骤如下:从荷瘤动物体内取出肿瘤,制成单细胞悬液,经过倍比稀释,将含有已知细胞数的悬液注入受体动物的腹腔内。观察移植肿瘤出现的情况,计算出半数动物发生移植肿瘤所需的肿瘤细胞数,称之为 TD_{50}(50% Tumor Dose)。为了使肿瘤细胞在小鼠体内生长,接种的小鼠一定是特定的小鼠系,或者必须是具有免疫缺陷的小鼠系。即便如此,也不是所有的肿瘤都会生长,而且大多数肿瘤需要至少 10^4 个细胞的接种量,因为只有癌症的"干"细胞或克隆源性细胞才能生长成肿瘤。因此,TD_{50} 可用以评估某一肿瘤干细胞的致肿瘤性。将受 0 剂量照射的荷瘤动物的 TD_{50} 与受不同剂量照射的荷瘤动物的 TD_{50} 值相比,分别计算出各剂量的存活分数(见图 10.4),即可绘制剂量存活曲线。

3) 肺集落(克隆)测定

Hill 和 Buch(1969 年)设计了体内分析细胞克隆源性的试验,具体步骤如下:将荷瘤小鼠原位局部照射后,取出肿瘤,制备单细胞悬液,计数后经小鼠尾静脉注入受体动物体内;经 2~3 周后,处死受体动物,计数肺内集落(克隆)数,如图 10.5 所示。肺内集落数就反映了注入静脉内肿瘤细胞悬液的存活克隆源性细胞数量。与对照组相比,可算出细胞的存活率。用细胞存活率与剂量绘图即可得到体内的细胞存活曲线。

4) 体内-体外测定分析技术

某些细胞系或实体瘤的细胞可通过体内-体外 (in vivo experiment in vitro assay, Vv - Vt)转化实验进行测定分析,细胞既可在动物体内生长成实体瘤又可进行离体单细胞集落培养,可进行体内外迅速转换并继续生长,如图 10.6 所示。目前可供体内-体外转化实验的实体瘤模型有大鼠横纹肌肉瘤、小鼠纤维肉瘤、小鼠乳腺肉瘤 SCCⅦ及乳腺癌 EMT - 6。也可选择

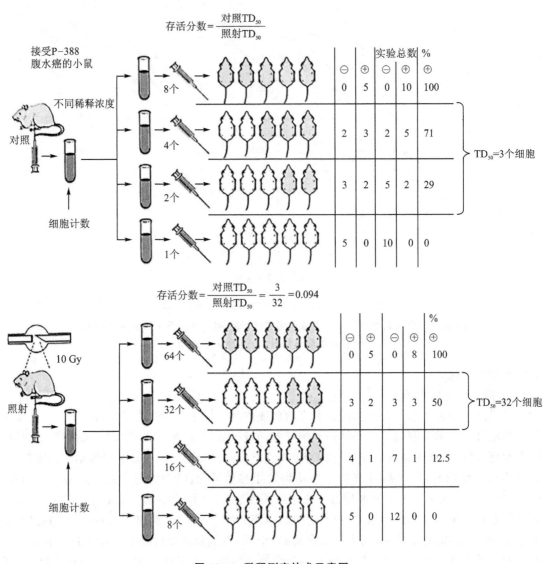

$$存活分数 = \frac{对照 TD_{50}}{照射 TD_{50}}$$

接受 P-388 腹水癌的小鼠		实验总数		%

$$存活分数 = \frac{对照 TD_{50}}{照射 TD_{50}} = \frac{3}{32} = 0.094$$

图 10.4　稀释测定技术示意图

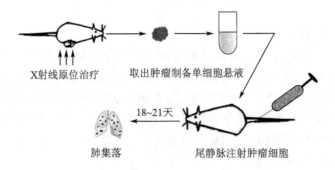

X射线原位治疗　　取出肿瘤制备单细胞悬液

18~21天

肺集落　　　　尾静脉注射肿瘤细胞

图 10.5　肺集落(克隆)分析技术示意图

适当的实验肿瘤,经过相当时间的反复训练,使之成为获得这种性能的实验肿瘤体系。但该体系一旦建立,还必须经常做强化训练,才能将此特性保存,并不断传递给后代。

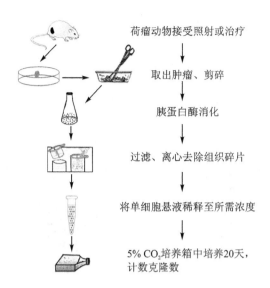

荷瘤动物接受照射或治疗

↓

取出肿瘤、剪碎

↓

胰蛋白酶消化

↓

过滤、离心去除组织碎片

↓

将单细胞悬液稀释至所需浓度

↓

5% CO_2 培养箱中培养20天，计数克隆数

图 10.6　体内-体外转化实验技术示意图

10.1.4　人体肿瘤异种移植模型

人体肿瘤异种移植（tumor heterotransplantation）是利用免疫缺陷的动物培植人体肿瘤的瘤株或细胞系,其目的在于最终建立人体肿瘤瘤株或移植人体肿瘤。目前,多种人体肿瘤细胞可以在免疫缺陷的动物中以异种移植形式生长,如结肠、支气管肿瘤和黑色素瘤等较易移植成功,而有些如乳腺癌和卵巢癌则较困难。最常用的动物是裸鼠,即遗传性无胸腺的小鼠,它们的 T 细胞免疫反应很弱。另外,还有 NK 缺乏的 Beige 小鼠以及严重联合免疫缺陷小鼠。有时也可用药物或电离辐射治疗引起动物免疫抑制。此外,动物的免疫特权位点（immune privileged site）如仓鼠的颊囊或眼睛的角膜亦可用于肿瘤移植。一旦人体肿瘤异体移植成功,就可用上述肿瘤放射生物学的整体实验方法进行分析。

人异种移植瘤（xenograft, Xeno）在传代中能保持人体的核型以及该个体肿瘤的组织形态、生化和细胞遗传特性至少 10 代,在这方面它们与动物肿瘤相比具有很大的优势。但人异种移植瘤也有一定的缺点,主要包括以下几点:

① 仍有肿瘤被排斥的反应。如用肿瘤控制率作为观察指标可能会被误导,而用生长延迟和细胞存活作为研究指标则可能不受影响。

② 移植肿瘤细胞在小鼠体内发生动力学和细胞选择。肿瘤的生长速度比在人体内快,其倍增时间一般为原肿瘤在人体内时的 1/5。肿瘤细胞动力学的改变及细胞选择的出现,导致肿瘤细胞对增殖依赖性化疗药物的效应会增加。

③ Xeno 虽然能保持人体肿瘤的组织形态,但其间质组织来源于小鼠。因此,在任何观察血液供应起重要作用的研究中,Xeno 细胞所得结果的准确性比鼠类肿瘤的要差。例如,Xeno 的乏氧细胞比例更像小鼠肿瘤。

10.1.5　肿瘤的离体模型——多细胞球状体体外肿瘤模型

通常在肿瘤研究中有关组织培养所使用的肿瘤细胞都是单层细胞或单细胞的悬浮液,这种单细胞与人体肿瘤细胞的特性并不完全相同。因此,利用这种单细胞进行实验所获得的结果,并不能准确反映人体肿瘤的生物状态和对各种治疗的反应。1971 年,Sutherland 首先使用中国仓鼠细胞 V79 肺细胞培养了具有三维结构的多细胞球体(multicell spheroid),显微镜下球体的外层部分有许多肿瘤细胞的生长和分裂,球体的中心部分由于缺乏营养,细胞分裂较少,存在自然乏氧细胞,而且经常出现区域性坏死。球体还可以消化成单细胞,培养后形成集落,以验证球体对各种处理的效应。这种多细胞球体无论在形态学还是生物学上都与动物及人体的实体肿瘤相似(见图 10.7)。因此,它已成为一种肿瘤模型,广泛应用于肿瘤研究。

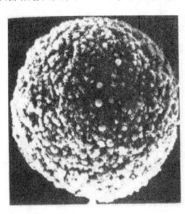 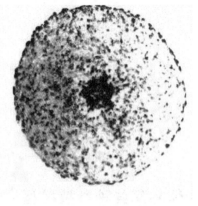

(a) 多细胞球体　　　　　　　　　　　　(b) 组织切片

图 10.7　多细胞球体及其组织切片

实验室多细胞球体生长的速度取决于所用血清量。生长成的球体大小比较均匀,1 mm直径的球体含有 $0.5 \times 10^5 \sim 1.0 \times 10^5$ 个细胞。球体由外层到中心大致含有 3 种细胞群体。最外层是非同步的、处于细胞周期中快速增殖的细胞,中间部分是非周期的类 G_1 期细胞,最内层是非周期的类 G_1 期的乏氧细胞。乏氧细胞的比例同许多动物肿瘤相似,有利于研究不同细胞群体对射线的敏感性差异。

此外,球体系统还可用于放射生物其他方面的研究,如放射增敏剂和化学治疗药物的研究。在人体肿瘤静止的抗拒细胞常处于远离血管的地方,药物需要通过多层生长活跃的细胞才能同这些细胞接触,在这个过程中药物的有效浓度逐渐被消耗。球体系统可以很好地模拟肿瘤的这些特点,提供一个快速有效而又经济的方法筛选增敏剂和化疗药物。

肿瘤多细胞球体培养系统虽然具有许多独特的优点,但也存在一定的局限性,到目前为止只有 50 %肿瘤能进行多细胞球体培养形成球体。与肿瘤细胞相比,人体正常细胞形成球体的能力有限。肿瘤多细胞球体中没有间质细胞,因基质成分可能在人体肿瘤活检材料的重聚过程中被排除掉,这些问题有待在培养技术的发展中得到解决。

10.2　肿瘤的细胞群体动力学

细胞群体动力学是描述细胞群体的生长规律而不是个别细胞的活动,肿瘤的细胞群体动力学是研究肿瘤细胞群的增殖动力学。只有了解了肿瘤细胞群体与正常组织细胞群体之间的差别以及肿瘤细胞群体对射线的反应特点,才能更好地利用射线对肿瘤进行放射治疗,达到既能治疗肿瘤又能保护正常组织的目的。

10.2.1 肿瘤生长

肿瘤生长包括临床前期和临床生长期两个阶段。临床前期是指从一个克隆源癌细胞开始直到临床检查时能被发现的一段时期。临床前期的长短取决于肿瘤所在的身体部位。临床能发现的肿瘤至少要有 $1\ cm^3$ 大小,质量是 $1\ g$ 左右,大约含 10^9 个细胞。肿瘤在自然发展中,从初始的克隆源肿瘤细胞开始需要有 30 次左右的倍增才能形成肿瘤,要生长到临床能被发现还需进一步倍增 30 次。一般肿瘤一旦发生就是呈对数生长状态,但细胞丢失系数很高,在长大到临床可检查出前其生长速度已大为减慢。

肿瘤在临床生长期的速度取决于不同的因素,如肿瘤的大小、历史、患者的年龄、营养状态和血液供应等。肿瘤生长的倍增时间值变化极大,例如肺癌,可以从 7 天到 381 天,平均为 100 天。快速生长的肿瘤对放疗的反应较快,而倍增时间长的肿瘤对放疗相对抗拒,反应也较慢,如表 10.1 所列。

表 10.1 人体肿瘤的体积倍增时间

部位(原发或转移肿瘤)	原发肿瘤/天	转移肿瘤/天
肺小细胞癌	35	—
肺大细胞癌	90	—
腺癌	185	—
结肠癌	96	90
乳腺癌	90~166	80
乳腺癌(复发肿瘤)	—	20~40
淋巴瘤	30	30
伯基特淋巴瘤	3	—
骨源肉瘤	40	30
恶性黑色素细胞瘤	—	55

10.2.2 肿瘤细胞群增殖动力学

1. 常用细胞动力学参数定量评估

(1)细胞增殖周期

哺乳动物细胞通过细胞分裂,即有丝分裂进行复制和增加数量。用普通光学显微镜观察细胞的生长能清晰辨认的只是有丝分裂期的变化。在细胞周期的大多数时相中,染色质呈弥散状态,只有在分裂前期才凝聚呈棒状的染色体。细胞连续两次有丝分裂之间的平均时间间隔称为细胞周期时间(cell cycle time)或有丝分裂周期时间(mitotic cycle time)。

细胞分裂增殖周期大致分为 4 个时相。最初的生长期称为 G_1 期,也称为 DNA 合成前期。此期为前一次分裂产生的子细胞开始生长,细胞体积增大,胞质中维持细胞特殊机能的化合物含量逐渐增加。G_1 期的后期积极准备 DNA 复制所需要的物质,RNA 迅速合成,并指导合成大量蛋白质和其他相关分子。接着细胞进入 S 期,即 DNA 合成期,此期 DNA 完成复制。随后进入 G_2 期,即 DNA 合成后期,为细胞的有丝分裂做准备,合成细胞分裂时所需要的 RNA 和蛋白质。然后,进入 M 期,即有丝分裂期。复制过的 DNA 被分成等量的两份分配给子细胞。子细胞可以暂时不进入细胞周期,处于休止状态,此时称为 G_0 期。但一旦接收到某种信号,细胞就开始准备 DNA 的合成而变为 G_1 期细胞。

不同细胞群体的细胞周期时间的变化范围很大,甚至相差两倍以上,其中 G_1 期的变化范围最大,是造成这一差别的主要原因。对多数细胞系而言,M 期的时间间隔相似,为 1 h 左右。同正常组织细胞相比,恶性细胞的细胞周期时间一般较短。

1) 细胞周期各组成部分的定量估算

细胞周期各组成部分的定量估算有两种相对简单的测量方法。第一种是计数处于分裂细胞的比例,即有丝分裂细胞的指数(Mitotic Index,MI)。假设细胞群体中的所有细胞都是增殖性细胞,并且细胞周期时间也相同,那么,

$$MI = \lambda \frac{Tm}{Tc}$$

式中:Tm 为有丝分裂的时间;Tc 为细胞周期的时间。鉴于细胞在细胞周期内的时间是不可能平均分配的,故用 λ 来校正,式中 λ 为校正系数。假设细胞在周期各时相的比例始终不变,那么 λ 的值为 1。

第二种简单的测定方法是标记指数(Labeling Index,LI)测定。在培养基中加入 ^3H-TdR(^3H 标记的胸腺嘧啶),使细胞与一定量的 ^3H-TdR 接触一段时间,即脉冲标记(flashs-labeled);然后将细胞固定、染色、放射自显影,计数被标记的细胞比例,称之为标记指数。假设所有细胞的分裂都在同一细胞周期内进行,则

$$LI = \frac{Ts}{Tc}$$

式中:Ts 是 DNA 合成时间;Tc 是细胞周期的时间。

以上测定得出的 MI 及 LI 分别是有丝分裂时间占细胞周期时间的比例及 DNA 合成时间占细胞周期时间的比例,均为相对数值,尚不能得出细胞周期各时相的绝对时间。

2) 细胞周期各时相及细胞周期时间的测定

为了获得细胞周期内各时相及细胞周期的精确时间,必须使用标记有丝分裂百分率技术(the percent-labeled-mitoses technique)。首先,用 ^3H-TdR 加入拟作脉冲标记的细胞群体的培养液内,一般用约 20 min 进行标记。标记终止时,弃去有放射性的培养液,加入新鲜培养液。在体实验时,用腹腔注射 ^3H-TdR,20 min 后标记物可达到肿瘤细胞。腹腔内注射大量无放射性的胸腺嘧啶以清除 ^3H-TdR 的作用。然后,^3H-TdR 作用的 S 时相细胞将放射性核素结合进细胞内。当标记作用被终止后,摄取了标记物的细胞在周期内继续前进。此后,每隔 1 h 取材 1 次,将收集的细胞样本固定、染色并放射自显影,这一过程持续的时间应长于所观察细胞群体的估计细胞周期时间。计数每个样品中放射性标记的有丝分裂细胞的百分率,即是标记的有丝分裂百分率(percentage of labeled mitoses)。

3) 潜在倍增时间

肿瘤倍增时间是指肿瘤细胞在存在丢失的情况下,其体积增加一倍所需的时间;而潜在倍增时间(potential doubling time,Tpot)是指在假定不存在丢失的情况下,肿瘤体积增加一倍所需的时间。

流式细胞仪(flow cytometer,FCM)的细胞测定技术已逐渐替代放射自显影技术用于测定细胞群体动力学。FCM 可在几天内获得与放射生物学有关的细胞群体动力学的各种参数,包括细胞周期内不同时相的细胞分布。Tpot 可表示肿瘤的增殖能力,可采用流式细胞仪测得

其数值大小,即

$$Tpot = \lambda \frac{Ts}{LI}$$

式中:Ts 为 S 期的持续时间;λ 是校正系数,在 0.67～1.0 之间;LI 为标记指数,指给一定剂量溴脱氧尿苷,数小时后取标本,S 期细胞被溴脱氧尿苷标记后可被荧光色素偶合的单抗选择性染色(发绿色荧光),细胞 DNA 被碘化丙啶(Propidium Iodide,PI)染色(发红色荧光),LI 即为总细胞数中被溴脱氧尿苷标记的百分数。

(2) 生长比例

一个生长的实体肿瘤,并非所有的细胞都连续分裂增殖,在特定时间下往往是部分细胞进入细胞周期。生长比例(Growth Fraction,GF)用来描述肿瘤内在细胞周期中增殖的细胞比例,即肿瘤内进行增殖活动的细胞数与总细胞数的比值:$GF = P/(P+Q)$,其中 P 是增殖细胞数,Q 是不进入细胞周期的静止细胞数,$P+Q$ 是细胞群的细胞总数。生长比例也称为生长分数。

一般人体肿瘤的生长比例是 30%～80%,肿瘤的类型、分化程度以及肿瘤的血流供应等对生长比例都有影响。

(3) 细胞丢失

肿瘤的过度生长是细胞分裂增殖与细胞丢失之间平衡的结果。大多数情况下,肿瘤的生长要比从单个细胞的周期时间和生长比例推算的结果慢得多,主要原因就是有细胞丢失。假设没有细胞丢失,用细胞周期时间和生长比例计算而得的肿瘤体积增加一倍的时间为潜在倍增时间,实际测定所得的肿瘤增加一倍的时间为实际倍增时间(actual doubling time,Td),则细胞丢失系数 (cell loss factor,Φ)的关系式为

$$\Phi = 1 - \frac{Tpot}{Td}$$

细胞丢失系数代表细胞丢失率和新的细胞产生率之间的比例,它表示肿瘤生长能力丢失的情况。正常组织也有细胞丢失和细胞产生的关系,但它的细胞丢失系数 $\Phi = 1$。生长肿瘤的特征是 $\Phi < 1$。如果肿瘤细胞丢失系数 $\Phi = 1$,则表明该肿瘤处于停滞状态,即不生长也不消退。

肿瘤内细胞丢失的途径大致有以下几种:

① 营养不良死亡:随着肿瘤的生长,肿瘤远离血管的细胞因氧饱和度下降而致营养成分供应不足,最终导致细胞死亡;

② 细胞分裂机制受到严重障碍,即细胞的增殖死亡;

③ 受机体免疫功能的攻击而死亡;

④ 转移:肿瘤细胞在身体其他部位的丢失,如通过血液和淋巴失落到身体的其他部分;

⑤ 脱落:这种方式在大部分实验动物肿瘤中不适用,但在人的肿瘤中可能是细胞丢失的重要机制,如胃肠、泌尿和呼吸道的肿瘤。

上述几种方式中肿瘤细胞营养不足导致坏死是主要的原因。目前,对于肿瘤内细胞丢失发生机制、调控因素等还不是很清楚,但却与肿瘤生长速度密切相关。

(4) 肿瘤生长全貌

决定肿瘤生长速率的 3 个因素为细胞群内增殖细胞的细胞周期长短、生长比例和细胞丢失率,其中,细胞丢失率是主要的因素。在实验动物肿瘤中,细胞丢失系数的数值变化最大,变

化幅度由 0 至 90％。动物实验证明,癌细胞丢失系数较高,往往超过 70％;肉瘤细胞丢失系数较低,在 30％左右。放射治疗后癌的新细胞产生暂时停止或减少,但细胞丢失系数很高,结果肿瘤很快缩小;而肉瘤受到照射后即使很大比例的细胞被射线杀伤死亡,也会因其细胞丢失比率小,肿瘤的体积缩小乃至消失较慢,如表 10.2 所列。

表 10.2　不同类肿瘤的存活时间和倍增时间

病理分类	病人数	存活时间/月 *	肺转移倍增时间/天 #
胚胎性肿瘤	16	9.5(6.7～13.6)	19.5
淋巴类肿瘤	12	10.5(6.2～17.8)	29.5
间质性肉瘤	41	15.5(11.8～20.4)	35.6
鳞状细胞癌	30	15.6(10.9～22.4)	51
腺癌	82	20.4(16.3～25.7)	90.4
纤维肉瘤	22	35.7(22.2～57.6)	64.9

注:* 表示几何均值及可信限;# 表示几何均值。

肿瘤内的增殖细胞不受体内正常平衡稳态系统控制,它们的分裂增殖速度只取决于肿瘤细胞自身遗传特性及其血液、营养的供应情况。随着肿瘤的生长长大,血液供应趋于减少甚至消失,肿瘤内坏死面积不断扩大,还常常伴随出现乏氧细胞,一般约占总存活细胞的 20％。肿瘤内血液供应不足的另一证据是肿瘤内只有部分存活细胞进入周期并分裂增殖,生长比例在 30％～50％之间。越靠近毛细血管区生长比例越高,越近坏死区生长比例越低。实际上,在实践中很少看到肿瘤内膨胀性的生长速率,这是由于转移、脱落、随机性的细胞死亡或肿瘤坏死区细胞死亡等而造成细胞丢失的缘故。

2. 人体肿瘤细胞群增殖特点

人体正常组织受机体自稳控制系统控制,细胞增殖到一定程度就会停止。正常的自稳控制系统非常复杂。简单地说有两种生长控制:一种直接作用于细胞群,由子代细胞产生对细胞增殖作用的负反馈作用;第二种作用于细胞周围的环境,可以同时作用于多种细胞群,如细胞因子、抗原抗体反应、激素等。正常情况下,细胞群的增殖与丢失相当。但当某一群体失去平衡,丢失大于增殖时,自稳控制系统将促使细胞加快增殖,以弥补缺损,直至正常。

机体内并非所有的突变细胞都能形成一个新的肿瘤或有能力从一个细胞长成克隆(由一个单细胞分裂繁殖所形成的细胞集落),只有非常少的具有不断增殖能力的克隆源性细胞才有可能长期存活成长为肿瘤。克隆源性细胞(clonogenic cell)又可分为处于增殖周期正在进行分裂增殖的细胞和处于暂不分裂状态但仍保持其生长分裂能力的细胞(也可称为细胞增殖周期中的 G_0 期或静止细胞群)。克隆源性细胞的生长比例通常大于整个细胞群,并且它们的增殖率更高、更快。然而,事实并非总是如此。

在慢性髓性白血病中,导致白血病的干细胞可能是多能干细胞,这与其他白血病的干细胞非常不同,因为这些多能干细胞虽然携带白血病特有的染色体畸变(如 Philadelphia 染色体),但也能产生完全正常的成红细胞或巨核细胞的后代。因此,只有一小部分后代具有肿瘤特征。这个例子说明人类研究克隆源性肿瘤细胞时所遇到的困难,因为克隆源性肿瘤细胞在总细胞中所占比例很小,约为 0.1％,并且在自发性肿瘤中克隆源性细胞的分化程度可能比构成肿瘤的大部分细胞的分化差得多。

肿瘤内还有无增殖能力的衰老细胞,即从治疗角度看已属死亡细胞和即将从细胞群内排除的破碎细胞。从增殖角度看,肿瘤是由 4 种细胞组成的,即分裂增殖的细胞、静止的细胞、暂不分裂但仍有生长能力的细胞和无增殖能力的衰老细胞。

与实验动物肿瘤相比,对人体肿瘤生长动力学的研究难度更大。通过对大量人体肿瘤资料的研究发现,人体肿瘤的倍增时间差异很大,平均值很长。Tubiana 和 Malaise 估测约为 2 个月。相同组织类型的肿瘤,发生在不同病人身上,其生长速率有很大差异,而发生在同一病人身上的各种转移癌却具有相近的生长速率。将实体瘤与其对应的正常组织的细胞周期时间相比较,不同作者的研究结果表明恶性细胞的周期时间远比对应的正常组织的细胞周期短。应当指出的是,源于迅速增殖的正常组织的肿瘤,如白血病或胃肠道肿瘤则不在此列,这些组织肿瘤细胞的周期并不比所对应正常组织细胞的周期短。

10.3　肿瘤对射线的反应

放射治疗不能孤立地只考虑其对肿瘤的作用,必须同时研究其对相邻重要正常组织的作用。肿瘤对放射治疗的反应在各种肿瘤之间是不同的,而正常组织的耐受性则应是制定剂量参数的基础。

因正常组织和肿瘤组织对射线反应的多样性,在肿瘤放射治疗中,人们认识到实际上不可能达到 80%～100% 的肿瘤细胞被杀灭而正常组织没有一点严重并发症的目的。换言之,为了增加肿瘤细胞杀灭的百分比就需增加照射剂量,此时,邻近肿瘤的正常组织产生不可逆的严重损伤的危险性也随之增加,见图 10.8。由此引出两个概念,最适剂量和可接受的危险程度。以膀胱癌的治疗为例将这两个概念加以定量。引起 50% 并发症的剂量（DC_{50}）大于局部控制肿瘤 50% 所需的剂量（TCD_{50}）,但这种差别相当小。TCD_{50} 的照射剂量将造成 30% 的病人有并发症,而用造成 10% 并发症的剂量,其治愈肿瘤的百分比是 25%。根据 Moore 等人的提

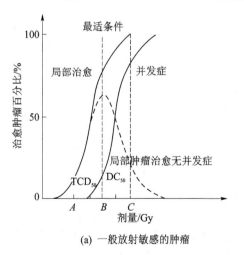

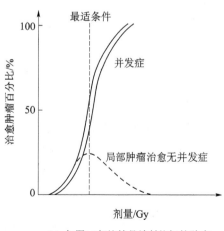

(a) 一般放射敏感的肿瘤　　　　　　　　　　(b) 与图(a)相比较具放射抗拒的肿瘤

注:在剂量 A 处没有并发症;剂量 B 处是最适剂量;剂量 C 处所有肿瘤细胞都被杀灭,但并发症的比例增高。TCD_{50} 是指 50% 肿瘤控制剂量;DC_{50} 是指造成 50% 病人有并发症的剂量。

**图 10.8　特定肿瘤局部控制率与受照射正常组织出现
并发症百分比理论上的剂量-效应关系**

法,大部分肿瘤的 DC_{50}(分次治疗的平均值 68 Gy)大于平均 TCD_{50} 值(62 Gy)。但不同类型的肿瘤,这两个变数之间的差别不同。因此,认真研究肿瘤细胞对辐射反应的特点及其与正常细胞的差异,是提高肿瘤临床放射治疗效果并减轻并发症的基础。

10.3.1　肿瘤快增殖细胞反应

大多数肿瘤都含有相当比例的快增殖细胞,它们属于"早反应组织",即使一些生长较慢的肿瘤也是如此。放射治疗后,有些肿瘤反应很慢但大多数肿瘤消退得很快,其反应类似于早反应(early effect)的正常组织。但放射反应的速度并不能衡量肿瘤的放射敏感性,放射反应的速度不但取决于肿瘤内克隆源性细胞的增殖动力学,也取决于肿瘤细胞的寿命,因此,如果肿瘤细胞的丢失率很高,虽然其生长也很慢,但消退却很快。同一种类型的肿瘤消退快的肿瘤的局部控制率比消退慢的要高。

对一些消退慢的肿瘤,放射治疗刚结束时对其控制情况很难做出判断。原因可能是肿瘤细胞的丢失和增殖都慢,也可能是一个残留的肿瘤基质块,还可能表示治疗失败。

有些肿瘤,如前列腺癌、节结硬化性霍奇金病、睾丸畸胎瘤、某些软组织肉瘤、脉络膜的恶性黑色素细胞瘤、垂体腺瘤或脊索瘤等受照射后,虽然杀死了瘤内的克隆源性细胞,但肿瘤就是消退得慢,有时可能就是一个残存的包块(例如,有种软骨肉瘤的软骨基质,即使肿瘤本身决不会再生长也永远不能被吸收)。大多数类型的肿瘤即使大部分消退快,也有一小部分肿瘤消退得较慢,即使在同一种组织类型的肿瘤中,肿瘤增殖的动力学也很不相同。

所有肿瘤一次照射后都有肿瘤体积的缩小,照射前生长慢的肿瘤照射后体积缩小到最小所需的时间要长,随后又有一个比照射前更快的生长使肿瘤体积再次增大,有的肿瘤照射后的体积倍增时间比照射前加快 5 倍,随后慢慢恢复到原来的增长速度,这可能是由于氧合较好或有更多的空间有利于肿瘤细胞的分裂,增殖率也可能有所增加。

10.3.2　肿瘤的剂量-效应曲线

肿瘤细胞群受射线照射后与正常组织的反应不同,不同肿瘤之间的反应也极为不同。这种对射线反应的差别是临床上能够利用射线治疗肿瘤的原因之一。影响肿瘤细胞对放射治疗反应的因素至少有三方面:① 由于细胞周期内细胞在不同时相的放射敏感性不同,照射后细胞群内细胞周期各时相的再分布可改变细胞群的放射敏感性。② 分次照射之间细胞的再增殖可部分抵消照射的杀伤作用。③ 正常细胞一般增殖比较缓慢,潜在致死性损伤修复明显;而肿瘤细胞增殖比较活跃,潜在致死性损伤修复较少。

对人体肿瘤的观察发现,细胞增殖率及细胞丢失率和放射敏感性之间有明显的关系。凡是平均生长速度快、生长比例及细胞更新率高的肿瘤对放射都较敏感。

所有肿瘤在肿瘤局部治愈的可能性与照射剂量之间的关系都有一些共同的特点。照射剂量低于某一阈剂量时无致死性效应,随照射剂量的增加,致死性效应增加,某些肿瘤可接近100%控制。但由于正常组织耐受量的限制,使可用的治疗剂量常常被限于较小范围。阈值剂量和临床上可用的最大剂量取决于病理类型、肿瘤的病变范围和局部位置。肿瘤控制可能性与剂量关系的曲线斜率(见图10.8)取决于特定类型肿瘤的放射敏感性。

剂量-效应关系的分析主要依据统计学。重要的肿瘤细胞是那些能无限增殖的细胞,即克隆源性细胞。克隆源性细胞相当于正常组织中的干细胞。实验肿瘤中,克隆源性细胞的比例在 $0.1\%\sim100\%$ 之间,可用 50% 肿瘤发生率(TD_{50})来测定。人体肿瘤中克隆源性细胞数的范围可从 0.01% 到 1%。

　　一般认为,只有当所有的克隆源性细胞都处于增殖性死亡而不能进一步繁殖时,肿瘤才算被控制。例如,某肿瘤重 100 g,有 10^{11} 个细胞,其中 1% 是克隆源性细胞,即有 10^9 个克隆源性细胞。已知分次照射的细胞存活曲线是指数性的。假设每 2 Gy 照射的存活率是 50%,相当于有效 D_0 值为 2.9,则在照射 30 分次或总剂量达 60 Gy 时,存活细胞比例将为 10^{-9},即平均每个肿瘤只有一个存活细胞。这是在假设治疗期间该细胞群内的细胞敏感性一致的基础上所得到的计算结果。如有 100 个相似的肿瘤,每个接受 60 Gy 照射,则将有 100 个存活细胞。若给予 62 Gy 照射,则将剩 50 个存活细胞。上述两种情况,无论哪种都会有一些肿瘤没有任何存活细胞而被治愈,而其他一些肿瘤还有一个或更多个存活细胞,因此可能出现复发。

　　可以通过统计学理论计算得出肿瘤的治愈数。设每个肿瘤的平均存活细胞为 n,根据泊松分布没有存活细胞的肿瘤比例等于 e^{-n}。因此,如果 $n=1$,则将有 37% 的肿瘤没有存活细胞(37% 有 1 个细胞,18% 有 2 个细胞,8% 有 3 个或以上细胞),即 37% 的肿瘤治愈。如每个肿瘤平均只有 0.5 个存活细胞,则肿瘤治愈率约为 60%。TCD_{50}(50% 治愈)将是平均每个肿瘤有 0.69 个存活细胞,10% 时为平均每个肿瘤有 2.3 个存活细胞,90% 时为每个肿瘤有 0.1 个存活细胞(每 100 个肿瘤有 10 个存活细胞)。

　　根据计算,要将治愈率从 10% 提高到 90% 必须将剂量提高 3 个 D_0 值。在此例中约为 5×2 Gy,见图 10.9。肿瘤控制的概率 P 或一系列完全相同的肿瘤百分控制率取决于 3 个参数:① 最初克隆源性细胞的数量;② 总剂量 $D = N \times 2$ Gy;③ 一段时间照射后存活细胞的比例,该值依赖于克隆源性细胞的放射敏感性以及两段照射之间的增殖速度。P 值(控制的概率)随总剂量的改变而发生快速的变化。上述情况是假设所有细胞有同样的放射敏感性,TCD_{50} 相当于 10^{-8} 个细胞存活。剂量稍大或较低时,肿瘤局部控制率(LC)增加或降低与肿瘤中保留至少一个存活细胞的可能性相符。因为分次照射的 D_0 值较大,0% 和 100% 肿瘤控制率之间的剂量区别也较大。

　　在临床上都可观察到局部控制和照射剂量之间的关系,但不同肿瘤类型的剂量–效应曲线

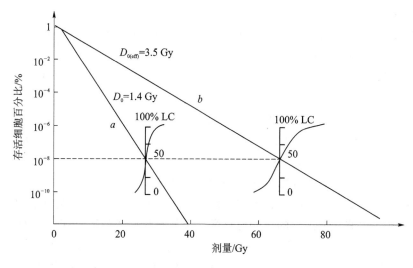

注:曲线 a 表示单次照射后肿瘤细胞的存活($D_0 = 1.4$ Gy,$n=2$);曲线 b 表示分次照射后肿瘤细胞的存活($D_{0(eff)} = 3.5$ Gy)。

图 10.9　肿瘤细胞存活曲线和局部治愈可能性与照射剂量之间的关系

斜率变化范围较大。当效应曲线很陡时,可认为这些肿瘤有较均匀的放射治愈性,这时唯一考虑的问题是在正常组织可接受的耐受量下照射的最佳剂量。如果肿瘤控制率随照射剂量的增加而增加缓慢,则要得到较大控制率所需的照射量将大大高于大多数肿瘤所需要的照射剂量。因此,能鉴别具有放射抗性的肿瘤就能使很多病人的照射剂量显著降低。研究治疗的初始反应、分析与此反应有关的病理和临床特征以及建立放射生物学的预测方法对提高肿瘤临床治疗效果非常重要。

10.3.3　照射后肿瘤组织的变化

照射后肿瘤内细胞数量的改变与 3 个参数有关:

① 已丧失其无限繁殖能力的非活性克隆源性细胞比例。

② 非活性细胞的清除速度。虽然曾用细胞标记技术表明细胞丢失是很重要的,但在受照射的肿瘤内只能见到极少几个核固缩、失去活性的细胞。处于分裂周期的细胞或在第一次分裂时被清除或经过 2 到 3 次分裂后被清除。非活性肿瘤细胞被清除前的时间可能相当长,几个星期或几个月,特别是在不经常有细胞分裂、生长比例小和细胞很长时间不进入分裂时相的肿瘤内。静止的细胞则可在肿瘤内相当长时间保持形态不变。

③ 存活的活性细胞的增殖率。照射后存活的活性细胞在细胞周期的某个时相阻断持续一到几天后再次开始分裂。

由于正常组织有自动稳定控制系统,所以照射后正常组织及肿瘤组织的恢复及生长情况并不相同。首先,正常组织受照射后细胞增殖恢复得较肿瘤细胞快,而肿瘤细胞照射后可见 G_2 期有显著的延长,这是由于肿瘤组织内一部分细胞处于慢性乏氧状态,其亚致死性损伤的修复较慢;其次,照射后肿瘤可能有暂时的加速生长,但这种生长速度比不上正常组织为填补损伤而出现的增殖加速。分次放射治疗中可利用正常组织和肿瘤组织放射损伤效应的不同达到杀灭肿瘤细胞保护正常组织的目的。

与正常组织一样,大多数肿瘤受照射后有所谓的残存细胞补充,这是指处于静止状态的癌细胞进入细胞周期。即使存活细胞的比例很小,只要肿瘤细胞的倍增时间短,就能产生大量的子细胞(见图 10.10),当细胞增殖率大于非活性细胞的清除率时肿瘤又开始生长。

肿瘤体积还受其他因素的影响:

① 组织间的液体:即使肿瘤细胞数是恒定的或在逐渐下降,组织间水肿仍可引起肿瘤体积的增加。

② 非恶性细胞:在有些肿瘤内非肿瘤细胞(淋巴细胞、巨噬细胞等)的比例是所有细胞数的 30％或更多,有些实验肿瘤受照射后这些细胞的数量有相当程度的增加,从而掩盖了肿瘤细胞数的减少,甚至导致肿瘤体积的增加。

这些事实解释了为什么在临床上把唯一能测量到的人体肿瘤大小作为提供有活性克隆源性细胞数变化的信息是不可靠的。在细胞增殖很快的肿瘤内,非活性细胞很快被清除,而在细胞增殖较慢的肿瘤内非活性细胞的清除也较慢。放射治疗中或放射治疗后的肿瘤消退和肿瘤可控制性之间的关系在任何情况下都是不确定的,肿瘤大小用于临床评价肿瘤治疗效果是不可靠的。一些研究已经指出,治疗期间肿瘤大小的改变并不能对部分或全部消退的肿瘤提供可靠的预后。

上述表明:

① 肿瘤放射治疗可控制性和肿瘤消退之间没有严格的相关性,消退速度主要取决于肿瘤

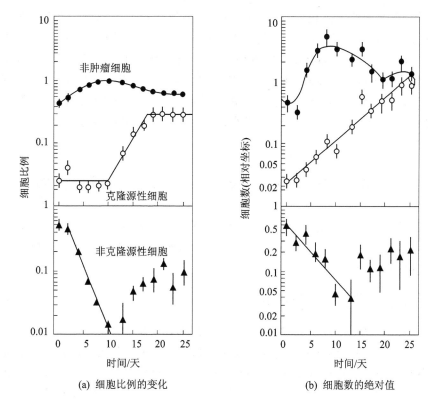

注：从图(a)可见克隆源性细胞在照射后 10 天才开始增殖，而图(b)则表明从照射后第 1 天起克隆源性细胞数的绝对值就开始稳步增加。● 表示非肿瘤细胞数(基本是淋巴细胞和巨噬细胞)；○ 表示克隆源性细胞；▲ 表示非克隆源性细胞。

图 10.10　RH 大鼠横纹肌肉瘤受 15 Gy 照射后肿瘤细胞群内细胞比例与时间的关系

细胞增殖的速度。增殖率比较慢的肿瘤如甲状腺髓样癌或软骨肉瘤，在治疗期间几乎没有什么消退，但这些肿瘤有很高的控制率。

② 同一种类型的一组肿瘤，治疗结束时肿瘤已完全消退的病人局部控制的可能性较大，但相当一部分在治疗结束时已测不到肿瘤的病人也会出现复发；还有相当一部分有残存肿瘤的病人，随后却得到了肿瘤的控制。这最后一部分的百分比变化很慢，往往需要治疗结束后等待 2～3 个月才能对最终的消退做出满意的预测。

③ 因肿瘤缩小得很快而降低原定的照射剂量是错误的。一个肿瘤如处于隐性状态，即使临床检查已认为消失，仍可能含有数百万个有活性的克隆源性细胞。要达到临床完全消失所需要的剂量仅是消灭所有肿瘤细胞所需剂量的 1/3。

可以从照射期间或照射后切除的残余肿瘤的病理学检测中估算出正在退化的或形态学上仍正常的恶性细胞的数量。这比简单测定肿瘤大小好一些，但这一类检查也不完全可信，因为只要有非常少的有活性的克隆源性细胞存在就可以引起复发。

10.3.4　肿瘤体积和控制可能性之间的关系

肿瘤临床治疗的经验表明，治疗体积大的肿瘤比体积小的肿瘤更困难。因此，治疗大的肿瘤需要较大的剂量。细胞存活曲线可以部分解释这一现象。临床上可以检查出来的最小肿瘤是 1 g。100 g 的肿瘤(直径 5.5 cm)已经是非常大了。放射治疗后如要得到同样绝对数量的存活肿瘤细胞,就必须使大体积肿瘤(指 100 g 质量)的存活比例减少 100 倍,为此需要增加 7×2 Gy 的照射剂量,这与临床上的情况基本上是一致的。根据经验,肿瘤体积增加 10 倍,照射剂量必须增加 10 Gy。然而临床观察发现,有些肿瘤即使增加照射剂量,放射治疗的效果仍然很差。这表明除了细胞数以外,还有一些其他的因素在起作用,如乏氧细胞的存在,静止细胞增加导致潜在致死性损伤的修复增加,或由于肿瘤异质性导致放射抗性的细胞增加等。体积大的肿瘤剂量-效应关系的斜率比体积小的肿瘤的平坦,提示各个肿瘤的反应有很大的差异。

10.4　肿瘤细胞的再群体化和再分布

肿瘤放射治疗的目的是要基本上杀灭肿瘤中所有的克隆源性细胞,同时尽量避免超过正常组织的修复能力。肿瘤放射治疗计划的理论基础是建立在肿瘤细胞群与正常组织细胞群之间动力学不同的基础上的。

10.4.1　肿瘤细胞的再群体化

大量实验和临床资料显示,肿瘤受照射后肿瘤细胞出现再群体化(repopulation)现象,即肿瘤受到照射后产生恶性细胞加速增殖的现象。这种生长加速是由于静止的肿瘤细胞进入细胞周期,这种现象被称为补充(recruitment)。存活肿瘤克隆源性细胞的加速再增殖(regeneration)可以发生在治疗期间。肿瘤受照射后存活的克隆源性细胞加速再增殖一般发生在照射后 10~20 h(即治疗期间),常伴随有细胞周期的缩短,似乎与照射后机体内体液机制被激活有关,但这不是全部的原因。随后生长比例稳定下降,又回到原有的增殖周期。动物实验表明,这种补充和增殖加速的现象降低了分次照射对某些肿瘤的治疗作用,对人体肿瘤而言,它的重要性更是不言而喻,临床加速治疗就以其为理论依据。

人体肿瘤克隆源性细胞再群体化的依据有:

① 照射前后肿瘤的倍增时间不同:肿瘤受到照射经过一段时间的消退后,因存活细胞的增殖且其后代生长、繁殖的数量超过了不存活细胞的消除,肿瘤开始重新生长,表现为照射后开始时肿瘤的倍增时间缩短,后来逐渐回到照射前的增殖速度(见图 10.11);

② S 期肿瘤细胞百分比的时间进程增加:人的大多数肿瘤可以观察到 S 期时间进程的增加;

③ 延长治疗时间对肿瘤控制率的影响:当治疗总时间延长时,肿瘤复发率增加。

人体的不同肿瘤补充和增殖加速现象差异很大。人体肿瘤再增殖的表现为肿瘤的复发率随治疗总时间的延长而增加,肿瘤的再增殖可表现在头颈、膀胱、皮肤的炎性乳癌和恶性黑色素瘤的治疗中。即使生长很慢的基底细胞癌,当治疗时间延长时,也有再增殖现象。在分次照射治疗时,如果照射剂量太小或两分次间的间隔太长,则肿瘤细胞增殖迅速、再群体化强可导致放射治疗失败。

总之,考虑到肿瘤细胞再增殖的特点,一个好的根治性放射治疗方案应该是:

① 尽可能缩短治疗时间,不必要的延长治疗时间对治疗不利。只有当正常组织急性反应过于严重时才可以考虑延长治疗时间。

② 如果急性反应严重,则治疗期间必须有一个间隔,间隔时间应尽量短。

③ 如果不能缩短总的治疗时间,则分段照射治疗不是好的治疗设计方案。

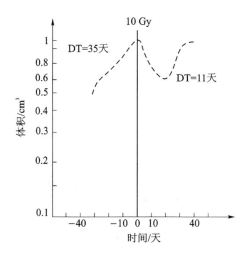

注：可看到 3 个时相：肿瘤体积的消退、快速生长（大量再群体化时相）和回到正常生长速度（从第 40 天开始）。

图 10.11　9 名患者 13 处肺转移灶一次 10 Gy 照射后肿瘤平均大小的变化

④ 非医疗原因造成的治疗中断（如机器故障），需通过追加治疗剂量以达到预定的生物效应。

⑤ 增殖快的肿瘤应采取加速治疗以抑制肿瘤细胞的再增殖，更好地控制肿瘤。

事实上，所有的肿瘤治疗都应尽快完成，因为在治疗期间即使再增殖表现不明显，肿瘤也有增殖。即使肿瘤在治疗期间消退也不表明没有增殖，这可能与细胞丢失有关。消退得很快的肿瘤，往往再增殖也快。

10.4.2　正常组织的再增殖

人体正常组织受自稳系统(self-stabilizing system)的调节，因此到一定程度细胞增殖就会停止。当某一细胞群体因放射线作用造成细胞丢失后，机体自稳调控系统被激活，促进正常组织细胞加速增殖以迅速补充丢失的细胞。

细胞加速再增殖对早反应组织是非常重要的。在常规分割放疗中，即每周 5 次，每次 2 Gy；在总疗程时间为 5 周或更长的治疗中，在疗程的后期大部分早反应组织都有一定程度的再增殖。如口咽粘膜反应在治疗开始后第 2～3 周最重，第 5～6 周时其反应程度反而变得较轻。一些实验表明，早反应组织的再增殖可在常规放疗后几天内就开始，最多 2～3 周。晚反应组织则无明显的增殖，其对放射损伤的保护反应不是依赖细胞的再增殖作用，而是凭借其有效的亚致死性损伤修复。

10.4.3　肿瘤细胞的再分布

肿瘤内细胞处于分裂周期的不同时相对射线的敏感性不同。S 期细胞对射线较抗拒，而 M 期和 G_2 期细胞对射线敏感。当肿瘤受到 2 Gy 照射后，选择性地杀伤了处于比较敏感时相的细胞，使存在于细胞周期内的细胞重新在周期内分布。肿瘤细胞受照射时因 DNA 的损伤而发生 G_2 阻滞，导致细胞在 G_2 期的堆积。此外，照射后细胞补充现象使原先静止的细胞进入细胞周期。上述因素导致肿瘤细胞在受照射后发生部分同步化(synchronization)，即细胞选择性地分布在周期的某一时相内。分裂前期阻滞结束后细胞进入分裂期，部分细胞发生分裂期死亡,部分细胞又开始进入细胞周期,但这并非平均分布于各个周期时相,因而造成了放射敏感性的周期性变化,这种现象在离体组织培养及体内实验肿瘤都得到了证实。分次照射可使照射后存活的肿瘤细胞通过细胞周期内的再分布(redistribution of cell in cycle)而产生"自身敏感",从而提高治疗效果,见图 10.12。但在晚反应的正常组织内非增殖的靶细胞却无此现象。

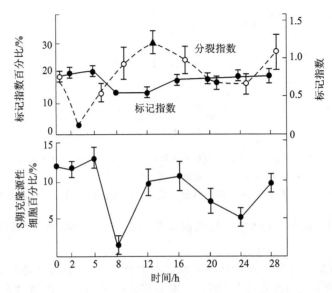

注:上图是分裂指数和标记指数;下图是用 ^{3}H‑TdR 自杀技术测定的位于 S 期的克隆源性细胞比例。曲线之间的差别,特别是标记指数与 S 期克隆源性细胞的比例之间的差别表明非克隆源性细胞的标记指数,特别是非活性细胞,掩饰了在治疗上有重要意义的那些细胞的增殖状态的改变。

图 10.12　X 射线一次照射 EMT6 小鼠肿瘤 3 Gy 后各种参数的变化

10.5　影响肿瘤组织放射敏感性的因素

人体肿瘤的放射敏感性有很大的个体差异,同一种类型的肿瘤不同个体之间也是如此,不同组织类型间的肿瘤更是如此。到目前为止,尚未有衡量肿瘤放射敏感性的统一标准。影响肿瘤放射敏感性的因素很多,主要的因素是乏氧细胞在肿瘤内的比例或放射治疗分次照射之间肿瘤再氧合速度的差别。然而氧效应不足以解释临床所见的所有差异,还必须考虑一些其他的因素。

10.5.1　增殖动力学的差异

比较不同组织类型的肿瘤可以很清楚地看到,生长比例及细胞丢失率很高的肿瘤放射敏感性也高,易被放射治愈。组织类型、生长比例和细胞丢失是互相关联的,很难说哪一个更为重要,以下几点值得考虑:

① 氧供给变化:分次治疗时,周边快速增殖的细胞被杀死,肿瘤体积缩小,改善了血液运输,使乏氧细胞再氧合。因此,快速生长的肿瘤放射敏感性高。

② 肿瘤细胞的再分布:细胞周期不同时相中的细胞分布受细胞增殖速度的影响,肿瘤受

照射后出现细胞再增殖和再分布的现象。存在于不同细胞周期时相的肿瘤细胞放射敏感性也不同,从而影响肿瘤的放射敏感性。

③ 与肿瘤中的快速增殖细胞相比,潜在致死性损伤修复对静止细胞更为重要。随着肿瘤体积的增加、生长比例的下降,体积大的肿瘤中潜在致死性损伤修复比体积小的肿瘤更多,见图 10.13。

④ 静止的细胞似乎比处于细胞增殖周期内的细胞更抗辐射。因此,在同一氧合水平下,非常小的肿瘤(直径为几毫米)的细胞存活曲线比体积达到 1 cm³ 时的同一类型肿瘤的细胞存活曲线具有更陡的斜率,即更小的 D_0 值。当肿瘤体积从 0.5 mm³ 增加到 500 mm³ 时,肿瘤细胞存活曲线的 D_0 从 0.89 Gy 增加到 1.1 Gy。在小肿瘤内静止细胞所占比例较小,随着肿瘤体积的增大,静止细胞也逐渐增多。静止细胞经常是处在供血不佳、乏氧和营养不良的区域,这可能是导致大体积肿瘤具有放射抗拒的另一个因素。

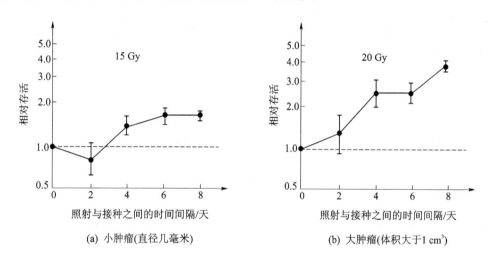

(a) 小肿瘤(直径几毫米)   (b) 大肿瘤(体积大于 1 cm³)

注:大肿瘤中潜在致死性损伤的修复更大,并导致细胞存活率更高。

图 10.13　NCTC 肿瘤(小鼠纤维肉瘤)潜在致死性损伤的修复

10.5.2　克隆源性细胞比例的变化

人体肿瘤内克隆源性细胞的比例尚不是很清楚。离体克隆培养技术和裸鼠移植实验的结论表明人克隆源性细胞比例为 0.1% 左右。但更大的可能是,不同肿瘤类型的克隆源性细胞比例也不同。例如,有些恶性黑色素瘤的克隆源性细胞比例可能较高。

10.5.3　细胞内在放射敏感性

α/β 值表示引起细胞杀伤中单击和双击成分相等时的剂量,以吸收剂量单位 Gy 表示。α/β 值的意义在于其反映了组织生物效应受分次剂量的影响程度。早反应组织和大多数肿瘤的 α/β 值较大,约 10 Gy;晚反应组织的 α/β 值较小,约 3 Gy,提示应重视小分次剂量。统计学资料显示人类不同组织类型肿瘤的 α/β 值比实验性动物肿瘤低,这与从临床等效曲线所测得的值很相似。

当人或实验动物的肿瘤受到一次 2 Gy 照射后不同细胞系之间的存活差异很大,其原因主要是由于存活曲线和初始斜率的陡度不同,即线性二次方程的 α 组分不同而 β 组分没有影响。

这在放射敏感和放射抗拒的肿瘤中是相似的。

　　肿瘤在生长过程中可能出现比较抗拒的细胞系变种。从药物很难控制的肿瘤中所建立的细胞系可观察到放射抗拒与药物抗拒同时存在。开始就对化疗药物没有反应的大多数肿瘤对放射治疗也没有反应。有些证据表明,放射治疗后复发的肿瘤很可能比原初的肿瘤细胞有抗拒性。因此,不能忽视由于长时间的给药或延搁的放射治疗有可能造成放射抗拒的发展。在人体肿瘤中诱导产生的放射抗拒可能比原来设想的要多得多。肿瘤细胞潜在致死性损失修复和亚致死性损伤的修复的能力在肿瘤抗拒性中起着重要作用。

10.5.4　宿主与肿瘤的关系

　　理论上,机体的免疫系统能够识别肿瘤细胞并用淋巴细胞来攻击它们。事实上,肿瘤病人的免疫系统常常处于被抑制状态而不能有效地发挥作用,但个体间的免疫力有很大的差别。现在,免疫治疗已用于肿瘤治疗并成功地治愈了某些类型的人体肿瘤,证明人体也有选择性摧毁肿瘤细胞的免疫机制。其他的因素,如年龄、营养不良及酒精中毒等可以增加正常组织的放射敏感性,加重对放疗的反应。血管系统对肿瘤消退有影响,这些因素的临床作用尚待研究。

参考文献

[1] Steel G C. Growth kinetics of tumors[M]. New York：Oxford University Press，1977.

[2] Brady L W. Principle and practice of radiation oncology[M]. Philadelphia：J B Lippincott Co. ，1987.

[3] 谷铣之，殷蔚伯，刘泰福，等. 肿瘤放射治疗学[M]. 北京：北京医科大学中国协和医科大学联合出版社，1993.

[4] Hall E J. Radiobiology for the Radiologist[M]. 4th ed. New York：J B Lippincott Comp，1994.

[5] 张友会. 现代肿瘤学·基础部分[M]. 北京：医科大学中国协和医科大学联合出版社，1993.

[6] 张天泽，徐光炜. 肿瘤学[M]. 天津：天津科学技术出版社，1996.

第11章　乏氧细胞及其在放射治疗中的作用

氧是一种有效的放射增敏剂,在肿瘤放射治疗时氧的存在能够增加肿瘤细胞的放射敏感性,氧具有高电子稳定性,并且能够稳定稀疏电离辐射与组织相互作用时产生的自由基。1955 年 Thomlinson 和 Gray 根据组织学观察,指出实体瘤内可能含有一定数量的乏氧细胞。现已证实人体实体瘤内存在有数量不等的乏氧细胞,对低 LET 射线具有一定的抗拒性,降低了射线对肿瘤细胞的杀伤作用,是肿瘤放射治疗失败的一个重要因素。此外,肿瘤乏氧有利于肿瘤细胞逃避机体的免疫打击,也是导致肿瘤对顺铂类化学药物不敏感的主要原因。

纵观肿瘤放射治疗的历史,肿瘤内乏氧与治疗的研究一直交织在一起。如何采用有效的方法改善肿瘤内氧含量并对肿瘤内乏氧细胞给予最大的杀伤作用是放射生物学长期以来研究的重点内容。近年来,尽管在低氧修饰、缺氧基因表达特征等方面取得了一定的进展,但距离其临床应用尚有很大挑战。

11.1　缺　氧

缺氧(hypoxia)是氧输送和氧消耗不平衡的结果,用于描述人体组织微环境中氧分压或氧张力耗尽或不足的状态。空气经呼吸到肺,扩散到血管最后弥散至肿瘤内,氧水平逐渐降低。空气中氧含量为 21%、氧分压(pO_2)为 160 mmHg,动脉血中 pO_2 约为 70 mmHg,静脉血中 pO_2 约为 50 mmHg,正常外周组织中 pO_2 约为 38 mmHg,扩散至肿瘤时 pO_2 为 7~28 mmHg。很多肿瘤细胞在中度缺氧(即 pO_2 为 0.5~20 mmHg)的条件下就会对放疗产生抵抗性。放射生物学上的缺氧是指与组织细胞的辐射抗性明显相关的缺氧,氧分压<2.5 mmHg,或氧浓度<0.34%,甚至无氧。缺氧不仅促进肿瘤的发展,影响肿瘤的进程,而且与肿瘤的治疗密切相关。

11.1.1　肿瘤血管

1. 缺氧诱导形成的肿瘤血管

肿瘤生长过程中,肿瘤细胞围绕在供应其营养的微动脉和微静脉外面生长。原发肿瘤以近似球形向外膨胀式生长,使血管易被原有的结缔组织所扭曲,肿瘤的生长又使微动、静脉发生离心性移位。通常是较大的血管从肿瘤繁殖的区域呈离心性移位,偶尔可见微动、静脉混合在肿瘤团块内。因此,肿瘤内部的营养及氧的供应主要是依赖大量新生长的毛细血管。

肿瘤细胞持续释放的增殖信号使肿瘤细胞能够在细胞周期中运行,但对正常细胞周期运行起调控作用的周期素/周期素依赖性激酶以及细胞周期检查点对肿瘤细胞不起约束作用。快速生长的肿瘤细胞迅速耗尽可用的氧气,使血管系统生长不良。当肿瘤生长超过 1~2 mm 时,肿瘤细胞必须诱导血管生成并建立新的血管系统以提供肿瘤继续生长所需的营养和氧气,否则,会由于氧供应不足导致肿瘤内缺氧。缺氧诱导肿瘤细胞应激反应,肿瘤细胞被激活。激活的肿瘤细胞分泌血管生长因子,肿瘤内微血管形成。肿瘤血管形成过程主要包括内皮细胞激活,基底膜与细胞外基质降解,内皮细胞迁移和增殖,血管形成并使血管延伸至实体瘤内部。

由于血管内皮细胞的增殖远远低于肿瘤细胞的增殖,致使肿瘤内血管生成总是满足不了肿瘤生长的需要,反馈作用于肿瘤细胞,使之持续产生多种与血管生成有关的因子,如乏氧诱导因子、成纤维细胞生长因子等。如此,肿瘤血管的生成就是失去自我调控的、无休止的恶性循环过程,如图 11.1 所示。

无血管肿瘤　　　　肿瘤分泌血管生长因子　　　　肿瘤快速生长
1~2 mm　　　　　刺激血管生成　　　　　　　血管网杂乱

图 11.1　肿瘤血管形成示意图

　　大多数正常组织的毛细血管网高度有序,分布规律,结构完整;肿瘤组织的毛细血管网杂乱无章,表现出各种异常,如血管受压、扭曲的窦状窦、动静脉连接等,如图 11.2 所示。另外,肿瘤血管结构异常(如弯曲、细长或动静脉吻合),毛细血管内皮不健全,内皮细胞间的细胞连接常缺失,基膜薄、不完整,基膜外缺乏支持性周细胞,导致血管容易渗漏和塌陷。血管渗漏使血浆直接渗到血管外,血浆中的纤维蛋白沉积于肿瘤间质中,导致肿瘤组织间质压力增加;而结构异常血管容易塌陷,常导致肿瘤内急性和暂时性缺氧。血管功能异常主要指各种原因引起的血流减慢或阻塞。

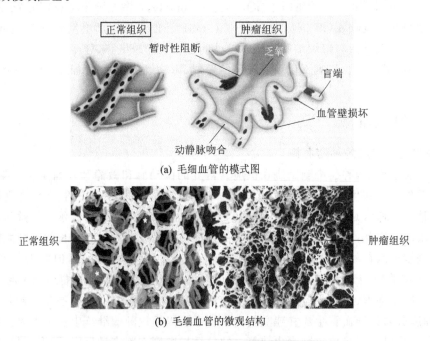

(a) 毛细血管的模式图

(b) 毛细血管的微观结构

图 11.2　正常组织和肿瘤组织的毛细血管

　　放射治疗后,肿瘤细胞的直接丢失造成肿瘤组织的损坏,但一般不影响血管。肿瘤缩小的同时伴有血管的改变,原来造成静脉及淋巴管闭塞的膨胀压力(可导致射血循环变慢或狭窄)得到缓解。当肿瘤继续缩小时,组织中毛细血管密度增加。肿瘤内血管成分从 10%～25%增加到 25%～30%,这使得肿瘤细胞有较好的供血及氧合。当肿瘤进一步缩小时,毛细血管大多数消失,仅留一纤维疤痕。

2. 乏氧诱导因子

乏氧诱导因子(Hypoxia Inducible Factor,HIF)是缺氧的关键介质。HIF 有两个亚基,分别是 HIF-α 和 HIF-β,活性主要由 α 亚基决定,β 亚基主要负责稳定。HIF-α 有 3 种亚型:HIF-1α、HIF-2α 和 HIF-3α,其中 HIF-1α 和 HIF-2α 的研究较为广泛。HIF-1α 和 HIF-2α 在结构上具有高度的相似性,大约 48%。HIF-1α 是促炎症因子并且表达广泛,几乎在所有组织中均有表达,是低氧环境下调节促红细胞生成素(erythropoietin,EPO)的主要调节因子。HIF-2α 是调节因子,显示出较有限的表达谱,只在内皮细胞、胶质细胞、Ⅱ型肺泡上皮细胞、心肌细胞、肾成纤维细胞、胰腺和十二指肠的间质细胞以及肝细胞中表达,在不同肿瘤细胞中的作用尚无定论。目前认为 HIF-2α 主要负责调节肿瘤生长、细胞周期及维持干细胞多功能性等。HIF-3α 亦广泛表达于各组织,但其功能和作用机制尚不清楚。

在正常氧压下 HIF-1β 相对稳定,而 HIF-1α 一旦形成就在脯氨酸羟化酶的帮助下很快被泛素化并迅速降解。这个过程很短暂,半衰期不到 5 min,HIF-1α 的一生就结束了,因此在正常人体内它的含量很低,细胞中基本检测不到 HIF-1α 亚基的表达。但是,在缺氧情况下 HIF-1α 的降解被抑制,HIF-1α 和 HIF-1β 亚基形成有活性的 HIF-1,转移到细胞核内调节多种基因的转录。HIF-1α 一旦积累,就会激活一系列的促血管生成基因,导致肿瘤细胞无限增殖。HIF-1α 对严重缺氧的反应是短暂的,代表靶基因的快速稳定和快速刺激,而 HIF-2α 则随着时间的推移对中度缺氧作出反应。

肿瘤细胞的快速增殖和血液供应的缺乏导致肿瘤内部缺氧,肿瘤细胞为了适应缺氧的微环境需要激活 HIF 这个最重要的调节途径。HIF-1 是主要由 HIF-1α 和 HIF-1β 两个亚单位组成的异源二聚体,是诱导肿瘤血管生成的关键调节因子。HIF-1 调节多种血管生长因子表达的编码基因,包括血管生成素 1 和 2、血管内皮生长因子(Vascular Endothelial Growth Factor,VEGF)、基质衍生因子-1、血小板源性生长因子 B 和胎盘生长因子等,参与血管通透性、内皮细胞增殖、基膜降解、出芽、细胞迁移和管状结构生成,与肿瘤新生血管的形成密切相关。

在缺氧状态下,细胞中 HIF 信号级联反应通常会让细胞持续分化。不同的 HIF 亚基在不同的肿瘤中对肿瘤的发展阶段、患者的病死率等有不同的影响。研究表明,虽然 HIF-1α 和 HIF-2α 共享许多转录靶点,但在某些基因及其表达过程中似乎没有共同调节。比如,在肾透明细胞癌中 HIF-1α 和 HIF-2α 对于透明细胞的表型都是必需的。有数据显示多种恶性肿瘤中 HIF-1α 高表达,肿瘤发展迅速;而在某些肿瘤如头颈部鳞状细胞癌和成神经细胞瘤中,HIF-2α 表达较高并与预后关系密切而 HIF-1α 则不明显,说明在不同的肿瘤中,HIF-1α 和 HIF-2α 对于肿瘤的发生发展及预后起不同的作用。此外,HIF 的表达还与机体免疫细胞的成熟、活化有关,与肿瘤的转移有关。

总之,缺氧环境中 HIF 可以通过多种途径调节肿瘤血管形成,并且不同的 HIF 亚基对肿瘤血管的形成、促进肿瘤细胞转移可以起到不同的作用,这些可能为肿瘤的精准治疗提供新的靶点。

11.1.2　乏氧细胞

乏氧细胞(hypoxic cell)是指肿瘤内那些氧含量非常低的细胞。肿瘤内乏氧细胞对辐射的敏感性极低,这已成为当前肿瘤临床放射治疗中的一大难题。使乏氧细胞再氧合是提高肿瘤放疗疗效的重要途径。肿瘤内的细胞乏氧可以由慢性乏氧(chronic hypoxia)和急性乏氧(acute hypoxia)引起。

1. 慢性乏氧

放射治疗学家早就注意到氧浓度影响肿瘤的放射敏感性。1955 年 Thomlinson 和 Gray 报道了 1 例支气管肺癌的组织学观察,复层鳞状上皮细胞一般保持互相接触紧挨在一起,毛细血管并不在细胞间穿行。这种组织类型生长的肿瘤通常为实体柱状,从切片看呈现为间质所包围的圆形。他们发现肿瘤索的直径小于 0.3 mm 时肿瘤索的中心无坏死,而直径大于 0.4 mm 时肿瘤的中心出现呈环状的坏死组织。肿瘤索生长得较大时,坏死中心也增大,有活性的肿瘤细胞层的厚度基本保持恒定(见图 11.3)。由此他们假定坏死区无氧,与之紧密相连的是乏氧细胞层。他们认为肿瘤细胞只在靠近能从间质获得氧和营养的区域才能增殖和生长,并计算出氧在呼吸组织内扩散的范围为 150～200 μm,得出了缺乏氧是导致肿瘤内坏死的主要因素的结论。在参考更多氧的扩散系数和消耗后,对氧在呼吸组织内的扩散范围估计是 70 μm,这个数值在毛细血管的动脉端和静脉端还有不同,静脉端更低一些,如图 11.4 所示。这种超过了功能性血管有效供氧范围而引起的乏氧称为慢性乏氧。慢性乏氧是一种扩散限制性缺氧,因氧扩散的范围有限致使较远区域的组织细胞呼吸到的氧受限所致,通常是较为固定和长期存在的。因为氧浓度极低导致肿瘤细胞乏氧,这种细胞可长时间维持在乏氧状态。

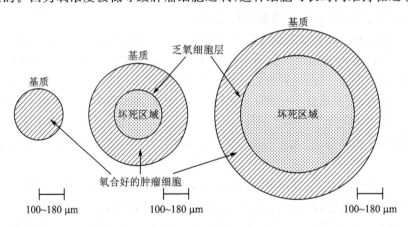

注:半径小于 160 μm 的肿瘤没有坏死和乏氧细胞。所有半径大于 200 μm 的肿瘤在其中心都可见到坏死。无论坏死中心有多大,肿瘤外围的活跃细胞的厚度总是保持在 100～180 μm 之间,这相当于氧的扩散距离。根据氧张力的梯度,乏氧细胞仅是在活跃细胞区和坏死区之间,很少的几层细胞。

图 11.3　肿瘤内乏氧细胞和坏死的形成

组织学的观察只能分辨两类细胞:一类是增殖好的细胞,另一类是已死亡或正在死亡的细胞。在这两个极端之间,有一个氧分压逐渐下降的事实,可预期有一个区域内的细胞处于氧分压高得足以让细胞有形成克隆的能力,但又低得足以保护细胞不受电离辐射的影响。因此,此区域的细胞将因它们的低氧分压而在放射治疗中受到保护,而这些细胞又将是肿瘤再复发的根源。基于上述观点,肿瘤内这部分相对少的乏氧细胞,在某些临床情况下将成为肿瘤能否控

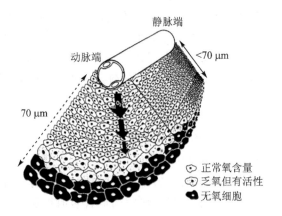

注:呼吸的肿瘤细胞很快把扩散的氧消耗掉,因此,氧的扩散范围有限。从毛
细血管向外有一定距离的细胞氧合很好(白色);距离较远的细胞氧合度很低
甚至为零,肿瘤细胞因缺氧坏死(黑色);两者之间一至两层细胞为乏氧细胞,
图中为靠近肿瘤坏死细胞内侧的两层细胞。

图 11.4　氧从毛细血管向肿瘤扩散

制的关键因素。

　　Powers 和 Tolmach 研究了小鼠皮下实体淋巴肉瘤的放射反应。图 11.5 所示为在 2～
20 Gy 剂量间照射的肿瘤存活曲线,其横坐标为吸收剂量,纵坐标为存活细胞比例的对数标
度。该存活曲线由两部分组成:第一部分,照射剂量由 2 Gy 到约 9 Gy 处的斜率大,D_0 为

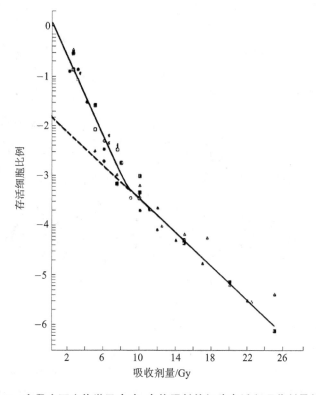

图 11.5　小鼠皮下实体淋巴肉瘤,在体照射的细胞存活和吸收剂量的关系

1.1 Gy;第二部分,曲线较平坦,斜率小,D_0 为 2.6 Gy。这个双相存活曲线的最终斜率比初始部分大 2.5 倍,表明肿瘤有两个不同的细胞群组成,一个是氧合好的细胞群,对辐射敏感,而另一个是乏氧的细胞群,对辐射有抗性。如把存活曲线的较平坦部分向后外推与纵坐标相交,则显示在存活率约为 1% 处,可推测在这个肿瘤内有约 1% 的克隆源性细胞是乏氧的。这首次证实实体瘤内确实含有一定比例的克隆源性细胞,它们由于乏氧在电离辐射时受到很好的保护。

2. 急性乏氧

急性乏氧(acute hypoxia)是指灌注不足导致的氧输送障碍。由于肿瘤血管网结构和功能异常或肿瘤组织间液压升高、血管内血流暂时减少或阻滞,导致血管周围邻近的细胞乏氧。这种由于血管原因所致的短暂血流中断引起的血管周围细胞乏氧称为急性乏氧,通常是短暂且周期(数秒至数分钟)性出现的。肿瘤内某一特定的血管暂时性关闭或阻断,会导致区域性的急性乏氧。如果阻断成为永久性的,则该血管营养的下游细胞将死亡。然而事实证明,肿瘤血管的开放和闭合是随机性的,因此,肿瘤的不同区域间歇性地成为乏氧区。当正在进行一次照射时,有一部分细胞可能是急性乏氧的,但在下一次照射时,将是另一部分细胞处于急性乏氧状态。20 世纪 80 年代 Brown 提出存在急性乏氧的假说,后来在啮齿动物肿瘤中明确地证实了这一现象。图 11.6 说明急性乏氧形成的过程并解释了急、慢性乏氧之间的差别。慢性乏氧时氧是由正在进行呼吸、活跃消耗氧的组织所耗尽,由于组织的消耗限制了氧扩散的距离,这种情况下乏氧的细胞可以长时间处于乏氧状态,直至死亡并坏死;而急性乏氧是一过性肿瘤血管关闭的结果,细胞是间歇性乏氧,但每当血管重新开放时细胞就变为正常含氧细胞。

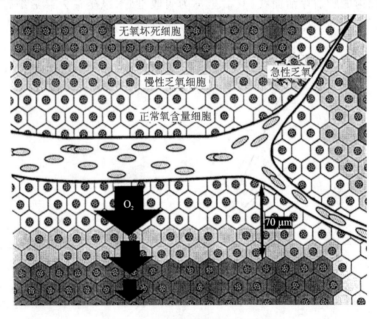

图 11.6　急、慢性乏氧差别示意图

11.1.3　肿瘤内乏氧细胞比例与测量

几乎所有的实体瘤中均有乏氧细胞存在。乏氧细胞比例一般在 10%～20%,也有高达 50% 和少于 1% 的。乏氧细胞比例的高低与肿瘤的细胞学类型及增生速率有关,通常随肿瘤体积的增大而增加。人体肿瘤组织中乏氧细胞的比例要比动物肿瘤中的高,从临床资料看,为 30%～40%。

1. 动物肿瘤乏氧细胞的测量

研究者对大量动物实验肿瘤进行了乏氧细胞的测量,最常用的方法是配对的存活曲线法。具体的操作过程如下:在有氧和乏氧两个不同的条件下,用不同的几个剂量照射小鼠实体瘤,并用整体照射离体克隆生长的方法测定其存活细胞数。图 11.7 所示为小鼠实体瘤受照射后的理论和实测细胞存活曲线。

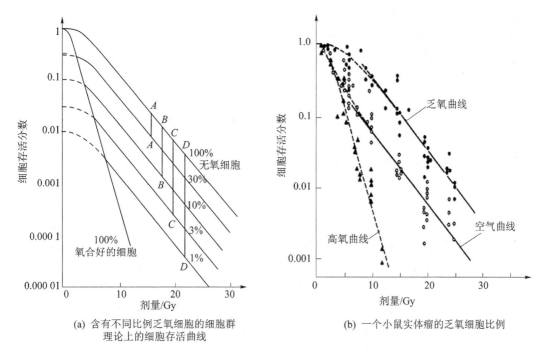

(a) 含有不同比例乏氧细胞的细胞群 　　　　(b) 一个小鼠实体瘤的乏氧细胞比例
　　　理论上的细胞存活曲线

注:(a)每个细胞群体的乏氧细胞比例决定该存活曲线和完全无氧群体曲线之间的距离。根据各剂量点的相对放射敏感性(存活细胞比例)而获得的细胞存活曲线基本上是平行的。乏氧细胞比例可从完全无氧和部分乏氧细胞群体曲线的存活之比获得,如图中的 A—A,B—B 等所示。(b)标有空气曲线的双相曲线代表在小鼠体内的肿瘤在小鼠吸入空气时照射后的存活细胞数据,因此是一个氧合好的细胞和乏氧细胞的混合体。乏氧曲线是小鼠于照射前吸入氮气窒息后再照射或离体细胞处于氮气下受照射,因此它们都是乏氧的。鉴于存活比例是用对数坐标,故乏氧细胞比例是空气与乏氧曲线之比,即两条曲线之间的垂直距离。

图 11.7　小鼠实体瘤受照射后的理论和实测细胞存活曲线

在含有不同比例乏氧细胞的细胞群理论上的细胞存活曲线中(见图 11.7(a)),最陡的曲线代表一个完全氧合的细胞群体,最上面的曲线则代表所有细胞都是乏氧的,中间曲线代表含不同比例的乏氧细胞的混合细胞群体。在低剂量时,混合细胞群体的存活曲线和氧合好的群体一样;在较高剂量时,与无氧细胞存活曲线相比,氧合好的细胞群体的细胞存活数微不足道。代表混合细胞群体的曲线和无氧细胞群体的曲线平行,即斜率相等。虽然每条不同比例乏氧细胞的双相曲线都与完全乏氧的曲线平行,但其存活比例的起始值(虚线与纵轴的交点)分别为 0.3、0.1、0.03 和 0.01,而氧合好的细胞的曲线都与 100% 氧的曲线一样。因此,在低剂量照射时,混合细胞群体对射线的反应取决于氧合好的细胞群,而在双相曲线的转折点(图内的各曲线大约是在 3 Gy、4 Gy、6 Gy 和 8 Gy 时)以后,乏氧细胞就起主要作用了。肿瘤内乏氧细胞的比例取决于该平行存活曲线的起始点,其比例和部分乏氧肿瘤内的细胞存活数与完全乏氧细胞群的细胞存活数的比值是完全一致的。

在照射前几分钟给动物吸入氮气使其窒息,在这种环境下所有的肿瘤细胞都乏氧,所获得的数据形成的曲线(乏氧曲线)与图 11.7(a)中最上面的理论曲线(无氧细胞曲线)一致。让动物呼吸空气,肿瘤内的乏氧细胞处于该肿瘤的正常水平,所得数据形成的细胞存活曲线(空气曲线)反映了一个有氧和乏氧的混合细胞群体(见图 11.7(b))。两条曲线之间的垂直距离即是该特定肿瘤的乏氧细胞比例。

正常组织是由氧合好的细胞构成的。如果在整体内某一肿瘤有这样的双相存活曲线,那么当每分次量超过双相曲线转折点的剂量时,正常组织细胞将首先被杀死。因此,这个剂量代表对整体内某一特定肿瘤每分次量的绝对上限。

2. 人体肿瘤组织乏氧细胞检测

(1) 极谱法

极谱法(polarography)是用极细的直径为 300 μm 阴性电极针,插入组织内部获得局部氧浓度。20 世纪 60 年代,研究者开始用一个大型的氧电极插入处于清醒状态患者的宫颈癌组织内检测宫颈癌的乏氧程度。在局部晚期宫颈鳞癌患者中 60% 的患者宫颈癌表现为乏氧。大型电极不仅给病人带来痛苦,而且会压迫肿瘤组织增加肿瘤转移的机会、引起组织出血和形成伪影。于是随后开发了带有自动步进电机的 Eppendorf pO$_2$ 组织记录仪的细针微电极,如图 11.8 所示。众多研究证实,该方法与放射生物学显示的乏氧有着良好的相关性,并被美国癌症协会定为局部乏氧检测的"金标准"。Gagel 等人用 Eppendorf pO$_2$ 细针微电极检测了 36 例头颈部肿瘤原发灶和转移淋巴结的 pO$_2$,平均 pO$_2$ 为 17.6 mmHg,有 29.3% 的患者的平均 pO$_2$ 低于 2.5 mmHg,38.4% 的患者的低于 5 mmHg,48.9% 的患者的低于 10 mmHg。13 例前列腺癌患者的检测结果显示平均 pO$_2$ 为 20.9 mmHg。Eppendorf pO$_2$ 细针微电极检测提示不同肿瘤类型乏氧程度存在较大差异。肿瘤病灶的乏氧状态为个体化治疗提供了重要依据。然而,对每例患者应用细针微电极检测显然是不现实的。虽然细针微电极测定的肿瘤内部乏氧结果能够直观地反映出肿瘤内部的含氧情况,但是检测过程中需多点测定,并且电极通过组织间质时基质和纤维会对电极产生压力使测定数据有偏差。另外,插入细针微电极也是一种侵入性诊断程序,仍会给患者造成痛苦。电极测量的是间质氧分压,不一定反映细胞内乏氧,也不能区分乏氧和坏死组织。

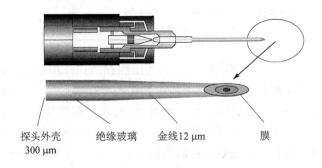

探头外壳　　　绝缘玻璃　　　金线12 μm　　　　膜
300 μm

注:对 Ag/AgCl 阳极施加 700 mV 的极化电压,被测电流与局部氧张力成正比。

图 11.8　Eppendorf pO$_2$ 细针微电极

(2) 肿瘤乏氧成像

分子影像技术结合适当的造影剂能够实现对肿瘤内部乏氧成像,获得整个肿瘤组织内部的乏氧信息。乏氧成像能够克服细针微电极测定中的不足,准确地探测组织内乏氧的位置。

由于肿瘤内部乏氧与肿瘤的恶性、抗药性等密切相关,利用分子影像对乏氧进行无损伤地成像可以为肿瘤治疗的预后提供关键信息,更好地指导临床检测,提高治疗成功率。目前可用于肿瘤乏氧成像的分子影像手段有多种,包括电子断层扫描成像、磁共振成像、光学成像及光声成像等。

以肿瘤乏氧细胞为作用靶点的药物和荧光探针是分子影像成败的关键。肿瘤乏氧探针的研究是肿瘤乏氧检测研究的重点,这些探针的设计主要基于以下三方面的原理:依靠肿瘤乏氧区域的强还原性、探针荧光的氧气依赖性以及肿瘤乏氧细胞表达的特异性蛋白质及酶类,如碳酸酐酶 IX 等。

1) 依赖还原性的乏氧成像

生物还原剂可与免疫组织化学或免疫荧光结合使用,以表征肿瘤内乏氧细胞。肿瘤乏氧细胞的一个重要特征是还原酶的表达很高,主要包括硝基还原酶、偶氮还原酶、醌还原酶等。依赖还原性的乏氧成像主要是依靠探针在乏氧区域还原酶作用下被还原,荧光发生改变。探针的乏氧感应基团主要包括硝基、醌及偶氮等。

① 硝基类。

硝基类乏氧靶向基团主要是一些硝基芳环或硝基杂环化合物,其作用机理是硝基首先淬灭了芳杂环体系的荧光,在硝基还原酶的作用下被还原成羟胺基;在非乏氧细胞内此反应是可逆的,羟胺基可立即被氧化;而在乏氧细胞内羟胺基则不能发生氧化,与乏氧细胞内的蛋白质发生不可逆结合而滞留于乏氧细胞中,致使淬灭失效,化合物再次恢复荧光实现乏氧显像。荧光强度与乏氧程度成正比。

硝基芳环最常用的是硝基苄基基团,而硝基杂环主要包括硝基呋喃类和硝基咪唑两类,其中,硝基呋喃类应用较少。硝基咪唑类因强还原性代谢能力表现出最强的乏氧靶向能力,硝基取代位置的不同对应着不同的靶向基团,咪唑环上硝基的取代主要有 2-硝基咪唑(2-N)、4-硝基咪唑(4-N)、5-硝基咪唑(5-N)及 2-甲基-5-硝基咪唑等,其中,由于 2-N 类的还原电位最高,在乏氧区域最容易被还原。到目前为止,2-硝基咪唑类靶向基团的研究最受欢迎,如用作正电子断层扫描成像的乏氧示踪剂 18F-fluoromisonidazole (18F-MISO),它们还可与免疫组织化学或免疫荧光化学结合使用以表征肿瘤缺氧;另外,它们在急性和慢性缺氧微环境中都会发生体内还原性激活,在严重缺氧时比微电极测量更为敏感,这可能是由于实体瘤内存在不同程度的坏死有关。

② 偶氮类。

偶氮还原酶是生物体系中一种重要的还原酶,广泛存在于各种乏氧细菌及人体肠道等器官。在氧浓度较高的情况下氧气会抑制偶氮的还原过程,而在乏氧细胞中偶氮基团经偶氮还原酶作用被分步还原成氨基衍生物。另外,偶氮还是有效的荧光淬灭基团。偶氮的这些生物还原机理使其成为良好的乏氧感应基团。如以罗丹明绿和罗丹明 600 为荧光基团、对二甲氨基偶氮苯为荧光淬灭基团合成的乏氧荧光探针,能够很好地感应肿瘤细胞内氧气浓度梯度。这类探针对组织内部的急性缺氧也有很好的检测效果。

③ 醌类。

醌是一类完全共轭的化合物,广泛存在于自然界中。醌类与偶氮类化合物类似,可以有效地淬灭化合物的荧光。在缺氧条件下,醌类化合物容易被辅酶和特定还原酶协同作用,发生1电子或 2 电子还原并发生质子化,最后分别形成半醌或对苯二酚,所以醌类化合物也是一种良好的乏氧选择性基团。但由于醌类化合物在生物体内毒性较大等原因,导致醌类乏氧靶向基团在荧光探针方面的应用越来越少。

2）依赖氧气的乏氧成像

依赖氧气的乏氧成像探针是一类光学氧传感器，它能够特异性地感应环境中的氧浓度，荧光受到环境中氧浓度的影响而发生变化。氧气引发磷光淬灭是一种直接的、可逆的检测氧气浓度的方法。氧气敏感的化合物通常是具有重金属的大环配合物，目前应用最为广泛的是金属配合物磷光染料分子。该方法是通过氧气分子与激发态的染料分子碰撞而淬灭其荧光的光化学过程，通过检测荧光淬灭的程度可以检测出氧气浓度。在光激发过程中，吸收光子的染料分子变为激发态，一部分处于激发态的染料分子通过与氧气的碰撞相互作用而发生淬灭，使得染料的磷光量子产率和寿命降低，降低的程度与氧气的浓度成正比。也有人认为，在此过程中处于基态的氧气分子接受了处于激发态的能量，而产生了寿命非常短的单线态氧。单线态氧是磷光淬灭的主要产物，产生后与溶剂分子作用迅速失活。

金属配合物磷光染料分子具有氧气敏感度高、分析性能好、生物相容性高且成本低等优点，其中，由于 Ru、Ir、Pt 等金属配合物荧光染料发射的荧光易测量且能示踪氧分压变化，能够用荧光寿命成像系统检测氧气变化，因而成为肿瘤乏氧模型中氧气浓度检测探针的设计首选。

3）依赖乏氧细胞表达的特异性蛋白质

大约有 1.5% 的人类基因组对氧水平的变化有转录反应。在实体瘤中研究最广泛的蛋白质是 HIF-1a 及其下游基因的两种产物——碳酸酐酶（carbonic anhydrase）和葡萄糖转运蛋白（glucose transporters），其中碳酸酐酶Ⅸ的研究较为深入。研究表明，碳酸酐酶与肥胖、癌症等多种疾病有密切的联系，并以碳酸酐酶为靶点设计研发出多种治疗肥胖、肿瘤等疾病的药物。

人类碳酸酐酶Ⅸ的表达受到乏氧诱导因子-1的调控，在肿瘤乏氧细胞中特异性高表达，成为肿瘤乏氧探针设计的关注点。邻磺苯甲酰亚胺能够特异性识别碳酸酐酶Ⅸ，是进行碳酸酐酶Ⅸ靶向药物设计的一个重要的靶向基团。邻磺苯甲酰亚胺基团通过电子供体哌嗪衍生物与 2',7'-二氯荧光素相连，在邻磺苯甲酰亚胺处于自由状态时，哌嗪环处于封闭，导致荧光基团淬灭；而当邻磺苯甲酰亚胺与碳酸酐酶Ⅸ结合时，哌嗪环处于开放构象，导致荧光淬灭作用消失，从而化合物的荧光恢复。由于碳酸酐酶Ⅸ在肿瘤乏氧细胞内高表达，所以该探针可以有效识别乏氧细胞。

11.1.4　肿瘤乏氧细胞的再氧合

肿瘤中含有可存活的乏氧细胞已被证实。人体肿瘤中即使含有很小一部分克隆源性乏氧细胞，用放射疗法控制肿瘤也几乎是不可能的。但是，临床上某些含有乏氧细胞的肿瘤经过分次放射治疗后得到了很好的控制，这些成功治疗的案例显示在多次分割照射过程中乏氧细胞一定进行了某种形式的再氧合。

Van Putten 和 Kallman 测定了小鼠移植性肉瘤及在各种分次照射后的乏氧细胞的比例。此肉瘤中乏氧细胞的比例为 14%，在连续 5 天、每次 1.9 Gy 分次照射后，于第 3 天取出肿瘤，测定其乏氧细胞比例为 18%；另一组肉瘤连续 4 天照射，剂量不变，于照射结束后次日测定其乏氧细胞的比例，其值是 14%。这一实验结果对放射治疗具有深远的影响。分次照射治疗结束时肿瘤内乏氧细胞比例和治疗开始时肿瘤内乏氧细胞的比例基本相同，这一事实是乏氧细胞转化为氧合好的细胞的有力证据；否则，在每次分次治疗后具有辐射抗性的乏氧细胞会反复累积，乏氧细胞比例会随着时间的推移而增加。分次照射后乏氧细胞变成氧合细胞的现象，就叫乏氧细胞再氧合(reoxygenation)。再氧合的速度非常快,实验表明照射后 24 h 即完成。

氧合(oxygenation)或再氧合是氧分子结合进细胞内,是物理结合,细胞内的氧浓度可因细胞所处环境而随时改变。图 11.9 描述了肿瘤乏氧细胞再氧合的过程。图 11.9(a)所示为模拟再氧合的过程。混合有氧和乏氧细胞的肿瘤,受到一定剂量 X 射线照射后放射敏感的有氧细胞被杀死,剩下大部分乏氧细胞。相当比例的乏氧细胞在下一次照射之前再氧合为有氧细胞,在下一次照射中被杀死,这个过程重复多次,经过多次分次照射,肿瘤细胞将被全部杀灭达到最终治愈的目的。图 11.9(b)所示为肿瘤乏氧细胞比例改变的示意图。肿瘤较小时肿瘤内基本没有乏氧细胞(曲线 A),当肿瘤生长超过血液供应时出现乏氧细胞(曲线 B),乏氧细胞根据不同肿瘤的特点保持在一个稳定水平,一般在 10%～20%(曲线 C)。受到剂量 R 照射后绝大多数有氧细胞被杀死,乏氧细胞的比例接近 100%(曲线 D),此后乏氧细胞比例在一段时间内保持较高水平(曲线 E),受射线损伤的细胞由于企图分裂、代谢停止而死亡,从而其他细胞可得到较多氧,乏氧细胞比例又下降(曲线 F),存活细胞使肿瘤再生长(曲线 G)。根据肿瘤的类型及其生长速度,在一段时间内乏氧细胞比例处于最低值(曲线 H),虽然这最低值不一定比照射前低,但都是第二次照射的最适时间,然后乏氧细胞比例恢复到前水平。

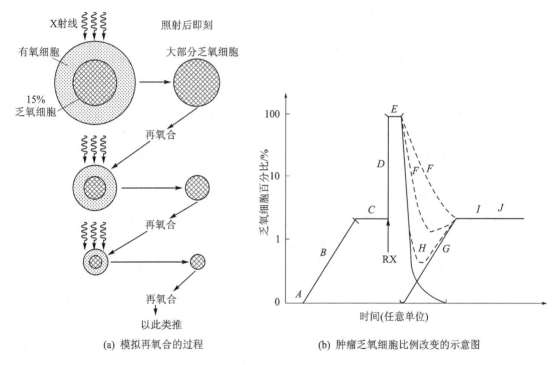

(a) 模拟再氧合的过程　　　　　　(b) 肿瘤乏氧细胞比例改变的示意图

图 11.9　肿瘤乏氧细胞再氧合示意图

11.1.5　乏氧细胞再氧合的机制

在实验动物中有些肿瘤的乏氧细胞再氧合需几天,而有些仅需 1 h 左右就能完成。少数肿瘤还能看到同一肿瘤内存在有快、慢再氧合两部分细胞。这种再氧合时间的差异说明细胞乏氧有不同的类型,既有急性乏氧又有慢性乏氧。

目前对乏氧细胞再氧合的机制还不是很清楚。Thomlinson 和 Gray 对慢性乏氧给出了可能机制。慢性乏氧时位于氧扩散距离之外的肿瘤细胞可能会因缺氧而死亡,但在长期低氧分压的区域中有克隆形成能力和抗辐射的乏氧细胞可能会持续存在。肿瘤放射治疗后氧合好的肿瘤细胞受照射后发生增殖死亡,肿瘤逐渐缩小,在此过程中随着肿瘤细胞的死亡对氧气的需求逐渐减少;同时,肿瘤细胞的死亡、体积的缩小导致肿瘤间质压力降低,肿瘤血管系统重组或血流速度发生改变,这些很可能会使先前慢性乏氧的细胞重新氧合。根据治疗过程中肿瘤消退的速度,这种再氧合过程可能会非常缓慢,持续几天或更长时间。

有些动物肿瘤再氧合非常快,再氧合过程仅有几分钟到几小时,这种情况常发生在放疗后肿瘤体积或肿瘤细胞氧利用无明显变化的情况下。20 世纪 70 年代末,Brown 提出肿瘤中可能存在第二种类型的缺氧,即急性、灌注受限的缺氧。由于肿瘤血管系统在结构和功能方面通常都是异常的,如果周围组织中供应肿瘤的血管出现暂时性阻塞、痉挛或因间质压力增加导致短暂关闭,那么这些血管附近的肿瘤细胞几乎立即发生缺氧。假设血流在关闭数分钟至数小时内恢复,这些细胞就会再氧合。此外,这种类型的缺氧也可以发生在没有直接闭合或阻塞的肿瘤血管中,例如血管分流或血管几何形状异常等。因此,灌注受限的缺氧可能表现为波动或间歇性缺氧。间歇性缺氧已被明确证实存在于人类和啮齿类动物的肿瘤中。虽然间歇性缺氧可以解释某些肿瘤观察到的快速再氧合,但并不排除同时存在慢性扩散限制性缺氧。

目前尚不清楚有多少人体肿瘤中含有缺氧区域、存在何种类型的乏氧、这些缺氧是否随肿瘤类型或部位而变化、是否及如何快速发生再氧合。肿瘤缺氧是一个多样化和动态的过程。

11.1.6　乏氧细胞再氧合在肿瘤放射治疗中的作用

乏氧细胞再氧合的过程在临床放射治疗中有重要的应用意义。如果人体肿瘤的再氧合也如研究所观察的大部分动物肿瘤那样快速有效,那么一个较长时间的多分次放射治疗可能是消灭人体肿瘤内乏氧细胞的有效方法。乏氧不只保护细胞免受 X 射线的损伤与杀灭,同时也保护细胞不受许多化疗药物的伤害,至少对那些细胞杀灭机制中有自由基参与的药物,如博来霉素等有保护作用。

乏氧细胞再氧合是临床肿瘤放射治疗中小剂量分次照射方案制定的重要细胞学基础,如图 11.9 所示。实践证明,在总剂量相同的情况下,分次照射比单次照射更能有效地控制肿瘤,因为在两次照射间隔时发生的再氧合,使放射敏感性低的乏氧细胞变成对射线敏感的氧合细胞。治疗方案的关键是准确了解受照射肿瘤内再氧合的时间过程,选择合适的分次方式,X 射线照射肿瘤就可获得最佳效果。但目前对人体肿瘤组织中的再氧合研究尚不足为临床的分次照射治疗提供最佳方案。虽然在临床放射治疗中,用 60 Gy、分 30 次照射可以根治许多肿瘤的事实强有力地支持人体肿瘤内有再氧合的发生,但是否所有人体肿瘤都有再氧合尚不清楚。如果分次照射治疗肿瘤内乏氧细胞不存在再氧合,那么,肿瘤中即使存在很小部分的乏氧细胞也将使上述剂量水平(60 Gy/30)达不到"治愈"的可能性。因此有一个假说,有些用常规治疗效果不好的肿瘤是那些不能快速和有效地进行乏氧细胞再氧合的肿瘤。

11.2　改善组织氧合

肿瘤内乏氧细胞的存在引起肿瘤对放射治疗的抗拒性。因此,寻找行之有效的清除肿瘤内乏氧细胞的方法,一直是科研和临床治疗中不断关注和探索的对象。提出和试用过的方法大致有以下几方面。

11.2.1　改善肿瘤内的氧含量

1. 吸入高浓度氧

（1）高压氧

病人处于高压氧（HyperBaric Oxygen，HBO）仓内，吸入高气压的氧，使氧在血浆中达到饱和，扩大氧弥散的范围。如毛细血管内氧分压增加 $40\sim60$ mmHg，则氧的扩散直径将增加 $45\sim80$ μm。一般在不麻醉的情况下病人可耐受的最大压力是 3 个大气压。HBO 曾被用于临床不同的肿瘤放射治疗，在多个临床研究中均证明具有提高治疗效果的作用。

（2）吸入常压高氧

在照射的同时，常压下让病人吸入含有 95% O_2 与 5% CO_2 的混合气体（即吸入碳合氧）。由于吸入的气体混有少量的 CO_2 气体，引起呼吸频率增加，促使末梢血管扩张，氧扩散增加，组织氧合得到改善。如果病人吸入碳合氧出现呼吸困难，则可将其中的 CO_2 降低至 2.5%。

2. 利用携带氧的化学物质

全氟碳化合物（perfluorocarbons，PFC）是一类碳氢化合物，是已知的最好氧溶剂。这类化合物能溶解大量的氧或其他的气体，PFC 平均能溶解 35%～40% 体积的氧，远大于在一个大气压下血浆可溶解的 2.4% 体积的氧。由于 PFC 不溶于水，直接使用可能产生气栓，所以一般采用乳剂使水和 PFC 之间的表面张力降低。乳剂颗粒约为 0.1 μm 的微滴，微滴的体积越小在血液中存留的时间越长。PFC 携带大量氧并能进入组织的乏氧区域释放出氧，因此，使肿瘤组织内乏氧细胞含量减少，提高放射治疗的疗效。这种乳剂几乎无毒。目前多使用卵磷脂制备乳剂，并已开始临床试验。

3. 纠正贫血

贫血意味着血液运输氧能力的降低。大量临床观察显示，病人血红蛋白水平的高低对常规放射治疗的预后有明显的影响。临床实验显示，对荷瘤的贫血大鼠多次输入促红细胞生成素可使肿瘤中心的氧张力增加。如果输入红细胞纠正贫血，则小肿瘤内的氧合可得到改善；而对于较大的肿瘤，任何纠正贫血的方法都不能明显改变肿瘤的氧合。

11.2.2　改善微循环

肿瘤的微循环不同于正常组织的微循环。肿瘤内细胞氧合的好坏是由肿瘤的血液灌注情况决定的。此外，血液粘滞度也影响血液灌注速度。为了改善肿瘤组织内血液供应，降低乏氧细胞的比例以提高放射治疗的效果，人们研发了许多用于改善肿瘤微循环的药物，这些药物大部分是血管扩张剂。

一般认为只有原来存在于体内、以后被结合进瘤组织内的血管才仍受神经的支配并拥有能反应的平滑肌，肿瘤对药物刺激的反应程度有赖于肿瘤内残存的这些血管的比例。因此，血管扩张剂对肿瘤微循环的作用是间接的，即肿瘤的血流改变是继发于肿瘤周围正常微血管床的流动阻力的变化，而不是对肿瘤微血管本身的直接作用。

烟酰胺具有扩张肿瘤内暂时闭塞的血管以纠正肿瘤内的急性乏氧细胞，曾一度被认为在改善肿瘤灌注和氧合方面很有作用，但观察到的结果却很不一致。目前较统一的认识是烟酰胺能减少肿瘤内一过性血流的波动和暂时性的阻断，从而抑制微循环区域内的急性乏氧。当烟酰胺的用量达到 80 mg/kg 时，有些病人会出现严重的恶心，并很难用药控制，导致不得不停用烟酰胺。但当血浆中烟酰胺的浓度低于 0.7～1.0 μmol/mL 时，药物将丧失其对急性乏氧细胞的作用。

利用可以降低血液粘滞度的药物促进肿瘤内的血流速度,改进肿瘤的微循环和氧合状况。

11.2.3　利用高 LET 射线

利用高 LET 射线,如快中子,增强射线对乏氧细胞的杀伤作用,弥补目前常规放射治疗对乏氧细胞杀伤不利的缺陷。

11.2.4　利用乏氧细胞增敏剂

用药物代替氧进入供血不良的肿瘤组织内,模拟有氧条件下照射后的生物效应。这种利用药物修饰改变肿瘤内乏氧细胞放射敏感性的方法称为乏氧细胞增敏,该药物称为乏氧细胞增敏剂。乏氧细胞增敏剂在肿瘤内的弥散过程与氧不同,它们不会被细胞很快代谢却比氧扩散得更远,可达离血管最远的乏氧细胞处。

到目前为止,最具有代表性的乏氧细胞增敏剂是硝基咪唑类高电子亲合力系列化合物,如 2-硝基咪唑(Misonidazole,MISO,Ro-07-0582),对乏氧细胞具有快速增敏作用。从图 11.10 中可以看出,小鼠乳腺肿瘤单次照射时 TCD_{50} 为 43.8 Gy,而在照射前 30 min 给予小鼠 1 g/kg 的 MISO 的 TCD_{50} 降至 24.1 Gy,增强比为 1.8。所谓增强比,就是用或不用药时 50% 的肿瘤得到控制时所需的 X 射线剂量比。分次照射的增强比比单次照射的小得多,原因是每次照射之间存在一定程度的乏氧细胞再氧合。

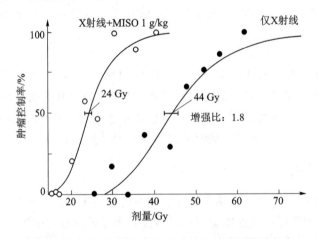

图 11.10　单次照射后 150 天小鼠乳腺肿瘤的控制率

虽然 MISO 具有良好的放射增敏效果,但其毒性限制了它在临床上的应用。MISO 毒性反应表现为胃肠道反应和中枢神经系统毒性反应(包括惊厥、脑功能障碍,甚至死亡)。此外,周围神经病变也常见。目前,该药物已在西欧、北美等地进行第三阶段临床实验。当前正在寻找新的增敏剂,如 SR-250、SK-2555 等。

参考文献

[1] Kallman R F. The phenomenon of reoxygenation and implication for fractionated radiotherapy [J]. Radiology,1972,105:135-142.

［2］ Bush R S，Jenkin R D T，Allt W E C，et al. Definite evidence for hypoxic cells influencing cure in cancer therapy［J］. Br J Canc，1978，37(s3)：302-307.

［3］ Chapman J D. The fraction of hypoxic clonogenic cells in tumor populations［C］// Fletcher G H. biologic bases and clinical implications of tumor radioresistance. New York：Masson,1983.

［4］ 谷铣之，段蔚伯，刘泰福.肿瘤放射治疗学［M］.北京:北京医科大学中国协和医科大学联合出版社,1993.

［5］ Hall E J. Radiobiology for the Radiologist［M］. New York：J B Lippincott Comp，1994.

［6］ 郑秀龙,金一尊,沈瑜.肿瘤治疗增敏药［M］.上海:上海科学技术文献出版社,1996.

［7］ 郑秀龙，蔡建民.DNA 聚合酶 β 在 DNA 修复作用中的分子机制［J］.辐射研究与辐射工艺学报，1997,15(3)：168.

［8］ Hagen U. Radiation Research［R］. Proceedings of the l0th international Congress of Radiation Research，Wurzberg，Germany，1995.

［9］ Siemann D W,Chaplin D J. Tenth International Conference on Chemical Modnifiers of Cancer treatment［R］. Clearwater,Florida,USA，1998.

［10］ Meng X S，Zhao F，Gao J G,et al. Sensitizing effects of Radio-and chemo-sensitizer Sodium Glycidazole (CMNa)［J］. J 2nd. Medical College of PLA，1995，9(2)：95.

［11］ Thiruthaneeswaran N,Bibby B A S,Yang L J,et al. Lost in application：Measuring hypoxia for radiotherapy optimization［J］. European Journal of Cancer，2021，148(5)：260-276.

［12］ Khouzam R A，Goutham H V，Zaarour R F，et al. Integrating tumor hypoxic stress in novel and more adaptable strategies for cancer immunotherapy［J］. Seminars in Cancer Biology，2020，65(4)：140-154.

［13］ Gunderson L L，Tepper J E. Clinical Radiation Oncology［M］. 4th ed. New York：Churchill Livingstone，2016.

［14］ 孙伶俐，计亮年，巢晖. 肿瘤乏氧检测研究新进展［J］.中国科学:化学，2017，47(2)：133-143.

［15］ Speke A K,Hill R P. The effects of clamping and reoxygenation on repopulation during fractionated irradiation［J］. International Journal of Radiation Oncology Biology Physics，1995，31(4)：857-863.

第 12 章　分次照射的放射生物学

为了达到控制肿瘤的目的,临床放射治疗中必须给予肿瘤细胞一定的照射剂量,而正常组织对射线的耐受性常常是限制照射剂量的主要因素。利用正常组织和肿瘤组织的细胞动力学和对射线反应的差异,在提高肿瘤控制率的同时减少放射治疗时对正常组织的损伤是放射治疗的根本目的,而分次照射是达到目的的重要措施。

12.1　分次照射的放射生物学理论基础

12.1.1　肿瘤干细胞与放射治疗

大多数肿瘤组织都含有相当比例的快增殖细胞,即使是一些生长较慢的肿瘤也是如此。根据肿瘤细胞受照射后的增殖速度和表现,肿瘤组织属于"早反应组织"。在放射治疗中,通常几戈瑞的日照射剂量就能引起大部分受照射肿瘤细胞的增殖性死亡。

肿瘤的形成涉及多个基因的突变,是一个渐进的复杂过程。多次突变会形成肿瘤细胞的异质性(heterogeneity)。所谓肿瘤异质性,是指肿瘤细胞在生长过程中经过多次分裂增殖,其子细胞呈现出基因和/或形态改变的特性,其中少量的细胞具有很强的增殖能力,被称为肿瘤干细胞(tumor stem cell)或肿瘤克隆源性细胞。肿瘤异质性表现在肿瘤内部产生生长速度、侵袭能力、对射线或药物的敏感性等各方面存在差异的子细胞克隆,这些子细胞克隆可存在于肿瘤内的不同区域并处于动态变化的过程中。在这个动态变化的过程中,肿瘤子细胞克隆呈现复杂的表型变化并伴随多种生物学功能的差异特性。

传统认为每个肿瘤细胞都有无限增殖的能力,肿瘤治疗的目的就是尽可能杀死所有肿瘤细胞。但实际上大部分肿瘤经过放射治疗后会经过一段时间的缓解期,然后又复发。根据肿瘤干细胞假说(见图 12.1),认为肿瘤中存在少量克隆性干细胞,如果它们对治疗有抵抗力,则会导致复发并在治疗过程中加速肿瘤的再增殖。传统的治疗方法并没有将肿瘤干细胞完全杀死,它们仍具有无限增殖的能力。目前,越来越多的学者提出肿瘤治疗应针对肿瘤干细胞,阻止其分裂增殖能力,即使放射治疗(或化疗)后肿瘤体积没有立即缩小,但只要干细胞的分裂增殖能力被阻断,肿瘤就会逐渐退化萎缩,最终达到真正治愈肿瘤的目的。

正常组织细胞群和肿瘤细胞群在放射敏感性之间没有明显有规律的差别。同正常组织细胞群相比,肿瘤细胞的周期不变或延长。肿瘤组织之所以增殖加快,是由于进入细胞周期的细胞比例增多。由于肿瘤组织生长快会导致供血不足,大多数情况下肿瘤组织的细胞凋亡较正常组织多,且肿瘤恶性程度越高,细胞凋亡增多就越明显。对正常组织和肿瘤组织两个细胞群之间的动力学差异研究越清楚就越利于肿瘤放射治疗计划的制定,达到最大限度地杀灭肿瘤中所有肿瘤干细胞的同时避免正常组织出现损伤的治疗效果。

近年来,常规分次照射及非常规分次照射已成为肿瘤放射治疗的重要措施。分次照射利用了射线对正常组织和肿瘤组织作用的差距,最大限度地杀伤肿瘤细胞,减少射线对正常组织的损伤,其理论依据为已积累的肿瘤放射生物学研究成果。

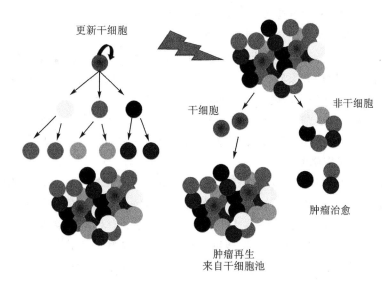

更新干细胞

干细胞

非干细胞

肿瘤治愈

肿瘤再生
来自干细胞池

图 12.1　肿瘤干细胞假说

12.1.2　放射生物学的 5 个"R"

将单剂量辐射治疗改为分次照射治疗的原因之一是观察到细胞增殖活性与辐射诱导损伤之间存在关联。Robert Kienböck 在 1901 年首次报道了高有丝分裂活性的细胞具有较高的辐射敏感性。20 世纪 20 年代在公羊身上进行的放射生物学实验证实了分次照射的可行性。这些实验的目的是使用单次大剂量的照射对公羊进行绝育,这一过程必然对皮肤造成严重的损伤。但将单次大剂量分成多个分次照射来实现这一目标时,观察到皮肤得到了保护。分次照射疗法基本上达到了更好地消灭肿瘤细胞同时减轻正常组织反应的目的。

对放射生物学 5 个"R"的深入了解,为临床分次照射方案的制定提供了完整、有力的科学依据。之所以被称为 5 个"R",是因为用于描述的英文单词的首写字母都带"R",它们分别是:① 放射损伤的修复(repair of radiation damage);② 细胞周期内细胞时相的再分布(redistribution of cell in cycle);③ 组织的再群体化(repopulation),放射治疗后组织通过存活细胞分裂而达到再群体化,曾称为再增殖(regeneration);④ 乏氧细胞的再氧合(reoxygenation of hypoxic cells);⑤ 放射敏感性(radiosensitivity)。前 4 个"R"是在分次放疗的过程中介于两个分次的间隔时间内组织内在的一些生物学变化,第 5 个"R"是指肿瘤组织对射线的敏感性。

1. 放射损伤的修复

(1)亚致死性损伤修复

影响分次照射反应中最常见的生物现象是亚致死性损伤修复能力。亚致死性损伤修复通常进行得很快,照射后 1 h 内就可以出现,4～8 h 内即可完成。修复时间的长短因细胞类型而不同。

相比早反应组织,晚反应组织具有更强的修复能力。分次剂量降低对晚反应组织有利,因此,降低分次剂量对晚反应组织的"保护"作用比对早反应组织的要大,即引起组织损伤的剂量在晚反应组织中随分次剂量的增加所需要的等效剂量较早反应组织所需要的等效剂量要大。分次照射中早反应组织和晚反应组织之间的差别有如下临床意义:

① 分次剂量较大时,对晚反应组织相对不利。对达到相同的急性反应的两种不同的治疗

方案来说,分次剂量较大的方案中晚反应组织损伤较重。

② 除慢性增殖的肿瘤以外,用较小的分次剂量有利于治疗。对正常组织而言,分次剂量的下降使晚反应组织比早反应组织得到更大的保护。在超分次治疗方案中,晚反应组织的"耐受"剂量比用标准放射治疗方案时大,即晚反应组织和肿瘤之间的治疗差异加大。

③ 为得到最大的治疗增益,晚反应组织的亚致死性损伤必须得到完全的修复,因此,如果用多分次照射,则两个分次的间隔至少应有6个小时以确保晚反应组织得到修复。如果照射野涉及神经组织,则间隔时间需要更长,因为它们的修复更慢,所需时间要更长。

(2)潜在致死性损伤修复

另一种影响分次照射反应中的生物现象是潜在致死性损伤修复。潜在致死性损伤修复主要发生在非增殖细胞中,表现为低LET射线照射后经过一定条件和时间细胞存活率增高。潜在致死性损伤修复和临床放射效应有一定的关系,如黑色素瘤和骨肉瘤等放射不敏感肿瘤的潜在致死性损伤修复比乳腺癌的要强。增殖、分裂旺盛的细胞没有潜在致死性损伤修复。高LET射线照射时潜在致死性损伤修复也不明显。组织细胞乏氧或细胞密切接触都是影响潜在致死性损伤修复的重要因素。

潜在致死性损伤修复和细胞周期时相密切相关,G_2期、M期以及相对较活跃的G_1期都没有潜在致死性损伤修复。长S期的中、晚期和G_0期或相对不活跃的G_1期都有潜在致死性损伤修复。

(3)肿瘤组织和正常组织照后恢复的差异

肿瘤组织和正常组织都有修复损伤的能力,然而由于两者组成的成分和特性的不同,其恢复的程度有很大的不同。正常组织由于有自我稳定控制系统,受照射后细胞增殖周期的恢复较肿瘤细胞的快,修复能力比肿瘤组织完整。肿瘤照射后G_2期有显著的延长,这是由于肿瘤组织内一部分细胞处于乏氧状态,亚致死性损伤修复较慢。因此,在两次照射的间隙正常组织有较好的修复,在下一次照射之前基本恢复到正常状态;而肿瘤组织的恢复就差。如此,在分次照射的过程中,两种组织的放射效应就呈现出差别。分次放射治疗就是利用正常组织和肿瘤组织对射线反应的差异,达到杀灭肿瘤细胞保护正常组织的目的,如图12.2所示。

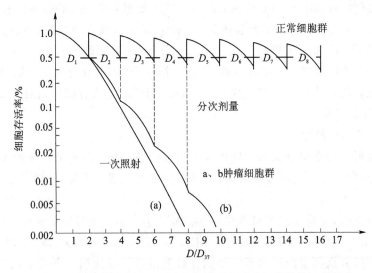

图12.2　分次照射中射线对正常细胞群和肿瘤细胞群的不同效应

2. 细胞周期内细胞时相的再分布

首先,肿瘤受一次常规分次照射后,选择性地杀伤比较敏感的细胞,使周期内细胞的放射敏感性发生变化;其次,受到照射时,接近分裂的细胞延迟分裂,特别是 G_2 期阻滞,导致细胞在 G_2 期堆积;最后,加上原来处于静止的细胞进入细胞周期。上述 3 个原因导致细胞部分同步化,即细胞选择性地分布在一定的周期时相内。照射前非同步化的细胞群变成为相对同步化的放射抗拒细胞群,但照射后肿瘤内的增殖细胞的增殖速度有很大的变化,这种进程速度的差异使部分同步化的细胞又很快走向不同步化的混合群;结果随着时间的延伸,与照射刚结束时相比,如果处于周期中敏感时相的存活细胞比例更大,则再分布可在非同步化的增殖群体内起“自身增敏”作用。在非增殖细胞群中,这种自身增敏不会发生。这样,分次照射可以通过每次照射后肿瘤内细胞周期的再分布(redistribution of cell in cycle)提高治疗比,而又不会影响正常晚反应组织内非增殖性的靶细胞。但若下一次照射时处于周期中相对较抗拒时相的存活细胞较多,则肿瘤细胞受到的杀伤可能相对较少。因此,分次治疗中的这一因素目前尚未被充分用于肿瘤放射治疗。

3. 正常组织和肿瘤组织在分次放疗中的再群体化

放射治疗期间无论正常组织还是肿瘤组织都存在加速增殖再群体化(repopulation)的现象。只是正常组织的再增殖受机体自稳控制系统调节,而肿瘤的再增殖的调控尚未完全清楚。体内自我稳定机制对正常组织维持正常功能所需恒定细胞数的的作用比在肿瘤内要有效得多。正常组织失去一定比例的细胞(特别是上皮细胞)时代偿机制激活,出现的细胞增殖加速比肿瘤明显得多。大多数急性反应的正常组织再群体化可能在放疗后大约 2 周就开始了,而像骨髓组织在照射后 12 h 干细胞就开始增殖补偿。肿瘤的再群体化约在照射后 3~5 周开始,延长治疗时间可增加正常上皮组织和肿瘤之间的差异,但对增殖慢的晚反应组织没有多少益处。正常组织和肿瘤组织之间再群体化速度的不同以及细胞存活曲线起始形状的差别,可以解释为什么射线能杀灭肿瘤细胞而不引起周围正常组织的过度损伤。考虑上述原因,再群体化对临床根治性放射治疗具有以下指导意义:

① 不必要的延长治疗时间对治疗不利。例如,总剂量不变时,每周 5 次且每次 1.8 Gy 的治疗效果比每次 2 Gy 差。每次 2 Gy 的照射比每次 1.8 Gy 的照射引起的急性反应重,但只有当急性反应趋于严重,如有大面积的粘膜受照射或因同时用化疗而有加重反应的危险时,才可考虑用 1.8 Gy/次的分次治疗。为了防护增殖慢的晚反应组织,在肿瘤群体化开始后,治疗的时间越短越好。

② 如因急性反应严重而必须采取治疗间断,则间断时间应尽量短。

③ 单纯的分段放疗不是好方案,除非作为加速放疗过程中的一部分,其最终目的是为缩短总治疗时间。

④ 因非医疗原因的治疗间断(如设备故障、假日等),有时需要追加治疗,如可以 1 天内给予 2 次治疗。避免照射 1~2 次后就停照,间隔数天后再照射,因为这样反而促进肿瘤细胞的增殖。

⑤ 对于增长快的肿瘤必须加速治疗。如果每次照射剂量太小或两分次间的间隔太长,则在两个分次照射间细胞的快速繁殖可能会补偿每分次所造成的细胞死亡,导致放射治疗失败。假如,每分次剂量能杀灭 50% 肿瘤细胞,而存活的细胞在两分次照射的间隔时间 24 h 内能翻一番,则不论总剂量是多少,肿瘤的总细胞数保持稳定,这样的治疗是失败的。此外,不论肿瘤的生长速度如何,对增殖指数很高的肿瘤都要进行加速治疗。

总之,适当的治疗总时间取决于早反应和晚反应正常组织的耐受性以及肿瘤再群体化开始的时间,分次量的选择取决于晚反应组织是否有损伤。

4. 分次照射时肿瘤乏氧细胞再氧合

如前所述,肿瘤内存在的乏氧细胞群对射线具有抵抗性。在分次放疗中,经过一次照射后含氧丰富的肿瘤细胞被大量杀灭,剩余的主要是具有放射抗拒的乏氧细胞。在分次放疗间隔期,乏氧细胞内的氧浓度增加,即再氧合,增加了细胞的放射敏感性。绝大多数正常组织都是氧合好的,再氧合主要发生在肿瘤组织内。肿瘤内乏氧细胞再氧合(reoxygenation of hypoxic cells)在肿瘤放射治疗中有着重要意义,是放射治疗中小剂量分次照射方案制定的重要细胞学基础。

掌握某一特定肿瘤乏氧细胞的再氧合时间,就可以合理安排分次治疗中的时间-剂量关系,制定更加准确的分次治疗方案以取得更好的根治效果。

5. 放射敏感性

不同肿瘤组织与正常组织对放射的效应在很大程度上取决于细胞内在放射敏感性(intrinsic radiosensitivity)。例如,血液系统对射线的反应比肾脏敏感,血液系统来源的肿瘤比肾脏起源的实体瘤对放射线更为敏感。此外,放射治疗的反应受个体敏感性的影响,如患者的免疫功能、年龄、营养状态等都会影响放疗结果。

12.2　分次放疗中的时间-剂量-分次关系

肿瘤的放射治疗是肿瘤综合治疗方案中不可缺少的手段之一,其治疗计划的优化必须基于放射生物学的时间-剂量-分次关系的基本原则。

12.2.1　早反应组织和晚反应组织的生物学特点

根据细胞增殖动力学,将组织分为早反应组织和晚反应组织两大类。1982年,Thames等研究不同正常组织的剂量-效应曲线,发现早反应组织和晚反应组织对不同分次剂量存在不同效应,如图12.3所示。相比早反应组织,晚反应组织的剂量-效应曲线更陡峭,提示晚反应组织对分次剂量的大小更敏感,即分次剂量的变化会显著影响晚反应组织耐受性的变化,但对早反应组织的影响甚微。单次剂量降低时,晚反应组织的耐受性比早反应组织的高。

分次剂量对晚反应组织的影响比对早反应组织更重要,这可以很好地解释临床治疗中因减少分次数(如每周2~3次而分次剂量增加到大于常规的2 Gy时)所观察到的更多的严重晚期不良反应,以及在超分次(每天给予2次放疗,总疗程共6~7周)的临床治疗中晚期不良反应明显减少但早期不良反应明显增加等现象。临床上若减少早反应可以通过延长治疗时间(促进再增殖)、保持至少6 h的分次间隔(促进亚致死性损伤的修复)和减少总剂量(提高恢复率)来改善。由于肿瘤也是早反应组织,上述考虑也适用于辐射对肿瘤的反应。因此,实际操作时重点应该是限制正常组织的损伤同时限制治疗时间。

晚反应组织比早反应组织的修复能力强,一般对晚反应的实验观察却是很困难的,也不易很精确。Barendsen指出神经系统的晚反应是由于脱髓鞘引起的,这有别于那些由分化程度高而更新率很低的细胞组成的组织(如肾、肺和血管系统等)。对后者而言,分次数有着特别重要的作用,低剂量照射时组织具有更强的积累和修复细胞损伤的能力。因此,在理解放射生物学的时间、分次剂量等因素对治疗影响时,需考虑这些因素在早反应组织及晚反应组织中的不

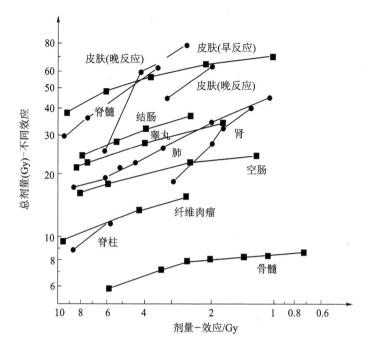

注:图中的实心方框线代表早反应组织,实心圆线代表晚反应组织。晚反应组织的剂
量-效应曲线要比早反应组织的更陡峭。两种组织对不同分次剂量大小存在不同效
应,提示晚反应组织对分次剂量大小的敏感性远大于早反应组织。

图 12.3　早反应组织和晚反应组织对不同分次剂量的效应

同效应。

12.2.2　常规分次照射

有的肿瘤治疗时间很短,如在几分钟内的单次照射(如接触治疗、近距离治疗(brachythe-rapy)),或是持续照射几天的镭疗(又称居里治疗,curietherapy)。对多数肿瘤来说,使用分次放疗可提高局部控制率和生存率。肿瘤放射治疗中影响分次治疗计划的主要因素包括第一次和最后一次之间的时间-总疗程时间(overall time)、每分次的剂量-分次量(fractionation dose)、照射的次数-分次数(number of fractions)。

1. 常规分次照射在实践中的演化

常规分次放射治疗是由 Coutard 在 1934 年确立的,是全球范围内最基本和最常用的方法。放射治疗方案是采用每日 1.8~2.0 Gy 的小剂量照射,每周 5 次,总剂量在 60~70 Gy 之间。这是临床经验、生物学实验以及有限的设备和人员限制条件下的综合结果。在常规分次照射情况下,通常认为正常组织的非致死性损伤在 24 h 内可得到修复。这种治疗方案对许多肿瘤都是成功的,但不可能对所有肿瘤或所有临床情况都是最佳的,因为对不同年龄、不同病理类型和分化程度、不同大小和不同倍增时间的肿瘤都用同一种方法显然是不合理的。

常规分次治疗方案的不断优化是为了提高肿瘤控制率并降低晚反应正常组织的损伤。如超分次治疗就是在常规分次治疗的基础上改进的,该方案采用单次剂量 1.2 Gy、每日 2 次、每周 10 次、每分次间隔时间大于 6 h,总剂量比常规治疗方案增加 10%~20%,其优点是能够进一步减轻晚反应(与分次剂量有关),同时早反应变化不明显。

　　放射生物效应依赖于剂量、时间以及分次的关系。现在的放射生物知识已使人们更好地理解分次剂量与时间间隔对生物效应的作用,并采用更准确的细胞存活模型使得更多的分次方案被开发并应用于各种肿瘤,特别是快速增殖的肿瘤。当分次数和总疗程时间增加时,生物效应减低,因此要达到相同的效应必须增加剂量,这时需要的总剂量是一个相当于单次剂量的等效剂量(isoeffect dose)。把剂量分成许多分次,使每个分次照射时组织受到的损伤都有可能得到部分修复,从而对那些能有效修复损伤的细胞给予相应的保护,总治疗时间的延长可以让存活细胞得到增殖,且对越增殖快的组织越有利,如图12.4所示。除细胞修复和再群体化之外,分次和延长时间还有利于乏氧细胞的再氧合并能使处于细胞周期中的细胞分布发生改变,这些都影响最终的放射生物效应。所有这些机制在近距离的低剂量率照射中也起作用。

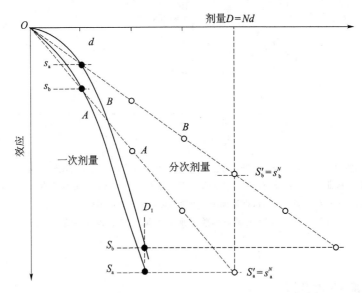

　　注:本图代表两个细胞系 A 和 B 的存活曲线。一次剂量 D_1 的存活率是 S_a 和 S_b,每分次量 d 的存活率是 s_a 和 s_b。N 次的 d 分次剂量照射 A 细胞群的存活率为:$D=Nd$,则 $S'_a=S_a$,即 $D=Nd$ 是一个相当于单次剂量 D_1 的等效剂量。对于 B 细胞群,其存活率 $S'_b>S_b$,相当于 D_1 的等效剂量大于 Nd。分次照射对 B 细胞群的保护比对 A 细胞群的大。可见,存活曲线之间一个小的差别可以被分次照射放大,因为 $S'_b/S'_a=(s_b/s_a)^N$。例如:$d=2\ \text{Gy}$,$s_a=0.4$,$s_b=0.5$,$N=30$ 分次,那么,$S'_b/S'_a=(0.5/0.4)^{30}=807.8$。

图 12.4　与分次有关的不同放射生物效应

　　当两个相同的组织受同样的照射,分次情况和总疗程时间不同时,可导致不同的效应,这称为对一个组织生物效应的修饰。这个效应的差异在放射治疗中非常重要,因为选择不同的分次和总疗程时间有可能减少照射对正常组织的影响,提高肿瘤细胞的杀伤效应,获得更好的放疗疗效。使分次和总疗程时间达到最适状态是放射治疗专家追求的目标。

2. 分次剂量

　　每次或每日以 $1.8\sim2.0\ \text{Gy}$ 的常规照射方法是目前最常见的治疗计划。晚反应组织比早反应组织对分次剂量的变化敏感,当分次剂量大于 $2\ \text{Gy}$ 时晚反应组织损伤加重,晚期并发症显著增加,因此,在临床放疗中改变分次照射剂量应充分考虑晚反应组织的耐受性。

　　假如要达到相同的生物学效应,如果降低照射分次剂量,则晚反应组织所需增加的总剂量比早反应组织所需的更多。因此,在超分次治疗方案中,晚期效应的耐受剂量比早期效应增加的更多,即晚反应组织的辐射耐受性增加;相反,如果给予每次大剂量照射,则晚反应组织可能出现严重的晚期并发症。例如,用每天 2 次照射达到与 1 次 2 Gy 照射等效的效果,早反应组织是 2 次各 1.05 Gy,而晚反应组织则是 2 次各 1.2 Gy,治疗比＝1.2/1.05＝1.14,表示超分次照射的肿瘤生物学效应剂量可提高 14％,而对晚反应正常组织的生物学效应剂量保持不变。如果早反应组织的 α/β 值与肿瘤相同(一般多取 10 Gy),则放射早反应的生物学效应剂量也同样提高了 14％,增加了正常组织的耐受负荷。延长超分次治疗时间,可以缓解急性放射毒副反应,但同时又降低了治疗效果。

3. 间隔时间

20 世纪 80 年代,Thames 在前人实验的基础上提出"不完全修复模型"(incomplete repair model)。这是基于 1964 年 Oliver 在离体细胞实验中发现的现象,即在离体细胞受照射实验中,如把所照射的 1 次剂量分成间隔不同时间的 2 次照射,那么若间隔时间短于细胞修复时间,则可见到细胞存活率的降低;若间隔时间足够长,即在细胞修复完成后再接受照射,则细胞的反应性和第 1 次受照射一样。细胞存活率随间隔时间的不同而各有差异,这与两次照射的间隔时间及损伤修复率有关。目前认为修复可以不同的速率进行,如果照射野内存在快慢两种不同修复率的组织,则在每日多次照射情况下必须考虑其对不同组织的影响。在修复不全的情况下,正常组织的反应会加重。在临床研究中已观察到因分次照射的时间间隔小于 4.5 h 而导致晚反应加重的情况。

对亚致死性损伤(SLD)的修复而言,相比早反应组织,晚反应组织具有更强、更完全的修复能力,但所需修复的时间长短不同。早反应组织的 $T_{1/2}$ 很短,仅 30 min 左右;而晚反应组织的 $T_{1/2}$ 可长达数小时。因此,超分次治疗方案中两次照射间隔时间的长短取决于靶区内晚反应组织完全修复其亚致死性损伤的时间,而不是早反应组织的修复时间。例如,小肠粘膜上皮是典型的早反应组织,一般在照射后 3～4 h 完成其细胞的亚致死性损伤修复,$T_{1/2}$ 为 30 min 左右;而脊髓组织是晚反应组织,其亚致死性损伤修复的 $T_{1/2}$ 为 2.4 h 左右,完全修复需要 24 h,它的细胞修复时间比早反应组织细胞要长得多。不同类型晚反应组织的 $T_{1/2}$ 是不一样的,若假设晚反应组织的 $T_{1/2}$ 为 1.5 h,那么分次照射的间隔时间必须至少间隔 6 h,才能使 94％以上的晚反应组织细胞损伤得到修复。若晚反应组织 $T_{1/2}$ 较长,如脊髓等中枢神经组织,间隔 6 h 则不能使损伤完全修复。在设计治疗计划时必须作剂量纠正或分次放疗间隔时间延长。

4. 总疗程时间

当分次照射的总治疗时间延长时,虽然能够减轻正常组织急性反应,但由于分次照射之间存在着细胞再群体化,就会降低大部分肿瘤控制率和放射治疗效果。这一现象在动物实验及人体肿瘤中都已被观察到。为了在恒定的 N 分次数时达到某一特定效应,就需要提高分次剂量 d,随着总疗程时间的延长,等效剂量也增加;然而,如果不同组织内细胞分裂活动各异,则可能出现不同的效应。

放射治疗中最常见的问题是如何补偿总治疗时间内的微小改变,如一次意外治疗中断。较满意的临床校正方法是根据增加的时间规定每天允许增加的剂量。例如,头颈皮肤和粘膜等早反应组织可接受的剂量是每天 0.3 Gy(如每分次量为 2～3 Gy),如果总治疗时间增加 2 周,则总治疗量应增加约 4 Gy。这种校正值可用于治疗中断长达 3 周的情况,但太长的延长则不能用(如超过 10 周)。短的治疗时间内(小于 1 周)很少有细胞繁殖,此时,时间就不是重要的问题,因为此时在任何情况下校正都很小。

　　晚反应组织对总疗程时间的变化不敏感,而早反应组织却很敏感。缩短总疗程时间会增加肿瘤的杀灭,一般不会加重晚反应组织的损伤,而早反应组织损伤则会加重。肿瘤组织的 α/β 值与早反应组织相似,故在用线性平方模型进行生物等效剂量换算时把其作为早反应组织对待。因此,为保证肿瘤的控制,在不致引起严重急性反应的情况下,应尽量缩短总疗程时间。

　　常规分次照射治疗方法通常是每天 1 次、每周 5 次、每次 2 Gy 并于几周内完成全疗程。由于肿瘤临床情况复杂,治疗肿瘤的最佳方案不可能一成不变。应根据肿瘤的病理形态、部位和靶体积的范围以及治疗中心的实际情况和临床经验决定总剂量;同时,参考等效剂量与分次、时间这两个参数之间的关系制定最佳方案。

12.3　线性平方模型在放射治疗中的应用

　　在临床实践中对不同分次的治疗方案的转换或比较时,医学物理师需要有一个较简单的方法计算出它们达到同等剂量效应的剂量。1967 年,Ellis 根据正常组织的放射反应将影响放射治疗效应的主要因素——剂量、分次数和总疗程天数,用数学方法归纳成一个模型,即著名的 Ellis 公式,也称名义标准剂量(Nominal Standard Dose,NSD)公式,其目的是要把主宰等效剂量的分次数(N)和总治疗时间(t)的作用分离开以便于临床实践校正。但是,NSD 公式有一定的局限性,NSD 概念是建立在上皮组织和皮下组织放射耐受性的基础上的,主要适用于 5~30 次分次照射范围;同时缺乏考虑照射在不同组织间所引起的反应性差异,只能适用于轻微的分次改变,超过一定参数范围所得的结果令人质疑,例如,NSD 公式无法预测晚反应。现在应用得更广泛并更为人们所接受的是线性平方模型(linear quadratic model,即 LQ 模型)。LQ 模型比 NSD 公式更符合临床放射治疗中的实际情况,应用 LQ 模型及其适当的 α 和 β 参数值可以强化早反应和晚反应组织之间的差异性。

12.3.1　LQ 模型的理论基础

　　细胞经射线照射后产生死亡的主要原因是 DNA 双链断裂。LQ 模型是以 DNA 双链断裂造成细胞死亡为理论根据,所以该模型亦称为分子模型。根据二元辐射作用(dual - radiation action)理论,DNA 双链断裂可以由射线一次击中事件所引起,也可以由二次击中事件所引起。一次击中事件相当于单击单靶,按照泊松分布模式,每个细胞平均被击中次数为 αD,则细胞存活分数为

$$SF = e^{-(\alpha D)}$$

式中:系数 α 代表不能修复的损伤,其值是线性平方模型存活曲线的初始斜率。

　　二次击中事件产生的放射损伤是可修复损伤,放射生物效应与剂量的平方成正比,则细胞存活分数为

$$SF = e^{-(\beta D^2)}$$

式中:系数 β 反映曲线的弯曲度。

　　在肿瘤放射治疗中,单击和多击效应同时存在,最终效应就是上述两种过程的总和,即总的辐射效应由 αD 和 βD^2 共同决定。LQ 模型公式为

$$SF = e^{-(\alpha D + \beta D^2)}$$

　　按照 LQ 模型拟合的细胞存活曲线反映了两种类型的损伤,即 α 型损伤(不能修复的致死

性损伤)及 β 型损伤(能修复的损伤)。当产生 α 型生物学效应和 β 型生物学效应相等时所需剂量为 α/β 值(Gy)。在 α/β 值的剂量照射时,一次击中事件所产生的生物效应与二次击中事件所产生的生物效应相同,即 $\alpha D = \beta D^2$。α/β 代表细胞存活曲线的弯曲程度。高 α/β 值,存活曲线较直,说明细胞的修复能力较差,致死性损伤发生率较高,这主要存在于增殖快的肿瘤中,如头颈部鳞癌及急性反应组织等;而低 α/β 值提示致死性损伤发生率低,但修复能力强,这主要是存在于增殖慢的肿瘤中,如黑色素瘤及晚反应组织中。放射治疗方案可以通过肿瘤细胞高 α/β 值及晚反应组织低 α/β 值的差异性进行设计,如前面所述的超分次放疗,达到既提高肿瘤的控制率又可以保护正常组织的目的。

12.3.2 LQ 模型在临床放射治疗中的应用

LQ 模型公式是一次剂量 D 照射后的存活分数,但临床放射治疗是分次照射。如果假设分次放疗方案中每次照射所产生的生物学效应是相同的,在分次照射之间亚致死性损伤完全修复且没有细胞增殖,那么 N 次分次照射的模型公式可以表达为

$$\mathrm{SF} = \mathrm{e}^{-(\alpha D + \beta D^2)^N}$$

或

$$-\ln \mathrm{SF} = N(\alpha D + \beta D^2)$$

上式无法用于临床计算。假设在分次照射中放射性损伤所产生的生物效应与细胞死亡有关,上式可演变成下列关系:

$$-\ln(\mathrm{SF}/\alpha) = Nd[1 + d/(\alpha/\beta)] = \mathrm{BED}$$

上式中仅有一个参数,即 α/β;BED 表示生物等效剂量,剂量单位为 Gy。

每分次的剂量减少时等效剂量增加,当 d 减少到存活曲线和它的初始切线已无法分辨时,等效剂量达到最高值。等效剂量的增加依赖于存活曲线的形状,当两个细胞群有不同的肩时,分次数可产生不同的效应(见图 12.4)。对于等效剂量增加较大的群体,降低分次剂量可使之得到相应的防护。当存活曲线的肩区较明显,即有较大的弯曲度以及初始切线的斜率较小时,等效剂量增加得较快。

1. α/β 值的意义及测定方法

α/β 的比值表示引起细胞杀伤中单击和双击成分相等时的剂量,以吸收剂量单位 Gy 表示。α/β 值的意义在于反映了组织生物效应受分次剂量改变的影响程度。有许多方法可以测定组织或离体培养细胞的 α/β 值,但用离体细胞测得的 α/β 值不能用于临床放疗方案的计算和设计,因为它不能反映组织的实际情况。组织的 α/β 值则与 LQ 模型在临床的应用关系密切,目前临床常用的组织 α/β 值的测定方法可归纳为直接法、间接法(Fe-Plot)和等效公式法。其中,直接法是测定 α/β 值最精确的方法,由 Thames 于 1985 年提出,其关键是将原始实验数据输入计算机后采用最大似然方法(maximum likelihood techniques)编制的软件进行统计学处理,一步得出 α/β 值;间接法是 20 世纪 70 年代由 Douglas 和 Fowler 提出,用以测定 α/β 值的 LQ 等效模型,此方法在目前条件下应用面较宽;等效公式法可用于临床粗线条的资料,得出大致的 α/β 值。

2. LQ 模型公式的临床应用

在临床分次放射治疗中,LQ 模型的应用主要是计算不同的治疗方案中各种组织的等效剂量,其参数是 LQ 模型中的主要因素 α 和 β 两个值的比值,目的是根据正常组织尤其是晚反应组织和肿瘤间 α/β 值的不同,在改变分次放射治疗方案时改进治疗比。α/β 值能反映早反

应组织和晚反应组织以及肿瘤对剂量反应性的差别,在提高放疗疗效的基础上更加注重对晚反应组织的防护。

晚反应组织比早反应组织对分次剂量的改变要敏感,放射生物学对这一现象的认识在制订分次放射治疗方案时有极大的指导作用。它提醒人们在制定治疗方案时必须慎重对待分次剂量的制定,因为在放射治疗期间晚期损伤不可能被察觉,而往往在治疗结束相当长时间后才会出现。晚反应组织对分次剂量的增加相当敏感,在制订方案时必须考虑到加大分次剂量对射野内的晚反应组织所造成的影响。通过 LQ 模型公式的计算可较好地在不增加晚反应的情况下,提高肿瘤的局部控制率。

(1) 应用 LQ 模型公式设计最佳分次照射方案的一般原则

① 为使正常组织的晚期损伤相对低于对肿瘤的杀灭,每分次量应低于 1.8~2.0 Gy。

② 每天照射的分次总剂量应小于 4.8~5.0 Gy。

③ 每分次的间隔时间应大于 6 h。

④ 在不至于引起严重急性反应的前提下,尽量缩短总治疗时间。

⑤ 最高总剂量应确保不会引起照射野内正常组织的晚反应,2 周内给予的总剂量不能超过 55 Gy。

(2) LQ 模型公式在临床应用中的局限性

① 目前所用公式是假设在分次照射期间,细胞必须完全修复亚致死性损伤,同时没有细胞的增殖。这与临床实际情况有一定的差距。

② 作为 LQ 模型公式临床应用的主要参数 α/β 值,其数据的测定主要来自动物实验,并受诸多因素的影响。因此,可能与实际情况有一定的差距。

③ 该公式目前仅适用于 1 次剂量为 8~10 Gy 以下的照射。

(3) 用 LQ 模型公式计算放射治疗中的生物有效剂量

在考虑治疗方案,尤其是在选择非常规治疗方案时,可通过 LQ 模型公式计算出不同治疗方案对治疗可能涉及的正常组织的早、晚期效应的生物有效剂量,供作最后决定治疗方案参考。但必须注意,可以把不同方案之间的晚反应的生物有效剂量进行比较,或比较各方案的早反应的生物有效剂量。但用目前的计算方法,绝对不能把一个方案中的早反应和另一个方案中的晚反应作比较。

计算举例　在例题内均假设早反应组织 $\alpha/\beta=10(Gy_{10})$,晚反应组织 $\alpha/\beta=3(Gy_3)$。具体计算时可根据所用组织决定其 α/β 值。在例题内,将肿瘤也算为 Gy_{10}。

例 12-1　常规治疗,2 Gy×1 次/天,每周 5 天,总治疗时间 6 周,即 30 次×2 Gy/6 周＝60 Gy/6 周。

$$早反应:BED=(Nd)\left(1+\frac{d}{\frac{\alpha}{\beta}}\right)=60\left(1+\frac{2}{10}\right)=72(Gy_{10})$$

$$晚反应:BED=(Nd)\left(1+\frac{d}{\frac{\alpha}{\beta}}\right)=60\left(1+\frac{2}{3}\right)=100(Gy_3)$$

分析:在生物有效剂量 Gy 的下角符号是作为提示用的,它提示该数字不是作为剂量戈瑞,而是在计算中所使用的 α/β 值。

例 12 - 2　超分次治疗,70 个 1.15 Gy 的分次照射,每天 2 次,间隔 6 h,每周 5 次,总治疗时间 7 周,即 70 次×1.15 Gy(2 次/天)/周＝80.5 Gy(2 次/天)/周。

$$早反应:BED=(Nd)\left(1+\frac{d}{\frac{\alpha}{\beta}}\right)=80.5\left(1+\frac{1.15}{10}\right)=89.8(Gy_{10})$$

$$晚反应:BED=(Nd)\left(1+\frac{d}{\frac{\alpha}{\beta}}\right)=80.5\left(1+\frac{1.15}{3}\right)=111.4(Gy_3)$$

分析:该治疗方法对早、晚反应的效应都比常规治疗大。

例 12 - 3　每天 1 次的对照计划,经常用于与超分次组作对照。治疗方案是,35 个 2 Gy分次量,每天 1 次,共 5 次/周,总疗程 7 周,即 35 次×2 Gy/7 周＝70 Gy/7 周。

$$早反应:BED=(Nd)\left(1+\frac{d}{\frac{\alpha}{\beta}}\right)=70\left(1+\frac{2}{10}\right)=84(Gy_{10})$$

$$晚反应:BED=(Nd)\left(1+\frac{d}{\frac{\alpha}{\beta}}\right)=70\left(1+\frac{2}{3}\right)=116.7(Gy_3)$$

分析:该对照比不上超分次,因为对早反应(含肿瘤),其效应低 5%(84 Gy$_{10}$ 比 89.8 Gy$_{10}$),而晚反应高 5%(116.7 Gy$_3$ 比 11.4 Gy$_3$)。

参考文献

[1] 冯宁远,谢虎臣,史荣,等.实用放射治疗物理学[M].北京:北京医科大学中国协和医科大学联合出版社,1998.

[2] Barendsen G W. Dose fractionation, dose rate and isoeffect relationships for normal tissue response[J]. Int J Radiat Oncol Biol Phys, 1982, 8(11):1981-1997.

[3] Bates T D, Peters L J. Dangers of the clinical use of the NSD formula for small fraction numbers[J]. Br J Radiol, 1975, 48(573):773.

[4] Berry R J, Wiernik G, Patterson R J S, et al. Excess late subcutaneous fibrosis after irradiation of pig skin consequent upon the application of the NSD formula[J]. Br J Radiol, 1974, 47(557): 277-281.

[5] Brown J, Probert J C. Early and late radiation changes following a second course of irradiation[J]. Radiology, 1975, 115(3):711-716.

[6] Dutreix J, Sahatchiev A. Clinical radiobiology of low dose-rate radiotherapy[J]. Br J Radiol, 1975, 48(574):846-850.

[7] 吴开良. 临床治疗放射治疗学[M].上海:复旦大学出版社,2017.

[8] 谷铣之,殷蔚伯,刘泰富,等.肿瘤放射治疗学[M].北京:北京医科大学中国协和医科大学联合出版社,1997.

第 13 章　中子和其他带电离子的放射治疗

放射治疗通常用光子、高能 X 射线或 γ 射线,其治疗效果已被长期的临床实践所证实。但对某些肿瘤,这些经典的技术不能很好地控制肿瘤,尚需开拓一些新的治疗途径,其中之一就是应用一些具有不同放射生物特点或在治疗方法上物理的选择性有进一步改进的射线,即高 LET 射线。本章主要介绍中子、质子和其他带电离子的特性及其在临床放射治疗中的应用。

13.1　快中子的放射治疗

1938 年,Stone 在 Berkeley 首先应用快中子进行肿瘤的放射治疗,后因严重的晚期并发症而放弃使用。20 世纪 60 年代,鉴于中子的低 OER,再次引起人们将中子用于肿瘤临床的兴趣。在 Gray 的建议下,英国伦敦 Hammersmith 医院首先设置了将氘粒子加速到 16 MeV 轰击铍靶,发生 6 MeV 中子进行生物实验和临床治疗。在欧美和日本也有一些中心应用中子治疗肿瘤病人。但当时的中子发生器大多能量较低,除与 Hammersmith 医院雷同的以外,还有(d,T)发生器产生 14 MeV 中子,但其剂量分布不能令人满意,其深度量仅相当于 250 kV X 射线。近 30 多年来,中子治疗的设备已有极大的改进,在深度量、皮肤保护及可变准直器等方面都类似于现在的电子直线加速器的新型中子加速器,并逐渐取代了陈旧的中子治疗装置。

13.1.1　中子的物理特性

中子(neutron)是质量为 1.009u 的不带电荷粒子,通过组织时不受带电物质的干扰。中子与原子核之间的作用方式取决于中子的能量,通常按能量大小将中子分为以下几种:

① 热中子:是指在与周围介质达到热平衡的中子,也称慢中子。现在将 0.5 eV 以下的中子都称为热中子。

② 中能中子:0.5 eV～10 keV。有资料中将 1 eV 的中子称为超热中子。

③ 快中子:10 keV～10 MeV 或 15 MeV。

④ 特快中子(高能中子):10 MeV 或 15 MeV 以上。

中子与物质作用的方式和几率与中子的能量有关。与带电粒子相比,中子通过组织时不受带电物质的干扰,在质量与能量相同的条件下,中子的穿透力较大。中子本身不能被直接加速,它把能量传递给介质的主要方式是与元素的原子核相互作用。中子与介质的相互作用可分为碰撞(也称散射)与核反应两大类,碰撞包括弹性碰撞、非弹性碰撞,核反应包括中子俘获和散裂反应。

慢中子或热中子(能量在 0.5 eV 以下)进入原子核易被俘获。对于低能中子,组织吸收剂量中 H 和 N 的中子俘获反应不可忽视。[14]N 俘获中子后放出一个 0.58 MeV 的质子和平均能量为 40 keV 的反冲核。它们将能量消耗于生物分子的激发和电离上。将正常组织放于电离密度小的前区,可对肿瘤实现最大的杀伤效果,而对正常组织的损伤却较小。

用于放射治疗的是快中子,临床选用快中子束的主要原因是它具有穿透足够深度的本领。

生物组织中含有大量 C、H、O 和 N 等元素,特别是含有大量的 H 元素,其质量和中子相等,碰撞截面大。快中子与氢核(质子)主要发生弹性碰撞,此时会将部分能量传递给质子,产生反冲质子(recoil proton)。这种带正电的反冲质子在组织中的速度很快下降,使组织中的原子激发和电离,引起生物分子的化学键断裂。10 keV 的中子与氢核的弹性碰撞的贡献可高达 97%。250 keV~14 MeV 的快中子对组织造成的吸收剂量中与氢核的弹性碰撞占 85%。中子与组织中的 O、C、N 等原子核作用也发生弹性散射,其反冲核引起高密度的电离。

非弹性碰撞在较高能量的中子(大于 6 MeV 时)入射时才显示其重要性,所占比重随中子能量的增加而增加。在生物组织内非弹性碰撞是中子冲击 C、O、N 核后释放数种粒子及碎片。非弹性碰撞是中子剂量中比较典型的部分,对中子放射生物学特性影响较大。如中子与碳原子核作用后产生 3 个 α 粒子,与氧原子核作用产生 4 个 α 粒子。由这种方式产生的 α 粒子对整个吸收剂量的贡献不是太大,但由于 α 粒子是致密电离粒子,故具有重要的生物学作用。

此外,中子与物质的原子核作用还会发生核反应。在反应过程中释放出带电重粒子、γ 光子或产生放射性核素。

1. 组织吸收

中子在不同组织中的吸收有以下特点:

① 脂肪组织吸收增加:中子在组织中有沉积作用,这是中子与组织中氮原子核相互作用的结果。各种组织中氮含量不同,脂肪组织含氮较多,中子放疗时皮下脂肪组织吸收剂量较多易导致脂肪液化。

② 骨吸收降低:骨吸收的能量比肌肉吸收的能量少。

③ 肺传递:肺组织密度低,中子在肺里吸收少。

2. γ 光子

中子射线从靶到准直器集中的过程中伴随 γ 光子产生,中子照射组织时必然附加光子的照射。不同的中子发生器所产生的光子比例也不同,用 d→Be 回旋加速器的光子比例大约是 3%,而用氘→氚发生器大约是 7%。对于不同照射野的大小和不同照射深度,光子含量也不同。

3. 剂量分布

中子射线在组织中的剂量分布与低能光子射线相似,在皮下形成组合的最大剂量区,剂量随深度的增加从最高剂量区向下呈指数减少。组织深部的剂量随中子能量的增加而增加,深部剂量与中子发生器源皮距有关,中心轴上的剂量分布与光子相似。一般认为,16 MeV d→Be 中子建成区效应相似于 ^{137}Cs 的 γ 射线,30 MeV d→Be 中子与 ^{60}Co γ 线相似,50 MeV d→Be 中子与 4 MeV 直线加速器的 X 射线相似。

13.1.2 中子的相对生物效能

中子比光子具有更高的相对生物效能(RBE)。随 LET 的增加,不同 LET 射线照射后的细胞存活曲线的初始斜率逐渐增加,肩区逐渐减小,最终斜率增加;某一 LET 中子照射的细胞存活曲线表现为不同细胞存活分数(即不同剂量水平)的 RBE 也不相同。因此,不同剂量水平的快中子与 γ 射线相比,RBE 有以下特点:

① 在较大剂量时,随剂量或细胞存活分数的变化,中子的 RBE 值只有相对较小的变化。RBE 值约与细胞存活曲线的最终斜线的比相等。

② 在中等剂量时,在 γ 射线细胞存活曲线的肩区,由于其肩区较大,RBE 值就随剂量的下降而升高。

③ 在非常低的剂量时,相当于细胞存活曲线与其初始的切线部分几乎不能区分的区域,RBE 值趋于达到极限,相当于中子和 γ 射线的细胞存活曲线初始斜率的比,即 α 系数的比或 $1/D_0$ 值的比。

图 13.1 所示为小鼠小肠隐窝干细胞的 RBE 与剂量关系的不同区域。在 RBE 保持稳定区域以下的照射剂量因细胞系、组织和生物效应的不同而不同。图 13.1(a)所示为 d(50)＋Be 中子和 ^{60}Co γ 射线照射后小鼠小肠隐窝细胞的存活曲线,d(50)＋Be 代表用 50 MeV 的氘粒子轰击厚的铍靶回旋加速器所产生的中子。通过比较两条细胞存活曲线,就可以得到在任何存活分数(或任何剂量)时中子的 RBE 值。图 13.1(b)所示为用这一方法比较图 13.1(a)中 γ 射线和中子射线照射后得出的剂量与 RBE 之间的关系。图中单次照射所能用的最高剂量时的 RBE 是 1.8,在此剂量区域中子和 γ 射线的细胞存活曲线几乎都是指数性的,RBE 的值变化也不太大。当照射剂量降低时,因为 γ 射线照射有较大的肩,RBE 从 1.8 增加到 2.6。γ 射线的细胞存活曲线的肩区相当于细胞修复亚致性损伤的能力。

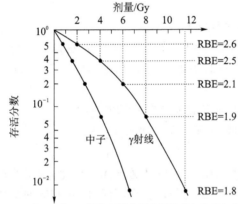

(a) d(50)+Be中子和^{60}Co γ射线照射小鼠小肠隐窝细胞的细胞存活曲线

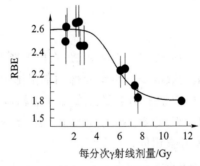

(b) 比较图(a)中γ射线和中子射线得出的剂量和RBE之间的关系

图 13.1　小肠隐窝干细胞的 RBE 与吸收剂量之间的关系

当 γ 射线的剂量低于 2.5 Gy 时,RBE 值在 2.6 处成为坪区。坪区相当于中子和 γ 射线的细胞存活曲线的初始斜率比,因为,中子的细胞存活曲线几乎没有肩区,所有当 γ 射线的曲线与其初始的切线区没有区别时就到坪区了。可见中子的 RBE 不是一个唯一的值而是随剂量的大小而变化,即随所给剂量的逐渐增大而减少。图 13.1(b)是由图 13.1(a)转化来的,比较图 13.1(a)中 γ 射线和中子射线得出的剂量和 RBE 之间的关系,显示 RBE 是剂量的函数。

RBE 与剂量关系的斜率以及 RBE 达其最大值(坪区)的剂量取决于 γ 射线存活曲线的初始部分。图 13.1(b)中黑圆点是分次照射(<2.5 Gy/次)后 γ 射线与 d(50)＋Be 中子相比较时,直接测定的 RBE 值与从细胞存活曲线得到的数值非常一致。

影响 RBE 的因素很多,主要是快中子的能量、每次照射的剂量、照射野的大小及剂量率等。

13.1.3　快中子与氧效应

大多数恶性肿瘤都有 5%～20% 的乏氧细胞,低 LET 放射治疗时因这一部分细胞的抗放射性会导致治疗失败,所以人们费尽心血寻找克服肿瘤乏氧细胞问题的方法和手段。采用高 LET 辐射是肿瘤放射治疗史上最先提出的解决乏氧细胞问题的方法。按照 Gray 的提议,应找到一种氧增强比(OER)很低的、能够替代 X 射线或 γ 射线的辐射类型。这种辐射在一定剂量时对细胞的杀灭效果基本上与氧分子是否存在无关,即没有氧效应,它的 OER 为 1。据此,需要这种辐射的平均 LET 大于 200 keV/μm 的辐射。然而,像 2 MeV 的 α 粒子这一高能射线,虽然它的 LET 大于 100 keV/μm,但射程都不能穿透一张薄纸,很难用于临床放射治疗。随后,人们逐渐放弃使用 OER 为 1 的辐射方案。通过不断地探索发现,OER 最好在 1.5～1.8 之间,这样放射治疗时既能杀死乏氧细胞又能保证足够深的穿透力,达到治疗深度。

在相当长的一段时间内,氧效应一直被认为是放射治疗中应用中子和其他高 LET 射线的理论基础,主要基于以下实验资料:① 在所有(或大多数)恶性肿瘤中都存在乏氧细胞,乏氧细胞的存在使肿瘤具有抗辐射能力;② 乏氧细胞在低 LET 照射时有较大的放射抗拒性(OER≌3);③ 采用高 LET 照射的 OER 减小,如中子的 OER 约为 1.6。乏氧增益系数(Hypoxic Gain Factor,HGF)的定义是 γ 射线的 OER 与高 LET 照射的 OER 之比。HGF 可以定量地描述高 LET 在这方面的优势。快中子的 HGF 约为 3/1.6＝1.9。

如果乏氧细胞是决定肿瘤抗拒的因素,HGF 就应代表治疗增益。由于分次照射时肿瘤中乏氧细胞的再氧合,使乏氧细胞群减少,所以实际的治疗增益小于单次照射。这意味着除了氧以外,尚有其他一些影响治疗增益的因素。

13.1.4　快中子的其他生物效应

乏氧细胞的存在是某些肿瘤抗拒放射治疗的原因,这一观点已为大家所接受,但如果把所有恶性肿瘤的放射抗拒都归因于这一原因则是不合理的。深度探索中子放射治疗的基本原理后,显示其还可能与下列因素有关:

1. LET 与细胞的敏感性

随着 LET 的增加,细胞放射敏感性在各种细胞群之间的差异逐渐减少甚至消失。这一假设与中子的微剂量学特征以及反冲质子和其他次级粒子在单位径迹上比电子(大 50～100 倍)沉积更多能量的事实有关。与反冲电子相比,这样的粒子穿过细胞核时造成的致死性损伤要高得多。图 13.2 中的黑点代表由 γ 光子产生的次级电子(a)所产生的电离,以及由中子产生的质子、α 粒子或重离子所产生的电离(b),可见两者的单位径迹的分布非常不同。当细胞受到 γ 光子照射后,能量沉积较小且有多种变化形式;而经中子照射后,如径迹通过致命的敏感结构或靶(小圆圈所示)时能量沉积非常大,无论细胞是何种类、处于细胞周期内的哪一时相以及氧合程度如何,细胞死亡概率都很高。在某些情况下,一个粒子可以储存足够的能量杀死细胞;在另一些情况下,细胞的死亡就必须经过多个径迹产生的损伤累积。

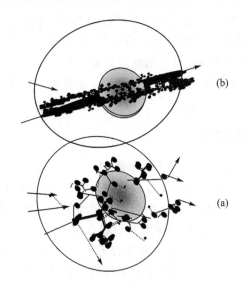

图 13.2　γ 射线和中子在照射介质中的电离分布

2. 细胞损伤修复

与 X 射线照射后的细胞存活曲线相比,中子存活曲线的肩区较小,即中子照射后亚致死性损伤修复很小,因此,治疗方案的效果很少依赖于分次方式。对中子放射治疗而言,一个特定总剂量的生物效应并不像 X 射线那样依赖于分次数或分次间隔。

业已证明,X 射线治疗后肿瘤内细胞的潜在致死性损伤(PLD)可被修复,致使这些肿瘤细胞存活下来或不受损伤;而中子束照射后 PLD 不被修复,这可能是中子束的又一个优点。

3. 细胞周期时相

Chapman 采用不同类型的离子(如氦、碳、氖和氩等)的射线系统研究了 CHO 细胞放射敏感性变化与 LET 的关系。低 LET 照射后,在 M、G_1 期与静止期细胞之间放射敏感性的差别随 LET 的增加而逐渐变小,LET 高于 100 keV/μm 时这种差别消失,如图 13.3 所示。

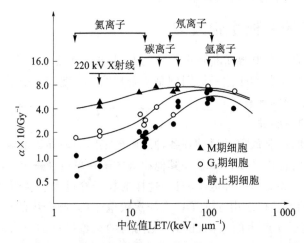

图 13.3　220 kV X 射线和各种带电粒子束照射 M 期、G_1 期和静止期的
中国仓鼠同步化细胞群的单击灭活系数 α 与 LET 中位值的关系

中子照射时细胞周期不同时相间放射敏感性的差别较小,中子 RBE 的变化取决于测定时的细胞周期时相。Wither 和 Peters 提出了动力学增益因子(Kinetic Gain Factor,KGF)的概念。用细胞周期时相所致放射敏感性的波动结果,计算肿瘤不同细胞周期时相的 RBE 和 RBE 之比即得到 KGF 值。在某种情况下 KGF 可高达 3,即与 HGF 相当。至于 OER 的降低总是好的,因为只有恶性肿瘤细胞才会乏氧,而 KGF 则可以反映在一定情况下,中子照射是有"得"还是有"失"。分次照射时,如细胞再分布很慢,细胞堆积在细胞周期的抗拒时相时用中子治疗肿瘤可能是有"得"的(KGF>1),这对于具有长而放射抗拒的 G_1 时相的肿瘤可能是有效的。上述情况可与临床观察到的实践相联系,临床上生长慢、分化好的肿瘤可得到最好的治疗结果。

　　总之,从放射生物特性看,与 X、γ 射线相比,中子束具有以下优点:① 中子的 OER 低;② 中子照射后没有或很少有亚致死性损伤修复;③ 中子照射后没有潜在致死性损伤修复;④ 中子对细胞增殖周期不同时相细胞的放射敏感性差别影响较小;⑤ 中子的 RBE 较高,尤其在低剂量照射时更高。

13.1.5　中子放射治疗的有关问题

　　虽然中子束有这么多的优点,但到目前为止,临床上认为中子只在有限的一些肿瘤中有一些优越性,尤其是用分次治疗时,中子对乏氧细胞的作用并非像想象的那样好。这可能是由于分次间的乏氧细胞再氧合使中子对乏氧细胞的作用显得不甚重要。对一些增殖缓慢的肿瘤,中子治疗效果更明显。临床观察对前列腺癌和唾液腺肿瘤的治疗,中子比 X 射线好。现在中子在放射治疗中的真正价值尚不能最后定论。

1. 选择适合于快中子治疗的病人

　　根据病人肿瘤和正常组织之间在光子和中子照射细胞放射敏感性的差异,选择适合于快中子治疗的病人。图 13.4 所示为肿瘤和正常细胞在光子和中子照射时放射敏感性差异的三种情况,如何选择恰当的射线进行放射治疗。在图 13.4(a)中肿瘤和正常组织之间放射敏感性的差异在用光子治疗时对正常组织有利,典型的例子有精原细胞瘤、淋巴瘤和霍奇金病。在图 13.4(b)和(c)所示的两种情况下用光子治疗则是对治疗病人不利,而采用中子治疗对治疗病人有利。

　　在图 13.4(a)所示的情况下,根据肿瘤和正常组织在光子和中子放射时细胞敏感性的差异的变化,从用光子照射改为用中子照射时对正常组织却是不利的。在图 13.4(b)所示的情况下,中子照射带来的好处是减少肿瘤与正常组织细胞敏感性的差异,降低了肿瘤细胞群的存活率。在对中子照射比较有利的情况下(见图 13.4(c)),因为有乏氧细胞的存在使两种组织间的相对放射敏感性可能是倒过来的,即肿瘤细胞群在中子照射时放射抗拒性反而较小,已有资料支持这种可能性。这非常理想化,但仍应指出,人们不能期望中子治疗(或高 LET 治疗)总是能选择性杀死癌细胞并保护正常组织。

　　有人按肿瘤的组织分化程度进行分类,结论是 80%～90% 分化好的、倍增时间大于 100 天的肿瘤,用中子治疗较好。临床结果与这一结论一致。

2. 分次与总治疗时间

　　已有的放射生物学资料证明,中子照射后的细胞修复远不如光子照射明显。与 γ 光子相比,中子分次剂量的改变对其等效剂量的变化影响较小。因此,分次量减小(即对某一特定生物效应的分次数增加)时,RBE 增加,这可从细胞存活曲线上看出。中子放射治疗时,分次剂量的大小对临床结果不会有任何明显的影响。图 13.5 所示为小鼠小肠急性反应耐受的等效剂量。γ 射线或 d(50)+Be 中子照时后相当于 LD_{50} 的总剂量与分次数或分次量的关系,显示

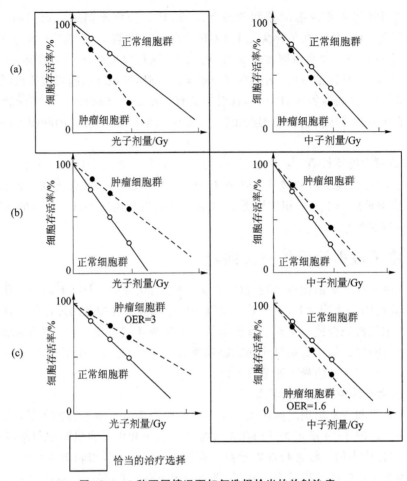

图 13.4　3 种不同情况下如何选择恰当的放射治疗

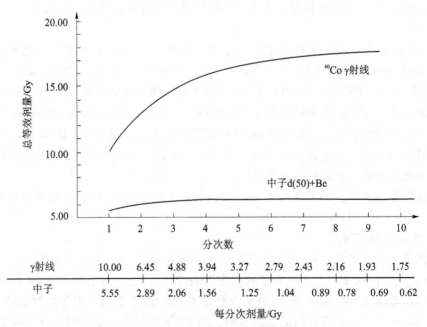

图 13.5　小鼠小肠急性反应耐受的等效剂量

中子的等效应剂量几乎没有变化,当分次剂量减少时,RBE 的增加主要是由于对 γ 射线耐受性的增加。大鼠脊髓晚反应耐受的等效剂量也显示了同样结果,如图 13.6 所示。

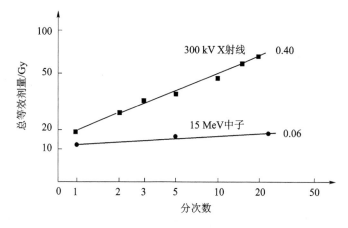

注:X 射线或 15 MeV 中子照射后,50%脊髓炎发生率的总剂量与分次数的关系。
Elter 公式中的指数分别为 0.40 和 0.06。

图 13.6　大鼠脊髓晚反应耐受量的等效剂量

中子治疗在总疗程时间方面没有什么特殊问题。在细胞增殖动力学方面,中子与光子照射后没有太大的区别。对上述中子治疗反应好的生长缓慢肿瘤和主要产生晚期并发症的更新慢的正常组织,总疗程时间的作用处于相对次要的地位。既然中子治疗时分次量是次要的,因此,应尽可能用大分次量以缩短总治疗时间。这样可更有效地治疗增殖快的肿瘤。Hammer-smith 医院所有的病人都采用总剂量为 17.6 Gy,用 12 次/26 天(每周 3 次,每次 1.47 Gy)的治疗方案。此方案被认为是该中心取得良好临床结果的重要因素。

3. 靶体积的选择

多个治疗中心的临床经验表明,高剂量、大靶体积的中子照射可导致晚期并发症,特别是严重的纤维化。这些资料显示,治疗时中子通常可以减少组织间放射敏感性的差别,并为细胞更新缓慢组织的耐受性提供较高的 RBE 值。图 13.7 中用(d,T)发生器产生的 15 MeV 中子体外照射两株恶性细胞系——小鼠骨肉瘤和大鼠横纹肌肉瘤,测定快中子吸收剂量与 RBE 的关系。图中大鼠脊髓晚反应的耐受性所用中子能量与参数与两株恶性细胞系相同,而小鼠小肠粘膜急性反应的耐受性所用中子由回旋加速器(d(50)+Be)产生。结果显示,小鼠骨肉瘤(1)、大鼠横纹肌肉瘤(2)和小鼠小肠粘膜(4)的 RBE 与吸收剂量之间关系的曲线形状相似,当中子分次量小于 1 Gy 时 RBE 值达到一个坪值。另外,随着中子分次量的降低,对脊髓迟发耐受的RBE 继续升高。

在实际临床运用中,用中子对较小的靶体积进行中子增强或用光子和中子交替照射的方法可以避免中子的大野照射。这些方法已取得良好的临床效果,但中子与光子合用的最佳方式尚待探讨。

4. 快中子的临床应用及展望

最为大家所接受的是中子治疗无法切除局部扩散的唾液腺肿瘤,其局部控制率平均为67%,而常规治疗的局部控制率只有 24%。一项随机试验(尽管患者数量较少)证实了这些数据的可信性,患者 2 年内的局部控制率分别为 9/13 和 1/6。放射治疗肿瘤组(Radiation Therapy Oncology Group,RTOG)研究确定了中子在局部扩散型前列腺癌治疗中的价值,中子和

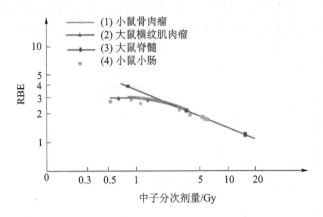

图 13.7　快中子吸收剂量与 RBE 的关系

光子混合治疗对局部扩散的前列腺癌的控制率和生存都有明显的益处(见图 13.8)。软组织肉瘤,特别是一些分化较好而生长速度慢的肿瘤,非常适合中子治疗。

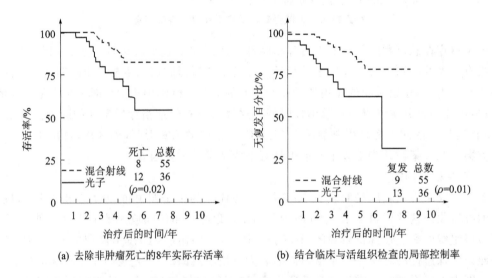

(a) 去除非肿瘤死亡的8年实际存活率　　　(b) 结合临床与活组织检查的局部控制率

图 13.8　RTOG 随机分组用常规光子照射、光子与快中子
混合照射晚期前列腺癌的比较

　　然而,遗憾的是,用中子治疗更常见的头颈部鳞癌的结果与唾液腺肿瘤不同,RTOG 的早期随机试验比较了常规光子照射和中子/光子混合束流分次治疗不同手术的肿瘤患者的结果。对于临床淋巴结阳性患者,混合束流治疗在提高颈部肿瘤控制率上有明显的好处,而原发灶局部控制或生存率方面无提高。迄今为止,中子放疗最主要的适应症是未切除的唾液腺肿瘤(原发的和手术后复发的)和手术会出现不能接受并发症的患者以及部分前列腺癌患者。

　　中子对前列腺癌、唾液腺肿瘤和软组织肿瘤等一些生长缓慢的肿瘤治疗效果非常好,中子治疗的重点应放在生长缓慢的肿瘤上。此外,从细胞增殖周期方面考虑,生长缓慢的肿瘤有更多细胞处于 G_1 期,与 X 射线相比,放疗时中子对细胞周期中不同时相细胞的作用没有明显的差异。

13.2　硼中子的俘获治疗

硼中子俘获治疗(Boron Neutron Capture Therapy,BNCT)的基本原理是给患者一种能被肿瘤细胞吸收的含^{10}B药物,然后用低能量的热中子或超热中子照射肿瘤,当它们穿透组织时,稳定的同位素^{10}B受照射发生中子俘获、裂变反应。^{10}B俘获中子后变为不稳定的^{11}B,后者发生核裂变反应。此反应过程^{10}B(n,α)^{7}Li产生α粒子(^{4}He)、锂-7(^{7}Li)离子和γ辐射,其中γ辐射的能量是2.31 MeV的占93.7%,2.79 MeV的占6.3%。细胞碎裂程度受上述纵向能量转移给生物分子的径迹长度限制,径迹长度多为4～10 μm,表明其能量沉积仅限于单个细胞,射程很短,故对肿瘤周边组织的破坏较小,能选择性地杀死肿瘤细胞。这样已吸收了硼原子的肿瘤细胞就选择性地受到高 LET 照射,而正常细胞则能免于受照射。反应式如下:

$$^{10}\text{B} + \text{n}_{\text{th}} \rightarrow {}^{11}\text{B} \rightarrow {}^{7}\text{Li} + \alpha + 2.79 \text{ MeV} \qquad 6.3\%$$

$$^{10}\text{B} + \text{n}_{\text{th}} \rightarrow {}^{11}\text{B} \rightarrow {}^{7}\text{Li} + \alpha + 2.31 \text{ MeV} \qquad 93.7\%$$

$$\searrow {}^{7}\text{Li} + \gamma (0.48 \text{ MeV})$$

BNCT 的基本特点是:① 靶向性好,α粒子射程为4～10 μm,小于肿瘤细胞的直径,α粒子的杀伤作用仅限于摄取硼的细胞及其紧邻的细胞,对周围正常组织损伤小;② 肿瘤靶向性硼携带剂使肿瘤局部剂量大,可达20 Gy 以上;③ 无氧效应,α粒子可以杀死氧合好的、乏氧的细胞以及静止期细胞;④ 硼元素能与多种载体结合,可通过生物结合或代谢途径进入靶组织,可治疗脑、肝、肺和骨等多种恶性肿瘤。

13.2.1　硼中子俘获治疗的研究概况

硼中子俘获治疗的理论诞生于1936年,世界首例临床应用是1951年美国在研究核反应堆上安装的中子照射场中进行的,但因为注入的硼化合物缺乏靶向性,没能够富集于肿瘤细胞中,导致肿瘤细胞中的硼剂浓度与正常细胞和血液中的比值较低,因此杀灭肿瘤细胞的效果甚微。随后,日本改进了 BNCT 技术并在1968—1978年间取得了突破性的进展,成功治疗了多例脑胶质瘤患者,进一步将 BNCT 技术发展运用于治疗恶性脑肿瘤、头颈部肿瘤。现在已有多个国家开展了 BNCT 的研究。使用的中子源类型由早期的热中子源,逐渐演变为超热中子源,从而提高了中子的穿透深度,并且随着 BNCT 医疗技术的不断进步,BNCT 治疗的癌症种类也在不断拓展,已经由脑胶质瘤发展到皮肤恶性黑色素瘤及肝、肺、胸膜癌等领域。

13.2.2　用于 BNCT 的硼携带剂

硼携带剂是指针对特异性癌基因或其表达产物合成的与之有特异亲和力的硼化合物,即具有肿瘤靶向性的硼化合物。

1. 硼携带剂的特点

研发适合的硼携带剂是 BNCT 当前研究的瓶颈之一。作为 BNCT 中使用的硼携带剂应具备以下特点:① 聚集的硼化物对人体无毒或内在毒性低,水溶性好;② 硼化合物对肿瘤的选择性要高,即在给药后的某段时间内,药物在肿瘤组织中的浓度与在正常组织或血液中的浓度比越大越好,最好只能在肿瘤细胞核内聚集,这样可以保证在用中子照射时只杀死肿瘤细胞,而少伤害正常细胞,理想的肿瘤/正常组织以及肿瘤/血液的硼浓度比例大于3;③ 不论是单独使用还是与其他硼化合物联合使用,至少要保证每克肿瘤组织吸收20～50 μg ^{10}B浓度或每个肿瘤细胞内约有 10^9 个 ^{10}B 原子;④ 能从血液和正常组织中相对快速清除,并在中子照射过程中在肿瘤内保留至少几个小时。

2. 硼携带剂

多年来人们一直在寻找专用于 BNCT 的合适的化合物,并在发现新的硼化合物方面做了不少工作。目前已经开发了几代含有 ^{10}B 的药物,并对其疗效进行了临床检验。第一代 ^{10}B 传递分子包括硼酸钠、硼酸及其衍生物,但第一代化合物不具备肿瘤靶向功能,达不到足够高的肿瘤血硼比,无法获得有效的中子俘获治疗效果。因此,对恶性肿瘤的临床治疗是失败的。

（1）BSH 和 BPA

在第二代硼化合物的研制中,强调了分子能够选择性地被肿瘤细胞吸收,或具有寻找肿瘤的特性。1966 年,Miller 等人首次合成了十二氢巯基十二硼化二钠（sodium mercaptoundecahydro - closo - dodecaborate,$Na_2B_{12}H_{11}SH$）,简称为 BSH,是一种多面体硼烷阴离子。BSH 从 1968 年起开始应用到临床,它在脑神经胶质瘤中浓集,药物在肿瘤组织中的浓度与在正常组织中的浓度比接近于 10。日本神经外科医生 Hatanak H 首次用它治疗了 40 例恶性胶质瘤患者,治疗后 5 年生存率为 33%。当时其他治疗方法最好的结果 5 年生存率也仅为 5.7%。

另一种硼化合物是一种含硼氨基酸,(L)- 4 - 二羟基硼酰苯丙氨酸,被称为硼苯丙氨酸（boronophenylalanine,BPA）。1987 年,Mishima 等人在治疗皮肤恶性黑色素瘤的临床试验中首次发现了 BPA,并发现 BPA 选择性地积聚在癌细胞中,BPA 在肿瘤组织中的浓度是在正常组织中浓度的 3 倍,因此被最先用于黑色素瘤的治疗。后来发现,如用口服方式给药,BPA在其他恶性肿瘤中亦有浓集。由于 BPA 可穿过细胞膜进入癌细胞内,其 ^{10}B 的中子俘获反应产物可直接破坏细胞核,因此其相对生物效应系数值比用 BSH 的要高出许多。BPA 被认为是比 BSH 更好的 ^{10}B 传递剂。BPA 的出现促进了 BNCT 的发展。BPA 果糖（BPA fructose,BPA - F)是一种水溶性更好的 BPA 衍生物,1994 年用于 BNCT 治疗高级别颅内胶质瘤患者。

一般来说,以 BSH 为代表的无机 ^{10}B 化合物对肿瘤的选择性低于 BPA,因为它们缺乏特异性进入细胞的系统。此外,由于 BSH 只有在血脑屏障被破坏时才能进入大脑,所以,BSH在肿瘤浸润区的分布很差。然而,与 BPA 相比,BSH 每分子含有 12 倍的 ^{10}B 原子,这是 BSH相较于 BPA 的一个显著优势。

BSH 和 BPA 存在的主要问题是肿瘤摄取浓度,尤其是脑肿瘤,存在明显变异。肿瘤中硼浓度的变异发生在肿瘤的不同区域,以及接受相同剂量 BSH 的患者之间。Koivunoro 等人报告了 98 例接受 BPA - F 的神经胶质瘤患者,他们的血液及估算的正常脑组织中硼浓度存在变异,尽管浓度变异范围较小。肿瘤内摄取 BPA 和 BSH 的变异性最有可能的原因是高级别神经胶质瘤存在明显及复杂的肿瘤内组织学、基因组学和表观遗传学异质性,也存在着患者间的肿瘤之间的变异。

目前,BSH 和 BPA 是临床应用 BNCT 的常用的治疗药物,用于脑胶质瘤和皮肤恶性黑色素瘤的 BNCT 临床实践,但在亲肿瘤特性方面仍有改进的必要。

（2）选择性靶向肿瘤药物

随着改良合成技术的发展和对必要生化特性认知的提高,出现了第三代硼携带剂。这一代硼化合物倾向作用于靶向肿瘤细胞的具体结构,即肿瘤细胞的核和/或 DNA,进而提高肿瘤摄取浓度与正常组织摄取浓度比或与血液中浓度比至较高值。如果硼原子能够被定位在核内或核附近,则产生致死作用所需的硼化合物剂量可能会大大降低。第三代硼携带剂研发所面临的主要难点是需满足对肿瘤细胞的靶向选择、正常组织内的最小摄取量和滞留情况下肿瘤区持续高浓度的硼递送。例如,脑组织中有血脑屏障(Blood-Brain Barrier,BBB),它能有效地阻挡分子质量大于 200 Da 的药物。因此,有效地杀死脑组织的恶性肿瘤细胞比杀死其他解剖部位的恶性肿瘤细胞要困难得多。另外,神经胶质瘤细胞还具有高度浸润性和基因组异质性等特点,这些都增加了其治愈难度。

这一代硼化合物包括氨基酸、多胺、多肽、蛋白质、抗体、核苷、糖类、卟啉类化合物、脂质体和纳米颗粒等。研究这些化合物的指导原则是提高硼携带剂的选择性,改善硼在肿瘤组织的传递或摄取,也即与肿瘤靶向基团的整合,使肿瘤细胞聚集足够量的硼原子。下面以受体与配体特异性结合为例,简要说明其作用原理。如由表皮生长因子受体(Epidermal Growth Factor Receptor,EGFR)介导的与表皮生长因子(Epidermal Growth Factor,EGF)相结合的 BPA。在几种人类癌症中 EGFR 基因都有过度表达,EGFR 被认为是一个合理的抗癌治疗靶点。首先将 BPA 与 EGF 相连接,然后使 EGF 与 EGFR 特异性地相结合,这样与 EGF 相结合的硼原子被大量地结合在肿瘤细胞表面,还能够起到阻断 EGFR 信号通路的作用,从而抑制癌细胞的增殖。因此,EGFR 靶向治疗的原理是显而易见的。BNCT 和抗 EGFR 活性的硼载体相结合,代表了一种新的癌症治疗方法。

单克隆抗体类硼携带剂是利用了抗原-抗体特异性结合的原理。单克隆抗体能选择性识别肿瘤细胞表面的抗原并与之结合,因此,利用单克隆抗体可以将各种硼化合物聚集到肿瘤细胞表面。目前,单克隆抗体的体外实验证实了它的疗效,但用于临床还有许多问题需要解决,其中主要问题是肝等正常组织对 ^{10}B 的吸收较高。

生物大分子 DNA 是电离辐射时细胞的主要靶分子,而哺乳动物细胞的 DNA 分布于细胞核和线粒体。细胞核受照射后最易引起致死性放射损伤,其次是重要的亚细胞结构,如线粒体、溶酶体等。BNCT 靶向治疗技术希望开发合成的硼携带剂可以利用上述技术将硼定位于细胞核或线粒体或针对特异性癌基因或其表达产物的部位,以增加肿瘤特异靶向性,获得更高的细胞内硼浓度及更长的滞留时间。

此外,还可通过改善给药方法使药物到达指定区域。如对流增强输送(Convection - Enhanced Delivery,CED)就是一种很有前途的技术,它在输液导管尖端产生压力梯度,直接通过中枢神经系统的间隙输送治疗药物。这种方法可以有针对性地、安全地使药物通过血脑屏障,达到治疗浓度。

自 20 世纪 70 年代至今,科学家进行了大量关于硼携带剂的设计和合成,但仍然只有 BSH 和 BPA 两种药物可用于临床。研发 BNCT 使用的新型硼携带剂为何如此艰难?这是因为新型硼携带剂不仅要具备肿瘤特异选择功能,而且要在肿瘤内达到足够的浓度。用于放射治疗的硼化合物在肿瘤内聚集的量远远超过用于放射诊断检测肿瘤所需的量,如单光子发射计算机断层扫描和 PET 等放射诊断所需的放射性药物的量。为了维持治疗时 ^{10}B(n,a)Li 核裂变反应,这些药物必须向所有肿瘤细胞输送足量的 ^{10}B,每克肿瘤组织需吸收 $20 \sim 50 \ \mu g \ ^{10}$B 或每个肿瘤细胞内大约富集 10^9 个 ^{10}B 原子,临床上才能有效地控制肿瘤。此外,它们必须在这些肿瘤细胞内存留足够长的时间,并迅速从正常组织和血液中清除。

13.2.3 BNCT 剂量测算

BNCT 主要是利用硼俘获反应释放出的 α 粒子来杀死癌细胞。但是,在发生硼俘获反应的同时中子也和组织中的其他元素发生反应。治疗的辐射场是中子和 γ 射线的混合场,射线束在人体组织里产生 4 种剂量:

① γ剂量:伴随中子束产生的 γ 剂量以及组织中的 H 原子吸收热中子并发生核反应^{1}H$(n,\gamma)^2$H 所放出的能量为 2.2 MeV 的 γ 射线的剂量。

② 中子剂量:中子与组织中的 H 原子碰撞发生核反应^{1}H(n,n')p 所产生的反冲质子在组织中沉积的能量。

③ 质子剂量:热中子与组织中氮元素发生的俘获反应^{14}N$(n,p)^{14}$C 所沉积在组织中的能量。

④ ^{10}B 裂变反应产生的剂量:^{10}B 吸收一个热中子,发生核反应^{10}B$(n,\alpha)^7$Li,生成的 α 粒子和反冲核^{7}Li 在组织中所沉积的能量。

上述 4 种剂量构成了组织受到的辐射剂量。在 BNCT 时,希望肿瘤细胞所受剂量主要由^{10}B 积累所致,而其他附加剂量尽量减小。所以,BNCT 的成功施行在于依据癌组织中^{10}B 的累积量来给予相应的中子照射,其中关键问题在于实时测量中子注量率及肿瘤组织中的硼剂量。对于中子注量率的计算,测量体系已相对成熟,误差亦在可控范围之内。有光纤闪烁探测器实时测量、三维计算法直接测量以及间接测量等方法对计算结果进行验证。

^{10}B 在组织亚细胞水平的空间分布及亚细胞的形态决定了能量在生物敏感部位的沉积,因此,在 BNCT 研究中微剂量占有举足轻重的地位。肿瘤组织中^{10}B 的浓度分布尚难以无创准确测量。在 BNCT 治疗的过程中,早期利用血液及正常组织中的^{10}B 剂量和肿瘤组织中的^{10}B 剂量成一定比例,在治疗过程中通过测量患者血液中的硼剂量,以 1:2 或 1:3 的比例推算出肿瘤组织中的硼剂量。但此种方法估算出的肿瘤内的硼浓度与实际浓度存在一定误差。随着^{18}F-BPA PET 的问世,^{18}F-BPA PET 技术被迅速用于预测 BNCT 肿瘤组织内硼剂的累积量以及估计剂量计算中^{10}B 的空间分布,现在它已用于转移性黑素瘤、口腔复发癌等多种疾病的治疗中。虽然^{18}F-BPA PET 技术对于一些肿瘤病症的检测是有效的,但在精度与定位方面仍存在一定的限制。^{10}B 进入细胞内的数量及位置是随肿瘤分级和生物化学性质而变化的,若要使 BNCT 成为更精准的放疗技术,则需更加准确且实时地获取肿瘤靶区不同状态细胞内的^{10}B 浓度,以此来精准设定各个靶点的中子照射动态剂量分布,且能够适用于多种病症,才能增加 BNCT 治疗肿瘤的广度并提高治疗效果。目前已有一种设想方案,即将核磁共振成像(Magnetic Resonance Imaging,MRI)与 PET 相结合。利用 MRI 的软组织密度探测能力增加 PET 对硼剂量分子层面的探测精度与定位,提高剂量分布的准确率,或许会成为 BNCT 未来的发展方向之一。

13.2.4　中子源

用于 BNCT 的中子源装置主要有 3 种:核反应堆中子源、基于加速器的中子源和自发裂变中子源。反应堆源和加速器源是 BNCT 临床应用的主要中子源。目前研究的自发裂变中子源主要是^{252}Cf,这种中子源体积小,使用方便,正受到各国重视。但由于^{252}Cf 源产生的中子通量与反应堆源和加速器源相比非常低,所以在肿瘤治疗时需要相当长的治疗时间。因此,^{252}Cf 作为 BNCT 中子源尚处于研究开发阶段。从中子能量上看,快中子的治疗深度大,但氢核的反冲及快中子在碳和氧核上引起的发射 α 粒子的反应对正常组织的生物损伤效应很难修复。研究表明,快中子照射引发第二癌症的危险比对肿瘤细胞的杀伤更大。热中子或室温的中子常温下平均能量为 0.025 eV,现在将 0.5 eV 以下的中子统称为热中子,热中子与硼反应产生高密度电离的 α 粒子。但是热中子的能量很快被组织所减弱,其半价层只有 1.5 cm,因而当治疗处于体内的深度大于几厘米的肿瘤时,就无法避免对肿瘤表面的正常组织造成高剂量的照射。因此,一般用于浅部肿瘤的照射或小动物实验。在日本,绝大部分的临床试验是用这一能量的中子。

美国则将注意力集中在应用有较高深度量的超热中子(epithermal neutron beam)(1~10 000 eV)上。这可用调制器或滤过板使快中子减慢到超热中子范围并将残余的热中子滤掉。这些超热中子本身并不与硼作用,而是在穿过组织的过程中与氢原子碰撞而降解。虽然如此,其最高剂量也仅达到 2~3 cm 的深度,然后剂量很快下降,这样虽然避免了高的表面剂量,但深度量还是不理想。超热中子对正常组织的污染剂量主要来自 $^{14}N(n,p)^{14}C$, $H(n,\gamma)D$ 反应,超热中子平衡了提高治疗深度和抑制污染剂量方面的要求,用于较深部位肿瘤的照射。

从中子源装置的种类上看,核反应堆作中子的来源是一个严重的限制因素,这样 BNCT 的设备就不能建在人群密度很高的城市。加速器中子源不属于核设施,因而应用的限制少。研究表明,典型的加速器中子源 $^7Li(p,n)^7Be$ 反应产生的中子经过 5 cm 的水层慢化后可以获得 BNCT 需要的超热中子。研发基于 $^7Li(p,n)^7Be$ 反应的加速器中子源将是 BNCT 未来的发展方向之一。

13.2.5　临床应用

目前已知至少有三种类型的肿瘤能够选择性地吸收硼化合物并可用 BNCT 治疗。第一种是脑胶质母细胞瘤,虽然肿瘤处血脑屏障被破坏,但血脑屏障仍能保护正常中枢神经细胞不受血液中存在的硼化合物的影响;第二种是有特殊代谢的肿瘤,可以选择性地结合硼化合物,如黑色素细胞合成黑色素;第三种是可用制备的单克隆或多克隆抗体对抗的肿瘤。

目前 BNCT 主要用于治疗脑胶质母细胞瘤和黑色素瘤,逐渐涉及肝、肺、胸膜癌等领域。在意大利召开的第 13 届中子俘获治疗国际会议上已明确断定 BNCT 治疗方法是头颈部肿瘤、肝癌及黑色素瘤等恶性肿瘤的有效治疗方法。日本目前在国际上处于 BNCT 治疗的前沿,开设了多座反应堆 BNCT 治疗孔道,治疗病例及涉及病种数最多,约占世界 BNCT 治疗总数的一半,美国则紧随其后。我国的 BNCT 研究起步比较晚,目前研究尚处于基础性研究和小动物试验的早期阶段。

BNCT 已经成为癌症治疗领域的新热点,随着技术的不断进步,BNCT 已经能够安全有效地治愈更多的恶性肿瘤。然而,BNCT 的发展仍面临着诸多问题,首要问题便是高效硼剂的研发,而高精度的硼剂量测量体系对于治疗效果同样至关重要。除此之外,中子源也需要朝着脱离大型核反应堆的趋势进一步发展。

13.3　质子的放射治疗

1946 年哈佛大学的 Wilson 最先提出质子具有应用于肿瘤放射治疗的潜力,从理论上介绍了质子如何治疗局部肿瘤。1954 年 Tobias 等人进行了第一例质子束治疗,用质子束照射晚期乳腺癌患者的垂体。1992 年美国 Loma Linda 大学启用了医学专用质子装置,正式宣告质子治疗进入临床医学领域。他们采用同步加速器对颅内良性病、恶性肿瘤、前列腺癌和肺癌等多种肿瘤进行了治疗,积累了丰富的临床实践经验,取得了良好结果,质子治疗开始获得社会的认可。随着治疗技术的成熟和理论的不断完善,质子治疗恶性肿瘤正在逐渐发展并走向成熟。

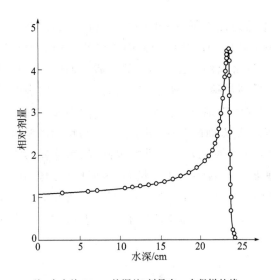

注：在大约 23 cm 的深处，剂量有一个很锐的峰。

图 13.9　Uppsala 同步加速器 187 MeV 质子的深度剂量曲线

13.3.1　质子束的物理特性

质子的主要特点是剂量分布及能提高的物理选择性。质子束的穿透深度取决于能量，在更深处的组织是不受伤害的。放射治疗中看好的是单能质子射线，这种射线随着射入深度的增加，吸收剂量缓慢的增加，而在接近粒子射程的末端达到一个锐利的最大值，形成布喇格峰（Bragg peak），如图 13.9所示。射线的边缘很锐，周边的散射很少，且在 Bragg 峰后剂量下降至零。通过调整入射质子的能量，就可使 Bragg 峰分布于较大的深度范围，以达到覆盖整个靶体积的目的。图 13.10 显示了质子束 Bragg 峰展宽的方式。曲线 A 是哈佛回旋加速器的 160 MeV质子原初的狭窄 Bragg 峰，半宽度只有 0.6 cm；如曲线 B、C、D 和 E 所示，可以添加低强度和较短射程的光束以得到复合曲线 S，曲线

S 是不同范围的 Bragg 峰总和的结果，形成一个超过2.8 cm 宽范围的均匀剂量。方法是使光束通过具有不同厚度扇形的旋转轮来实现峰值的展宽。Bragg 峰展宽可以根据需要使之变宽或变窄，这可对皮肤以及位于靶体积前的正常组织有一定的防护作用。此外，质子对光束几何边缘（半影）的散射小于光子或电子。因此，用质子束获得的剂量分布通常比用光子束好，特别是它具有将高剂量区集中在肿瘤体积内而使周围正常组织受量最低的特点，这种特点对放射治疗非常有吸引力。

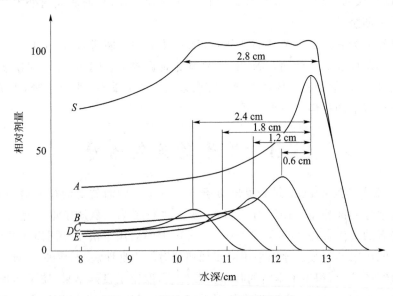

图 13.10　质子束 Bragg 峰展宽的方式

13.3.2　质子束的生物特性

质子与光子有相似的生物学效应。质子束像光子或电子束一样是低 LET 辐射,是稀疏电离。质子的 OER 为 2.5~3。与 ^{60}Co γ 射线相比,初始平台区质子的 RBE 为 1.1~1.15,生物效应比光子高 10%~15%。事实上,在应用质子治疗逐渐增多的情况下,临床应用 Bragg 峰展宽时的 RBE 确切情况日益受到重视。资料显示,Bragg 峰展宽的 RBE 随剂量或每分次量的减少而增加,Bragg 峰展宽增加深度,这两个作用的大小则依赖于靶细胞或组织的 α/β 值。测定 RBE 值与射线深度、剂量大小和靶组织的关系将为具体治疗计划和实验研究结果之间的比较提供更多的参考依据,更好地提高质子治疗效果。150~200 MeV 的质子束是放射治疗的研究热点,因为这时质子在组织中的射程为 16~26 cm,有利于较深部肿瘤的治疗。

13.3.3　质子治疗

质子束具有良好的物理选择性,是治疗靠近放射敏感和重要正常组织的抗辐射肿瘤的首选技术。质子最早的临床应用是治疗垂体腺瘤,脉络膜黑色素瘤也是质子束治疗的一个很好的指征。图 13.11 显示用质子束治疗脉络膜黑色素瘤的剂量分布。值得注意的是质子光束的锐边和治疗体积外剂量的快速衰减,阴影表示肿瘤的位置。用质子照射时给予肿瘤的剂量是均匀的,能最大限度地保护正常组织,但在定位病人时需要非常精确。

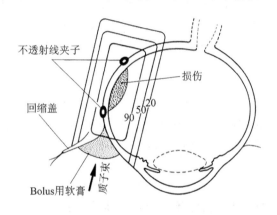

图 13.11　质子束治疗脉络膜黑色素瘤的剂量分布

鉴于质子可以将很高的剂量集中于小肿瘤而不会对附近的正常组织造成不能接受的损伤,故许多研究者认为,质子可用于治疗脉络膜黑色素瘤、眼部肿瘤以及靠近脊髓部位的一些特殊的良性肿瘤。质子疗法治疗成人良性颅内和颈部肿瘤是安全的,它能很好地局部控制肿瘤,同时限制继发癌症风险、血管损伤和避免神经认知障碍。与光子治疗相比,在治疗后 5 年内拥有更好的神经认知和神经内分泌功能,且不影响生存率。Winkfield 等人比较了光子与质子不同的放疗方式治疗垂体腺瘤的效果,并使用 Schneider 提出的方法评估了继发癌的风险。结果显示使用双视野质子治疗计划估计每年每 10 000 名患者中约有 5 例新增肿瘤,使用三视野质子治疗计划估计有 12 例。相比之下,调强适形放射治疗(Intensity Modulated Radiation Therapy,IMRT)和立体定向放射治疗(Stereotactic Radiation Therapy,SRT)治疗的第二肿瘤数量分别为 20.4 例和 25 例。尽管如此,用质子治疗成人特定部位的良性肿瘤仍需要进行随机性或前瞻性研究并对治疗者进行长期随访,以评估其潜在影响,确定其实际地位。

除了用于这些特定部位的肿瘤以外,质子治疗还可用于其他类型的肿瘤,如胸部、腹部和盆腔的恶性肿瘤等。虽然质子治疗具有穿透性能强、剂量分布好、局部剂量高、旁散射少以及半影小等特征,但使用质子束治疗需要能量相对较高的回旋加速器,因此价格昂贵。治疗眼部肿瘤需要大约 60 MeV 的质子,而处理 16～26 cm 深的目标体积则需要 150～200 MeV 的质子。同时,相对于光子治疗,质子仍然是一个在发展中的技术,尚未完全成熟,亟需进一步提高。随着研究的深入、科技的进步,无论是设备的成本、病人的承受能力方面,还是能量转换时间、旁散射以及优化 RBE 值等技术方面的问题都将会逐步解决,质子治疗势必成为肿瘤放射治疗的主要方式之一。

13.3.4　质子俘获疗法

质子俘获疗法(Proton - Boron Capture Therapy,PBCT)是目前正在研究的质子放射治疗技术之一,其目的是提高质子疗法的生物学效能。PBCT 的原理是通过质子与 ^{11}B 之间相互作用产生的三个 α 粒子诱导肿瘤细胞死亡。当一个质子与硼(^{11}B)根据下面方程式反应时,^{11}B 在激发态变成 ^{12}C,随后被激发的碳原子核分裂成一个能量为 3.76 MeV 的 α 粒子和 ^{8}Be;最后 ^{8}Be 分裂成两个 α 粒子,每个粒子的能量为 2.74 MeV。

$$^{11}B + p \rightarrow {}^{12}C \rightarrow {}^8B + \alpha \rightarrow 3\alpha + 8.7 \text{ MeV}$$

在肿瘤治疗中,如果上述反应生成的 α 粒子的能量沉积能和质子在肿瘤区域的 Bragg 峰相当,那么放射治疗的结果可能比 BNCT 和质子治疗更有效。在 BNCT 中,硼对热中子的吸收截面大,是高效的热中子吸收剂。理论上必须有足够量的 ^{10}B 被递送到肿瘤细胞内,BNCT 才能获得成功。自然界中硼元素有两种稳定同位素,即 ^{10}B 和 ^{11}B,其丰度分别约为 20% 和 80%。^{11}B 比 ^{10}B 含量多,合成硼携带剂时 ^{11}B 更容易在肿瘤细胞中达到所需浓度,这也是 PBCT 的优势之一。

Ganjeh 等人应用蒙特卡罗模拟,使用不同的硼浓度和不同的质子能量,测量了相应的 Bragg 峰,比较质子疗法和 PBCT 疗法在肿瘤治疗中的作用。结果表明,与传统质子治疗相比,PBCT 方法有可能增强肿瘤区域的剂量沉积。随着靶体积中硼浓度的增加,Bragg 峰增强,Bragg 深度转移;肿瘤区域 α 粒子剂量比增加,质子剂量比降低。他们认为 PBCT 产生的三个 α 粒子比 BNCT 方法产生的单个 α 粒子更能破坏肿瘤细胞,也比质子疗法更有效。Cirrone 等人进行了 PBCT 增强质子治疗效果的首次体外实验验证,使用自然含硼量的 BSH 作为携硼剂,用 62 MeV 质子束照射摄入含硼剂的前列腺癌细胞系 DU145 和人类乳腺上皮 MCF - 10A 细胞,检测细胞的克隆形成率和染色体畸变以研究 PBCT 的生物学效应,结果显示细胞致死率和染色体畸变复杂性显著增加。

总之,PBCT 技术尚处于实验阶段,还需要进一步的研究来评估其在临床实践中的应用。同 BNCT 一样,PBCT 应用的主要障碍也是硼携带剂及硼载体生物分布的测量。另外,放射治疗中产生的次级粒子的作用也不容忽视。这些次级粒子,如中子和光子,是质子通过生物组织时与其原子电子发生库仑作用或发生弹性核散射时产生的,也会在组织中产生一定的照射剂量。

13.4　其他带电粒子的放射治疗

13.4.1　氦离子

氦离子束(^{4}He、He^{2+} 或 α 粒子)和质子具有类似的剂量学特性,但要达到相同的穿透力,氦粒子的能量必须大于质子的 4 倍。氦离子属于高 LET 辐射,它的价值在于提供的剂量分布。氦粒子射程径迹末端的 LET 增加的比质子更为明显,末端 LET 可达 250 MeV/μm,其结果是 RBE 增加。在 Bragg 峰展宽内 OER 略有下降,从而增加了剂量分布的优势。图 13.12 所示是氦离子束的物理和生物深度剂量。图中的连续曲线是在 Saclay 的 CEN 同步加速器上测量的一束 650 MeV 氦离子束的深度-剂量曲线,它的 Bragg 峰已经展宽到覆盖 5 cm 的目标厚度。以光束入口(A)的 RBE 作参考,测量展宽 Bragg 峰的近端(B)、中心(C)和远端(D)光束的 RBE。以蚕豆生长抑制作为生物研究体系,在 0.6 Gy 的吸收剂量下,RBE 值分别为 1.4(B)、1.5(C)和 2.0±0.2(D)。图中虚线表示通过将物理剂量乘以考虑点的 RBE 计算出的生物深度剂量曲线。RBE 的增加是良好剂量分布优势的补充。

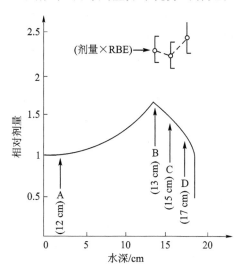

图 13.12　氦离子束的物理和生物深度剂量

13.4.2　重离子

带电重离子是指比氦重的原子被剥掉或部分剥掉轨道电子后的带正电荷的原子核。如碳、氖、氩等原子剥掉或部分剥掉外围电子后的带正电荷的原子核。

重离子束(C^{6+}、Ne^{10+}、Ar^{18+}等)给出的剂量分布与质子和氦离子相当,它们本身质量大、惯性大,在前进时的横向散射明显小于光子,所以重离子束(像碳离子)治疗的剂量分布在横向分布边缘清晰。同时,可以通过横向的磁力控制带电粒子在横向上偏转,将离子束局限在肿瘤部位,在杀死肿瘤细胞的同时避免正常组织细胞的损伤。重离子束的散射甚至比氦离子的更少,但由于粒子捕获核分裂后所致的次级粒子射程较长,造成在理论射程后仍有一定剂量。重离子束的 Bragg 峰可以展宽到使整个肿瘤体积得到均匀照射,且在整个展宽 Bragg 峰上有一个高的 LET。如碳离子束可通过微型脊形过滤器将尖锐的单能 Bragg 峰展宽为峰区近似高斯分布的微小展宽峰,进而叠加成展宽 Bragg 峰以覆盖肿瘤靶区的纵向范围,重离子束的 RBE 在展宽 Bragg 峰范围内可保持相对不变,为坪区的 2～3 倍。

因此,从剂量分布的角度看重离子束是将质子照射的优点与高 LET 治疗结合起来,即可用于治疗某些特殊部位的肿瘤,如靠近脊髓神经处的肿瘤,也可治疗恶性的、含乏氧细胞比例较高的肿瘤。这些重离子束以直接作用为主,其 OER 较低,能高效杀死乏氧细胞且不受细胞周期时相的影响。离子束直接作用于 DNA 双链,引起以双链破坏为主的 DNA 团簇损伤,这种致死性 DNA 损伤难以被修复。

重离子对部位复杂、常规放疗不敏感的肿瘤治疗效果显著,且严重不良反应发生率低。Hayashi 等人分析了 2007—2016 年接受碳离子放疗和再程放疗的 48 例复发性头颈部恶性肿瘤患者的资料,其中恶性粘膜黑色素瘤 21 例(43.8%),2 年局部控制率(local control)、无进展生存率(progression - free survival)和总生存率(overall survival)分别为 33.5%、29.4% 和 59.6%,临床治疗效果优于常规放疗,毒副反应均在可耐受的范围内。日本碳离子放射肿瘤学研究组报道了 2003—2014 年的 289 例经组织学证实为头颈部腺样囊性癌的病例,显示 5 年总生存率、无进展生存率以及局部控制率分别为 74%、44% 和 68%,结果证实碳离子束治疗头颈部腺样囊性癌有效。日本放射线医学综合研究所对 2003—2012 年 218 例 Ⅰ 期非小细胞肺癌(Non-Small-Cell Lung Cancer,NSCLC)患者进行碳离子放射治疗剂量梯度递增试验,结果表明,局部控制率与总生存率随着碳离子束剂量的增加而提高,同时不良反应发生率降低。头颅底脊索瘤解剖结构复杂,手术治疗困难,对常规放疗与化疗不敏感,但是碳离子放射治疗可以充分发挥其优势,效果显著。Schulz-Ertner 等人报道了 96 例碳离子放射治疗的颅底脊索瘤患者,3 年、5 年的总生存率分别为 91.8% 和 88.5%,证实了碳离子放射治疗对像脊索瘤这类对常规放化疗不敏感又不能手术切除的软组织肉瘤具有显著的治疗效果。

总之,重离子束优越的物理学特性有助于把离子束精确地契合在靶区内,在立体空间上与肿瘤形状保持一致。在保证靶区剂量的同时最大限度地保证正常组织的安全,实现精准放疗。但是这些重离子用于放射治疗时需要非常高的能量,每个核子为 300~400 MeV 或更高,即碳离子为 3~4 GeV。另外,如碳离子束分裂过程中质量比较轻的碳离子射程更长,导致峰区之后会有一个小尾巴可能会产生远后效应。目前,对生物体远后效应的研究还很少,可能存在诱发肿瘤的风险。最后,装置的成本和复杂性也是制约其临床放射治疗应用的巨大难题。

13.4.3　负 π 介子

介子的大小介于电子和质子之间,所以称为介子。介子包括 π 介子和 K 介子。π 介子可以带正电荷、负电荷或不带电荷。这里只介绍与放射生物学关系密切的负 π 介子。负 π 介子是亚原子粒子,其质量为电子质量的 276 倍,质子质量的 1/6。负 π 介子一般是在同步回旋加速器中加速能量极高的质子(500~750 MeV)使其成为高能质子流,质子流轰击石墨或铅等重金属靶而产生的。负 π 介子的能量在 40~90 MeV 时,在组织中的射程可达 6~13 cm,可用于放射治疗。

负 π 介子的深度-剂量曲线初始的坪区是由低电离密度快粒子所产生,因此这一区域负 π 介子束的 RBE 值要低得多,其值约为 1.0;在 Bragg 峰区 RBE 值较高,受剂量和作用的生物系统影响,其值范围为 1.6~3.0。负 π 介子的优势在于其能量释放主要发生在 Bragg 峰上,在此区域负 π 介子减速并被生物组织中的原子核捕获。入射负 π 介子在组织中被减弱,进而被碳、氧、氮原子核捕获产生核衰变或裂解,释放 α 粒子、中子和质子等电离能力很强的粒子。这些粒子形成了一个"星"状分布,又称星裂,在负 π 介子的剂量中也包括星裂现象对剂量的贡献。这种剂量分布应用于肿瘤放射治疗时,可将体积局限的肿瘤位于高电离密度的峰值区,而将正常组织位于电离密度低的前区。改变负 π 介子入射能量可调节其作用的深度,以适合肿瘤的深度。与质子相比,负 π 介子在深部剂量分布及 OER 两方面都表现出一定程度的改善,但当 Bragg 峰展宽到能覆盖 5~10 cm 大小的肿瘤时,其 OER 不如快中子。

欧洲瑞士 PSI Villigen 有一套负 π 介子治疗装置,该装置有 60 束共面射线集中于一点,在一定程度上补偿了低剂量率照射。每个光束都是单独控制的,它们可以组合起来提供所需的剂量分布。很小的射线束使照射野限于很薄的一片组织,病人则以与射线的平面垂直的方向移动(见图 13.13)。在病人移动过程中可调整单个光束,从而在每个连续平面上实现最佳剂量分布("动态治疗")。

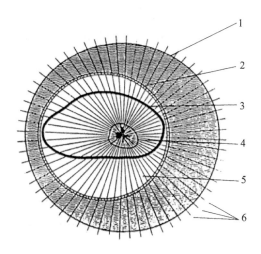

1—盛水圆桶的外部轮廓;2—包绕患者填充物的外部轮廓;3—患者的外形;

4—靶体积;5—包绕患者填充物的单位密度;6—负 π 介子束

注:图中显示了包含 60 束 π 介子会聚光束的平面。病人躺在一张治疗床上,被与病人外形一样的单位密度均一的填充物包绕成一个圆桶状的外廓。填充物的形状正好与病人相配。这一组合体(病人、床和填充物)在一个盛水的圆桶内移动,以使靶体积保持在 60 束光束的会聚点。盛水圆桶的固定与 1～6 各点有关。

图 13.13　瑞士 PSI Villigen 负 π 介子进行治疗的示意图

碳、氦、氖、氩和其他元素的轻原子核都是考虑作临床应用而进行实验评价的对象。这些高能带电粒子具有与负 π 介子某些相似的物理和生物性质(见表 13.1)。无论是氦离子束或其他重离子束,如碳、氖或氩都与负 π 介子相似,在 OER 及深部剂量分布两方面都显示出某些改变。

表 13.1　不同射线束对癌症治疗的相对优点

射　　线	生物和物理标准	
	低 OER 值	局限的剂量分布
X 和 γ 射线	*	*
质子	*	***
快中子	**	*
氦离子	*	***
负 π 介子	*	**
重核	**	*

注:*、**、***分别表示"好""较好""最好"。

参考文献

[1] 冯林春,陈国雄,申文江,等.快中子术前放疗非小细胞肺癌[J].中华肿瘤杂志,1997, 19(2):136.

[2] 徐海超.中子、γ线混合照射对小鼠造血干细胞的协同作用[J].中华放射医学与防护杂志,1982,2(1):1-5.

[3] Wambersie A. Fast neutron therapy at the end of 1988—a survey of the clinical date [J]. Strahlenther Onkol, 1990,166(1):52-60.

[4] Wambersie A, Richard F, Breteau N. Development of fast neutron therapy worldwide [J]. Acta Oncol, 1994,33(3):261-274.

[5] Magee J L, Chatterjee A. Radiation chemistry of heavy particle tracks[J]. J Phys Chem, 1981,84(26):3529-3537.

[6] Raju M R. Heavy particle radiotherapy[M]. New York:Academic Press,1980.

[7] Barth R F, Mi P,Yang W L. 用于中子俘获治疗的硼携带剂[J].癌症,2018,37(7): 289-307.

[8] 王淼,童永彭.硼中子俘获治疗的进展及前景[J].同位素,2020,33(1):14-26.

[9] 罗军益,何佳恒.硼中子俘获疗法治疗肿瘤及相关技术研究进展[J].辐射防护通讯, 2010,30(2):26-29.

[10] 张晓敏,张文仲,骆亿生.硼中子俘获治疗技术的研究现状[J].国外医学·放射医学核医学分册,2004,28(4):188-191.

[11] 刘玉连,赵徽鑫,张文艺,等.质子放射治疗的现状与展望[J].中国医学装备,2017, 14(7):139-143.

[12] Mohan R, Grosshans D. Proton therapy-Present and future [J]. Adv Drug Deliv Rev, 2017,109(15):26-44.

[13] Hu K,Yang Z M,Zhang L L,et al. Boron agents for neutron capture therapy [J]. Coordination Chemistry Reviews, 2020,405(15):213139.

[14] Armin L, Cläre V N,Jörg P,et al. "Radiobiology of Proton Therapy":Results of an international expert workshop[J]. Radiotherapy and Oncology, 2018,128(1): 56-67.

[15] 张俸萁,王琳,李甸源,等.碳离子束治疗肿瘤的研究进展[J].癌症进展,2019,17 (22):2620-2623.

[16] Ciardiello A, Saverio A S, Ballarini F, et al. Multimodal evaluation of 19F-BPA internalization in pancreatic cancer cells for boron capture and proton therapy potential applications[J]. Physica Medica, 2022,94:75-84.

[17] Cirrone G A P, Manti L, Margarone D,et al. First experimental proof of Proton Boron Capture Therapy (PBCT) to enhance protontherapy effectiveness[J]. Scientific Reports, 2018,8:1141.

[18] Fukuda H, Hiratsuka J. Pharmacokinetics of 10B-p-boronophenylalanine (BPA) in the blood and tumors in human patients:A critical review with special reference

to tumor-to-blood (T/B) ratios using resected tumor samples[J]. Applied Radiation and Isotopes, 2020, 166:109308.

[19] Ganjeh Z A, Eslami-Kalantari M. Investigation of Proton-Boron Capture Therapy vs. proton therapy[J]. Nuclear Inst. and Methods in Physics Research A, 2020, 977:164340.

[20] Kong L, Wu J S, Gao J, et al. Particle Radiation Therapy in the Management of Malignant Glioma: Early Experience at the Shanghai Proton and Heavy Ion Center [J]. Cancer, 2020, 15:2802-2810.

[21] Lesueur P, Calugarud V, Nauraye C, et al. Proton therapy for treatment of intracranial benign tumors in adults: A systematic review[J]. Cancer Treatment Reviews, 2019, 72: 56-64.

[22] 张利平, 李莎, 龚大洁. 重离子$^{12}C^{6+}$放射治疗黏膜恶性黑色素瘤的临床研究进展 [J]. 临床肿瘤学杂志, 2020, 25:172-175.

附录 A　本书所用辐射量单位

　　本教材的辐射单位主要采用由国际辐射单位和度量委员会(ICRU)所公布的国际制单位(SI单位)。但是,由于放射生物学和放射医学发展过程的不同时期曾采用过不同的单位,所以本教材在引用不同时期的资料时,所用辐射剂量单位和放射性活度单位难以统一。在早期资料中常用伦琴(Roentgen,Rad)作为照射量单位;20世纪50年代以后开始采用拉德(roentgen absorbed dose,rad)作为吸收剂量单位,而SI单位则用戈瑞(Gray,Gy)作为吸收剂量的单位。放射性活度的单位在早期文献中多用居里(Curie,Ci),而SI单位则为贝克(勒尔)(Becquerel,Bq)。剂量当量、有效剂量的单位则采用雷姆(roentgen equivalent man,rem)或希沃特(sievert,Sv)。为便于读者换算,下面列举几种常用单位的关系:

　　　　　1戈瑞(Gy)＝1焦耳/千克(J/kg)＝100拉德(rad)

　　　　　1戈瑞(Gy)＝100 cGy＝1 000 mGy

　　　　　1伦琴(R)＝2.58×10⁻⁴库仑/千克(C/kg)

　　　　　1居里(Ci)＝3.7×10¹⁰贝克[勒尔](Bq)

　　　　　1希沃特(Sv)＝1焦耳/千克(J/kg)＝100雷姆(rem)

附录 B 中英名词索引

autophagic cell death	自噬性细胞死亡
autophagolysosome	自噬溶酶体
autophagosome	自噬体
avalanche phenomenon	雪崩现象
backbone	骨架
Base Excision Repair, BER	碱基切除修复
base pairing	碱基互补配对
base stacking force	碱基对层间堆积力
beta particles	β粒子
biological dosemeter	生物剂量计
biological dosimetry	生物剂量测定
biological effectiveness	生物效能
blobs	团泡
Blood-Brain Barrier, BBB	血脑屏障
Boron Neutron Capture Therapy, BNCT	硼中子俘获治疗
boronophenylalanine, BPA	硼苯丙氨酸
BPA fructose complex, BPA - F	BPA 果糖复合物
brachytherapy	近距离治疗
Bragg peak	布喇格峰
breakage first hypothesis	断裂第一假说
breakage-reunion hypothesis	断裂—重接假说
Breakpoint Cluster Region, BCR	断裂点簇集区
5 - bromouridine deoxyribose, 5 - BUdR	5 - 溴脱氧核糖尿苷
Burst-Forming Unit-Erythroid, BFU - E	红系爆式集落形成单位
bystander effect	旁效应
bystander effect of ionizing radiation	电离辐射旁效应
calibration curve	刻度曲线
carbonic anhydrases	碳酸酐酶
cataract	白内障
cell cycle	细胞周期
cell cycle time	细胞周期时间
cells death	细胞死亡
cell division cycle	细胞分裂周期
cell loss factor, φ	细胞丢失系数
cell necrosis	细胞坏死
cell proliferation	细胞增殖
cell proliferative death	细胞增殖死亡
cell survival curve	细胞存活曲线
cellular oncogene, c - onc	细胞癌基因
centric fusion	着丝粒融合
centric ring, r	着丝粒环
centromere	着丝粒
check point	检查点
Chernobyl accident	切尔诺贝利(核)事故

Death Inducing Signalling Complex, DISC	死亡诱导信号复合体
Death Receptors, DR	死亡受体
deletion	缺失
density-inhibited stationary-phase cell culture	密集抑制稳相细胞培养
deoxypentose	脱氧戊糖
deoxyribonucleic acid, DNA	脱氧核糖核酸
deoxyribonucleotide	脱氧核糖核苷酸
deoxyribose	脱氧核糖
derivation chromosome	衍生染色体
dermis	真皮
deterministic effect	确定性效应
dicentric chromosome, dic	双着丝粒
dimethyl sulfoxide, DMSO	二甲基亚砜
diploid, 2n	二倍体
direct effect	直接作用
diversity region	多样区 D
DNA ligase	DNA 连接酶
DNA linker	DNA 连接区
DNA linking fiber	DNA 连接丝
DNA interstrand cross-linking	DNA 链间变联
DNA intrastrand cross-linking	DNA 链内交联
DNA protein cross-linking, DPC	DNA－蛋白质交联
DNA replication	DNA 复制
DNA synthesis phase	DNA 合成期, S 期
Dose Reduction Factor, DRF	剂量减低系数
Double Strand Break, DSB	双链断裂
doubling dose	倍增剂量
D－ribose	D－核糖
dual-radiation action	二元辐射作用
glucose transporters	葡萄糖转运蛋白
glutathione, GSH	谷胱甘肽
early response tissue	早效应组织
effective D_0, eD0	有效 D_0
effective dose survival curve	有效剂量-存活曲线
electromagnetic radiation	电磁辐射
electromagnetic wave	电磁波
electrons	电子
entosis	侵入性细胞死亡
Enzyme Sensitive Sites, ESS	酶敏感位点
Epidermal Growth Factor, EGF	表皮生长因子
Epidermal Growth Factor Receptor, EGFR	表皮生长因子受体
epidermis	表皮

glycophorin A,GPA	血型糖蛋白 A
glycosidic bond	糖苷键
Granulocyte-Macrophage Colony-Forming Cells,GM‐CFC	粒细胞-巨噬细胞集落形成细胞
granulocytic	粒细胞的,粒系
Gray	戈瑞
growth arrest and DNA damage inducible gene	GADD45 基因
Growth Fraction,GF	生长分数
guanine,G	鸟嘌呤
heat shock proteins	热休克蛋白
heavy ions	重离子
haemopoietic factors	造血生成因子
hemopoietic progenitor cells	造血祖细胞
Hemopoietic Stem Cell,HSC	造血干细胞
hereditary nonpolyposis colorectal cancer,HNPCC	遗传性非息肉病性结肠直肠癌
heritable effect	遗传效应
heterochromatin	异染色质
heterogeneity	异质性
heteroploid	异倍体
hierarchical tissues	层次组织
homologous recombination repair	同源重组修复
hormesis	兴奋效应
hybrid model	混合模型
hyperbaric oxygen,HBO	高压氧
hyperchromatic anemia	高色素性贫血
hyperthermia	温热疗法
hypoevolutism	发育迟缓
hypoxanthine guanine phosphoribosyl transferase,HPRT	次黄嘌呤鸟嘌呤磷酸核糖基转移酶
hypoxia	缺氧、乏氧
hypoxic cell	乏氧细胞、缺氧细胞
Hypoxic Gain Factor,HGF	乏氧增益系数
Hypoxia Inducible Factors,HIFs	缺氧诱导因子
imbed	着床
immune privileged site	免疫特权位点
immunologic surveillance	免疫监视
implantation	植入
inactive chromatin	非活性染色质
incomplete repair model	不完全修复模型
indirect effect	间接作用
indirectly ionizing	间接电离
induced aberration	诱发畸变

lymphocytic	淋巴细胞的,淋系
Magnetic Resonance Imaging,MRI	核磁共振成像
major groove	大沟
mammalian target of rapamycin,mTOR	哺乳动物雷帕霉素靶蛋白
man – made radiation	人为辐射
mathematical model	数学模型
maximum likelihood techniques	最大似然方法
mean lethal dose,D_0	平均致死剂量
megakaryocytic	巨核细胞的,巨核系
2 – mercaptopropionylglycine	2 – 巯基丙酰甘氨酸
messenger RNA,mRNA	信使 RNA
microcephaly	小头症
micronucleus	微核
minor groove	小沟
minute,min	微小体
mismatch repair	错配修复
misonidazole,MISO	米索硝唑
misrepair	有错修复
mitosis phase	有丝分裂期,M 期
Mitosis Promoting Factor,MPF	有丝分裂促进因子
mitotic catastrophe	有丝分裂灾难
mitotic cycle time,Tc	有丝分裂周期时间
mitotic index,MI	有丝分裂指数
model of hierarchical	层次结构模式
modulator	调制器
monopotent	单向性
mother cell	亲代细胞
multicell spheroid	多细胞球体
Murine Double Minut,MDM	双微体
mutation	突变
mutator gene	突变基因
myelofibrosis	骨髓纤维化症
myeloid	髓系
natural background radiation	自然本底辐射照射
natural killer cell	自然杀伤细胞,NK 细胞
natural radiation	自然辐射
necroptosis	坏死性细胞死亡
neutrons	中子
nitrogenus base	含氮碱基
Nominal Standard Dose,NSD	名义标准剂量
nonhomologous end-joining,NHEJ	非同源末端连接
nonhomologous recombination,NHR	非同源重组
Non-Small-Cell Lung Cancer,NSCLC	非小细胞肺癌
non-stochastic effect	非随机效应

primary constriction	主缢痕
primary effect	原初作用
primer	引物
productive death	增殖死亡
Programmed Cell Death,PCD	程序性细胞死亡
progression	发展
progression-free survival	无进展生存率
prokaryotic cell	原核细胞
Proliferating Cell Nuclear Antigen,PCNA	增殖细胞核抗原
promotion	促进
Propidium Iodide,PI	碘化丙啶
Protein Kinase B,PKB	蛋白激酶 B
protons	质子
Proton-Boron Capture Therapy,PBCT	质子俘获疗法
proto-oncogene	原癌基因
pulsed-field gel elec-trophoresis,PFGE	脉冲电场凝胶电泳法
purine	嘌呤
pyrimidine	嘧啶
Pyrimidine Dimer,PD	嘧啶二聚体
Q banding technique	Q 显带技术
quadratic model	平方模型
quasi threshold dose	准阈剂量
quinacrine	喹吖因
radiation cataract	放射性白内障
Radiation Effects Research Foundation,RERF	放射线影响研究基金会
radiation – induced bystander effect	辐射诱导旁效应
radiation induced neoplasm	辐射诱发肿瘤
Radiation Therapy Oncology Group,RTOG	放射治疗肿瘤组
radiobiology	放射生物学
radiolysis of water	水的辐解反应
radioprotector	辐射防护剂
radiosensitivity	放射敏感性
radiosensitizer	辐射增敏剂
range	射程
recoil proton	反冲质子
reciprocal translocation,t	相互易位
recombination repair	重组修复
recombinational repair enzyme	重组修复酶
recruitment	补充
Red Blood Cell,RBC	红细胞
redistribution	再分布
regeneration	再增殖
Relative Biological Effectiveness,RBE	相对生物效能
relative risk	相对危险

Stereotactic Radiation Therapy,SRT	立体定向放射治疗
stochastic effect	随机性效应
subclonogenic proliferation	亚克隆源性增殖
sublethal damage,SLD	亚致死性损伤
sublethal damage repair,SLDR	亚致死性损伤修复
sulfhydryl compounds	巯基化合物
super-solenoid	超螺旋管
suppressive domain	阻抑结构域
Surviving Fraction,SF	存活分数
synchronization	同步化
synchronization of cells	细胞同步化
target theory	靶学说
T Cell Receptor,TCR	T 细胞(抗原)受体
telomerase	端粒酶
telomeres	端粒
terminal deletion,del	末端缺失
the equilibrium spectrum	平均能谱
the percent-labeled-mitoses technique	标记有丝分裂百分率技术
thymine,T	胸腺嘧啶
tirilazad mesylate	甲磺酸替拉扎特
tissue	组织
totipotent stem cell	全能干细胞
tolerable dose	耐受剂量
track	径迹
transcription	转录
transfer RNA,tRNA	转运 RNA
translation	翻译
translocation	易位
50% tumor control dose,TCD_{50}	50%肿瘤治愈/控制剂量
50% tumor dose	TD50
tumor heterotransplantation	肿瘤异种移植
tumor immune surveillance	免疫监视
tumor necrosis factor,TNF	肿瘤坏死因子
tumor stem cell	肿瘤干细胞
tumor suppressor gene	抑癌基因
type II programmed cell death	II 型程序性细胞死亡
uncoupling	解偶联
unipotent stem cell	专能干细胞
United Nations Scientific Committee on Effects of Atomic Radiation,UNSCEAR	联合国原子辐射效应委员会
Unscheduled DNA Synthesis,UDS	DNA 期外合成
unstable chromosome,Cu	非稳定性染色体
uracil,U	鸟嘧啶

variable region	可变区 V
Variant Cell,VC	变异体细胞
Vascular Endothelial Growth Factor,VEGF	血管内皮生长因子
virus oncogene,v‑onc	病毒癌基因
Wilm tumor gene1	WT1 基因
xenograft,Xeno	异体移植瘤
Xeroderma Pigmentosum,XP	色素性干皮病
X-Ray Repair Cross Complementing gene,XRCC	X 射线修复交叉互补基因